BIOPROCESSOS E BIOTECNOLOGIA

Ana Letícia Hilario Garcia | Ana Lúcia Kern | Ana Paula Perin
Anne Helene Souza | Brisa Raíssa Bartellt Godoy
Camila Fernanda de Oliveira Junkes | Cibele Tesser da Costa
Cristiane Cassales Pibernat | Débora Vom Endt
Fabiana Kommling Seixas | Fernanda Cortez Lopes | Fernando Santos
Francisco Denis Souza Santos | Grazielle Dias Machado
Henrique Alves de Brito | Jane Marlei Boeira | Johnatan Vilasboa
Juliana da Silva | Karla Joseane Perez | Lilian Raquel Hickert
Mara Andrade Colares Maia | Mariana Härter Remião
Marlene Guevara dos Santos | Natália Vieira Segatto | Natasha Maurmann
Natasha Rodrigues de Oliveira | Odir Dellagostin | Paula Rohr
Paulo Eichler | Raíssa Nunes dos Santos | Rosane Lopes Crizel
Tiago Collares | Vanessa Galli | Vinicius Farias Campos
William Borges Domingues | Yohanna Evelyn Miotto

BIOPROCESSOS E BIOTECNOLOGIA

Organizadores:
Fernando Santos
Ana Lúcia Kern
Jane Marlei Boeira
Odir Dellagostin

Freitas Bastos Editora

Maria Augusta Delgado Livraria, Distribuidora e Editora

Editor: *Isaac D. Abulafia*

Diagramação e Capa: *Julianne P. Costa*

Dados Internacionais de Catalogação na Publicação (CIP) de acordo com ISBD

B615 Bioprocessos e Biotecnologia / Ana Letícia Hilario Garcia...[et al.] ; organizado por Ana Lúcia Kern...[et al.]. - Rio de Janeiro : Freitas Bastos, 2022.

420 p. ; 15,5cm x 23cm

Inclui bibliografia.

ISBN: 978-65-5675-108-5

1. Engenharia. 2. Biotecnologia. 3. Bioprocessos. I. Garcia, Ana Letícia Hilario. II Perin, Ana Paula. III. Souza, Anne Helene. IV. Godoy, Brisa Raíssa Bartellt. V. Junkes, Camila Fernanda de Oliveira. VI. Costa, Cibele Tesser da. VII. Pibernat, Cristiane Cassales. VIII. Vom Endt, Débora. IX. Seixas, Fabiana Kommling. X. Lopes, Fernanda Cortez. XI. Santos, Francisco Denis Souza. XII. Machado, Grazielle Dias. XIII. Brito, Henrique Alves de. XIV. Vilasboa, Johnatan. XV. Silva, Juliana da. XVI. Perez, Karla XVII. Hickert, Lilian Raquel. XVIII. Maia, Mara Andrade Colares. XIX. Remião, Mariana Härter. XX. Santos, Marlene Guevara dos. XXI. Segatto, Natália Vieira. XXII. Maurmann, Natasha. XXIII. Oliveira, Natasha Rodrigues de. XXIV. Rohr, Paula. XXV. Eichler, Paulo. XXVI. Santos, Raíssa Nunes dos. XXVII. Crizel, Rosane Lopes. XXVIII. Collares, Tiago. XXIX. Galli, Vanessa. XXX. Campos, Vinicius Farias. XXXI. Domingues, William Borges. XXXII. Miotto, Yohanna Evelyn. XXXIII. Kern, Ana Lúcia. XXXIV. Santos, Fernando. XXXV. Boeira, Jane Marlei. XXXVI. Dellagostin, Odir. XXXVII. Título.

CDD 660.6
2022-1444 CDU 66.0

Elaborado por Odilio Hilário Moreira Junior - CRB-8/9949

Índices para catálogo sistemático:

1. Biotecnologia 606.6
2. Engenharia química 66.0

Freitas Bastos Editora

atendimento@freitasbastos.com
www.freitasbastos.com

AUTORES

Ana Letícia Hilario Garcia

Pesquisadora formada em Ciências Biológicas (Ulbra-2008). MBA em Gestão Ambiental (IERGS-2012). Mestrado em Genética Toxicológica (2015) e Doutorado em Biologia Celular e Molecular pela ULBRA/Canoas (2021). Tem experiência na área de Ecogenotoxicidade, Genética, Mutagênese Ambiental e Biologia Molecular. Tem experiência com diversas técnicas moleculares entre elas, quantificação do comprimento telomérico, análise de expressão gênica e polimorfismos de genes de reparo e metabolização, ensaios de citotoxicidade e genotoxicidade em amostras biológicas humanas e culturas de células *in vitro*.

Ana Lúcia Kern

Possui graduação em Licenciatura Plena em Ciências Biológicas pela Pontifícia Universidade Católica do Rio Grande do Sul (1990), Mestrado em Genética e Biologia Molecular pela Universidade Federal do Rio Grande do Sul (1998), Doutorado em Biologia Celular e Molecular pela Universidade Federal do Rio Grande do Sul (2004) e Pós-doutorado em Genética de Microrganismos pela Pontifícia Universidade Católica do Rio Grande do Sul (2012). É professora adjunta da Universidade Estadual do Rio Grande do Sul e Coordenadora do Curso de Engenharia de Bioprocessos e Biotecnologia da Unidade de Porto Alegre. É presidente da Comissão Interna de Biossegurança da UERGS. Foi professora da Universidade da Região da Campanha/Bagé. Foi coordenadora do Programa MINTER (URCAMP/BAGÉ – ULBRA). Foi membro do Conselho Superior Universitário da UERGS e Presidente da Comissão de Avaliação preliminar dos Projetos de Organização e Criação dos Institutos da UERGS. Foi coordenadora do P&D da empresa FK Biotecnologia. Tem experiência na área de Microbiologia, Genética e Biotecnologia.

Ana Paula Perin

Possui graduação em Biotecnologia pela Universidade Federal do Pampa (2016), com mestrado em Biologia Celular e Molecular pela Universidade Federal do Rio Grande do Sul (2018). Durante a graduação realizou um período sanduíche na Universidade de Idaho, nos Estados Unidos da América (2014). Atualmente é doutoranda em Biologia Celular e Molecular pela Universidade Federal do Rio Grande do Sul. Tem experiência nas áreas de microbiologia, biologia molecular, produção e purificação de proteínas recombinantes. Além disso, tem conhecimento na caracterização de peptídeos que possuem ação antibacteriana, antifúngica e inseticida.

Anne Helene Souza

Possui graduação em Ciências Biológicas Licenciatura Plena pela Universidade do Vale do Rio dos Sinos, Mestrado e Doutorado em Biologia Celular e Molecular pela Universidade Federal do Rio Grande do Sul, com um período de estudos na Université de Montréal, Canadá. Realizou estudos de pós-doutorado na Università di Bologna, Itália. Tem experiência na área de Biologia Molecular, Bioquímica e Biofísica de Proteínas, com ênfase em clonagem, expressão e purificação de proteínas, interações de peptídeos com membranas lipídicas, estudos de estrutura versus atividade antifúngica e inseticida de peptídeos e produção de enzimas.

Brisa Raíssa Bartellt Godoy

Possui graduação em Engenharia de Bioprocessos e Biotecnologia pela Universidade Estadual do Rio Grande do Sul (UERGS), é Mestre em Biologia Celular e Molecular pela Universidade Federal do Rio Grande do Sul (UFRGS) e atualmente faz Doutorado em Biologia Celular e Molecular pela Universidade Federal do Rio Grande do Sul (UFRGS). Tem experiência nas áreas de biologia celular, microbiologia, biotecnologia vegetal e bioinformática estrutural.

Camila Fernanda de Oliveira Junkes

Engenheira de Bioprocessos e Biotecnologia pela Universidade Estadual do Rio Grande do Sul – Unidade Bento Gonçalves, com mestrado em Fisiologia Vegetal pela Universidade Federal de Pelotas e doutorado em Biologia Celular e Molecular pela Universidade Federal do Rio Grande do Sul. Tem experiência na área de biologia molecular, engenharia genética, transformação genética, cultura de tecidos vegetais e fisiologia vegetal com ênfase em metabolismo secundário. Atualmente pertence ao corpo docente efetivo do Instituto Federal de Mato Grosso - Campus Avançado Lucas do Rio Verde, ministrando componentes curriculares na área de Biotecnologia Vegetal, Biologia Molecular e Fisiologia Vegetal para os cursos de Biotecnologia a nível Bacharelado e Ensino Médio Técnico Integrado.

Cibele Tesser da Costa

Possui graduação em Ciências Biológicas pela Universidade de Passo Fundo (2006), mestrado em Fitotecnia pela Universidade Federal do Rio Grande do Sul (2011), doutorado em Biologia Celular e Molecular pela Universidade Federal do Rio Grande do Sul (2015), sendo parte do doutorado desenvolvido na Universidade de Leiden, na Holanda (Doutorado Sanduíche). Atuou como professora substituta na Universidade Federal de Santa Maria, Campus Palmeira das Missões

(2017-2018). Atualmente é pós-doutoranda no Laboratório de Fisiologia Vegetal da Universidade Federal do Rio Grande do Sul.

Cristiane Cassales Pibernat

Possui graduação em Engenharia Química pela Universidade Federal do Rio Grande do Sul (1998) e mestrado em Engenharia Química pela Universidade Federal do Rio Grande do Sul (2000). Atualmente é professora da Universidade Estadual do Rio Grande do Sul – UERGS, avaliadora da Rede Metrológica RS e da Cgcre/Dicla/Inmetro na norma ISO/IEC 17025, instrutora de cursos da Rede Metrológica RS. Tem ampla experiência na área de Garantia de Controle de Qualidade, atuando principalmente nos seguintes temas: ensaios químicos, ensaios físico-químicos e sistemas da qualidade. Experiência em cargos de Direção e Gerência.

Débora Vom Endt

Licenciada em Ciências Biológicas e Mestre em Genética e Biologia Molecular pela Universidade Federal do Rio Grande do Sul (1998), PhD em Biologia Molecular Vegetal pela Universidade de Leiden (Holanda, 2004). Professora Adjunta da Universidade Estadual do Rio Grande do Sul (Uergs), desde 2007, atuando no curso de Engenharia de Bioprocessos e Biotecnologia, líder do Grupo de Pesquisa "Microbiologia Aplicada a Biotecnologia – MicroBiotec", certificado pelo CNPq em 2018, com linhas de pesquisa na área de Bioprospecção, Biorremediação e Controle Biológico. Atualmente exerce a função de Coordenadora de Assuntos Acadêmicos, junto a Pró-Reitoria de Ensino da Uergs, atuando na Gestão Acadêmica.

Fabiana Kommling Seixas

É Bióloga, Mestre e Doutora em Biotecnologia. Realizou Pós-Doutorado na University of Illinois, nos Estados Unidos, com modelos transgênicos miméticos ao estudo do câncer. Membro afiliado da Academia Brasileira de Ciências na área de Ciências Biomédicas. Professora da UFPel atuando como docente permanente no Programa de Pós-Graduação em Biotecnologia (PROEXCapes 7). Coordena o Laboratório de Biotecnologia do Câncer da UFPel junto ao PPGBiotec e desenvolve pesquisas na Unidade de Diagnóstico Molecular, junto ao Centro de Pesquisas Clínicas do Hospital Escola da UFPel.

Fernanda Cortez Lopes

Possui graduação em Farmácia e Habilitação em Análises Clínicas pela Universidade Federal do Rio Grande do Sul, Mestrado e Doutorado em Biologia Celular e Molecular, ambos pela mesma Universidade. Realizou doutorado-sanduíche na Universidade de Bologna, na Itália, bem como missão de curta duração no Instituto Max Planck de Ecologia Química de Jena, Alemanha. Atuou como Pós-Doutoranda do Departamento de Biofísica da Universidade Federal do Rio

Grande do Sul. Foi professora substituta na Universidade Federal de Pelotas ministrando disciplinas para Graduação em Biotecnologia. Atualmente é pós-doutoranda do Centro de Biotecnologia da Universidade Federal do Rio Grande do Sul. Tem experiência nas áreas de Microbiologia, Biologia Molecular, Bioquímica e Biofísica, na produção de enzimas e de metabólitos secundários por fungos filamentosos, em especial pigmentos e compostos com atividade antimicrobiana. Além disso, tem atuado nas áreas de purificação, caracterização estrutural de proteínas e peptídeos recombinantes por métodos biofísicos, bem como em estudos biológicos como atividades antifúngica, antibacteriana e inseticida. Atua como professora convidada em disciplinas da graduação e da pós-graduação, sendo bastante atuante em cursos de extensão universitária.

Fernando Santos

Professor/Pesquisador Adjunto da Universidade Estadual do Rio Grande do Sul e colaborador de diversas Universidades brasileiras e do exterior. Sócio fundador de duas startups na área de energia renovável. É Pós- doutor em Bioenergia pela Universidade Nova de Lisboa, Portugal; Pós-doutor em Celulose e Papel; Doutor em Bioquímica Vegetal e Mestre em Fitotecnia pela Universidade Federal de Viçosa. É Engenheiro Agrônomo pela Universidade Estadual de Montes Claros. É Coordenador do Grupo de Pesquisa CESBIO – Centro de Estudos em Biorrefinaria. Foi membro titular do Comitê de Assessoramento de Engenharias da FAPERGS. Possui diversas publicações científicas (artigos e livros) sobre biomassa, cana-de-açúcar, biorrefinaria e energia renovável. Desenvolve pesquisas científicas e projetos de inovação em parceria com instituições públicas e privadas. Já aprovou milhões de reais em projetos de inovação, com recursos de subvenção econômica. Recebeu diversas premiações e homenagens todas relacionadas ao ensino, pesquisa e inovação.

Francisco Denis Souza Santos

Médico Veterinário pela Universidade Federal do Pará, Mestre em Veterinária pela Universidade Federal de Pelotas, Doutor em Biotecnologia pela Universidade Federal de Pelotas, Bolsista de Pós-doutorado Júnior na área de Vacinologia da Universidade Federal de Pelotas.

Grazielle Dias Machado

É Técnica em Biocombustíveis pelo Instituto Federal Sul-Riograndense (2012), Engenheira de Bioprocessos e Biotecnologia pela Universidade Estadual do Rio Grande do Sul (2017) e Mestra em Engenharia e Tecnologia de Materiais pela Pontifícia Universidade Católica do Rio Grande do Sul (2019). Possui vários artigos e capítulos de livro publicados sobre suas pesquisas na área de bioprocessos, biorrefinaria e materiais. Atualmente é consultora sênior na Ernst & Young (EY) atuando em diferentes setores, apoiando na resolução de problemas de negócio.

Henrique Alves de Brito

Possui gradução em Engenharia de Bioprocessos e Biotecnologia pela UERGS (2017), graduação sanduíche em Bioengineering pela UCSD (2015), mestrado no Programa de Pós-Graduação em Biologia Celular e Molecular pela UFRGS (2019). Atualmente é doutorando na UFRGS no Programa de Pós Graduação de Biologia Celular e Molecular. Possui experiência na área de Engenharia de Bioprocessos e Biotecnologia com ênfase em Biorremediação e produção de Biossurfactantes.

Jane Marlei Boeira

Possui graduação em Farmácia pela Universidade Federal do Rio Grande do Sul (UFRGS), Licenciatura em Ciências Biológicas pela Universidade do Vale do Rio dos Sinos (UNISINOS) e Doutorado em Bioquímica pela UFRGS. É docente e pesquisadora da Universidade Estadual do Rio Grande do Sul (UERGS) desde 2006, atuando no curso de graduação em Engenharia de Bioprocessos e Biotecnologia e no curso de Especialização em Biotecnologia, em Porto Alegre. É revisora de diversos periódicos nacionais e internacionais, membro da Comissão Interna de Biossegurança desde 2007, coordenadora do Comitê de Ética em Pesquisa (CEP--UERGS) desde 2016, integrante do corpo editorial da Revista Brasileira de Extensão Universitária (RBEU) desde 2020 e lidera o grupo de pesquisa em Toxicologia e Biotecnologia, registrado no CNPq desde 2014. Tem experiência nas áreas de Genética Toxicológica e Bioquímica e é autora e coautora de diversos artigos internacionais e nacionais. Também auxiliou na fundação da Revista Eletrônica Científica da UERGS, fazendo parte do corpo editorial de 2015 a 2018.

Johnatan Vilasboa

Doutor em Biologia Celular e Molecular pela Universidade Federal do Rio Grande do Sul (2022) e licenciado em Ciências Biológicas pela Universidade de Caxias do Sul (2017). Durante sua formação inicial, trabalhou em diversos aspectos da Biotecnologia, desde a tecnologia enzimática para a produção de etanol de segunda geração até o controle alternativo de doenças fúngicas da videira, sempre numa perspectiva orientada pela resolução de problemas. No doutorado, especializou-se em Fisiologia, Bioquímica e Propagação de Plantas, com foco especial na formação de raízes adventícias em estacas. Tem também experiência no ensino de Ciências da Natureza na Educação Básica.

Juliana da Silva

Possui graduação em Biologia pela Pontifícia Universidade Católica do Rio Grande do Sul (1989), mestrado (1994), doutorado (1999) e pós-doutorado (2001) em Genética e Biologia Molecular pela Universidade Federal do Rio Grande do Sul (UFRGS). É professora adjunta da Universidade Luterana do Brasil-ULBRA, onde coordena o Laboratório de Genética Toxicológica e atua como orientadora de mestrado e doutorado no Programa de Pós-Graduação em Biologia Celular e Molecular Aplicada à Saúde- PPGBioSaúde. Atua também como professora e orientadora na Universidade La Salle (UniLaSalle; Mestrado Profissional em Saúde e Desenvolvimento Humano-PPGSDH) e na Universidade Federal do Rio Grande do Sul (UFRGS; Programa de Pós-Graduação em Genética e Biologia Molecular-PPGBM). Foi presidente da Associação Brasileira de Mutagênese e Genômica Ambiental (MUTAGEN-Brasil), e atualmente compõe o Comitê Assessor de Ciências Biológicas na FAPERGS e o Comitê Assessor da Genética no CNPq. Tem experiência na área de Genética, com ênfase em Mutagênese Ambiental e Monitoramento, atuando principalmente nos seguintes temas: biomonitoramento da genotoxicidade ambiental, mutagênese de produtos naturais e sintéticos e exposição humana ambiental e ocupacional. É pesquisadora nível 1B do Conselho Nacional de Desenvolvimento Científico e Tecnológico (CNPq).

Karla Joseane Perez
Doutora em Ciências Biológicas/Microbiologia pela UFMG; Mestre em Microbiologia Agrícola e do Ambiente pela UFRGS; Especialista em Tecnologia e Controle de Qualidade de Alimentos pela UPF; graduada em Ciências Biológicas pela UNOESC. Tem experiência na área de Biologia Geral, Biologia Celular, Microbiologia Geral e Ambiental e Tratamento de Efluentes. É docente do curso de Engenharia de Bioprocessos e Biotecnologia.

Lilian Raquel Hickert
Graduação em Química Industrial pela Universidade Federal de Santa Maria (2008) com estágio final na indústria de alimentos (P&D-Oderich). Experiência na indústria de bebidas (Qualidade-Schincariol). Mestrado em Microbiologia Agrícola e do Ambiente pela Universidade Federal do Rio Grande do Sul (2010/2011). Doutora em Engenharia Química pela Universidade Federal do Rio Grande do Sul, com projeto de fermentação de resíduos agroindustriais a bioetanol e xilitol. Foi Pós Doc do Programa de Pós Graduação em Engenharia Química da UFRGS. Atualmente professora adjunta da Universidade Estadual do Rio Grande do Sul (UERGS).

Mara Andrade Colares Maia
Graduada em Biotecnologia pela Universidade Federal Rural do Semi Árido – UFERSA. Mestrado em Ciências pelo Programa de Pós-Graduação em Biotecnologia – UFPel. Doutorado em Biotecnologia pelo Programa de Pós-Graduação em Biotecnologia – UFPel. Atuando em projetos relacionados a Vacinologia, pesquisa e desenvolvimento de vacinas para Leptospirose.

Mariana Härter Remião

É bacharela (2012), mestra (2014) e doutora (2017) em Biotecnologia pela Universidade Federal de Pelotas (UFPEL). É professora no curso de Graduação em Biotecnologia na mesma instituição. Além disso, possui experiência na área de produção *in vitro* de embriões e engenharia genética de bovinos e suínos, tendo desenvolvido atividades de pesquisa na McGill University (Canadá). Também possui experiência na produção *in vitro* de embriões humanos como especialista em Embriologia Clínica pela Red Latinoamericana de Reproducción Asistida (REDLARA). Como docente, dedica-se aos temas de epigenética, toxicologia, biotecnologia ambiental, empreendedorismo e divulgação científica.

Marlene Guevara dos Santos

Engenheira Química pela Universidade Federal de Rio Grande, mestre em Engenharia Química pela Universidade Federal de Santa Catarina, doutoranda em Engenharia de materiais pela Universidade Federal do Rio Grande do Sul. Professora da Universidade Estadual do Rio Grande do Sul. Atua em pesquisa na área de aproveitamento de resíduos na produção de produtos de valor agregado, materiais compósitos e materiais para tratamento Avançado de efluentes. Experiência profissional atuando na indústria em Gestão de pessoas e processos e ambiental e em docência e gestão de curso no ensino superior. Atua nos cursos de Engenharia de Bioprocessos e Biotecnologia, e nas Pós graduações em Biotecnologia e Gestão Ambiental.

Natália Vieira Segatto

É natural de Pelotas - RS. Concluiu a graduação em Biotecnologia em 2017 pela Universidade Federal de Pelotas (UFPel). Atualmente, é doutoranda em Biotecnologia pela mesma instituição, onde integra o Grupo de Pesquisa em Oncologia Celular e Molecular no Laboratório de Biotecnologia do Câncer. Realiza pesquisas nos tópicos de modelos biológicos suínos para câncer de bexiga, e a biologia celular e molecular de células tumorais cultivadas in vitro após tratamento com agentes antitumorais.

Natasha Maurmann

É farmacêutica, com mestrado e doutorado pelo Programa de Pós-Graduação em Biologia Celular e Molecular, todos realizados na Universidade Federal do Rio Grande do Sul (UFRGS). Fez diversos pós-doutorados no Brasil, bem como um PostDoc na University College London (UCL), no Reino Unido, entre 2014 e 2016. Publicou dezenas de artigos e foi reconhecida com dezenas de prêmios, sendo que em 2019 recebeu em Orlando (EUA) o prêmio educacional "Educational Award" da Sociedade Internacional de Engenharia de Tecidos e Medicina Regenerativa ("Tissue Engineering and Regenerative Medicine International Society – TERMIS AMERICAS)".

Natasha Rodrigues de Oliveira

É Biotecnologista pela Universidade Federal de Pelotas (UFPel), Mestra e Doutora em Biotecnologia pela mesma instituição. Atualmente é pós-doutoranda no Laboratório de Vacinologia da UFPel.

Odir Dellagostin

Professor titular da Universidade Federal de Pelotas, membro da Academia Brasileira de Ciências, e doutor em Biologia Molecular pela University of Surrey, Reino Unido. Possui extenso histórico de publicações científicas sobre desenvolvimento de vacinas, principalmente com o uso do BCG como vetor vacinal. Foi membro do Comitê Técnico Nacional Brasileiro de Biossegurança do Ministério da Ciência, Tecnologia e Inovações; como membro do Comitê Consultivo Veterinário do Conselho Nacional de Desenvolvimento Científico e Tecnológico (CNPq) e como Coordenador da área de Biotecnologia da CAPES. Atualmente é membro do Conselho Nacional de Ciência e Tecnologia e Presidente da Fundação de Amparo à Pesquisa do Estado do Rio Grande do Sul (FAPERGS).

Paula Rohr

Possui graduação em Ciências Biológicas pela UFRGS (2005), mestrado (2008) e doutorado (2012) em Genética e Biologia Molecular pela mesma universidade. Pós-doutorados em Ciências da Saúde: Cardiologia, pelo Instituto de Cardiologia do Rio Grande do Sul (2014) e em Biologia Celular e Molecular Aplicada à Saúde, pela ULBRA (2020). Atualmente é Pos-doutoranda em Ciências da Saúde: Oncologia no Hospital de Amor Tem experiência na área de Genética, com ênfase Mutagênese Ambiental e Biomonitoramento, atuando principalmente em: biomonitoramento da genotoxicidade ambiental, risco ocupacional e suscetibilidade genética.

Paulo Eichler

Possui graduação em Engenharia de Bioprocessos e Biotecnologia (UERGS), mestrado em Engenharia Química (UFRGS) e doutorando em Engenharia e Tecnologia de Materiais (PUCRS). Atua como consultor técnico em biorrefinaria e aproveitamento energético de resíduos (Waste-to-Energy), desenvolvendo e integrando soluções em projetos de P&D&I. Possui extensa experiência em pesquisa, desenvolvimento e inovação científica, com dezenas de publicações entre artigos científicos e capítulos de livro nos mais de 8 anos de atuação no segmento. Também possui atuação em pesquisas internacionais na área de biotecnologia para agricultura (Centre For Plant and Water Science – CQU – Australia), assim como em gaseificação de biomassa (University of Hull – Reino Unido). Atuou como parte técnica no Brazil Energy Programme (BEP), em biogás como recurso energético renovável, principalmente em estudos de potenciais energéticos do setor agroindustrial, assim como nos estudos de viabilidade econômico-financeira e modelos de negócios inclusivos.

Raíssa Nunes dos Santos

Bacharel em Engenharia de Bioprocessos e Biotecnologia (Universidade Estadual do Rio Grande do Sul). Mestre em Microbiologia Agrícola e do Ambiente (Universidade Federal do Rio Grande do Sul) e doutorado em andamento no mesmo programa de pós-graduação. Tem como experiências na área da pesquisa: análises físico químicas e genotoxicidade aplicada a corpos hídricos, identificação de vírus utilizando técnicas moleculares, cultivo celular, isolamento de vírus, identificação de novos vírus gigantes e metagenômica aplicada a identificação de vírus em animais silvestres. Participou de evento na Universidade de Edimburgo obtendo destaque no planejamento de um protótipo de diagnóstico para detecção de resistência antimicrobiana.

Rosane Lopes Crizel

Bacharel em Química de Alimentos pela Universidade Federal de Pelotas. Mestre e Doutora em Ciência e Tecnologia de Alimentos pela Universidade Federal de Pelotas, na linha de pesquisa em Ciência e Tecnologia de Frutos e Hortaliças.

Tiago Collares

Possui bacharelado em Ciências Biológicas modalidade Biotecnologia, bacharelado em Medicina Veterinária, Mestrado e Doutorado em Biotecnologia pela Universidade Federal de Pelotas. Pós-doutorado como Professor Visitante pela University of Illinois, nos Estados Unidos, atuando na Modelagem de Genomas para o desenvolvimento do modelo animal ao estudo do câncer (Oncopig). Membro afiliado da Academia Brasileira de Ciências na área de Ciências Biomédicas. Professor Associado da UFPel atuando como docente permanente no Programa de Pós-Graduação em Biotecnologia (PROEXCapes 7). Bolsista de produtividade DT nivel 1B-CNPq.

Vanessa Galli

Graduada em Ciências Biológicas Bacharelado pela Universidade Federal de Pelotas (UFPel), mestre em Biotecnologia pela UFPel e doutora em Biologia Celular e Molecular pela Universidade Federal do Rio Grande do Sul. Atualmente é professora da UFPel nos cursos de Graduação em Biotecnologia e Pós-Graduação em Biotecnologia (PPGB), em Ciência e Tecnologia de Alimentos (PPGCTA) e em Fisiologia Vegetal (PPGFV). Coordena o Grupo de Pesquisa em Genômica Vegetal e o Laboratório de Biotecnologia Celular e Molecular Vegetal da UFPel onde realiza pesquisa nas áreas de Biotecnologia Vegetal, Fisiologia Vegetal e Biologia Celular e Molecular.

Vinicius Farias Campos

É Biólogo (2007), Mestre (2009) e Doutor em Biotecnologia (2011) pela Universidade Federal de Pelotas (UFPel). É Professor Associado do Centro de Desenvolvimento Tecnológico (CDTec) da UFPel no curso Graduação em Biotecnologia. É docente permanente do Programa de Pós-Graduação em Biotecnologia, em nível de excelência, nota 7 CAPES e participa também do emergente Programa de Pós-Graduação em Bioquímica e Bioprospecção (PPGBBio), ambos da UFPel. É Bolsista de Produtividade Desenvolvimento Tecnológico e Extensão Inovadora do CNPq no Programa de Biotecnologia desde 2014. Foi agraciado duas vezes com o Prêmio CAPES de Tese, em 2012 como autor e em 2021 como orientador, ambas premiações na área de Biotecnologia.

William Borges Domingues

Bacharel em Ciências Biológicas (UFPel), Mestre e Doutor em Biotecnologia (PPGBiotec UFPel), Prêmio CAPES de Tese 2021 na área de Biotecnologia. Atualmente atua como Bolsista CAPES de Pós-Doutorado junto ao Laboratório de Genômica Estrutural (Centro de Desenvolvimento Tecnológico – Universidade Federal de Pelotas).

Yohanna Evelyn Miotto

Possui graduação em Engenharia de Bioprocessos e Biotecnologia (2013) pela Universidade Estadual do Rio Grande do Sul, mestrado em Fitotecnia com ênfase em Melhoramento e Biotecnologia Vegetal (2016) e doutorado em Genética e Biologia Molecular (2020) pela Universidade Federal do Rio Grande do Sul. Atualmente é pós-doc no Max Planck Institute for Plant Breeding Research em Köln, Alemanha.

APRESENTAÇÃO

O livro Bioprocessos e Biotecnologia foi inspirado nas demandas dos discentes do curso de Engenharia de Bioprocessos e Biotecnologia da UERGS, nas suas diversas áreas de interesse e atuação, mas será de grande utilidade para alunos de todas as áreas afins. Sabe-se que o conhecimento, adquirido por meio da educação, é o alicerce para transformação de uma Sociedade e construção de uma Nação.

Na UERGS, o Curso Superior de Engenharia de Bioprocessos e Biotecnologia teve sua origem em 2002, através da elaboração de um curso de engenharia inovador no Estado do Rio Grande do Sul. Na ocasião foram avaliadas as tendências de ensino no campo tecnológico, mais especificamente no campo biotecnológico, buscando formar profissionais qualificados e comprometidos, social e eticamente, com o desenvolvimento regional, com suas habilitações e especialidades científicas voltadas, fundamentalmente, para as questões ambientais e, posteriormente, abrangendo as questões industriais.

Atualmente, o Projeto Pedagógico do curso de Engenharia de Bioprocessos e Biotecnologia da UERGS busca oferecer uma formação consistente com as atuais demandas profissionais e sociais, através da qual é propiciada ao aluno, a possibilidade de articulação das diferentes áreas de conhecimento, apresentada na Matriz Curricular em três segmentos: Eixo Ambiental, Eixo Bioindustrial e Eixo Biotecnológico. Os eixos foram estruturados na tentativa de contemplar a ampla gama de áreas que atualmente compõem a Engenharia de Bioprocessos e Biotecnologia. A celeridade do avanço biotecnológico nos dias atuais demanda profissionais com habilidades, competências e conhecimentos atualizados e especializados.

O curso de Engenharia de Bioprocessos e Biotecnologia é multidisciplinar, e até o presente momento há uma carência de bibliografias específicas para esta graduação que tragam informações que encerrem e inter-relacionem as disciplinas da matriz curricular. Um bom livro didático, bem empregado pelo professor, certamente é um recurso valioso para ajudar os acadêmicos a avançar em seus conhecimentos.

Movido pelo sentimento de educadores, os editores elaboraram essa obra que reúne 13 capítulos interessantes, contemplando preceitos didáticos-científicos importantes para a formação profissionalizante do engenheiro de bioprocessos e biotecnologia, bem como para estudantes e profissionais de cursos afins. Sendo assim, nesse livro foram especialmente incluídos temas que são de grande relevância, desde a engenharia de produção, recuperação e purificação de bioprodutos, as biotransformações, passando pela microbiologia ambiental, a biotecnologia aplicada, a bioenergia, e a biorrefinaria, atingindo tópicos específicos sobre enzimas, edição genômica, vacinas, tecnologias inovadoras, engenharia genética e toxicológica.

Na expectativa que esta obra possa ser uma valiosa fonte de consulta à comunidade acadêmica e aos profissionais interessados, os editores e também os autores esperam proporcionar uma leitura enriquecedora, que sirva como ponto de partida para o estudo mais aprofundado de cada tema abordado nos diferentes capítulos.

PREFÁCIO

A biotecnologia e os bioprocessos são ciências relacionadas, sendo importantes para o progresso econômico e o bem-estar da sociedade. As suas aplicações são diversas, incluindo metodologias empregadas ao desenvolvimento de microrganismos para o processamento e transformação de biomassa em biocombustíveis e bioprodutos; produção em larga escala de metabólitos secundários relevantes para as indústrias alimentícia, cosmética e farmacêutica; desenvolvimento de terapias celulares, como, por exemplo, as que utilizam células-tronco na regeneração de tecidos e para o tratamento de doenças; otimização de processos para produção de anticorpos monoclonais e de vacinas; uso da nanotecnologia; produção de biopolímeros recicláveis e biodegradáveis, dentre inúmeras outras aplicações.

Assim, com muita alegria recebi o convite dos organizadores Dr. Fernando Santos, Dra. Ana Lúcia Kern, Dra. Jane Marlei Boeira e Dr. Odir Dellagostin, para prefaciar a primeira edição da obra **BIOPROCESSOS & BIOTECNOLOGIA**. O principal objetivo deste livro é apresentar aos leitores temas relevantes relacionados aos Bioprocessos e à Biotecnologia, de forma simples, acessível e condensada. Apesar da existência de excelentes referências em inglês, são escassas as bibliografias em português que abordem esses temas.

Nesse contexto, os organizadores procuraram abordar esse assunto tão abrangente de forma didática em 13 capítulos. Os primeiros capítulos apresentam temas introdutórios, com a definição de termos que auxiliam na compreensão dos textos. A seguir, são expostos os principais modelos metabólicos utilizados por microrganismos de interesse ambiental, análises de processos enzimáticos e microbiológicos por meio de balanços materiais.

Na sequência, são apresentadas as principais operações unitárias utilizadas nos bioprocessos, incluindo os princípios da purificação de biomoléculas. Por fim, são abordados temas relacionados à moderna biotecnologia e as suas aplicações. Alguns temas são polêmicos, seja porque despertam apreensões em relação à segurança dos procedimentos, seja porque nos exigem uma reflexão ética sobre suas aplicações. A biotecnologia relacionada à saúde ligada ao desenvolvimento de vacinas, por exemplo, desencadeia grandes discussões principalmente devido ao seu amplo uso e rápida disponibilização com o surgimento de novos surtos ou pandemias. O objetivo é que os temas abordados auxiliem os leitores a construir uma sólida base de conhecimento sobre Bioprocessos e Biotecnologia.

É uma grande notícia a publicação deste importante e compreensivo livro, elaborado por renomados professores e pesquisadores em cada um dos temas abordados. Espero que esta publicação seja uma fonte de conhecimento e aprendizado para todos aqueles que tenham interesse em informar-se e aprofundar um pouco mais seus conhecimentos sobre as áreas de Bioprocessos e Biotecnologia.

Boa leitura!

João Antonio Pegas Henriques
Programas de Pós-Graduação em Biotecnologia e em Ciências Médicas, Universidade do Vale do Taquari – UNIVATES, Lajeado/RS, Brasil
Departamento de Biofísica/Centro de Biotecnologia, Universidade Federal do Rio Grande do Sul – UFRGS,
Porto Alegre/RS, Brasil

SUMÁRIO

• • •

• • •

•••

•••

• • •

•••

CAPÍTULO 11 - EDIÇÃO GENÔMICA NA ENGENHARIA GENÉTICA ANIMAL E SUAS APLICAÇÕES 301

•••

CAPÍTULO 12 - ENGENHARIA GENÉTICA DE PLANTAS 331

CAPÍTULO 1

INTRODUÇÃO À BIOENERGIA

Fernando Santos
Paulo Eichler
Grazielle Dias Machado

1. INTRODUÇÃO

Em um contexto mundial com crescente demanda por energia e combustíveis, assim como uma busca por processos mais sustentáveis baseados em fontes renováveis, surge a bioenergia. O conceito de bioenergia, de forma simplificada, pode ser denominado como energia proveniente de biomassa, ou seja, energia (elétrica, térmica e biocombustíveis) a partir de matéria orgânica de origem vegetal e animal. Em nível mundial, a energia de fontes fósseis ainda representa grande parte da demanda, com mais de 80% da oferta interna de energia (carvão, petróleo e gás natural) (EPE, 2020). No Brasil, a matriz energética é considerada uma das mais limpas do planeta, sendo que mais de 45% da oferta interna de energia atual é renovável. Uma das razões principais é a importância da bioenergia na matriz energética brasileira, representando mais de 30% (cana-de-açúcar, carvão, lenha e biogás) da oferta interna de energia.

Um dos maiores exemplos mundiais de sustentabilidade energética é mostrado através de uma das culturas mais relevantes no Brasil, a cana-de-açúcar, que sozinha representa mais de 18% da oferta interna de energia. Essa cultura representa a alta produtividade energética que é possível retirar da biomassa com os devidos processos de conversão da biorrefinaria. No caso da cana, pode-se obter bioenergia de seus produtos (biocombustível – etanol) do caldo e a partir do seu resíduo; etanol de segunda geração a partir da biomassa celulósica; energia térmica e elétrica a partir de processos térmicos com bagaço e palha; e biogás, biometano e energia elétrica e térmica a partir da vinhaça e torta de filtro (resíduos do processamento de cana-de-açúcar). No Brasil, são estimados 8,6 milhões de hectares de área plantada de cana, sendo o maior produtor mundial dessa biomassa (CONAB, 2020). Outra biomassa energética de grande relevância é a madeira de Eucalipto, que no ano de 2020 representou um total aproximado de 80 mil hectares de área plantada (IBGE, 2021). Além das principais biomassas energéticas o Brasil ainda possui condições edafoclimáticas favoráveis para uma gama gigante de culturas energéticas, assim como resíduos de culturas produtivas, de alto potencial para bioenergia como: capim elefante, milho, soja, trigo, pinus, arroz, entre outras.

Para obtenção da bioenergia da forma mais eficiente, é necessário, além de um entendimento profundo da caracterização da biomassa, uma compreensão dos diferentes processos e rotas tecnológicas de conversão da biomassa. De maneira geral, existem três principais rotas de conversão de biomassa: rota química, rota bioquímica e rota térmica. Cada rota possui os processos mais adequados dependendo do tipo de biomassa e quais produtos finais se deseja obter. Processos da rota química usam de reações químicas para conversão da biomassa em produtos (ex.: produção de biodiesel). Processos da rota bioquímica se utilizam de reações biológicas e bioquímicas para conversão da biomassa em produtos (ex.: produção de etanol). Por fim, processos da rota térmica usam, principalmente, altas temperaturas como fonte principal de reação e conversão de biomassa em produtos (ex.: gaseificação, pirólise e combustão). A partir dessas principais rotas é possível obter bioenergia com a conversão da biomassa. Portanto, o objetivo principal deste capítulo é mostrar ao leitor, de forma breve, qual a relevância da bioenergia em um panorama global, assim como apresentar quais as principais fontes de biomassa energética e possibilidades de conversão da biomassa em produtos energéticos de alto valor agregado.

2. MATRIZ ELÉTRICA E A POTÊNCIA INSTALADA PELA BIOENERGIA

A bioenergia, amplamente caracterizada como energia de biomassa, possui grande impacto global na oferta de energia no mundo. A bioenergia está incorporada, de forma complexa, com diversos sistemas de biomassa, como produção de alimentos, produtos agrícolas, agroindústria, forragens, fibras e produtos florestais. Nestes casos, o gerenciamento de resíduos, visando combater desperdícios, mostra que o aproveitamento energético, dentro do contexto de bioenergia, se apresenta como uma solução de impacto ambiental, social e econômico positivos. Na bioenergia são encontradas diversos conjuntos de tecnologias que permitem sua aplicação em diversos setores industriais. As principais tecnologias que permitem o aproveitamento energético de biomassa são: combustão, torrefação, pirólise, gaseificação e biodigestão. Bioenergia, como definido pela Associação Mundial de Bioenergia (WBA) se refere ao uso de *commodity* biológica (ou biomassa) usada especificamente para finalidade energética. O uso de energia implica o uso de biomassa para geração de eletricidade e calor e a conversão de biomassa em produtos secundários, como biocombustíveis, para uso no setor de transporte. Para a bioenergia, o conteúdo energético do combustível é considerado energia primária (MATOS et al., 2020; FAAIJ et al., 2011; WBA, 2020).

Em um panorama mundial, atualmente os combustíveis fósseis ainda dominam o mercado de oferta de energia, com aproximadamente 81% da oferta mundial em 2018, contando com petróleo, carvão e gás natural. As fontes renováveis como solar, hidroelétrica, geotérmica, eólica e biomassa representaram apenas 13,8% da oferta interna mundial em 2018. Mesmo com crescimento impressionante de 2,4% anual desde 2000, as fontes renováveis ainda necessitam muito esforço para alcançar a crescente demanda mundial (WBA, 2020).

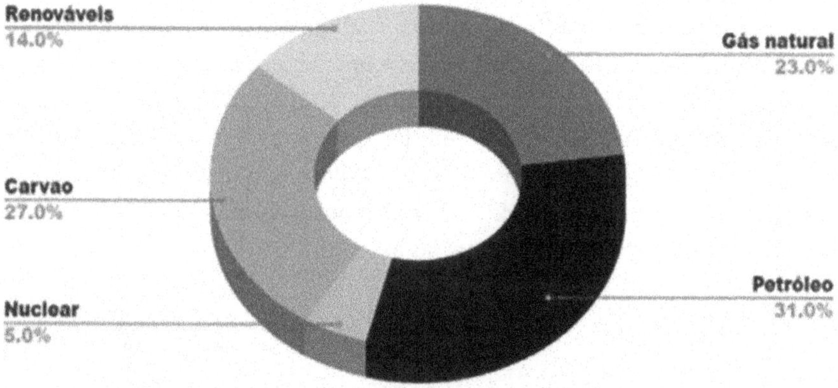

Figura 1 Oferta interna de energia mundial por fonte
Fonte: Adaptado de WBA, (2020).

O carvão é um contribuinte significativo para o mix global de eletricidade. Em 2018, 38% da eletricidade produzida globalmente, era proveniente de fontes à base de carvão com um total de mais de 10.000 TWh. Em 2018, 26.730 TWh de eletricidade foram gerados globalmente, com as energias renováveis tendo uma participação de 25,8%, impulsionado principalmente pelo aumento do uso de energia solar e eólica e contribuição significativa de energia hidrelétrica e biomassa. O setor tem apresentado crescimento expressivo com crescimento anual de mais de 4,8% durante 2000-2018, maior do que qualquer outra fonte de energia, incluindo carvão e gás (WBA, 2020).

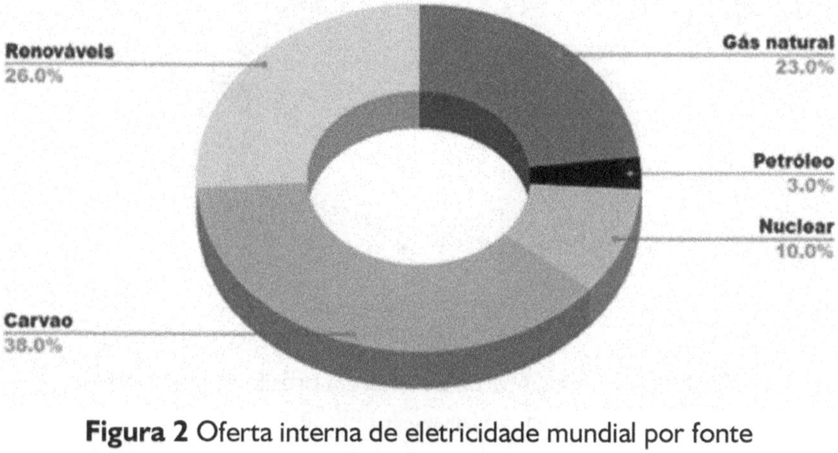

Figura 2 Oferta interna de eletricidade mundial por fonte
Fonte: Adaptado de WBA, (2020).

Em comparação com a média mundial, assim como a média dos países da OCDE, energia de fontes renováveis representa quase metade da oferta interna de energia no Brasil. Em 2018 a fonte de energia renovável representou 45,5% da oferta interna de energia no Brasil, sendo que ainda cresceu 0,6% no ano de 2019 (EPE, 2020). Isso mostra o quanto a matriz energética brasileira já está construída com uma base sólida em fontes renováveis de energia. A tendência mundial, muito pautada em um impulso de mudança de fontes fósseis para renováveis, apresenta o Brasil como um exemplo a ser seguido, não somente pelo percentual da oferta interna de energia sendo de fontes renováveis, mas também pela manutenção e crescimento desse percentual ao longo do tempo.

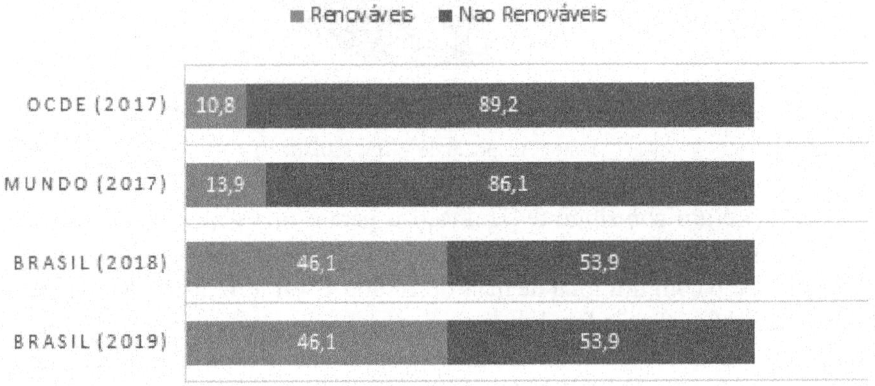

Figura 3 Divisão da oferta interna de energia por fonte
Fonte: EPE, 2020.

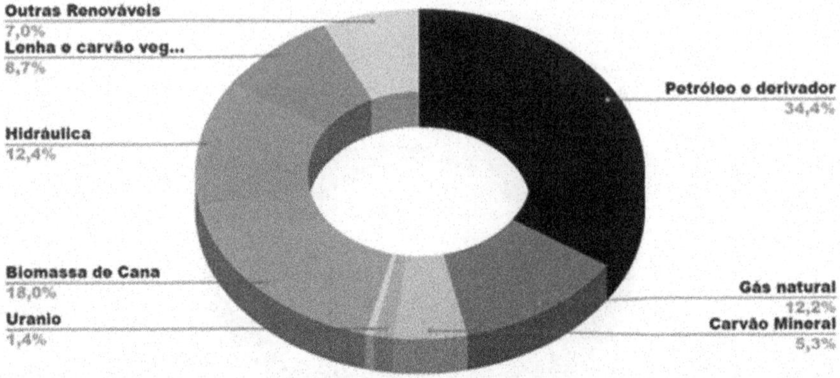

Figura 4 Oferta interna de energia brasileira por fonte
Fonte: Adaptado de EPE, 2020.

A EPE, em seu Plano Nacional de Energia para 2050, afirma que "O potencial nacional para incremento da produção de biomassa é bastante significativo e o país tem condições de aumentar a participação de biocombustíveis no mercado doméstico e internacional de maneira sustentável" (MME, 2018). Um dos maiores exemplos mundiais de utilização de biomassa para energia é a cana-de-açúcar. No Brasil, 18% da oferta interna de energia atualmente é suprido pela cana-de-açúcar, que contribui para o índice não somente com energia de combustível (etanol), como também com o uso de bagaço, palha, vinhaça e torta de filtro como fonte de bioenergia. O bagaço e a palha podem ser usados como fonte direta, através de combustão, gaseificação ou pirólise. Já a torta de filtro e vinhaça podem ser utilizadas para biodigestão, com produção de biogás e utilização como fonte de energia (MATOS et al., 2020). É esperado que nos próximos anos, a demanda por biocombustíveis aumente no setor de transportes, principalmente devido a iniciativas como a Política Nacional de Biocombustíveis (RenovaBio), que entrou em vigor no início de 2020. Essa política, entre outras coisas, visa: contribuir para regularidade do abastecimento de biocombustíveis; contribuir para a participação competitiva de diferentes biocombustíveis no mercado nacional; criar um mercado de créditos de carbono (CBIO), fomentando seu uso no Brasil e viabilizando projetos de impacto ambiental positivo. No setor elétrico, o aumento do uso de biomassa, assim como fomento de biocombustíveis, faz crescer o interesse em uso de resíduos como palhas e folhas, que podem ser recolhidos do campo para aproveitamento energético. No entanto, tal esforço requer planejamento para que seja viabilizado o custo de coleta, assim como o correto manejo do solo.

3. PRODUÇÃO DE BIOMASSA ENERGÉTICA

Graças à agricultura, o Brasil tem um dos sistemas de produção de energia mais limpos do planeta. A energia renovável gerada apenas pela biomassa responde por mais de 30% da produção brasileira de energia. Representa, no mínimo, 75 milhões de toneladas equivalentes de óleo (TEP) por ano em agroenergia (MME, 2020). Ou seja, a energia solar é transformada em energia química pelas plantas por meio da fotossíntese e armazenada nos caules e folhas ou na gordura animal, que são alimentados pelas plantas. Essa energia química pode ser convertida em combustível líquido (biodiesel, etanol), sólido (lenha, carvão) e/ou gasoso (biogás) (SANTOS et al., 2020).

A eficiência da agroenergia acontece com culturas tropicais, onde os ciclos de produção são longos. Isso permite que as plantas acumulem mais energia química. Nos países temperados, o clima limita a atividade fotossintética até 120 dias por ano, como é o caso das lavouras de ciclo curto – trigo, aveia, milho e oleaginosas. Para cana-de-açúcar, florestas energéticas e outras culturas tropicais de ciclo longo (mandioca, dendê, pastagem) a fotossíntese é praticamente constante ao longo do ano. Além disso, as safras de ciclo longo ocupam a terra por vários anos até serem renovadas, enquanto as safras de ciclo curto precisam ser plantadas anualmente com maior consumo de combustível fóssil no preparo da terra, problemas de erosão etc. (GUERRA et al., 2020; SANTOS et al., 2020).

O setor agroenergético brasileiro é um dos mais rentáveis e sustentáveis do planeta, devido ao uso de tecnologias inovadoras de mecanização, fertilização, controle de pragas e doenças, reciclagem de resíduos, entre outras. Neste contexto, algumas culturas se destacam no Brasil, tanto pelo volume de produção quanto pela qualidade e benefícios explorados em bioenergia. As principais biomassas do Brasil para uso primário em bioenergia são cana-de-açúcar, Eucalipto, Pinus, capim elefante, entre outros. E como fonte secundária, ou seja, com uso de seus resíduos, as principais culturas do Brasil são soja (palha), milho (palha e sabugo), arroz (casca) e lixívia (resíduo da indústria de celulose), além dos resíduos de culturas que já estão citadas nas fontes primárias (palha de cana, bagaço de cana, restos de processamento de madeira etc.) (EPE, 2020; GUERRA et al., 2020; SANTOS et al., 2020).

3.1. Cana-de-açúcar

A cana-de-açúcar é uma planta originária da Oceania (Nova Guiné) e da Ásia (principalmente Índia e China) e foi trazida pelos portugueses para o Brasil no período colonial, especificamente para a produção de açúcar. A cana-de-açúcar apresenta ciclo fotossintético C4, sendo caracterizada como gramínea perene, ereta (medindo entre 2 e 5 metros) (CORTEZ et al., 2020). O Brasil é o país líder na produção de cana-de-açúcar, tanto para energia quanto para produção de açúcar. A maior parte dela é plantada relativamente perto do Trópico de Capricórnio, pois a planta rende melhor com verões quentes e úmidos e invernos mais frios e secos. A parte aérea da planta é basicamente composta por diversos caules constituídos por fibras (celulose, hemicelulose e lignina) e açúcares (sacarose, frutose e lactose) e contém mais de 80% da água da planta – e as folhas – compostas por folhas verdes e folhas secas, comumente chamadas de palha.

O comumente chamado "lixo" é um resíduo originado da fase agrícola da produção de açúcar e álcool. É constituído por folhas verdes e secas e alguns caules (localizados no topo da planta) deixados no solo após a colheita mecanizada. Além disso, fragmentos de caules e outros restos de plantas na superfície do terreno são considerados parte da palha ou do lixo (MICHELAZZO & BRAUNBECK, 2008). O bagaço – resíduo da fase industrial – é o termo utilizado para designar a fração de massa residual obtida após o processo de moagem.

Quanto à composição da cana-de-açúcar, os três principais componentes (palha, bagaço e açúcar) apresentam praticamente as mesmas proporções e juntos respondem por 42,5% do teor de massa da planta; os restantes 57,5% são representados por água. Em termos energéticos, verifica-se a mesma proporcionalidade e confere à cana-de-açúcar um conteúdo energético da ordem de 7.400 MJ por tonelada de cana Tabela 1.

Tabela 1 Composição mássica e energética dos três principais componentes da cana-de-açúcar (em base seca).

Componentes	Conteúdo mássico		Conteúdo energético	
	[kg/t]	*[%]*	*[MJ]*	*[%]*
Palha	140	32,90%	2500	33,80%
Bagaço	135	31,80%	2400	32,40%
Açúcar	150	35,30%	2500	33,80%
Total	*425*	100,00%	*7400*	100,00%

Fonte: Adaptado de SANTOS, 2019.

A palha e o bagaço são compostos principalmente de carbono e oxigênio, que juntos respondem por aproximadamente 90% da massa seca dos componentes, e estão presentes nas mesmas proporções, ou seja, palha e bagaço são produtos com composições químicas semelhantes. O material lignocelulósico da cana-de-açúcar (fibras) é composto por celulose, hemicelulose e lignina, que juntos representam 11% a 16% da matéria seca (CORTEZ et al., 2020; SANTOS et al., 2013) em diferentes concentrações na palha e no bagaço. O caldo produzido após o esmagamento da cana é uma solução composta basicamente por água e açúcares (principalmente sacarose), que juntos podem totalizar 99% do caldo. Existem também outros componentes em baixa concentração, como sólidos orgânicos (aminoácidos, gorduras, ceras, corantes, ácidos etc.) e sólidos inorgânicos (SiO_2, K_2O, P_2O_5, CaO, MgO, Na_2O, Fe_2O_3, SO_3 e Cl), que juntos representam o 1% restante.

O cultivo da cana-de-açúcar para bioenergia merece destaque especial, dado o bom desempenho vegetativo da planta. Observa-se que uma tonelada de cana-de-açúcar (colmo + bagaço) equivale a 0,17 tonelada de petróleo. Portanto, considerando um rendimento médio de 80 toneladas de colmos mais 20 toneladas de palha por hectare (aproximadamente 42,5 toneladas de matéria seca), a produção do campo pode chegar a 730 GJ por hectare, ou 17,4 toneladas de petróleo. Isso significa que levando em consideração a safra 2019/2020 de 615,98 milhões de toneladas de cana-de-açúcar (CONAB, 2020), a produção bruta de energia nos canaviais brasileiros pode ter atingido cerca de 52 milhões de tep (toneladas equivalente de petróleo) (MME, 2020).

No entanto, apesar do sucesso do programa brasileiro de produção de açúcar e etanol, o uso da energia primária da cana-de-açúcar na forma de etanol combustível e eletricidade apenas 26% da energia presente na cana é útil.

Figura 5. Isso se deve a processos ineficientes ou ao não aproveitamento do bagaço e da palha na produção do excedente de energia elétrica ou etanol.

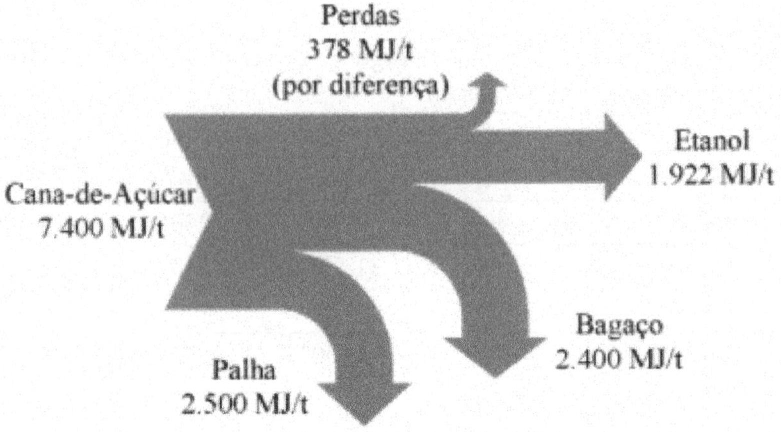

Figura 5 Diagrama de Sankey – Conversão da energia primária da cana-de-açúcar.

Fonte: SANTOS, 2013.

3.2. Espécies florestais

O conceito de Florestas Energéticas foi introduzido na década de 80 para definir as plantações florestais com grande número de árvores por hectare e, consequentemente, de curta rotação, que tinham como finalidade a produção do maior volume de biomassa por área em menor espaço de tempo. Em 1979, conforme Coscarelli (2001), apud Santos (2013), foi introduzido o conceito de florestas superadensadas, plantando até 40.000 mudas por hectare, quando o tradicional era de apenas 2.000 mudas. Entretanto, essas experiências não apresentaram os resultados esperados, em razão do pouco conhecimento técnico, da qualidade do material genético e do baixo desenvolvimento da silvicultura na época. Esse período foi marcado, essencialmente, por maioria de plantios com baixa produtividade e grande mortalidade, além dos impactos sobre a fertilidade e umidade do solo.

Atualmente, com os avanços tecnológicos alcançados no campo da silvicultura, tanto em termos de manejo e condução da floresta quanto do desenvolvimento de material genético selecionado (clones), são observados altos índices de produtividade em florestas estabelecidas em espaçamentos de 3,0 m x 2,0 m a 3,0 m x 3,0 m. Em função de sua grande plasticidade ambiental, altos índices de produtividade e características energéticas (densidade da madeira e poder calorífico), o gênero Eucalyptus é o mais utilizado para a implantação de florestas para fins energéticos. Outra espécie importante, bastante difundida na região sul do país para produção de carvão vegetal, celulose e tanino é a acácia-negra (*Acacia mearnsii*). A pesquisa científica tem alcançado resultados significativos em experimentos com acácia, indicando que se trata de uma espécie bastante promissora para produção de biomassa energética (COUTOR & MULLER, 2013).

O gênero *Eucalyptus*, originário da Austrália, possui mais de 700 espécies, tendo sido introduzido no Brasil em 1904, com a finalidade de produção de lenha e de dormentes, pela Companhia Paulista de Estradas de Ferro (ANDRADE, 1928). O gênero tem sido apontado como uma das melhores opções para a produção de energia, devido, principalmente, ao grande número de espécies, o que possibilita ampla distribuição ecológica, favorecendo a sua introdução em várias regiões com diferentes condições edafoclimáticas. Por outro lado, essa grande dimensão do gênero possibilita o seu uso para os mais variados fins, como madeira serrada, postes, laminação, fabricação de laminados e compensados e de chapas de fibras e de aglomerados, moirões de cerca, lenha, carvão vegetal, celulose e óleos essenciais. Do mesmo modo, a sua produtividade e as características de sua madeira tornam o gênero Eucalyptus uma das melhores alternativas para a produção de biomassa destinada à geração de energia. No Sudeste do Brasil, as espécies mais difundidas são *Eucalyptus grandis*, *E. saligna*, e *E. urophylla*. Atualmente, com os programas de melhoramento genético e clonagem, estão sendo utilizados clones híbridos interespecífcos de *E. grandis* x *E. urophylla* e outros, que, além de conterem as características mais desejáveis à produção do insumo energético, apresentam maior plasticidade ambiental (COUTOR & MULLER, 2013).

O gênero Acacia possui aproximadamente de 700 a 800 espécies. São originárias das savanas da Austrália e da África, Índia e América do Sul (CALDEIRA et al., 2001). Crescem bem em regiões de clima mais ameno e em altas latitudes. Desenvolvem-se em regiões de baixa precipitação média anual (500 a 800 mm). Toleram solos pobres e profundos. A Acacia mearnsii é uma das principais espécies cultivadas na região sul do país. A madeira é densa (0,7 a 0,85 g/cm^3) e o poder calorífico varia de 3.500 a 4.000 kcal/kg, podendo chegar a 4.800 a 4.900 kcal/kg, produzindo lenha e carvão de excelente qualidade. O teor de cinzas não passa de 1,5%. O carvão produzido apresenta densidade de 0,3 a 0,5 g/cm3 e poder calorífico em torno de 6.600 kcal/kg. Atualmente, no Brasil está sendo usada para produção de tanino a partir da casca, sendo a madeira utilizada para a fabricação de celulose, chapas de aglomerado e energia (SANTOS et al., 2013).

Figura 6 a) povoamento de Acacia mangium com mais de 20 anos em Roraima e, b) povoamento de Eucalipto clonal para energia na Bahia

Fonte: Adaptado de SANTOS, 2013.

3.3. Outras culturas energéticas

Principalmente, olha-se no brasil para culturas como cana-de-açúcar e espécies florestais como principais fontes de biomassa para bioenergia. No entanto, com o avanço de pesquisas em outros tipos de biomassa, algumas culturas como capim elefante vem obtendo maior visibilidade na produção de bioenergia. Há um grande esforço por parte da comunidade científica para desenvolvimento e viabilização de novos processos que aproveitam resíduos lignocelulósicos, assim como o capim elefante, para produção de ativos bioenergéticos como biocombustível e bioenergia (SANTOS et al., 2012).

Devido ao seu curto período de produção, o capim elefante possui grande vantagem frente a outras culturas celulósicas e resíduos agrícolas como palha de trigo, palha de milho etc. Também, pelo curto período de cultivo e baixo custo de produção, essa cultura não interfere significativamente na produção de alimentos. O capim elefante é nativo da África, introduzido no Brasil por volta de 1920, e possui alta eficiência na fixação de CO_2 através da fotossíntese, gerando muita biomassa. De acordo com estudos sobre viabilidade de produção de etanol de segunda geração, o capim elefante possui capacidade de gerar 45 toneladas de massa seca por hectare e, com um potencial de geração de etanol 2G de 79 litros por tonelada, é possível esperar uma produção de 3.160 litros de etanol por ano por hectare. De acordo com a mesma pesquisa, isso seria mais que o dobro de produção de etanol de segunda geração por hectare por ano de cana de açúcar (GRASEL et al., 2017). No entanto, como a cana-de-açúcar ainda possui a produção de etanol primário de caldo, ainda possui maior potencial de bioenergia. Mas o capim elefante, para fins de biorrefinaria, tem se mostrado uma alternativa viável e interessante para um futuro próximo.

4. ASPECTOS AMBIENTAIS DA PRODUÇÃO DE BIOMASSA PARA FINS ENERGÉTICOS

Depois de décadas enfrentando as consequências do uso desenfreado de combustíveis fósseis, tanto para atender à crescente demanda de energia elétrica quanto para demanda de combustíveis, hoje a bioenergia começa a adquirir maior valor perante a sociedade e chefes de estado. As iniciativas observadas na União Europeia, Ásia, Estados Unidos e no Brasil, mostram que a bioenergia se tornou uma solução sustentável e atrativa em diversas condições no mundo. Um exemplo, no Brasil, foi o programa Proálcool, dos anos 70, que gerou massivos investimentos em produção de etanol de cana-de-açúcar. Hoje, possivelmente grande parte do potencial de produção de bioenergia da cultura da cana se deve, em partes, ao incentivo e visão para não criar uma dependência aos combustíveis fósseis, que o Brasil também é grande exportador. Além disso, o Brasil conta com privilegiados recursos naturais em seu território, com condições edafoclimáticas favoráveis para plantio e cultivo de diversas espécies com grande potencial bioenergético (SOUZA, 2020).

Assim, hoje há uma busca por sustentabilidade energética que, em grande parte, pode ser encontrada em soluções de biorrefinaria aliados a culturas de alto valor energético. A sustentabilidade energética pode ser definida como a busca por equilíbrio entre suprimento de necessidade energética e preservação dos recursos naturais, não comprometendo as próximas gerações. Desta maneira, soluções de biorrefinaria para aumento de ativos bioenergéticos se encaixam perfeitamente nos conceitos de sustentabilidade energética. Para tal, deve-se também buscar maior aproveitamento da biomassa em processos de conversão de energia, evitando desperdícios e contribuindo para a sustentabilidade energética.

Quanto à produção de biomassa energética, muitos estudos ecológicos da agricultura brasileira olham exclusivamente para o impacto ambiental dos sistemas de produção, sem considerar as áreas em propriedades rurais que não são exploradas e mantidas com vegetação nativa pelos agricultores, interagindo com áreas agrícolas vizinhas. No Brasil, é reservado uma parcela do terreno do empreendimento para que tenha área de preservação ambiental de mata nativa. O impacto ambiental em áreas exploradas e preservadas é permanente e dinâmico, podendo ser positivo ou negativo. A compreensão dos processos ambientais na agricultura não pode desconsiderar essa perspectiva da presença de áreas exploradas e preservadas nas propriedades rurais. Essa perspectiva mais abrangente e completa da propriedade rural possibilita compreender o que interessa ao agronegócio brasileiro, sua dimensão territorial e sua organização econômica, agronômica e tecnológica. Entretanto, essa análise é insuficiente se limitada a amostras de propriedades rurais. Tanto as áreas preservadas quanto as permanentes adquirem outra dimensão quando consideradas na escala da paisagem, das bacias hidrográficas, da região, do bioma, do país e até do planeta. Levantamentos em várias escalas da dimensão territorial da agricultura, de local a global, representam um grande desafio científico (MIRANDA & FONSECA, 2020; WELFLE et al., 2020)(SOUZA, 2020).

5. CONVERSÃO DA BIOMASSA EM CALOR E ENERGIA

Os processos para conversão de biomassa em ativos energéticos são diversos e normalmente divididos em diferentes rotas tecnológicas: Rota térmica, Rota química e Rota bioquímica (RABELO et al., 2020). De maneira geral, processos da rota química usam de reações químicas para conversão de biomassa em ativos energéticos, por exemplo, transesterificação de óleos para produção de biodiesel. Processos de rota bioquímica são aqueles que usam processos biológicos para obter produtos energéticos, como fermentação alcoólica para produção de etanol ou biodigestão para produção de biogás. No entanto, para produção de ativos energéticos, as tecnologias mais comumente usadas são aquelas da rota térmica, como combustão, pirólise e gaseificação, que se utilizam de processos em temperaturas elevadas para produção de ativos energéticos.

Para a escolha da melhor rota de conversão, assim como o processo mais adequado, é necessário primeiramente o conhecimento da biomassa disponível para a conversão. Normalmente, biomassas não-lenhosas possuem baixo teor de lignina, o que diminui seu poder calorífico para obtenção de ativos energéticos via rota térmica, comparado com biomassas lenhosas. Também, biomassas com alto teor de umidade, como é o caso de resíduos agroindustriais, possuem baixo poder calorífico, sendo por vezes necessário uma etapa de pré-tratamento como secagem, que demanda alta quantidade de energia. Portanto, para algumas biomassas com alto teor de umidade, processos como digestão e fermentação podem ser mais adequados. A Figura 7 apresenta, de modo geral, diferentes processos de conversão de ativos energéticos em relação ao tipo de biomassa disponível.

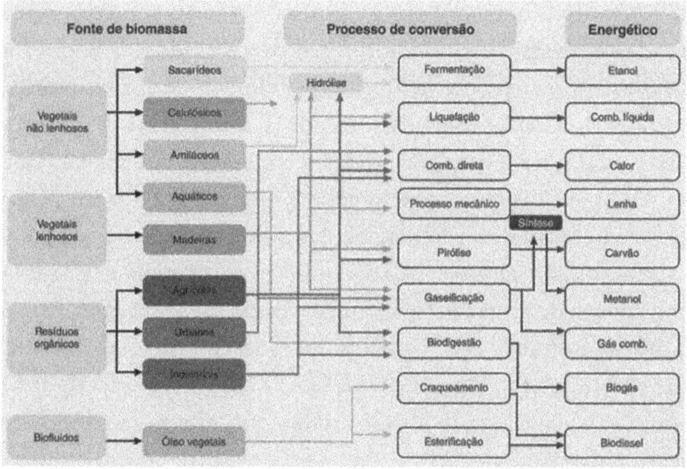

Figura 7 Resumo de processos de conversão de biomassa, por fonte, em ativos energéticos

Fonte: Atlas de Energia Elétrica do Brasil, (ANEEL, 2008).

A diversidade de processos atualmente usados, nas diferentes rotas de conversão (térmica, química e bioquímica), é vasta. No entanto, dependendo do tipo de biomassa, pode-se selecionar os processos que potencialmente geram maior quantidade de ativos energéticos. Para o caso de biomassa lenhosa, produzida para energia, como é o caso da madeira, processos de rota química tendem a produzir melhores resultados. Para biomassa lenhosa, os processos mais comumente usados são: Combustão, pirólise e gaseificação. A Tabela 2 apresenta as principais fontes de biomassa, principais processos e os produtos energéticos finais obtidos.

Tabela 2 Processos tecnológicos para conversão de diferentes tipos de biomassa em produtos energéticos

Fonte de Biomassa	Processo tecnológico	Bioenergético
Produtos agrícolas: açúcar, óleos vegetais	Fermentação Esterificação	Etanol Biodiesel
Culturas energéticas lenhosas, não-lenhosas e resíduos agroindustriais de baixa umidade (palhas, bagaços e folhas secas)	Densificação Combustão Gaseificação Pirólise	Pellets e briquetes Carvão vegetal Gás combustível Bioóleo Energia (elétrica e térmica)
Resíduos agroindustriais orgânicos de alta umidade	Biodigestão Fermentação	Biogás Etanol Energia (elétrica e térmica)

Fonte: Adaptado de SANTOS, 2013.

Porém, o uso de biomassa residual para conversão energética tem sido uma forte demanda de diversos setores produtivos da agroindústria. Com a geração de resíduos aumentando crescentemente, a possibilidade de aproveitamento energético de resíduos, em inglês conhecido como "Waste-to-Energy", tem se tornado uma prática comum no mundo e, mais recentemente, no Brasil. Para que seja possível o melhor aproveitamento energético dos resíduos, no entanto, é necessário conhecer sua composição para escolha do melhor processo de conversão. Ao contrário da biomassa lenhosa, os resíduos agroindustriais nem sempre obtêm melhor rendimento de ativos energéticos com processos térmicos. Esse é o caso de resíduos com alta umidade como vinhaça de cana-de-açúcar, dejetos de animais e efluentes de agroindústria. Para esses resíduos, a rota de conversão de biodigestão tem-se como mais viável e adequada, produzindo ativos energéticos e tratando adequadamente dos resíduos.

5.1. Combustão

A combustão, de forma geral, pode ser definida como processo de óxido-redução entre um combustível e um comburente, sob uma combinação de fatores que ocorrem simultaneamente, gerando calor (reação exotérmica). As reações da combustão ocorrem em cadeias, gerando produtos intermediários instáveis que são responsáveis pela transmissão de energia. Para que essas reações ocorram, os fatores combustível, comburente e temperatura de ignição devem estar disponíveis. Os combustíveis são aquelas substâncias capazes de reagir com oxigênio, liberando energia térmica (SANTOS et al., 2013). Os comburentes são substâncias capazes de propiciar a existência de chamas, sendo o oxigênio o comburente mais comum, industrialmente utilizado em forma de ar atmosférico. Já a temperatura de ignição é definida como temperatura na qual ocorre o processo de combustão entre o combustível e comburente, estando também relacionado com a pressão da reação. Na Tabela 3, são observados os três elementos principais que relacionam a ocorrência da combustão.

Tabela 3 Características e efeitos que devem ser observados para combustão

Característica	Efeito
Disponibilidade de combustível e oxigênio	A dosagem correta é necessária, preferencialmente com excesso de oxigênio para combustão completa
Contato do combustível com oxigênio	Deve haver o maior contato possível entre combustível e comburente, a fim de facilitar as reações químicas de oxidação

Característica	Efeito
Disponibilidade de tempo e espaço	Para combustão completa, o processo necessita espaço e tempo suficiente para ocorrência das reações
Ocorrência da temperatura de ignição	Deve-se fazer o aquecimento do combustível e comburente até atingir a temperatura de ignição

Fonte: Adaptado de SANTOS, 2013.

De acordo com Macedo (2006), a combustão ocorre em três etapas simultâneas: evaporação da água, queima de compostos voláteis e queima do carbono fixo. Da mesma forma, cada etapa interfere de forma significativa para uma combustão completa e energeticamente favorável. Com a quantidade de umidade elevada, será necessária muita energia para evaporação de água, sobrando menos energia para aproveitamento. Também, como os voláteis se inflamam rápido ao atingir seu ponto de ignição, quanto maior sua composição na biomassa, mais longa a chama, porém mais rápido o combustível é consumido. Para a terceira etapa, quanto maior a quantidade de carbono fixo, mais longamente a combustão irá se estender, visto que a queima é mais lenta comparada com a queima de voláteis (MACEDO, 2006). A Tabela 4 apresenta as principais reações químicas que ocorrem durante a combustão.

Tabela 4 Reações químicas básicas que ocorrem durante a combustão

Conversão	Reação química	Calor de reação (kcal/kg)
Combustão completa do carbono	$C + O_2 \rightarrow CO_2$	8.100
Combustão incompleta do carbono	$C + ½O_2 \rightarrow CO$	2.436
Combustão do hidrogênio	$H2 + ½O_2 \rightarrow H_2O$	33.900
Combustão do enxofre	$S + O_2 \rightarrow SO_2$	2.210

Fonte: Adaptado de SANTOS, 2013.

A combustão é considerada completa quando todos os elementos do combustível que podem se combinar com o oxigênio reagem, não restando, nos produtos da combustão, combustível algum. Ou seja, quando houver oxigênio suficiente para oxidação completa de todos os elementos do combustível. Geralmente, em uma combustão completa, o processo resulta em gases com alto teor de gás carbônico e índices ínfimos de fuligem e monóxido de carbono. Quando a combustão não é completa, irão aparecer maiores teores de produtos de combustão como fuligem e monóxido de carbono. Neste último caso, pode-se esperar que a eficiência do sistema de queima seja reduzida de um ponto de vista de recuperação energética, principalmente por restar ainda monóxido de carbono, que é um gás combustível (SANTOS et al., 2013). De forma geral, os equipamentos projetados para aproveitamento energético de biomassa em combustão preveem uma entrada constante e abundante de oxigênio (na forma de ar atmosférico na maioria dos casos), para obter o maior aproveitamento energético do combustível. Como a combustão é definida principalmente pela constituição do combustível, é de extrema importância conhecer a composição dos constituintes básicos da biomassa lignocelulósica: celulose, hemiceluloses e lignina.

A celulose é o principal constituinte da biomassa de madeira, com cerca de 40-45% de matéria seca. Como principal constituinte, apresenta participação importante da geração de energia por queima direta. O poder calorífico da celulose é cerca de 17,2-17,5 MJ/kg, o que é cerca de 0,7 a 0,8 vezes menor que o poder calorífico da lignina. No entanto, como maior constituinte, acaba contribuindo mais para o panorama geral de aproveitamento de energia que a lignina. Para carvão vegetal, a celulose apresenta pouco rendimento por ser pouco estável termicamente, se degradando em temperaturas usuais de carbonização. O aquecimento da celulose entre 294 e 370°C ocasiona rápida degradação térmica, liberação de gases inflamáveis e formação de um resíduo sólido que é termicamente mais estável. Até 300ºC existe a produção de cerca de 30% de líquidos e 20% de resíduos sólidos. A degradação térmica da celulose produz combustíveis voláteis como acetaldeído, propenal, metanol, butano-diona e ácido acético, que, em contato com oxigênio nas temperaturas de ignição, libera mais calor em combustão exotérmica (SANTOS et al., 2020).

As hemiceluloses são os principais polissacarídeos não celulósicos da madeira. São amorfos e formados por diversos tipos de açúcares, com estrutura ramificada e baixo grau de polimerização. Na constituição da madeira, pode variar a sua composição de hemiceluloses entre 20-30%, porém contribuem apenas a 10% do rendimento de produção de carvão vegetal. Da mesma forma que as celuloses, possuem grande formação de gases voláteis durante a sua decomposição térmica em combustão. Pela ausência de aglomerados cristalinos e ligações de hidroxilas às suas cadeias principais, são mais suscetíveis às reações de degradação térmica. A decomposição da xilana, principal componente das hemiceluloses das folhas, tem maior perda de massa entre as temperaturas de 210 e 390°C (RABELO et al., 2020; SANTOS et al., 2013).

Por fim, o componente que possui maior poder calorífico na madeira é a lignina, um material heterogêneo, ramificado, amorfo e polifenólico. A lignina apresenta um conteúdo carbônico cerca de 50% maior que o encontrado nos polissacarídeos, apresentando grande potencial para aproveitamento térmico. É o componente da madeira que apresenta menor degradação térmica, cujas reações ocorrem lentamente, começando em 160°C, até temperaturas superiores a 450°C. Comumente, em madeiras, compõe cerca de 30% em composição de matéria seca (CORTEZ et al., 2020; SANTOS et al., 2013)

Além dos componentes básicos da biomassa, a umidade, medida de quantidade de água, é muito importante em considerações de aproveitamento energético de biomassa. A presença de água ocasiona a redução do poder calorífico da biomassa, conforme observado na Tabela 5.

Tabela 5 Teores de umidade e poderes caloríficos médios de madeiras

Teor de umidade (%)	Poder calorífico (MJ/kg)
0	18,2
15	15,4
30	13,5
45	11,9
60	10,5
100	8,0
200	4,6

Fonte: Adaptado de SANTOS, 2013.

Essa redução ocorre porque parte do calor gerado é consumido na evaporação da água e aquecimento do vapor até a mesma temperatura dos outros gases. Portanto, a água, assim como os componentes principais da madeira, são quesitos de qualidade na produção de madeira para fins energéticos. O limite da umidade até o qual a combustão é autossustentável é de aproximadamente 65% (base úmida). Acima desse teor, a energia gerada é insuficiente para evaporação de água e aquecimento do vapor.

5.2. Pirólise

A pirólise lenta surge primeiramente como um método de pré-tratamento de madeira, concentrando a quantidade de carbono, aumentando seu poder calorífico. Comumente é visto em produção de carvão vegetal, retirando umidade e matéria volátil com aquecimento em regime de oxigênio controlado, a temperaturas de 350-500°C. A pirólise de madeira origina os mesmos produtos que seriam originados por pirólise separada, ocorrendo de forma simultânea. O processo de pirólise está intimamente ligado aos três principais constituintes da biomassa: Hemiceluloses, celulose e lignina.

A pirólise é apontada como a principal alternativa para o pré-tratamento da biomassa lignocelulósica, principalmente para a conversão de coprodutos (ou resíduos) de biomassa sólida em líquido. A principal característica é a compactação de energia, onde é possível aumentar a densidade de energia em mais de 1.500%. Porém, apesar da existência de diversos estudos sobre esta tecnologia e seus potenciais impactos e benefícios, ainda existem diversos gargalos associados ao seu uso (BASTOS, 2015)

Na pirólise rápida, o mesmo processo da lenta é observado, no entanto, ocorre em condições que favorecem elevados coeficientes de calor da biomassa. Assim, o tempo de residência dos produtos primários de pirólise (2 a 3 segundos) permite maximizar o rendimento de líquidos. O líquido produzido na pirólise rápida é uma emulsão de compostos oxigenados e água. Pode ser marrom escuro (na maioria dos casos), marrom avermelhado (após a filtração do vapor e remoção do carvão) ou verde escuro (presença de altas concentrações de hidrogênio). A emulsão oxigenada é composta por duas fases distintas e insolúveis, definidas como uma fração aquosa leve e uma fração não aquosa pesada. A fração leve (também conhecida como ácido pirolenhoso, extrato ácido ou ácido pirolítico) é composta de compostos de baixo peso molecular e tem uma viscosidade semelhante à água (a 25°C), alta translucidez, coloração laranja, alta acidez, forte odor e alta conteúdo de água. A fração pesada (comumente chamada de bio-óleo ou alcatrão pirolenhoso, óleo de madeira ou óleo de pirólise) é composta de substratos de alto peso molecular e tem alta viscosidade, alta opacidade, cor escura, odor forte e menor presença de água (quando comparado para a fração aquosa) (SANTOS et al., 2013; ZHAO et al., 2020).

O bio-óleo (fração pesada) possui composição química semelhante à biomassa utilizada para sua produção, porém, as propriedades (viscosidade, teor de água, compostos orgânicos, outros) são fortemente influenciadas pela tecnologia de pirólise. e as condições do processo (MEIER & FAIX, 1999). As principais aplicações de bio-óleos são para aquecimento ou produção de vapor (combustão direta em caldeiras, incluindo co-combustão) e produção de eletricidade (turbinas e motores de combustão interna), ou como matéria-prima para biocombustíveis avançados ou produtos químicos (modernização, gaseificação, produtos químicos extração, fracionamento).

O funcionamento típico de uma instalação de pirólise rápida, que utiliza leito de areia fluidizada com os gases, pode ser visto na Figura 8. A preparação da matéria-prima consiste na trituração de biomassa e redução de tamanho (1), secagem da biomassa (2) e moagem final da biomassa (3), para obter um tamanho final de partícula ideal para a operação (entre 2 – 3 mm). Em seguida, a biomassa é estocada (4) em silo para posteriormente ser alimentada no reator de pirólise (5) por sistema de rosca infinita. Depois do processo de pirólise no reator, os produtos são separados, sendo que o carvão é separado por um sistema de ciclone (6) e, em seguida ocorre a separação do líquido, através de contato com sistema de refrigeração e condensação do mesmo (7). A separação de sólidos é realizada em um precipitador eletrostático (8). O gás de pirólise ainda é reciclado parcialmente (9). Os resíduos de carvão e gás são queimados para gerar calor, tanto para o reator de pirólise quanto para a secagem da matéria prima.

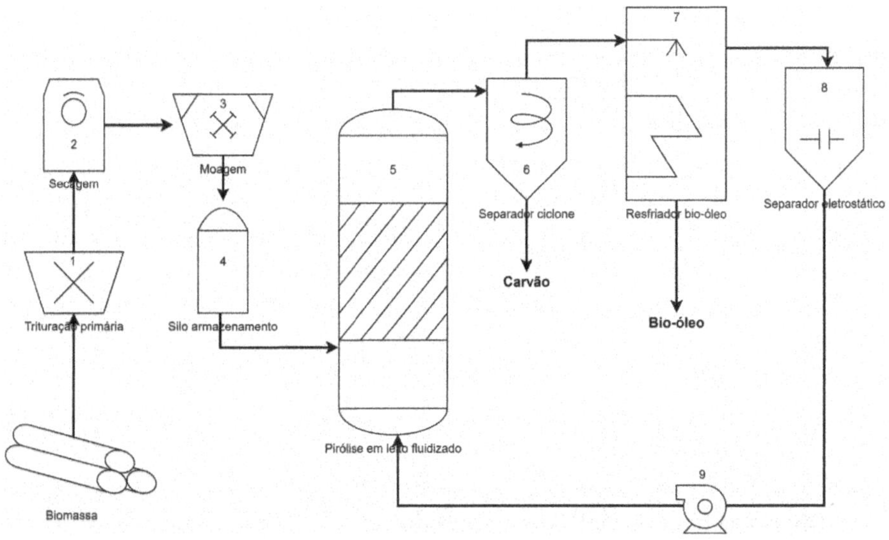

Figura 8 Esquema geral simplificado de uma instalação de pirólise rápida
Fonte: Adaptado de SANTOS, 2013.

No ano 2000 havia cerca de 50 localidades identificadas desenvolvendo atividades de pirólise, com grande parte do trabalho sendo feito experimentalmente e academicamente em centros de pesquisa, mas com algumas iniciativas comerciais importantes. A pesquisa, demonstração e aplicações comerciais mais relevantes foram desenvolvidas no Reino Unido, Estados Unidos, Canadá, Alemanha, Finlândia e Holanda. Para obter o maior potencial possível da tecnologia de pirólise de biomassa, alguns gargalos ainda devem ser superados, como: falta de mercado para óleos de pirólise, falta de produtos derivados de biochar; melhoria de valorização de um produto final; e melhoria de projetos flexíveis para unidades de pirólise, que possam conduzir rendimentos mais elevados com produtos diferentes (UDDIN et al., 2018).

5.3. Gaseificação

De maneira simplificada, a gaseificação é um processo que converte biomassa sólida em um gás sintético, composto, principalmente, de hidrogênio, monóxido de carbono e dióxido de carbono. O processo envolve uma combustão parcial da matéria sólida em ambiente controlado para obter o gás de síntese, que possui elevado poder calorífico, podendo ser usado para obtenção de produtos bioenergéticos.

Na reação principal de gaseificação ocorrem, basicamente, quatro etapas: (1) secagem; (2) pirólise; (3) combustão e (4) redução. Apesar de etapas separadas, em reatores de leito fluidizado não existem zonas diferenciadas para as reações, visto que a queima ocorre de forma rápida. A etapa de secagem é um processo endotérmico, que capta o calor da combustão e usa-o para evaporação da água presente na biomassa sólida, retirando a umidade (BASU, 2006).

No começo da pirólise, quando a biomassa atinge temperaturas entre 230ºC e 350ºC, componentes termicamente instáveis como a lignina são quebrados e evaporam com outros compostos voláteis. Temperaturas de pirólise podem chegar a 1.000ºC, mas com produção de gás final de baixo valor energético. A pirólise também é conhecida como processo de retirada de voláteis, na qual são separados o vapor da água, líquidos orgânicos e gases não condensáveis do carbono sólido da biomassa. De maneira geral, os gases finais podem ser CO, CH_4, H_2O e CO_2, "Char" (comumente conhecido como pó de carvão) é um resíduo sólido contendo principalmente carbono, e os vapores ou líquidos obtidos no fim são compostos por alcatrão e hidrocarbonetos poliaromáticos (EICHLER et al., 2015). A combustão, por ser um processo exotérmico, fornece a energia térmica necessária para as demais reações endotérmicas da gaseificação. O oxigênio introduzido no reator irá reagir com o combustível produzindo CO_2 e H_2O, que irá ser reduzido posteriormente.

A etapa de redução (gaseificação) é composta de uma série de outras reações endotérmicas que irão ditar a composição final do gás sintético. Em geral é de interesse a maior formação de H_2 e CO na composição final do gás de síntese, visto que são os gases que possuem maior poder calorífico. As reações de gaseificação, ou redução, são: Reação de Boudouard, Reação de Shift, reação de metanização e reação água-gás. Para alcançar a composição mais energética possível de gás sintético, geralmente usa-se um gaseificador de leito fluidizado, pois comparado com gaseificadores de leito fixo possui maior eficiência de transferência de calor, maximiza produção de gás de síntese e apresenta vantagens no tempo de residência do combustível no reator. Podem-se, também, usar catalisadores como material do leito (alumina) para atingir melhores resultados de conversão de gás (BASU, 2006; EICHLER et al., 2015; SANTOS et al. 2013, 2020).

O gás sintético é o produto final da reação de gaseificação que é formado, basicamente, de H_2, CO, H_2O, CH_4 e CO_2, podendo conter outros gases junto, que não são desejáveis, como gases de enxofre e nitrogênio. O gás de síntese pode ser usado em combustão direta ou pode ser usado como matéria-prima para produção de outros compostos como biometanol ou biocombustíveis por reação de Fischer-Tropsch. Para não ocorrer diluição do gás de síntese com nitrogênio, usa-se oxigênio e vapor de água ao invés de ar para gaseificação, o que é conveniente no caso de conversão do gás de síntese em produtos químicos. O projeto de um gaseificador envolve uma grande quantidade de cálculos, variando desde o tamanho do reator, capacidade de processamento até os cálculos de fluidização do leito. Normalmente, a operação de um reator de gaseificação de biomassa varia em temperaturas de saída de gás de 800-1.000°C e pressão de operação entre 10-30 bar (para gaseificação de baixa pressão), com entrada de gás para fluidização preaquecido a cerca de 200°C (BASU, 2006; EICHLER et al., 2015; SANTOS et al. 2013, 2020). O gás sintético recém-saído do gaseificador normalmente contém altas taxas de alcatrão, enxofre e outras impurezas que podem interferir nos processos de produção de ativos bioenergéticos, sendo necessária uma limpeza do gás de síntese. A limpeza do gás, depois da retirada de particulados, é feita na unidade de craqueamento de alcatrão e outros hidrocarbonetos como metano e etano. O craqueamento é realizado com o objetivo de quebrar cadeias grandes de hidrocarbonetos, convertendo em gás hidrogênio e monóxido de carbono, para posterior conversões no reator de quebra de alcatrão.

O produto final, o gás de síntese, pode ser usado diretamente como combustível gasoso, pois possui alto poder calorífico. Também, é possível fazer síntese de outros produtos químicos e biocombustíveis. No Brasil, como a tecnologia ainda é incipiente e são necessários grandes investimentos, possuem poucos casos de grande escala para traçar um paralelo de tecnologias. No entanto, um caso de planta que ainda está em construção é da Usina de Boa Esperança, que está planejando fazer gaseificação a partir de resíduos, com previsão de geração de 1MW (SOARES, 2019). O projeto é uma iniciativa da Furnas Energia, através de um investimento de R$ 32 milhões em uma usina que faz parte de um projeto de Pesquisa, Desenvolvimento e Inovação.

Figura 9 Usina que irá gerar energia elétrica a partir do lixo através de gaseificação

Fonte: g1.globo.com.br, 2021. SOARES, 2019.

5.4. Biodigestão

A biodigestão, ou digestão anaeróbia, é uma série de processos metabólicos complexos, realizados por microrganismos, que requerem uma condição de anaerobiose. Os microrganismos presentes transformam o material orgânico em dióxido de carbono e metano. De maneira geral, o processo é dividido em 4 fases principais: hidrólise, acidogênese, acetogênese e metanogênese. Cada uma dessas etapas é realizada por grupos de microrganismos, que vivem em comum cooperação e podem requerer diferentes condições para metabolizar substratos. A Figura 10 representa, de forma simplificada, os quatro principais processos envolvidos na digestão anaeróbica.

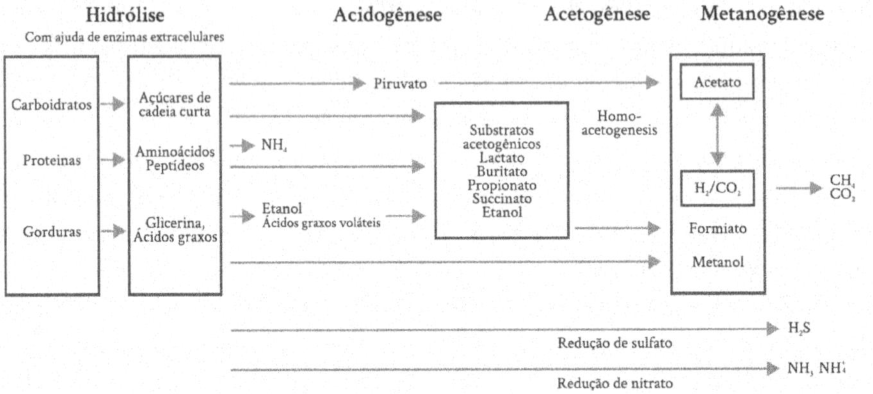

Figura 10 Principais processos envolvidos na digestão anaeróbia
Fonte: (KUNZ et al. 2019)

Na etapa de hidrólise, compostos orgânicos complexos, de alta massa molecular (lipídios, polissacarídeos e proteínas) são degradados em compostos mais simples e solúveis. Esse processo comumente ocorre com ação de enzimas extracelulares que são produzidas pelos microrganismos presentes no meio. Essa etapa possui maior relevância conforme o material a ser degradado. Se a matéria orgânica possui alta carga de compostos complexos, será necessário maior tempo e atenção para essa etapa. A acidogênese é a etapa onde os monômeros disponíveis (formados da fase anterior também) são utilizados como substratos por bactérias anaeróbicas e facultativas para formação de ácidos orgânicos de cadeia curta. São ácidos com moléculas de 1 a 5 carbonos (ex.: ácido butírico, propiônico e acético), além de álcoois, óxidos de nitrogênio, sulfeto de hidrogênio e outros gases como hidrogênio e dióxido de carbono. Na terceira etapa, a acidogênese, um grupo de bactérias, denominadas acetogênicas, degradam ácido propiônico a acetato e dióxido de carbono. Nessa etapa, ácidos de cadeia longa são transformados em ácidos de cadeias curtas (fórmico e acético). Por fim, na etapa de metanogênese, que é considerada uma das mais importantes do processo de produção de biogás, o carbono da biomassa é convertido em metano. Esse processo ocorre de forma estritamente anaeróbia, onde diferentes bactérias podem se utilizar dos nutrientes disponíveis das etapas anteriores para produção de gás metano. Arqueas metanogênicas usam acetato para conversão em metano, enquanto as metanogênicas hidrogenotróficas convertem hidrogênio e dióxido de carbono em metano (KUNZ et al., 2019).

Diversos parâmetros devem ser controlados para uma digestão anaeróbica eficiente. Entre os parâmetros mais importantes para a biodigestão estão: temperatura, pH, agitação, carga orgânica, relação C:N e nutrientes. A Tabela 6 apresenta os requisitos ambientais de microrganismos para realização das etapas de biodigestão.

Tabela 6 Requisitos ambientais dos microrganismos anaeróbios mesófilos

Parâmetros	Hidrólise/Acidogênese	Metanogênese
Temperatura (°C)	25 - 35	32 - 42
pH	5,2 - 6,3	6,7 - 7,5
Relação C:N	10 - 45	20 - 30
Concentração de matéria seca (%)	<40	<30

Fonte: Adaptado de KUNZ, 2019.

Para os processos da biodigestão, os microrganismos necessitam condições favoráveis de temperatura, que têm efeitos importantes nas propriedades físico-química de componentes dos substratos. Microrganismos diferentes podem apresentar distintas temperaturas ótimas de metabolização dos substratos. Por exemplo, em biodigestão, microrganismos psicrófilos, tem como temperatura ótima de crescimento de aproximadamente 15°C, já mesófilos e termofílicos apresentam temperatura ótima de crescimento em 37°C e 55°C, respectivamente. Ainda, temperaturas muito altas podem desnaturar proteínas e enzimas que participam da degradação dos substratos. Ou seja, um aumento de temperatura, fora dos controles, pode ocasionar perda de catalisadores biológicos, colocando a operação de biodigestão em risco. O pH possui, de forma semelhante, um efeito importante no metabolismo de microrganismos presentes na biodigestão. Assim como o efeito da temperatura em microrganismos e enzimas para biodigestão, o pH também possui potencial de afetar, tanto positiva quanto negativamente, a biodigestão. Arqueas metanogênicas, de forma geral, são sensíveis à mudança de pH, sendo a faixa ótima de operação entre 6,7 e 7,5. Já os microrganismos fermentativos, conseguem se adaptar a uma faixa de pH mais ampla, de 4,0 até 8,5. Também, como esse processo envolve, em sua grande parte, o uso de microrganismos, é necessário entender que existe necessidade nutritiva para os mesmos. Usualmente, os efluentes orgânicos conseguem prover o necessário para o crescimento de microrganismos e geração de biogás. No entanto, dependendo do efluente, se faz necessário análise de nutrientes (tanto micro quanto macro nutrientes) para que a biodigestão ocorra de forma constante e eficiente (KAPOOR et al., 2020; KUNZ et al., 2019).

Ainda, para um bom processo de biodigestão, diversos outros fatores devem ser analisados, como concentração de sólidos, tipo de biodigestor disponível, tempo de retenção hidráulica e tipo de substrato para digestão. No entanto, o importante é que a biodigestão vem se tornando, no Brasil, uma importante ferramenta de aproveitamento energético de resíduos, ganhando espaço, mesmo que ainda pequeno, na matriz energética brasileira. Em 2016, pela primeira vez na história do Brasil um projeto de biogás em larga escala venceu um leilão de geração e venda de energia. O projeto vencedor foi da Raízen, empresa de biocombustíveis, com geração de biogás a partir de resíduos do processamento de cana-de-açúcar (Figura 11a) (CanalBioenergia, 2016). Com isso, o mercado brasileiro começa a abrir as portas para novos projetos de geração de bioenergia a partir de biogás, tanto de larga quanto pequena escala. Projetos de recuperação energética de biogás se tornam mais relevantes e surgem iniciativas como o caso da Ambev, que começou a aproveitar o biogás gerado de seu efluente para geração de energia através de solução de uma startup. A solução da *startup* Luming envolve uso de tecnologia de microturbinas, que aproveitam o biogás para geração de energia elétrica e térmica, com alta performance, a partir de uma fonte renovável – o biogás (Figura 11b) (OLSEN, 2020).

a) b)

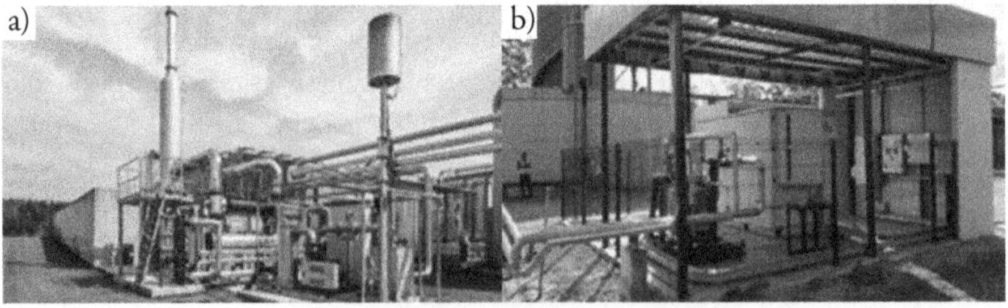

Figura 11 Exemplos de geração de bioenergia através do aproveitamento de biogás

Fonte: reportagens de a) canalbioenergia.com.br (2016) e b) ciclovivo.com.br (2020)

Nota-se que, tanto por uma necessidade de adequação ambiental de aproveitamento de resíduos, quanto pela oportunidade de geração de energia limpa a partir de uma fonte renovável, a produção de bioenergia de biogás vem se tornando um mercado relevante no Brasil. Ainda, de acordo com estimativas da Abiogás, estima-se que o Brasil tem potencial de gerar 52 bilhões de m^3/ano de biogás, o que equivale a 115 mil GWh/ano de energia. Atualmente, de acordo com o MME, o Brasil conta com apenas 186 MW de capacidade instalada, o que significa que ainda possui muito potencial ainda não explorado.

6. CONSIDERAÇÕES FINAIS

Tendo em vista a crescente demanda por energias de fontes renováveis, assim como maior sustentabilidade energética, a bioenergia, ou energia de biomassa, se coloca como uma das melhores estratégias para geração de energia no futuro. Ambientalmente, a tendência mundial é de estreitar os limites de emissões, aumentar a obrigação de utilização dos resíduos e eliminação de recursos naturais não renováveis. Portanto, como alternativa de investimento, os projetos de bioenergia possuem excelentes perspectivas futuras de mercado, onde mais fundos de investimento irão observar fatores ambientais, assim como econômicos, para realizar aportes. Além disso, incentivos como RenovaBio, Nova Lei do Gás e possibilidade de venda de crédito de carbono, tornam especialmente projetos de bioenergia a partir de biogás uma alternativa extremamente lucrativa para um futuro próximo. No Brasil, a produção de biomassa para energia se tornou exemplo mundial, onde grande parte da oferta interna de energia é oriunda de biomassa. Pesquisas em melhores rotas e processos de conversão de energia, assim como biomassas mais energeticamente eficientes, irão causar uma grande mudança no setor energético, tornando a bioenergia mais competitiva e acessível.

Hoje, a bioenergia já é parte atuante na vida de grande parte da população brasileira, com mais de 8% na participação da geração elétrica na matriz nacional, onde a média mundial permanece abaixo de 3%. Ainda, se contar a oferta interna de energia, o Brasil possui cerca de 35% da oferta a partir de biomassa, com maior participação da cana-de-açúcar, contando a produção de biocombustíveis. Ainda, é esperado que com o uso de biomassas mais qualificadas para uso energético, assim como resíduos agroindustriais já disponíveis, a geração de energia aumente substancialmente. Na Figura 12 é apresentado o potencial bioenergético dos resíduos da agroindústria.

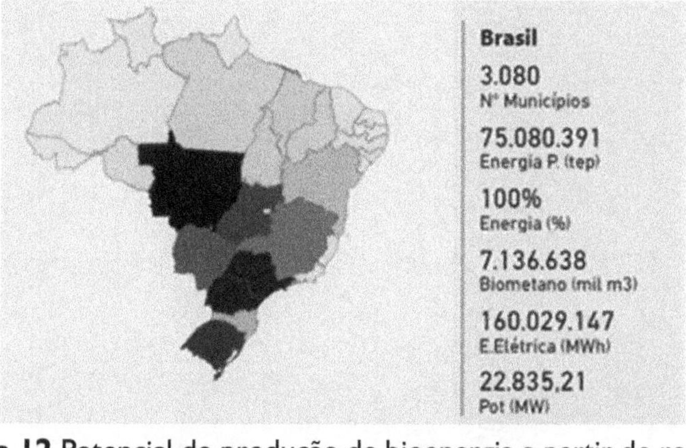

Figura 12 Potencial de produção de bioenergia a partir de resíduos agropecuários disponíveis no Brasil, por estado

Fonte: EPE, 2019.

Como foi apontado pelo EPE (2019), são estimadas mais de 521 toneladas (base seca) de resíduos agrícolas e 183 milhões de toneladas (base úmida) de resíduos da pecuária produzidos no ano de 2017, que podem ser aproveitados para bioenergia. Assim, seriam estimados mais de 160 TWh de energia elétrica por ano, quase 30% do total de energia elétrica gerado no ano de 2019. Portanto, espera-se que com o melhoramento dos processos de conversão de energia, assim como melhoramento genético de culturas energéticas e seus resíduos, seja possível chegar mais perto de uma autossuficiência energética a partir de bioenergia.

7. REFERÊNCIAS BIBLIOGRÁFICAS

Andrade, E. N. (1928). O eucalipto e suas aplicações. *Typ. Brasil de Rothschild & Cia.*

ANEEL. (2008). *Atlas de energia elétrica do Brasil.*

Bastos, D. (2015). *Biblioteca Digital Biorrefinarias, biocombustíveis e química renovável: revolução tecnológica e financiamento e química renovável: revolução tecnológica e financiamento.* 100.

Basu, P. (2006). *Combustion and Gasification in Fluidized Beds.* CRC Press. https://doi.org/10.1201/9781420005158

Caldeira, M. V. W., SCHUMACHER, M. V., RONDON NETO, R. M., WATZLAWICK, L. F., & SANTOS, E. M. (2001). Quantificação da biomassa acima do solo de Acacia mearnsii. *Ciência Florestal, 11*(2), 79-91.

CanalBioenergia. (2016, June 3). *Pela primeira vez um projeto de biogás venceu um leilão de energia.* https://www.canalbioenergia.com.br/pela-primeira-vez-um-projeto-de-biogas-venceu-um-leilao-de-energia/

CONAB. (2020). Acompanhamento da safra brasileira de cana-de-açúcar V.7 - Safra 2019/20 - N.3 - Terceiro levantamento | Dezembro 2020. *Conab - Companhia Nacional de Abastecimento, 7,* 1–62. https://www.conab.gov.br/info-agro/safras/cana/boletim-da-safra-de-cana-de-acucar

Cortez, L. A. B., Baldassin, R., & de Almeida, E. (2020). Energy from sugarcane. In *Sugarcane Biorefinery, Technology and Perspectives* (pp. 117–139). Elsevier. https://doi.org/10.1016/B978-0-12-814236-3.00007-X

Coutor, L., & Muller, M. D. (2013). Produção de Florestas Energéticas. In *Bioenergia e Biorrefinaria* (Santos, Fe, p. 551). UFV.

de Matos, M., Santos, F., & Eichler, P. (2020). Sugarcane world scenario. In *Sugarcane Biorefinery, Technology and Perspectives* (pp. 1-19). Elsevier. https://doi.org/10.1016/B978-0-12-814236-3.00001-9

de Miranda, E. E., & Fonseca, M. F. (2020). Sugarcane: food production, energy, and environment. In *Sugarcane Biorefinery, Technology and Perspectives* (pp. 67-88). Elsevier. https://doi.org/10.1016/B978-0-12-814236-3.00004-4

de Souza, Z. J. (2020). Bioelectricity of sugarcane: a case study from Brazil and perspectives. In *Sugarcane Biorefinery, Technology and Perspectives* (pp. 255–279). Elsevier. https://doi.org/10.1016/B978-0-12-814236-3.00013-5

Eichler, P., Santos, F., Toledo, M., Zerbin, P., Schmitz, G., Alves, C., Ries, L., & Gomes, F. (2015). BIOMETHANOL PRODUCTION VIA GASIFICATION OF LIGNOCELLULOSIC BIOMASS. *Química Nova.* https://doi.org/10.5935/0100-4042.20150088

EPE. (2020). *Balanço Energético Nacional - Relatório Síntese / Ano Base 2019.* https://www.epe.gov.br/sites-pt/publicacoes-dados-abertos/publicacoes/PublicacoesArquivos/publicacao-479/topico-521/Relatório Síntese BEN 2020-ab 2019_Final.pdf

Faaij, A., Moreira, J., Berndes, G., Dhamija, P., Dong, H., Gabrielle, B., Eng, A. G., Cerutti, O. M., Mcintyre, T., Minowa, T., Pingoud, K., Seyboth, K., Matschoss, P., Kadner, S., Zwickel, T., Eickemeier, P., Hansen, G., & Kingdom, U. (2011). *Chapter 2 2.*

Grasel, F. S., Stiehl, A. C. R., Bernardi, L. P., Herpich, T. L., Behrens, M. C., Andrade, J. B., Schultz, J., & Mangrich, A. S. (2017). Innovation in biorefineries I. Production of second generation ethanol from elephant grass (Pennisetum purpureum) and sugarcane bagasse (Saccharum officinarum). *Revista Virtual de Quimica, 9*(1), 4-14. https://doi.org/10.21577/1984-6835.20170003

Guerra, S. P. S., Denadai, M. S., Saad, A. L. M., Spadim, E. R., & da Costa, M. X. R. (2020). Sugarcane: biorefinery, technology, and perspectives. In *Sugarcane Biorefinery, Technology and Perspectives* (pp. 49–65). Elsevier. https://doi.org/10.1016/B978-0-12-814236-3.00003-2

IBGE. (2021). *SIDRA - Sistema IBGE de Recuperação Automática.* https://sidra.ibge.gov.br/home/pms/brasil

Kapoor, R., Ghosh, P., Tyagi, B., Vijay, V. K., Vijay, V., Thakur, I. S., Kamyab, H., Nguyen, D. D., & Kumar, A. (2020). Advances in biogas valorization and utilization systems: A comprehensive review. *Journal of Cleaner Production, 273*, 123052. https://doi.org/10.1016/j.jclepro.2020.123052

Kunz, A., Steinmetz, R. L. R., & Amaral, A. C. (2019). Fundamentos da digestão anaeróbia, purificação do biogás, uso e tratamento do digestato. In *Fundamentos da digestão anaeróbia, purificação do biogás, uso e tratamento do digestato.* Embrapa. https://doi.org/10.21452/978-85-93823-01-5.2019.01

Macedo, J. C. F. (2006). *Análise térmica e ambiental da queima do lodo primário da fabricação de papel e celulose em caldeira de biomassa á grelha.* Universidade Federal de Itajubá.

Meier, D., & Faix, O. (1999). State of the art of applied fast pyrolysis of lignocellulosic materials - a review. *Bioresource Technology, 68*(1), 71-77.

Michelazzo, M. B., & Braunbeck, O. A. (2008). Análise de seis sistemas de recolhimento do palhiço na colheita mecânica da cana-de-açúcar. *Revista Brasileira de Engenharia Agrícola e Ambiental, 12*(5), 546-552. https://doi.org/10.1590/S1415-43662008000500017

MME, M. de M. e E. (2018). *NOTA TÉCNICA PR 04/18: Potencial dos Recursos Energéticos no Horizonte 2050.* 186. www.mme.gov.br

MME, M. de M. e E. (2020). Resenha Energética Brasileira Ano Base 2019. *Resenha Energética Brasileira Ano Base 2019*, 32. file:///F:/Renata/Doutorado/GP2/Sdewes 2020/JSDEWES/Resenha Energética Brasileira - edição 2020.pdf

Olsen, N. (2020, February 10). Startup cria solução para aproveitar biogás gerado na produção de cerveja. *CicloVivo*. https://ciclovivo.com.br/planeta/energia/startup-cria-solucao-para-aproveitar-biogas-gerado-na-producao-de-cerveja/

Rabelo, S. C., Paiva, L. B. B. de, Pin, T. C., Pinto, L. F. R., Tovar, L. P., & Nakasu, P. Y. S. (2020). Chemical and energy potential of sugarcane. In *Sugarcane Biorefinery, Technology and Perspectives* (pp. 141–163). Elsevier. https://doi.org/10.1016/B978-0-12-814236-3.00008-1

Santos, F. A., Colodette, J., & Queiroz, J. H. (2013). *Bioenergia e Biorrefinaria*. UFV.

Santos, F. A., Queiróz, J. H. de, Colodette, J. L., Fernandes, S. A., Guimarães, V. M., & Rezende, S. T. (2012). Potencial da palha de cana-de-açúcar para produção de etanol. *Química Nova, 35*(5), 1004-1010. https://doi.org/10.1590/S0100-40422012000500025

Santos, F., Eichler, P., Machado, G., De Mattia, J., & De Souza, G. (2020). By-products of the sugarcane industry. In *Sugarcane Biorefinery, Technology and Perspectives* (pp. 21-48). Elsevier. https://doi.org/10.1016/B978-0-12-814236-3.00002-0

Soares, L. (2019, October 14). Conclusão de obra de usina que deverá produzir energia a partir do lixo é adiada para 2020. *Globo, G1*. https://g1.globo.com/mg/sul-de-minas/noticia/2019/10/14/conclusao-de-obra-de-usina-que-devera-produzir-energia-a-partir-do-lixo-e-adiada-para-2020.ghtml

Uddin, M. N., Techato, K., Taweekun, J., Mofijur, M., Rasul, M. G., Mahlia, T. M. I., & Ashrafur, S. M. (2018). An Overview of Recent Developments in Biomass Pyrolysis Technologies. *Energies, 11*(11), 3115. https://doi.org/10.3390/en11113115

WBA. (2020). *GLOBAL BIOENERGY STATISTICS 2020 World Bioenergy Association*. 3; 23; 49. https://worldbioenergy.org/uploads/201210 WBA GBS 2020.pdf

Welfle, A., Thornley, P., & Röder, M. (2020). A review of the role of bioenergy modelling in renewable energy research & policy development. *Biomass and Bioenergy, 136*, 105542. https://doi.org/10.1016/j.biombioe.2020.105542

Zhao, N., Lehmann, J., & You, F. (2020). Poultry Waste Valorization via Pyrolysis Technologies: Economic and Environmental Life Cycle Optimization for Sustainable Bioenergy Systems. *ACS Sustainable Chemistry & Engineering, 8*(11), 4633-4646. https://doi.org/10.1021/acssuschemeng.0c00704

CAPÍTULO 2

INTRODUÇÃO À BIORREFINARIA

Fernando Santos
Grazielle Dias Machado
Paulo Eichler

1. INTRODUÇÃO

Historicamente, a refinaria petroquímica é a maior fonte de químicos e combustíveis utilizados no mundo todo. Esse tipo de plataforma vem enfrentando alguns desafios como demandas globais crescentes, alto custo de recuperação e refino, preços altamente voláteis e seu impacto adverso no meio ambiente. A redução na disponibilidade de recursos fósseis como o petróleo, associada ao aquecimento global e demais impactos adversos no ambiente causados pela exploração desses recursos são algumas das razões que levam à necessidade de mudança de uma economia baseada em recursos não renováveis para uma econômica baseada em recursos renováveis (KATAKOJWALA; MOHAN, 2021; KUMAR; VERMA, 2021).

Nesse contexto, a biomassa surge como um recurso renovável essencial que pode substituir recursos fósseis como matéria-prima para produção de energia, combustíveis, químicos e materiais. O conceito de Biorrefinaria foi proposto com o objetivo de maximizar a utilização da biomassa e minimizar as emissões de gases causadores do efeito estufa e geração de resíduos associados à conversão de bioprodutos. Nas biorrefinarias são produzidos produtos de alto valor agregado de forma eficiente a partir de diferentes tipos de biomassa como lignocelulósicos, algas, resíduos alimentícios, entre outros (UBANDO; FELIX; CHEN, 2020).

Nesse capítulo será explorado o tema de Biorrefinarias, incluindo: tipos de biomassa que podem ser empregados em biorrefinarias; estrutura e composição da biomassa; produtos que podem ser obtidos a partir de biomassa; plataformas de conversão; potencial do Brasil quanto a biorrefinarias; e principais desafios das biorrefinarias.

2. ESTRUTURA E COMPOSIÇÃO DA BIOMASSA

A biomassa lignocelulósica trata-se de um recurso natural renovável de produção energética e que pode ser processada para fornecer formas bioenergéticas ou bioquímicas mais elaboradas e adequadas para o uso final. A energia proveniente da biomassa lignocelulósica está associada a formas de energia química acumulada mediante processos fotossintéticos (YOUSUF; PIROZZI; SANNINO, 2019). É uma matéria-prima promissora para produção de biocombustíveis, bioenergia, biomateriais e bioquímicos devido a sua abundância, disponibilidade e caráter renovável (UBANDO et al., 2021). As principais fontes de biomassa são plantações energéticas e resíduos agrícolas, florestais, industriais e urbanos (ABRAHAM, 2017).

A biomassa lignocelulósica constitui a maior fonte de carboidratos naturais do mundo, devido à presença de celulose e hemiceluloses em sua estrutura. A composição química dos materiais lignocelulósicos, geralmente contém 35 – 50% de celulose, seguido de 20 – 35% de hemiceluloses, 10 – 25% de lignina e uma pequena quantidade de cinzas (material inorgânico) e extrativos (açúcares não estruturais, materiais nitrogenados, clorofila e ceras) (Tabela 1). A concentração de cada um desses componentes depende do tipo de biomassa, tipo de tecido, da idade da planta e das condições de crescimento (SANTOS et al., 2012).

Tabela 1 Composição química de diferentes tipos de biomassas lignocelulósicas

Biomassa Lignocelulósica	% Celulose	% Hemiceluloses	% Lignina
Casca de laranja	37,08	11,04	7,52
Bagaço de cana	34,1-49	15,79-29,6	19,4-27,2
Madeira de lei	43-47	25-35	16-24
Madeira resinosa	40-44	25-29	25-31
Palha de milho	31-41	20-34	16-23
Casca de soja	51,2	15,9	1,48
Algodão	95	2	0,3
Palha de trigo	32-49	23-39	5-19
Sisal	73,1	14,2	11
Palha de arroz	43,3	26,4	16,3
Forragem de milho	38-40	28	7-21
Fibra de coco	36-43	0,15-0,25	41-45
Fibra de bananeira	60-65	6-8	5-10
Palha de cevada	31-45	27-38	14-19

Fonte: (JIN et al., 2018; SANTOS et al., 2017)

A celulose (Figura 1), principal componente dos materiais lignocelulósicos, é o polímero natural de maior ocorrência natural no mundo. É um homopolímero formado por moléculas de D-glicose, ligadas por ligações glicosídicas β-1,4. As cadeias poliméricas de celulose são lineares, possibilitando a existência de diferentes tipos de interações intra e intermoleculares, de modo que são formadas microfibrilas que são estruturas semi-cristalinas longas e compactas, que conferem resistência ao polímero. Devido ao comprimento longo da cadeia, algumas regiões tornam-se desordenadas e amorfas (MACHADO et al., 2020).

O segundo componente mais abundante na biomassa são as hemiceluloses (Figura 1), que se tratam de heteropolissacarídeos complexos compostos por diferentes tipos de monômeros tais como D-glicose, D-galactose, D-manose, D-xilose, L-arabinose, ácido D-glucurônico e ácido 4-O-metil-glucurônico. Esses polímeros são amorfos, altamente substituídos com ácido acético e apresentam ramificações que interagem facilmente com a celulose, dando estabilidade e flexibilidade ao agregado. Alguns dos açúcares, presentes nas hemiceluloses, se associam a lignina, formando complexos carboidrato-lignina, tornando a clivagem enzimática de resíduos lignocelulósicos mais complicada (FARIA et al., 2016). A composição e consequentemente a estrutura das hemiceluloses varia significativamente conforme o tipo de biomassa. As principais hemiceluloses em madeiras resinosas são as galactoglucomanas (~20%) e arabinoglucuronoxilanas (5-10%). Já em madeiras de lei, as principais hemiceluloses são as glucuronoxilanas (15-30%) e glucomanas (2-5%) (AMIDON et al., 2011). Em monocotiledôneas, as xilanas são o principal tipo de hemicelulose, compreendendo aproximadamente 20% da parede celular nessas plantas (SCHELLER; ULVSKOV, 2010).

A lignina (Figura 1), o terceiro componente mais abundante em lignocelulósicos, é o polímero aromático de alto peso molecular mais abundante na natureza, sintetizado de precursores fenilpropanos. A lignina é um heteropolímero amorfo, encontrado majoritariamente nas paredes celulares de plantas, formado por unidades derivadas dos alcoóis cumarílico, coniferílico e sinapílico, que são os precursores das unidades de lignina p-hidroxifenil (H), guaiacil (G) e siringil (S) respectivamente (BONEBERG et al., 2016; MACHADO et al., 2020).

A estrutura da biomassa lignocelulósica (Figura 1) é formada por fibras de celulose envolvidas em uma matriz amorfa de hemiceluloses e lignina, tornando-a bastante rígida e pouco reativa. Essa organização estrutural que torna difícil a conversão de biomassa lignocelulósica em bioprodutos é conhecida como recalcitrância (FARIA et al., 2016).

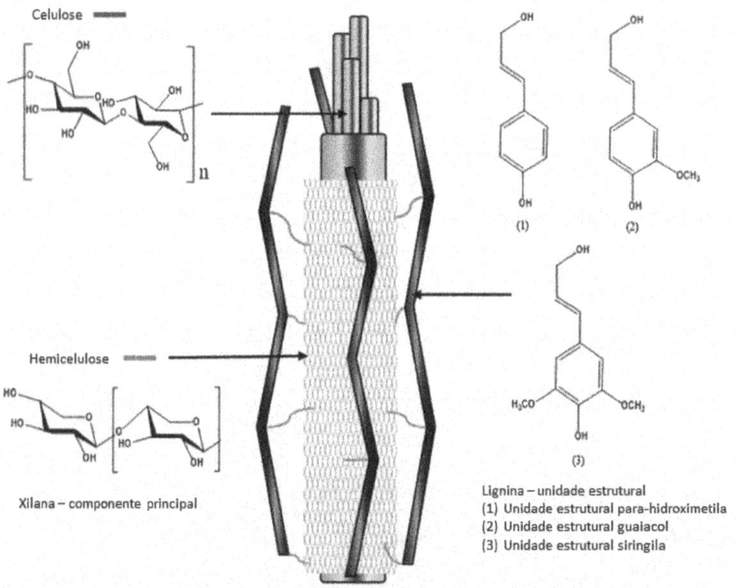

Figura 1 Esquema da estrutura da biomassa lignocelulósica.
Fonte: PINALES-MÁRQUEZ et al., 2021.

A reatividade da celulose é determinada tanto pelos grupos funcionais presentes em sua estrutura como pelas interações físico-químicas existentes intra e intermoleculares entre as cadeias de celulose, assim como interações físico-químicas entre a celulose, hemiceluloses e lignina. As ligações de hidrogênio existentes na celulose são fatores determinantes das propriedades apresentadas por essa macromolécula, definindo sua solubilidade, reatividade e cristalinidade. As interações físico-químicas via ligações de hidrogênio entre as cadeias de celulose limitam o acesso de agentes aos grupos funcionais da cadeia, o que dificulta tanto sua solubilização como reações (BUCKERIDGE, 2008; BUCKERIDGE; SANTOS; SOUZA, 2010).

As hemiceluloses por meio de interações físico-químicas aderem-se sobre a superfície das microfibrilas, formando o chamado domínio celulose-hemiceluloses da parede celular. As hemiceluloses contribuem para que haja uma fraca interação entre fibras adjacentes da celulose ao mesmo tempo em que evitam que fibras paralelas da celulose colapsem entre si. Esse domínio de celulose-hemiceluloses fica imerso em um domínio formado por pectinas que são açúcares altamente ramificados, e essa estrutura como um todo define a porosidade da parede celular (BUCKERIDGE, 2008; BUCKERIDGE; SANTOS; SOUZA, 2010).

As interações físico-químicas existentes entre os três principais componentes da biomassa lignocelulósica, celulose, hemiceluloses e lignina tornam difícil o acesso de reagentes e catalisadores à celulose. Além da estrutura cristalina das microfibrilas da celulose na parede celular torná-la resistente à hidrólise química e biológica, o recobrimento das microfibrilas por lignina, hemiceluloses e regiões amorfas da celulose também dificultam o acesso de enzimas catalíticas às microfibrilas. Para utilização da celulose na produção de produtos de alto valor agregado é necessária uma etapa de pré-tratamento para remoção das hemiceluloses e da lignina. A recalcitrância da biomassa lignocelulósica se dá devido principalmente à cristalinidade, ao grau de polimerização e a baixa acessibilidade das enzimas celulolíticas ao substrato (BUCKERIDGE; SANTOS; SOUZA, 2010; CHANG; HOLTZAPPLE, 2000).

3. APROVEITAMENTO DO POTENCIAL DA BIOMASSA ATRAVÉS DA BIORREFINARIA

A utilização de biomassa renovável como matéria-prima em processos de conversão, tratamento e processamento para obtenção de produtos de alto valor agregado através de um processo sustentável deu origem ao termo biorrefinaria. Uma biorrefinaria tem por objetivo a produção e geração de uma grande variedade de produtos utilizando biomassa como matéria-prima através de uma combinação de tecnologias de conversão (UBANDO; FELIX; CHEN, 2020).

As biorrefinarias podem ser classificadas de acordo com o tipo de plataforma utilizada, os tipos de produtos a serem produzidos, a matéria-prima e processos de conversão. Dentre os produtos apresentados têm-se basicamente cinco tipos: energia, biocombustíveis, materiais, insumos e produtos químicos. Com relação aos tipos de processos de conversão, têm-se processos bioquímicos tais como, fermentação e conversão enzimática; termoquímicos, como pirólise e gaseificação; químicos, como hidrólise ácida e transesterificação; e mecânicos, como fracionamento e pressão. Uma grande variedade de tipos de biomassa pode ser utilizada em biorrefinarias como as culturas energéticas, culturas alimentares e resíduos de agroindústrias, florestais, industriais e urbanos, bem como biomassa proveniente de algas. Conforme a biomassa empregada, as biorrefinarias são classificadas de primeira a quarta geração. Na tabela 2 estão apresentadas as quatro gerações de biorrefinaria com a biomassa empregada, produtos que podem ser obtidos e gargalos desse tipo de tecnologia (KUMAR; VERMA, 2021; LIU et al., 2021).

Tabela 2 Resumo das quatro gerações de Biorrefinarias

Geração	1ª	2ª	3ª	4ª
Biomassa	Plantações energéticas (ex.: cana-de-açúcar) Milho	Biomassa lignocelulósica Resíduos agrícolas Resíduos florestais	Organismos aquáticos (Microalgas e macroalgas)	Organismos aquáticos com produção em alta eficiência solar (Microalgas e macroalgas)
Produtos	Bio-óleos Biocombustíveis Biogases	Bio-óleos Biocombustíveis Biogases Calor Eletricidade Bioquímicos	Bio-óleos Biocombustíveis Biogases Calor Eletricidade Bioquímicos Fertilizantes	Bio-óleos Biocombustíveis Biogases Calor Eletricidade Bioquímicos Fertilizantes
Gargalos	Grande quantidade de cereais consumida no processo produtivo	Produção ineficiente	O crescimento de microalgas requer extração de nutrientes de fontes fósseis	Alto custo da produção em grande escala de algas

Fonte: (LIU et al., 2021)

Um importante conceito referente ao aproveitamento do potencial da biomassa é o de "biorrefinaria integrada", que consiste em aproveitar os resíduos gerados nas diferentes etapas dos processos da biorrefinaria para gerar/extrair através da integração dos processos de conversão químicos de alto valor agregado, ou seja, produzir tanto biocombustíveis e bioenergia como outros bioprodutos com valor agregado (PINALES-MÁRQUEZ et al., 2021). Nesse sentido, busca-se agregar valor e criar novos produtos a partir de materiais anteriormente tratados como resíduos, e que podem passar a ser tratados como subprodutos. Ao produzir essa grande variedade de produtos, as biorrefinarias podem explorar o potencial máximo das biomassas e agregar o maior valor possível a estas, assim aumentando a rentabilidade, reduzindo a demanda energética e reduzindo a emissão de gases causadores do efeito estufa (UBANDO et al., 2021). Os produtos produzidos a partir da biomassa podem ser derivados para originar produtos com aplicação nos mais diversos setores da economia, como na indústria de alimentos, farmacêutica, química, têxtil, entre outras. Na tabela 3 encontram-se alguns exemplos de produtos de alto valor agregado que podem ser obtidos nas biorrefinarias, juntamente com produtos derivados desses produtos primários e a tecnologia de produção empregada (CLAUSER et al., 2021).

Tabela 3 Bioprodutos que podem ser obtidos a partir de processos de biorrefinaria

Matéria-prima	Produtos	Derivados / Aplicações	Tecnologia de produção
Hemiceluloses	Xilitol	Produtos farmacêuticos, alimentícios etc.	Fermentação da xilose
	Furfural	Combustíveis, químicos, aditivos de combustíveis etc.	Catálise ácida da xilose
	Xarope de xilose	Produtos farmacêuticos, alimentícios etc.	Hidrólise de xilanas
	Ácido levulínico	Aditivos de combustíveis, polímeros etc.	Catálise ácida de hexoses
	Ácido fórmico	Indústria têxtil, produtos farmacêuticos, alimentícios etc.	Catálise ácida de hexoses e xilose
Celulose	Etanol	Combustíveis	Fermentação de glicose
	Ácido lático	Produtos farmacêuticos, alimentícios etc.	Fermentação de glicose
	Sorbitol	Produtos farmacêuticos, alimentícios etc.	Fermentação de glicose
	Nanocelulose	Aditivos de polímeros, indústria de papel, tintas etc.	Oxidação e microfibrilação
Lignina	Vanilina	Produtos farmacêuticos, alimentícios etc.	Oxidação
	Lignosulfonatos	Produtos químicos, aditivos de adesivos etc.	Hidrólise e sulfonação

Fonte: (CLAUSER et al., 2021)

As tecnologias empregadas na obtenção de bioprodutos depende dos custos de produção, rendimentos e insumos necessários. O volume e custo de produção por tonelada de biomassa depende do tipo de produto produzido. Na figura 2 está representado um gráfico com diferentes bioprodutos produzidos em biorrefinarias considerando seu valor de mercado e volume de produção. As colunas mais a direita tratam-se de produtos que são *commodities*, ou seja, produzidos em grandes volumes e com baixo valor de mercado, enquanto as colunas mais à esquerda referem-se a produtos de alto valor agregado, ou seja, produtos com nicho específico e alto valor de mercado (CLAUSER et al., 2021).

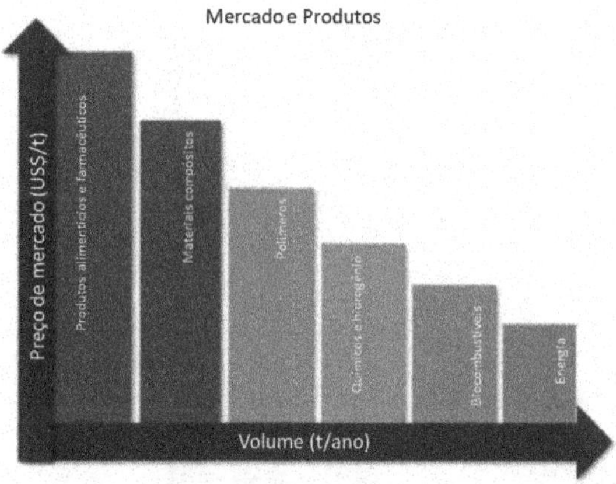

Figura 2 Bioprodutos e seus preços de mercado.
Fonte: CLAUSER et al., 2021.

A biorrefinaria integrada é o futuro das biorrefinarias visto que a produção de diferentes produtos com alto valor agregado, incluindo enzimas necessárias no pré-tratamento e hidrólise da biomassa na própria biorrefinaria a partir de substratos de baixo custo como resíduos agrícolas pode apoiar na redução dos custos de produção (KUMAR; VERMA, 2021). Além disso, o amplo espectro de produtos reduz a dependência da produção de somente um produto, aumentando assim a sustentabilidade do uso da biomassa, reduzindo a competição existente entre o uso da biomassa para alimentos ou combustíveis (UBANDO et al., 2021).

Na biorrefinaria integrada podem ser utilizados diferentes tipos de biomassa como lignocelulósicos, algas, resíduos sólidos municipais e industriais e até mesmo efluentes. A utilização desses diferentes tipos de biomassa permite suprir a limitação do suprimento constante de matéria-prima, ou seja, não depender do período de safra das matérias-primas. Outro ponto importante, é que vem se buscando soluções que permitam a adaptação de estruturas preexistentes de refinarias de petróleo para a implementação de biorrefinarias que empregam biomassa (KUMAR; VERMA, 2021).

Muitas empresas vêm adotando o modelo de biorrefinaria integrada. Na Figura 3 é apresentado um esquema demonstrando como diversas indústrias de grande escala vêm utilizando diferentes tipos de biomassas para a produção de bioenergia e produtos de alto valor agregado através de diferentes plataformas (KUMAR; VERMA, 2021).

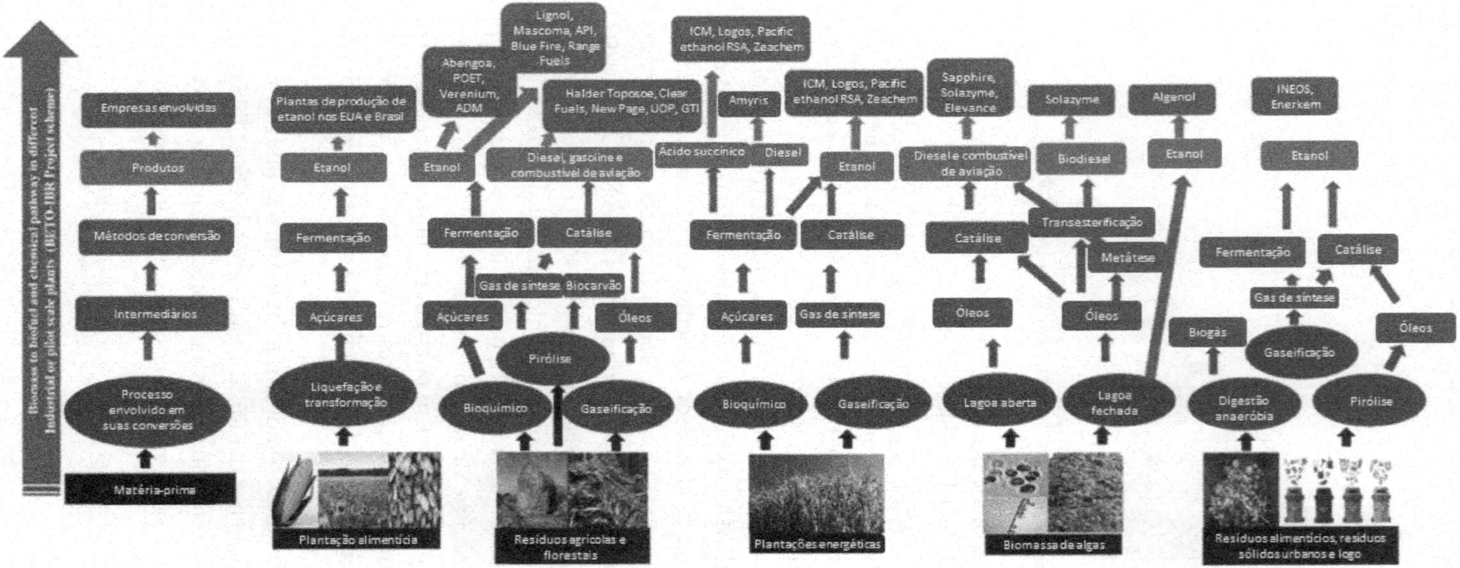

Figura 3 Aproveitamento de diferentes tipos de biomassa por indústrias de grande porte.

Fonte: KUMAR; VERMA, 2021.

4. BIOCONVERSÃO DA BIOMASSA EM PRODUTOS DE VALOR AGREGADO

Atualmente existem três principais plataformas de conversão de biomassa lignocelulósica em biocombustíveis e bioprodutos que são as plataformas termoquímica, bioquímica e química, esta última envolvendo a extração de óleos e grãos. Cada uma das plataformas envolve várias tecnologias, que a partir de diferentes tipos de biomassa podem levar a produção de diferentes produtos (JIN et al., 2018; KHATIWADA et al., 2016). Na figura 4 são os mostrados os principais produtos que podem ser obtidos a partir de cada uma das possíveis plataformas de uma biorrefinaria.

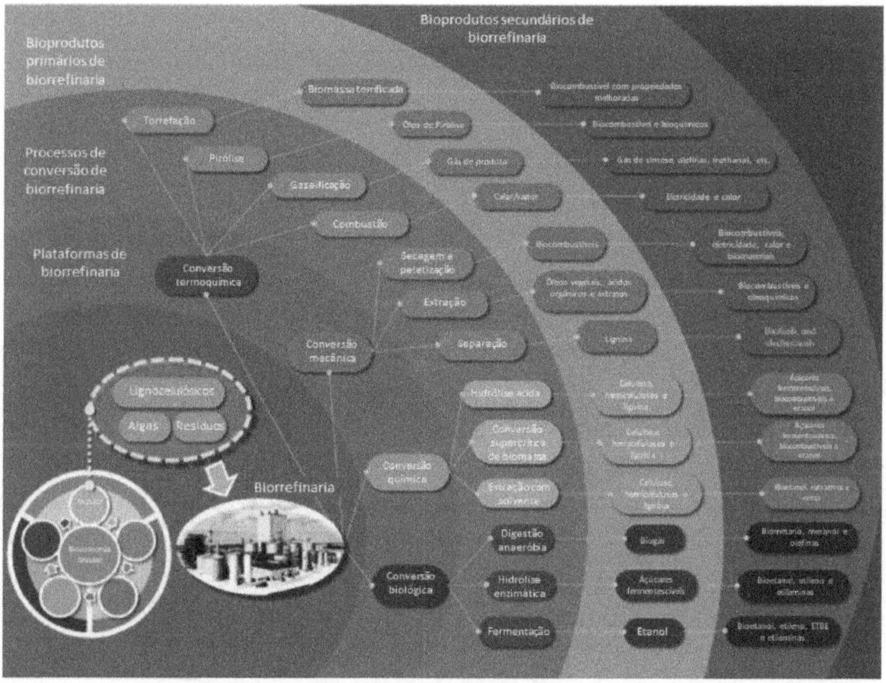

Figura 4 Processos de conversão de biomassa.
Fonte: UBANDO; FELIX; CHEN, 2020.

4.1. Processos termoquímicos

A plataforma termoquímica envolve as tecnologias de pirólise, torrefação, combustão, liquefação, reforma e gaseificação. A partir da pirólise e torrefação podem ser obtidos diretamente biocombustíveis que podem ser empregadas na própria planta industrial, assim como a combustão, que gera energia térmica. A gaseificação da biomassa pode ser definida com a conversão de um material líquido ou sólido em combustível gasoso através da oxidação parcial a temperaturas elevadas. Esse processo gera o gás de síntese composto por CO e H_2, que através da reação de Fischer-Tropsh pode tanto ser empregado na produção de biocombustíveis como na produção de vários bioprodutos de alto valor agregado. Têm-se também a co-geração que é um processo térmico combinado usado para produzir energia elétrica, em que a combustão da biomassa gera calor que aquece a água gerando vapor, que move turbinas para produzir bioeletricidade (DE SOUZA NOEL SIMAS BARBOSA; HYTÖNEN; VAINIKKA, 2017; KHOSHNEVISAN et al., 2021).

A combustão, que gera energia térmica, ocorre em três etapas: evaporação de água, queima de compostos voláteis e queima de carbono fixo. Nesse processo, as cinzas são o resíduo sólido da combustão juntamente com algum resíduo de carbono presente nas cinzas ou gases, denominada fuligem (SANTOS; COLODETTE; QUEIROZ, 2013).

O processo de torrefação, também conhecido por pirólise suave, consiste em um pré-tratamento da biomassa a temperaturas de 200 a 300°C na ausência de oxigênio. Nesse processo, a biomassa é modificada, tornando-se seca e perdendo sua estrutura fibrosa, de tal forma que suas características se aproximam a do carvão, melhorando suas propriedades tanto para combustão como para gaseificação. Na torrefação ocorre um aumento no poder calorífico devido ao aumento de densidade energética e também ocorre uma melhora nas características de moabilidade da biomassa (AGUIAR et al., 2021; HASSAN; WILLIAMS; JAISWAL, 2019).

O processo de pirólise, que ocorre na ausência total de agente oxidante, tem como produtos gerados o carvão, composto principalmente de carbono e também por cinzas, e vapores que quando condensados formam uma mistura líquida de duas fases: uma aquosa, o extrato ácido, e uma orgânica, o bio-óleo, deixando os gases não condensáveis, geralmente CO_2, CO, CH_4, H_2, como um combustível para uso imediato (AGUIAR et al., 2021; HASSAN; WILLIAMS; JAISWAL, 2019).

No processo de reforma, hidrocarbonetos obtidos a partir do gás de síntese como metano, etano e etileno são transformados em monóxido de carbono e gás hidrogênio. Esse processo é operado 900-1.100ºC e usa-se gás oxigênio preaquecido e vapor de água para conversão química (EICHLER et al., 2015).

A liquefação consiste em um tipo de hidrogenação em que a matéria orgânica é combinada a um solvente na presença de um catalisador a altas pressões (150-250 atm) e temperaturas moderadas (300-450°C), produzindo um líquido viscoso, o bio-óleo. O bio-óleo produzido através desse processo de liquefação possui um teor de oxigênio menor que o bio-óleo proveniente do processo de pirólise (ATTARD; CLARK; MCELROY, 2020; KHOSHNEVISAN et al., 2021).

O bio-óleo obtido a partir dos processos de liquefação, gaseificação, combustão e pirólise é uma mistura de vários compostos oxigenados, como, por exemplo, álcoois, ácidos, aldeídos e cetonas, como também complexos carboidratos e materiais derivados da lignina que podem ser utilizados na produção de produtos de alto valor agregado (POVEDA-GIRALDO; SOLARTE-TORO; CARDONA ALZATE, 2021).

4.2. Processos bioquímicos

A plataforma bioquímica de conversão em biorrefinarias compreende processos de fermentação, para a produção de etanol e outros produtos químicos como álcoois e ácidos orgânicos; digestão anaeróbica, para produção de biogás e biofertilizantes; e processos enzimáticos, como as etapas de hidrólise enzimática para liberação dos açúcares estruturais da biomassa lignocelulósica (HASSAN; WILLIAMS; JAISWAL, 2019).

A liberação dos açúcares da estrutura recalcitrante da biomassa requer uma etapa de pré-tratamento, que provoca uma perturbação nessa estrutura expondo a celulose e as hemiceluloses ao ataque de enzimas. A hidrólise enzimática dessas macromoléculas libera monossacarídeos que posteriormente poderão ser submetidos ao processo de fermentação. É possível realizar as etapas de hidrólise e fermentação separadamente, assim como se podem realizar essas etapas combinadas num processo de sacarificação e fermentação simultâneas. Além disso, uma vez que dentre os polissacarídeos presentes na biomassa têm-se tanto hexoses como pentoses, é possível realizar a fermentação em separado das pentoses e hexoses ou utilizar-se um micro-organismo capaz de utilizar tanto pentoses como hexoses como fonte de carbono para produção de determinado produto de interesse (NALI; RIBEIRO; HORA, 2016; PATEL; SHAH, 2021).

A viabilidade dos processos de conversão de biomassa em produtos de alto valor agregado está diretamente ligada à eficiência e rapidez da conversão da celulose e hemiceluloses em monossacarídeos. A hidrólise dos polissacarídeos pode ser ácida ou enzimática, sendo que no processo enzimático a produção de toxinas para a levedura é menor (LIU et al., 2021). Uma das maiores dificuldades no processo de pré-tratamento é a formação de inibidores enzimáticos que prejudicam as etapas posteriores de sacarificação e fermentação. Os inibidores de fermentação podem ser divididos em dois grupos: 1) inibidores derivados do processo, como, por exemplo, derivados de furanos; 2) inibidores provenientes da biomassa, como, por exemplo, ácido acético e compostos fenólicos. A formação de diferentes tipos de inibidores como resultado de diferentes tipos de pré-tratamento é apresentada na Figura 5 (PATEL; SHAH, 2021).

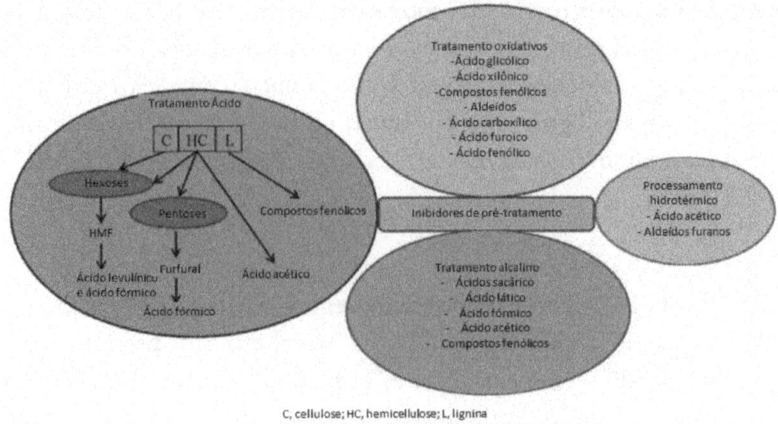

Figura 5 Inibidores gerados durante o pré-tratamento da biomassa lignocelulósica.

Fonte: PATEL; SHAH, 2021.

O processo de digestão anaeróbica é um processo de conversão bioquímico em que é produzido o biogás, composto principalmente por metano e gás carbônico, que pode ser purificado a biometano e ser utilizado como biocombustível. Vários grupos de micro-organismos estão envolvidos no processo de digestão anaeróbica. Na primeira etapa, chamada fase hidrolítica, bactérias anaeróbicas e facultativas secretam enzimas que degradam compostos orgânicos de alto peso molecular em compostos simples. Na fase acidogênica, os compostos simples são clivados a hidrogênio, dióxido de carbono, alcoóis e ácidos orgânicos voláteis. Na terceira etapa os ácidos orgânicos são convertidos a ácido acético por bactérias acetogênicas. Bactérias metanogênicas produzem o metano a partir do hidrogênio, dióxido de carbono e ácido acético produzidos nas etapas anteriores. Os resíduos sólidos e líquidos do processo de produção de biogás podem ser utilizados como biofertilizantes (AGUIAR et al., 2021; ATTARD; CLARK; MCELROY, 2020; SANTOS et al., 2020).

4.3. Processos químicos

Os processos químicos de conversão da biomassa são baseados exclusivamente em reações químicas (formação ou rompimento). Dentre os possíveis processos químicos em uma biorrefinaria têm-se a transesterificação química, o hidroprocessamento, o craqueamento catalítico e a síntese de Fischer-Tropsch (FT). Muitos desses processos químicos são utilizados pela indústria química, principalmente, pela indústria do petróleo, e vêm sendo adaptados para as biorrefinarias onde a biomassa é a matéria-prima (SANTOS; COLODETTE; QUEIROZ, 2013). A partir da hidrólise ácida, um dos tipos de processos de conversão químicos, pode-se obter ácido levulínico a partir das hexoses, e furfural a partir das pentoses (SANTOS et al., 2020). A reação de óleos vegetais, óleo de microalgas ou de gordura animal com um álcool de cadeia curta e um catalisador através do processo de transesterificação leva a produção de biodiesel e glicerina. Outro processo de conversão química é metátese, na qual o óleo pode ser convertido a combustíveis de maior valor, como a gasolina de aviação, e outros químicos como alfa-olefinas e ácidos graxos (LIU et al., 2021; WANG et al., 2018).

O processo de hidroprocessamento utiliza o hidrogênio e um catalisador para produção de hidrocarbonetos de cadeia longa, sendo obtido um produto similar à nafta que após refino leva a obtenção de combustíveis como gasolina e querosene. O craqueamento catalítico, normalmente empregado na indústria de petróleo, pode ser utilizado em bio-óleo obtido de processos termoquímicos e óleos vegetais, na presença de um catalisador, para produzir biocombustíveis e outros compostos químicos. Na síntese de Fischer-Tropsh, combustíveis líquidos são obtidos a partir do gás de síntese, composto por H_2 e CO, proveniente de processos termoquímicos realizados na biomassa. Os produtos obtidos são principalmente, hidrocarbonetos alifáticos de cadeia linear e em menores quantidades são produzidos hidrocarbonetos ramificados, hidrocarbonetos insaturados, e álcoois primários (BOROLE, 2015; DE TISSERA et al., 2019).

5. POTENCIAL DO BRASIL NO SETOR DA BIORREFINARIA

O Brasil é um país com enorme potencial de implementação de biorrefinarias por possuir a maior biodiversidade do planeta, intensa radiação solar, disponibilidade de água, diferentes climas conforme a região do país e pelo fato de ter sido pioneiro na produção de biocombustíveis em larga escala, com destaque para a produção de etanol. Tais características contribuem para que o país seja um dos maiores produtores de biomassa do mundo, sendo o maior produtor mundial de cana-de-açúcar (NALI; RIBEIRO; HORA, 2016).

Dentre os tipos de biomassa cultivados no Brasil podem-se destacar três principais tipos: biomassa florestal, grãos e cana-de-açúcar. Com relação à biomassa florestal, de acordo com dados da Indústria Brasileira de Árvores (IBÁ), apresentados no Relatório Ibá 2015, o Brasil conta com uma área florestal plantada de 7,74 milhões de hectares, sendo que a maior parte dessa produção é destinada à indústria de papel e celulose, conforme mostrado na Figura 6 (NALI; RIBEIRO; HORA, 2016).

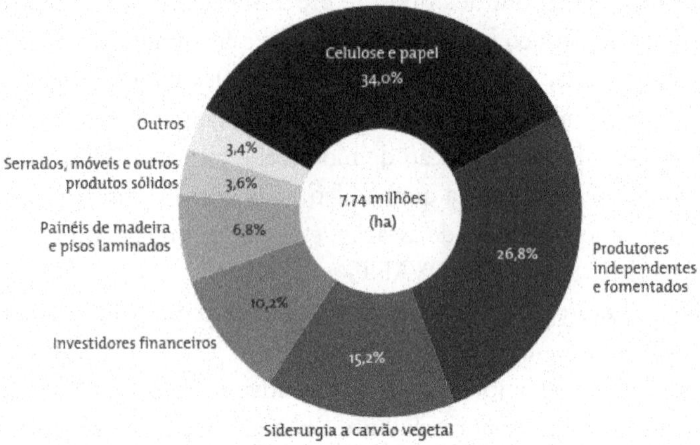

Figura 6 Composição da área de árvores plantadas por segmento, 2014.
Fonte: IBÁ, 2015.

O Brasil possui grande potencial de utilização da biomassa florestal em biorrefinarias por possuir vantagens frente a outros países, sendo elas a maior produtividade florestal do mundo e consequente menor quantidade de terras para produção requeridas, bem como o menor custo de terras. Além disso, visto que a maior parte dessa biomassa é utilizada na indústria de papel e celulose, existe potencial para o desenvolvimento de biorrefinarias integradas a essas fábricas. A implementação de biorrefinarias em indústria de celulose que utilizam o processo Kraft é a mais amplamente estudada. No processo Kraft, as hemiceluloses são separadas da celulose e lignina em uma etapa pré-hidrólise, de modo que se reduz um dos custos significativos da biorrefinaria que consiste no fracionamento da biomassa lignocelulósica. As hemiceluloses extraídas nessa etapa podem ser utilizadas como matéria-prima para produção de bioprodutos de alto valor agregado, conforme apresentado na Figura 7 (AJAO et al., 2018; NALI; RIBEIRO; HORA, 2016).

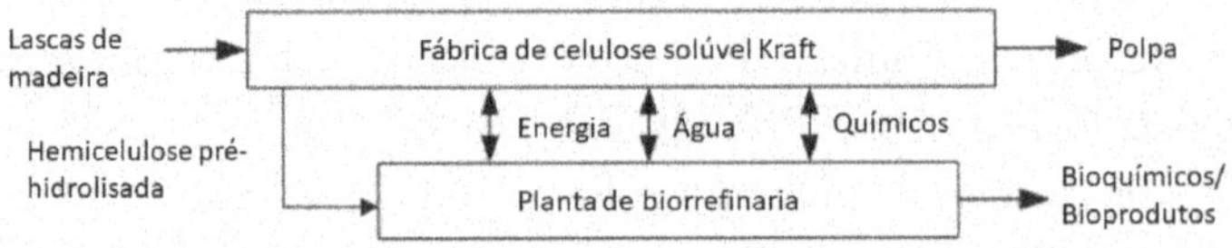

Figura 7 Esquema representativo de biorrefinaria integrada à indústria de papel e celulose.
Fonte: AJAO et al., 2018.

O Brasil também é um grande produtor de grãos e cana-de-açúcar, e não somente estes podem ser empregados em biorrefinarias, como os resíduos agrícolas gerados na sua produção e beneficiamento possuem grande potencial de serem utilizados como matéria-prima para produção de produtos de alto valor agregado. A previsão da safra 20/21 de grãos no país é de 273,8 milhões de toneladas, um crescimento de 6,5% em relação ao ano anterior, enquanto a safra de cana-de-açúcar está estimada em 665.105 mil toneladas, um aumento de 3,5% em relação ao ano anterior. Na tabela 4 são encontrados dados da estimativa de área plantada e produtividade da safra 20/21 em comparação à safra anterior (CONAB, 2020, 2021).

Tabela 4 Estimativa de área plantada e produtividade da safra 20/21

Cultura	Estimativa de área plantada em 1.000 ha		Estimativa de produtividade em kg/ha	
	Safra 19/20	Safra 20/21	Safra 19/20	Safra 20/21
Algodão	1.665,6	1.413,1	2.625*	2.570*
Amendoim	160,5	165,5	3.474	3.600
Arroz	1.665,8	1.688,3	6.713	6.572
Cana-de-açúcar	10.039,1	9.953,2	76.133	77.293
Feijão	2.926,7	2.972,8	1.104	1.106
Gergelim	175,0	155,0	547	547
Girassol	47,1	30,9	1.590	1.630
Mamona	45,5	47,4	951	805
Milho	18.527,3	19.715,7	5.537	5.526
Soja	36.949,7	38.743,0	3.379	3.523
Sorgo	835,4	875,4	2.991	3.120

* Algodão – caroço

Fonte: (CONAB, 2020, 2021)

No Brasil, o aproveitamento de grãos, cana-de-açúcar e seus resíduos agrícolas em biorrefinarias é destinado principalmente para a produção de biocombustíveis com destaque para a produção de etanol e biodiesel. A cana-de-açúcar vem sendo utilizada a décadas no país para a produção de etanol de primeira geração, produzido do caldo de cana-de-açúcar, e bioeletricidade, obtida a partir da queima do bagaço. Na safra 20/21 é estimada a produção de 29,8 bilhões de litros de etanol (CONAB, 2020; RODRÍGUEZ CARPIO et al., 2021).

O etanol de segunda geração é uma tecnologia que vem sendo estudada e aplicada para viabilizar a produção do biocombustível a partir de resíduos lignocelulósicos, como o bagaço e palha de cana-de-açúcar. Na figura 8 está representado um esquema demonstrando as principais etapas dos processos de uma biorrefinaria integrada de etanol de primeira e segunda geração e produção de bioeletricidade (RODRÍGUEZ CARPIO et al., 2021). No país, existem duas plantas comerciais de produção de etanol de segunda geração a Bioflex-I da GranBio, em São Miguel dos Campos (AL), com capacidade nominal de 60 milhões de litros/ano, e a da Raízen, em Piracicaba (SP), de 42 milhões de litros/ano. Também há o projeto experimental no Centro de Tecnologia Canavieira (CTC), com capacidade de 3 milhões de litros (EPE, 2020).

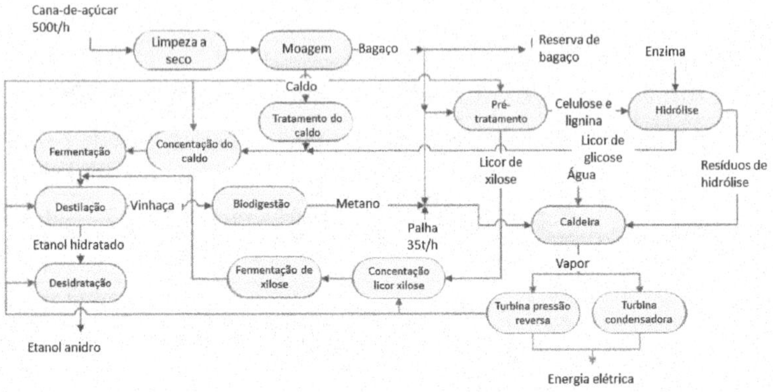

Figura 8 Esquema representativo de biorrefinaria integrada de cana-de-açúcar.

Fonte: RODRÍGUEZ CARPIO et al., 2021.

Outro biocombustível amplamente produzido no Brasil é o biodiesel. Em 2004, foi lançado o Programa Nacional de Produção e Uso do Biodiesel (PNPB), com a implementação da mistura do biodiesel ao diesel em quantidades percentuais crescentes ao longo dos anos, conforme apresentado na figura 9. O PNPB incentivou o estabelecimento do mercado de biodiesel no país e diversas empresas se instalaram e passaram a produzir o biocombustível. Na tabela 5, encontram-se as principais usinas de biodiesel conforme seu *market share* nos leilões em 2019 (CT-CB, 2020).

Figura 9 Evolução da adição de biodiesel ao diesel ao longo dos anos.

Fonte: CT-CB, 2020.

Tabela 5 *Market share* dos produtores de biodiesel – leilões de 2019

Produtores	Participação (%)
GRANOL – Anápolis	6,03
ADM – Rondonópolis	5,73
BIANCHINI – Canoas	5,72
OLEOPLAN – Veranópolis	5,54
POTENCIAL – Lapa	5,43
BSBIOS – Marialva	5,36
BSBIOS – Passo Fundo	4,92
COFCO – Rondonópolis	4,91
OLEOPLAN – Iraquara	4,20
CARGILL – Três Lagoas	3,90
OLFAR – Erechim	3,53
PBIO – Candeias	3,25
CARAMURU – Ipameri	2,72
CARAMURU - São Simão	2,71
JBS – Lins	2,70
BINATURAL – Formosa	2,66
TRÊS TENTOS – Ijuí	2,46
BUNGE – Nova Mutum	2,39
PBIO – Montes Claros	2,33
FIAGRIL – Lucas do Rio Verde	2,29
demais produtores (21)	21,22

Fonte: (CT-CB, 2020)

6. PRINCIPAIS DESAFIOS DA BIORREFINARIA

Existem vários desafios a serem superados para tornar as biorrefinarias viáveis. Como a maior parte dos processos de biorrefinarias ainda estão em fase de desenvolvimento é preciso que se busquem meios de atingir eficiência máxima nos processos, bem como a expansão da integração de plataformas de conversão. Outro desafio é o fato da composição química da biomassa lignocelulósica variar bastante entre diferentes espécies, bem como dentro de uma mesma espécie devido às condições de cultivo, sendo necessários estudos particulares para cada biomassa a ser utilizada. Outra questão é que devido à estrutura recalcitrante da biomassa, uma etapa de pré-tratamento é geralmente necessária, tornando-se uma das etapas limitantes do processo devido ao alto impacto no custo do produto final (HASSAN; WILLIAMS; JAISWAL, 2019).

As interações físico-químicas existentes entre os três principais componentes da biomassa lignocelulósica, celulose, hemiceluloses e lignina tornam difícil o acesso de reagentes e catalisadores à celulose. Além da estrutura cristalina das microfibrilas da celulose na parede celular torná-la resistente à hidrólise química e biológica, o recobrimento das microfibrilas por lignina, hemiceluloses e regiões amorfas da celulose também dificultam o acesso de enzimas catalíticas às microfibrilas. Para utilização da celulose na produção de produtos de alto valor agregado é necessária uma etapa de pré-tratamento para remoção das hemiceluloses e da lignina que pode tornar o processo menos vantajoso economicamente. A recalcitrância da biomassa lignocelulósica se dá devido principalmente à cristalinidade, ao grau de polimerização e a baixa acessibilidade das enzimas celulolíticas ao substrato (PINALES-MÁRQUEZ et al., 2021).

Apesar de esforços para tornar viável processos de biorrefinaria, como, por exemplo, a produção de etanol de segunda geração, essas tecnologias ainda não estão consolidadas e mais estudos são necessários para melhorar a lucratividade dos processos produtivos (RODRÍGUEZ CARPIO et al., 2021). As biorrefinarias de etanol de segunda geração no Brasil ainda estão operando abaixo de sua capacidade nominal e eventualmente direcionando sua produção de cana para a geração termelétrica. A nível mundial, plantas de etanol de segunda geração não têm conseguido alcançar escala comercial e muitas plantas pararam suas operações, sem previsão de retomada (EPE, 2020).

Uma das alternativas para viabilizar economicamente as biorrefinarias é a criação de políticas públicas de incentivo a essas empresas. Um exemplo é o programa Renovabio criado pelo governo brasileiro que estimula a produção de biocombustíveis compensando a redução na pegada de carbono com créditos de descarbonização chamados CBIOs. Esses créditos de carbono negociáveis podem ser vendidos por produtores certificados de biocombustíveis a distribuidores de combustíveis que precisam atingir metas anuais de redução na emissão de carbono através da compra de CBIOs. Com essa iniciativa, a eficiência ambiental terá impacto direto na performance econômica do processo, favorecendo o atingimento da viabilidade econômica das biorrefinarias (RODRÍGUEZ CARPIO et al., 2021).

7. CONSIDERAÇÕES FINAIS

A biomassa é uma matéria-prima promissora para a produção de bioenergia, bioquímicos, biocombustíveis e biomateriais a partir de plataformas de biorrefinarias a fim de substituir as tradicionais refinarias petroquímicas. Bioprodutos podem ser produzidos a partir de diferentes tipos de biomassa e diversas rotas de conversão e apresentam vantagens em relação a produtos derivados do petróleo, incluindo redução de emissão de gases do efeito estufa, dependência de recursos não-renováveis e geração de resíduos não biodegradáveis. Nesse contexto, a substituição de petroquímicos por bioprodutos é uma alternativa favorável ao meio ambiente (UBANDO; FELIX; CHEN, 2020).

Uma vez que a biomassa é um material heterogêneo, com diferentes composições conforme o tipo de biomassa, uma grande variedade de bioprodutos podem ser produzidos. Outro ponto relevante é que a biomassa é um recurso altamente disponível e com custo baixo, aumentando a viabilidade das biorrefinarias. (KUMAR; VERMA, 2021).

Avanços tecnológicos vêm possibilitando a utilização de resíduos de biomassa como substrato em biorrefinarias possibilitando a produção de produtos de alto valor agregado ao mesmo tempo que se endereça a questão de gestão de resíduos. Avanços biotecnológicos incluindo engenharia genética e metabólica aumentaram o ritmo do desenvolvimento de soluções de biorrefinaria mais ambientalmente amigáveis, econômicas e autossustentáveis. O desenvolvimento das biorrefinarias terá um impacto significativo no fortalecimento da economia e do meio ambiente, incluindo impacto positivo na geração de empregos (KUMAR; VERMA, 2021).

8. REFERÊNCIAS BIBLIOGRÁFICAS

ABRAHAM, M. Encyclopedia of Sustainable Technologies. [*S. l.: s. n.*], 2017.

AGUIAR, A. et al. Sugarcane straw as a potential second generation feedstock for biorefinery and white biotechnology applications. [*S. l.: s. n.*], 2021. Available at: https://doi.org/10.1016/j.biombioe.2020.105896

AJAO, O. et al. Hemicellulose based integrated forest biorefineries: Implementation strategies. [*S. l.: s. n.*], 2018. Available at: https://doi.org/10.1016/j.indcrop.2018.10.025

AMIDON, T. E. et al. Commercializing biorefinery technology: A case for the multi-product pathway to a viable biorefinery. [*S. l.: s. n.*], 2011. Available at: https://doi.org/10.3390/f2040929

ATTARD, T. M.; CLARK, J. H.; MCELROY, C. R. Recent developments in key biorefinery areas. [*S. l.: s. n.*], 2020. Available at: https://doi.org/10.1016/j.cogsc.2019.12.002

BONEBERG, B. S. et al. Biorefinery of lignocellulosic biopolymers. Revista Eletrônica Científica da UERGS, [*s. l.*], v. 2, n. 1, p. 79, 2016. Available at: https://doi.org/10.21674/2448-0479.21.79-100

BOROLE, A. P. Sustainable and efficient pathways for bioenergy recovery from low-value process streams via bioelectrochemical systems in biorefineries. Sustainability (Switzerland), [*s. l.*], 2015. Available at: https://doi.org/10.3390/su70911713

BUCKERIDGE, M. S. Parede celular. *In*: FISIOLOGIA VEGETAL. [*S. l.: s. n.*], 2008. p. 165-181.

BUCKERIDGE, M. S.; SANTOS, W. D.; SOUZA, A. P. As rotas para o etanol celulósico no Brasil. As rotas para o etanol Bioetanol da cana-de-açúcar: P&D para produtividade e sustentabilidade, [*s. l.*], 2010.

CHANG, V. S.; HOLTZAPPLE, M. T. Fundamental factors affecting biomass enzymatic reactivity. *In*:, 2000. Applied Biochemistry and Biotechnology – Part A Enzyme Engineering and Biotechnology. [*S. l.: s. n.*], 2000. Available at: https://doi.org/10.1385/abab:84-86:1-9:5

CLAUSER, N. M. et al. A framework for the design and analysis of integrated multi-product biorefineries from agricultural and forestry wastes. [*S. l.: s. n.*], 2021. Available at: https://doi.org/10.1016/j.rser.2020.110687

CONAB. Acompanhamento da safra brasileira de cana-de-açúcar. [*S. l.: s. n.*], 2020.

CONAB. Acompanhamento da safra brasileira de grãos. [*S. l.: s. n.*], 2021.

CT-CB, C. T. I. para o D. do M. de C. demais D. de B. e P. Relatório de Atividades: Comercialização de Biodiesel. [*S. l.: s. n.*], 2020.

DE SOUZA NOEL SIMAS BARBOSA, L.; HYTÖNEN, E.; VAINIKKA, P. Carbon mass balance in sugarcane biorefineries in Brazil for evaluating carbon capture and utilization opportunities. Biomass and Bioenergy, [*s. l.*], 2017. Available at: https://doi.org/10.1016/j.biombioe.2017.07.015

DE TISSERA, S. et al. Syngas biorefinery and syngas utilization. *In*: ADVANCES IN BIOCHEMICAL ENGINEERING/BIOTECHNOLOGY. [*S. l.: s. n.*], 2019. Available at: https://doi.org/10.1007/10_2017_5

EICHLER, P. et al. Produção do biometanol via gaseificação de biomassa lignocelulósica. Quimica Nova, [*s. l.*], 2015. Available at: https://doi.org/10.5935/0100-4042.20150088

EPE. Análise de conjuntura dos biocombustíveis ano 2019. [*S. l.: s. n.*], 2020.

FARIA, D. et al. Cenários e perspectivas das principais culturas do Rio Grande do Sul em processos de biorrefinaria. Revista Eletrônica Científica da UERGS, [*s. l.*], v. 2, n. 3, p. 291, 2016. Available at: https://doi.org/10.21674/2448-0479.23.291-306

HASSAN, S. S.; WILLIAMS, G. A.; JAISWAL, A. K. Moving towards the second generation of lignocellulosic biorefineries in the EU: Drivers, challenges, and opportunities. [*S. l.: s. n.*], 2019. Available at: https://doi.org/10.1016/j.rser.2018.11.041

IBÁ, I. B. de Á. Relatório 2015. Indústria Brasileira de Árvores, [*s. l.*], 2015.

JIN, Q. et al. Integrated processing of plant-derived waste to produce value-added products based on the biorefinery concept. [*S. l.: s. n.*], 2018. Available at: https://doi.org/10.1016/j.tifs.2018.02.014

KATAKOJWALA, R.; MOHAN, S. V. A critical view on the environmental sustainability of biorefinery systems. [*S. l.: s. n.*], 2021. Available at: https://doi.org/10.1016/j.cogsc.2020.100392

KHATIWADA, D. et al. Optimizing ethanol and bioelectricity production in sugarcane biorefineries in Brazil. Renewable Energy, [*s. l.*], 2016. Available at: https://doi.org/10.1016/j.renene.2015.06.009

KHOSHNEVISAN, B. et al. A critical review on livestock manure biorefinery technologies: Sustainability, challenges, and future perspectives. Renewable and Sustainable Energy Reviews, [*s. l.*], 2021. Available at: https://doi.org/10.1016/j.rser.2020.110033

KUMAR, B.; VERMA, P. Biomass-based biorefineries: An important architype towards a circular economy. [*S. l.: s. n.*], 2021. Available at: https://doi.org/10.1016/j.fuel.2020.119622

LIU, Y. et al. Review of waste biorefinery development towards a circular economy: From the perspective of a life cycle assessment. [*S. l.: s. n.*], 2021. Available at: https://doi.org/10.1016/j.rser.2021.110716

MACHADO, G. et al. Biopolymers from Lignocellulosic Biomass. *In*: LIGNOCELLULOSIC BIOREFINING TECHNOLOGIES. [*S. l.: s. n.*], 2020. p. 125-158.

NALI, E. C.; RIBEIRO, L. B. N. M.; HORA, A. B. Biorrefinaria integrada à indústria de celulose no Brasil: oportunidade ou necessidade? BNDES Setorial, [*s. l.*], 2016.

PATEL, A.; SHAH, A. R. Integrated lignocellulosic biorefinery: Gateway for production of second generation ethanol and value added products. Journal of Bioresources and Bioproducts, [*s. l.*], 2021. Available at: https://doi.org/10.1016/j.jobab.2021.02.001

PINALES-MÁRQUEZ, C. D. et al. Circular bioeconomy and integrated biorefinery in the production of xylooligosaccharides from lignocellulosic biomass: A review. [*S. l.: s. n.*], 2021. Available at: https://doi.org/10.1016/j.indcrop.2021.113274

POVEDA-GIRALDO, J. A.; SOLARTE-TORO, J. C.; CARDONA ALZATE, C. A. The potential use of lignin as a platform product in biorefineries: A review. [*S. l.: s. n.*], 2021. Available at: https://doi.org/10.1016/j.rser.2020.110688

RODRÍGUEZ CARPIO, R. et al. Multi-objective optimization of a 1G-2G biorefinery: A tool towards economic and environmental viability. Journal of Cleaner Production, [*s. l.*], 2021. Available at: https://doi.org/10.1016/j.jclepro.2020.125431

SANTOS, F. et al. Productive potential and quality of rice husk and straw for biorefineries. Biomass Conversion and Biorefinery, [*s. l.*], v. 7, n. 1, 2017. Available at: https://doi.org/10.1007/s13399-016-0214-x

SANTOS, F. A. et al. Potencial da palha de cana-de-açúcar para produção de etanol. Química Nova, [*s. l.*], 2012. Available at: https://doi.org/10.1590/s0100-40422012000500025

SANTOS, F. et al. By-products of the sugarcane industry. *In*: SUGARCANE BIOREFINERY, TECHNOLOGY AND PERSPECTIVES. [*S. l.: s. n.*], 2020. p. 21-48.

SANTOS, F.; COLODETTE, J.; QUEIROZ, J. H. de. Bioenergia e Biorrefinaria - Cana-de-açúcar e Espécies Florestais. [*S. l.: s. n.*], 2013.

SCHELLER, H. V.; ULVSKOV, P. Hemicelluloses. Annual Review of Plant Biology, [*s. l.*], 2010. Available at: https://doi.org/10.1146/annurev-arplant-042809-112315

UBANDO, A. T. et al. A state-of-the-art review of biowaste biorefinery. [*S. l.: s. n.*], 2021. Available at: https://doi.org/10.1016/j.envpol.2020.116149

UBANDO, A. T.; FELIX, C. B.; CHEN, W. H. Biorefineries in circular bioeconomy: A comprehensive review. [*S. l.: s. n.*], 2020. Available at: https://doi.org/10.1016/j.biortech.2019.122585

WANG, M. et al. Highly efficient conversion of plant oil to bio-aviation fuel and valuable chemicals by combination of enzymatic transesterification, olefin cross-metathesis, and hydrotreating. Biotechnology for Biofuels, [*s. l.*], 2018. Available at: https://doi.org/10.1186/s13068-018-1020-4

YOUSUF, A.; PIROZZI, D.; SANNINO, F. Fundamentals of lignocellulosic biomass. *In*: LIGNOCELLULOSIC BIOMASS TO LIQUID BIOFUELS. [*S. l.: s. n.*], 2019. Available at: https://doi.org/10.1016/B978-0-12-815936-1.00001-0

CAPÍTULO 3

MICROBIOLOGIA AMBIENTAL

Ana Lúcia Kern
Débora Vom Endt
Raíssa Nunes dos Santos

A microbiologia ambiental é a ciência que se dedica ao estudo dos microrganismos e a sua relação com o meio ambiente. Os organismos microscópicos compreendem um grande e diverso nicho de formas unicelulares, pluricelulares, agrupadas ou não em biofilmes, ou ainda aquelas que não constituem células, como os vírus. Dentro da microbiologia temos cinco grupos a serem estudados que compreendem as áreas: bacteriologia, virologia, ficologia, micologia e protozoologia. Em relação aos ambientes a serem descritos, este capítulo dividirá os tópicos em ambientes aéreos, aquáticos e terrestres com abordagens relevantes aos bioprocessos e à biotecnologia, bem como a aplicação destes para o desenvolvimento sustentável da sociedade.

1.1. Microbiologia do Ar

1.1.1. Introdução

A partir da Revolução Industrial, a emissão de gases na atmosfera aumentou consideravelmente, devido ao uso de recursos naturais pelas atividades antrópicas, como a queima de carvão e combustíveis fósseis. Consequentemente, as últimas décadas têm sido marcadas pelo aumento de problemas de saúde pública relacionados com a poluição atmosférica, pois a qualidade de vida das pessoas é bastante influenciada pela qualidade do ar que respiram (MELO; AZEVEDO, 2008).

Embora haja inúmeros contaminantes do ar, estes podem ser facilmente distinguíveis quanto à sua natureza, sendo classificados como químicos, físicos ou biológicos (QUADROS; LISBOA, 2010).

1.1.2. Qualidade do ar interno

As características do ar interno dependem diretamente da qualidade do ar no ambiente externo, mas, também, podem ser afetadas pelas atividades realizadas dentro das edificações. O ar interior dos edifícios geralmente é regulado a partir de máquinas para realizar o condicionamento de ar, onde é feito o controle de umidade, temperatura do ambiente, limpeza e movimento, cujos processos devem ser monitorados, para não haver prejuízo à saúde dos ocupantes (STATHOLOUPOU et al., 2008).

Os bioaerossóis são a microbiota dispersa no ar (fungos, bactérias, algas, vírus, entre outros). Quando presentes no ar interno, esses microrganismos podem causar irritações, alergias, doenças e outros efeitos adversos (GRIGOREVSKI-LIMA et al., 2006; LIMA DE PAULA, 2003 *apud* QUADROS et al, 2009). O indivíduo é contaminado por via aérea quando o agente microbiano é inalado e retido no trato respiratório em local propício ao seu desenvolvimento. A imunidade do indivíduo, a dimensão das partículas, a profundidade da penetração e a dosagem mínima do agente capaz de provocar a doença são fatores ligados à infectividade (SOUZA et al, 2008).

Segundo Kenny et al. (1999) *apud* Quadros et al. (2009), a exposição a microrganismos aéreos ou outros aerossóis pode resultar em uma sensibilização respiratória (asma ou alveolite) e em efeitos toxicológicos no pulmão, como a febre de inalação ou síndrome da poeira orgânica tóxica. Isto pode contribuir para uma debilitação progressiva da saúde. O principal efeito da inadequada qualidade do ar em ambientes internos, como externos, se dá no sistema respiratório humano. Assim, as doenças no sistema respiratório são aquelas de maior importância no estudo da qualidade do ar interno.

Em 1982 a Organização Mundial da Saúde (OMS) relacionou os problemas de saúde causados pelo ar interno insalubre como Síndrome dos Edifícios Doentes (SED) quando foi comprovado que a contaminação do ar interno de um hotel na Filadélfia foi responsável por 182 casos de pneumonia e pela morte de 29 pessoas. Esta definição é utilizada quando em média 20% dos indivíduos expostos àquele ar apresentam sintomas de mal estar e doença, que normalmente desaparecem quando os mesmos deixam de frequentar aquele ambiente (MOTA et al, 2014).

Os sintomas mais comuns causados pela SED estão relacionados às mucosas, trato respiratório e cutâneos. Perdrix et al. (2005) citam os seguintes sintomas como os mais facilmente ligados à SED: rinite, congestionamento nasal, garganta seca, lacrimejar, irritação ou ressecamento ocular, irritação na pele, eritema, sonolência e cefaleia. Admite-se que os principais fatores relacionados à SED sejam: aerodispersóides (poeira, fibras); bioaerossóis (fungos, bactérias, vírus etc.) compostos químicos (orgânicos voláteis, formaldeído), contaminantes gerados pelo metabolismo humano, fumaça de cigarro, entre outros.

A SED não está limitada apenas a ambientes de trabalho, mas a qualquer ambiente em que o indivíduo permaneça 90% do seu tempo em locais fechados, como, por exemplo: escolas, centros comerciais e instituições bancárias. As doenças causadas pelo ar interno insalubre já estão entre as principais causas de pedidos de afastamento do trabalho, tanto nos Estados Unidos quanto na Europa. A OMS contabilizou a contribuição de uma variedade de fatores de risco a doenças e determinou que a poluição do ar interno é o 8º fator de risco mais importante, sendo responsável por 2,7% do conjunto de casos de doenças no mundo. Indivíduos de terceira idade passam a maior parte do seu tempo em ambientes fechados, e os poluentes contidos no ar desses ambientes podem ser tóxicos, principalmente para indivíduos suscetíveis a derrame cerebral e doenças cardíacas (QUADROS et al., 2009).

1.1.3. Contaminantes microbiológicos do ar interno e efeitos à saúde

A seguir são descritos os principais microrganismos de importância para a saúde humana no contexto da qualidade do ar em ambientes internos, bem como os seus efeitos no organismo humano (QUADROS et al., 2009).

1.1.3.1. Vírus

As infecções virais respiratórias (IVR) são as doenças mais comuns que afetam o homem, sendo uma causa de morbidade elevada, queda da qualidade de vida e de produtividade. Segundo Bertino (2003) *apud* Quadros et al. (2009), ocorrem aproximadamente 500 milhões de episódios de IVR anualmente nos Estados Unidos, acarretando em 25 bilhões de dólares em custos diretos e indiretos. As IVR mais comuns são: gripe, resfriado, faringite, sinusite, bronquite e otite. A principal fonte de propagação dos vírus no ambiente interno é o próprio ser humano.

Os vírus se disseminam pelas correntes de ar, ressuspensão de material particulado ou em gotículas de aerossóis dispersadas pela saliva (SILVA et al, 2013). Os principais vírus patogênicos de espalhamento através do trato respiratório, associados ao ar interno, são o SARS-CoV-2, Rhinovirus, Influenzavirus, Vírus Respiratório Sincicial e Adenovírus.

Acredita-se que a COVID-19 é uma doença que se propaga principalmente por meio da transmissão direta de pessoa a pessoa. No entanto, algumas incertezas permanecem sobre a importância relativa das diferentes rotas de transmissão do SARS-CoV-2. Há evidências crescentes de que esse vírus pode permanecer no ar por mais tempo e distâncias do que se pensava originalmente. Além do contato próximo com pessoas infectadas e superfícies contaminadas, existe a possibilidade de que a disseminação do vírus também possa ocorrer por meio de partículas transportadas pelo ar em ambientes internos, em algumas circunstâncias além da faixa de dois metros recomendada pelo distanciamento físico (EPA, 2020).

A Nota Técnica 01/DVSAT/2020 traz recomendações sobre a Qualidade do Ar Interno para Saúde do Trabalhador no ambiente de trabalho diante da Pandemia do coronavírus (COVID-19) (BRASIL, 2020).

1.1.3.2. Bactérias

São inúmeras as bactérias patogênicas veiculadas através de sistemas centrais de condicionamento de ar e de pessoas no ambiente. As bactérias dividem-se em dois grupos: as gram-negativas e as gram-positivas.

Especificamente, *Pseudomonas aeruginosa* está frequentemente associada a infecções respiratórias e do trato urinário, podendo também causar infecções sistêmicas em pessoas imunocomprometidas e com extensas lesões na pele. Esta espécie apresenta uma resistência natural a agentes antimicrobianos, sendo comum em ambientes hospitalares (PIRES et al, 2009).

A *Klebsiella pneumoniae* pode ocasionalmente causar pneumonia. Bactérias do gênero *Klebsiella* são frequentemente encontradas na água e no solo (CUNHA, 2014).

As bactérias do gênero *Legionella*, causam uma espécie de pneumonia conhecida como legionelose ou "doença dos legionários", muito comum em edifícios com SED (QUADROS; LISBOA, 2010). Indivíduos desse gênero habitam córregos e colonizam tipos de habitat como linhas de água quente, bandejas de condensação e torres de resfriamento em sistemas de ar-condicionado. A habilidade de viver e se reproduzir dentro de amebas aquáticas torna sua erradicação difícil em sistemas de água (TORTORA et al, 2012).

A *Haemophilus influenzae* provoca meningite, infecções do ouvido médio e, mais raramente, pneumonia. Este patógeno oportunista também é responsável, juntamente com *Staphylococcus pneumoniae*, pela sinusite e pela epiglotite, uma inflamação da epiglote que pode resultar em morte dentro de poucas horas (TORTORA et al, 2012).

Várias bactérias gram-positivas com baixo conteúdo GC no seu genoma são de grande importância médica. A seguir são descritos três gêneros de bactérias desse filo que podem ser transmitidos por via aérea.

Staphylococcus: Estes microrganismos anaeróbios facultativos crescem bem sob condições de alta pressão osmótica e baixa umidade, o que explica parcialmente seu crescimento e sobrevivência nas secreções nasais e na pele humana. Essas bactérias produzem várias toxinas que contribuem para sua patogenicidade, sendo responsáveis por infecções comuns em cortes cirúrgicos. *S. aureus* produz a toxina responsável pela síndrome do choque tóxico, uma infecção grave caracterizada por febre alta e vômitos, algumas vezes ocasionando a morte. Esta bactéria também pode causar infecções na pele, como furúnculos e acne, além de pneumonia, meningite e artrite. Sua habilidade de adquirir rapidamente resistência aos antibióticos, como penicilina, representa um perigo para pacientes em ambientes hospitalares (TORTORA et al, 2012).

Streptococcus: Essas bactérias crescem em arranjos de diplococos ou em cadeias de vários indivíduos e apresentam cápsula. Os organismos do gênero *Streptococcus* são um grupo complexo, provavelmente responsáveis por um maior número e diversidade de doenças do que qualquer outro grupo de bactérias. Entre as doenças causadas por *S. pyogenes*, o principal patógeno deste gênero, estão a febre escarlatina, a faringite e a laringite. Outra espécie patogênica de importância na qualidade do ar é *S. pneumoniae*, também causadora de laringite, frequentemente em combinação com vírus, e, provavelmente, a causa mais comum de pneumonia (pneumonia pneumocócica) (TORTORA et al, 2012).

O gênero *Mycoplasma* representa as bactérias aeróbias facultativas, patogênicas em sua maioria. Suas células são muito pequenas, apresentando apenas cerca de 5% do volume celular de um bacilo típico e suas colônias têm menos de 1 mm de diâmetro. *Mycoplasma pneumoniae* é o patógeno humano mais significativo entre os micoplasmas. Esta espécie é responsável por uma forma comum de pneumonia branda, ou atípica (TORTORA et al, 2012).

Dentre as bactérias gram-positivas com alto conteúdo GC no genoma são encontrados os actinomicetos. Este grupo inclui os gêneros *Mycobacterium*, *Streptomyces*, *Frankia*, *Actinomyces* e *Nocardia*. Muitas espécies apresentam filamentos abundantes e frequentemente ramificados. A sua morfologia se assemelha a dos fungos filamentosos, no entanto, os filamentos são de diâmetros inferiores uma vez que são formados por células procarióticas (TORTORA et al, 2012). Grigorevski-Lima et al. (2006) descrevem os esporos desses microrganismos como contaminantes importantes do ar interno e externo. Estes mesmos autores coletaram amostras de ar interno usando um amostrador de Andersen de 6 estágios e encontraram actinomicetos em 90% nos 3 últimos estágios do amostrador.

Actinomyces: bactérias deste gênero são anaeróbias facultativas, geralmente encontradas na boca e na garganta de seres humanos e de animais. A espécie *Actinomyces israelii* causa a actinomicose, uma doença que afeta, geralmente, cabeça, pescoço e pulmões (TORTORA et al, 2012).

Nocardia: as bactérias deste gênero se assemelham às espécies do gênero *Actinomyces*, sendo, entretanto, aeróbios obrigatórios. São microrganismos com filamentos de elementos cocoides ou alongados, ocasionalmente produzindo esporos aéreos. Algumas espécies, como a *N. asteroides*, eventualmente causam uma infecção pulmonar de difícil tratamento (TORTORA et al, 2012).

Mycobacterium: A tuberculose (TB) é uma doença infectocontagiosa transmitida principalmente por aerossóis de *Mycobacterium tuberculosis* gerados por uma pessoa infectada. Acomete principalmente os pulmões, mas também pode atingir o cérebro, o pericárdio, os linfonodos, no entanto, a via aérea é a única que pode levar a infecção (YOUNG et al., 2008). A tuberculose é considerada a segunda principal causa de mortalidade mundial, depois do vírus da imunodeficiência humana (HIV), responsável pela morte de dois a três milhões de pessoas a cada ano (OMS, 2009).

A TB é uma doença muito antiga, encontrada em múmias egípcias há mais de 5.000 anos a.C. Entretanto, durante o século XX foi observado um declínio na incidência global de tuberculose ocasionada pelo desenvolvimento da vacina BCG e a posterior descoberta das drogas anti-TB. Entretanto, o referido declínio foi interrompido no final dos anos 80 nos EUA e em alguns países europeus. Esta interrupção está relacionada a movimentos anti-vacinação e também a imigração de indivíduos não imunizados, demonstrando a importância de políticas públicas de controle global de TB. Existem amplas diferenças geográficas na incidência e prevalência de tuberculose. O Brasil ocupa o 15° lugar entre os países com maior número de casos da doença. No ano de 2010, estimativas da Organização Mundial da Saúde (OMS) indicaram a ocorrência de 8,8 milhões de novos casos de tuberculose, com aproximadamente 1,1 milhões de mortes (WHO, 2011).

O patógeno bacteriano *Mycobacterium tuberculosis* (MTb) pode permanecer latente por muito tempo sem que o hospedeiro apresente os sintomas da doença, isso desde que seu sistema imune esteja ativo e funcional (PARRISH et al., 1998; MA et al., 2010). Estima-se que um terço da população mundial possua a forma latente do bacilo, o que representa um grande risco, já que 5% desses indivíduos desenvolverão a forma ativa em alguma época de suas vidas (GOMEZ; MCKINNEY, 2004; KOUL et al., 2011).

O desenvolvimento da forma ativa geralmente ocorre quando o indivíduo está imunodeprimido. A coinfecção com HIV também propicia o desenvolvimento da forma ativa da doença em cerca de 25 vezes. Desde a década de 1980, o HIV tem sido um dos principais fatores que contribuíram para o ressurgimento da tuberculose afetando 11 milhões de indivíduos no mundo (GUIMARÃES, 2012) e ocasionando a morte de 200.000 pessoas no ano de 2005 (JAIN; MONDAL, 2008). No ano de 2010 surgiram 1,1 milhão de novos casos de TB entre indivíduos portadores de HIV. No Brasil, em 2010, a percentagem de pacientes tuberculosos co-infectados com HIV foi de 23% (WHO, 2011).

As bactérias do gênero *Chlamydia* são parasitas obrigatórias. Há três espécies conhecidas entre as clamídias: *C. psittaci,* que causa a psitacose através do contato por via respiratória com dejetos de aves; *C. trachomatis*, que causa o tracoma (doença oftálmica extremamente contagiosa), conjuntivite de inclusão e outras doenças nos seres humanos; e *C. pneumoniae*, causador de uma variedade de síndromes respiratórias, como bronquite, pneumonia e sinusite (QUADROS; LISBOA, 2010).

1.1.3.3. Fungos

Qualquer infecção de origem fúngica é chamada de micose e é, geralmente, de longa duração (crônica). Essas infecções podem ser de forma superficial, cutânea, subcutânea ou sistêmica (MOROSINI, 2019).

A presença de fungos e a sua concentração são os indicadores biológicos da qualidade do ar, escolhidos pela resolução RE nº 9 da ANVISA (BRASIL, 2003). Entretanto, a mesma resolução não especifica se deve ser feita a contagem de todos os fungos ou somente dos fungos filamentosos. Quase todos os fungos filamentosos são aeróbicos, enquanto a maioria das leveduras é anaeróbica facultativa.

Segundo Tortora et al. (2012), a incidência de infecções importantes causadas por fungos tem aumentado nas últimas décadas, ocorrendo principalmente em hospitais e em indivíduos imunocomprometidos.

Silva et al (2013) afirma que “os fungos estão entre os poluentes do ar interno mais importantes e menos compreendidos”, sendo praticamente onipresentes nos ambientes urbanos.

Falvey e Streifel (2007) monitoraram os fungos do gênero *Aspergillus* em um hospital universitário durante 10 anos, e afirmaram ser "impossível, sem a aplicação de medidas pouco práticas, manter um ambiente interno completamente desprovido de *Aspergillus* spp." Diversas espécies deste gênero também foram isoladas e identificadas por Nunes (2005) em um hospital do Rio de Janeiro. A Aspergilose é uma infecção pulmonar e/ou sistêmica, que ocorre em indivíduos que estão debilitados devido a doenças nos pulmões ou ao câncer.

Outros exemplos de doenças fúngicas do sistema respiratório inferior podem ser citados, como: (1) Coccidioidomicose ou "reumatismo do deserto": É uma doença pulmonar causada por um fungo dimórfico, *Coccidioides immitis*, que apresenta morfologia leveduriforme nos tecidos humanos e miceliana quando cresce no solo ou em meio de cultura. (2) Histoplasmose: Esta doença lembra superficialmente a tuberculose, mas é causada por *Hystoplasma capsulatum,* outro fungo dimórfico. (3) Pneumocistose ou pneumonia por Pneumocystis: Causada pelo *Pneumocystis jirovecii*, uma levedura presente nos pulmões de pessoas saudáveis que pode causar pneumonia em indivíduos imunocomprometidos ou crianças desnutridas (TORTORA et al, 2012).

As micoses também podem ser oportunistas, e se caracterizam pela presença de um patógeno geralmente inofensivo em seu habitat que se torna patogênico em um hospedeiro que se encontra debilitado. Alguns exemplos de fungos oportunistas são citados a seguir: *Candida albicans* é o fungo mais frequentemente isolado de amostras clínicas de seres humanos. Entretanto, *Pneumocystis* spp. é o gênero responsável pelas infecções mais frequentes em pacientes com HIV. *Stachybotrys chartarum* pode causar hemorragia pulmonar fatal em lactentes, e espécies dos gêneros *Rhizopus* e *Mucor,* que geralmente afetam pacientes com diabete melito, leucemia, ou sob tratamento com drogas imunossupressoras, podendo causar zigomicose ou mucormicose, respectivamente. Infecções oportunistas causadas por espécies de *Cryptococcus* e *Penicillium* podem ser fatais para pacientes com HIV. *Candida albicans* é uma levedura que apresenta obrigatoriamente uma fase filamentosa. Esta espécie é capaz de causar infecções vaginais, orais ou pulmonares e, em pacientes com HIV, danos teciduais sistêmicos (TORTORA et al, 2012).

1.1.4. Legislação e normatização

No Brasil, a resolução RE nº 9, da ANVISA (BRASIL, 2003) estabelece padrões de referência para a qualidade do ar interior, em ambientes climatizados artificialmente, de uso público e coletivo. Esta norma especifica o valor máximo recomendado em ≤750 UFC/m³ de fungos, para amostragem ativa. Além disso, a mesma resolução também define uma relação I/E < 1,5, onde "I" é a quantidade de fungos no ambiente interior e "E" é a quantidade de fungos no ambiente exterior.

Além disso, são listados valores máximos recomendados (VMR) para outros parâmetros, tais como: dióxido de carbono, aerodispersóides (MP), bem como os parâmetros físicos de temperatura, umidade, velocidade, taxa de renovação e grau de pureza do ar. Tal resolução traz ainda, em seus anexos, quatro normas técnicas especificando as metodologias de coleta e análise para os parâmetros supracitados.

A ANVISA promoveu a redação da consulta pública CP n° 109, de 11 de dezembro de 2003, que trata sobre esse mesmo tema, mais especificamente em ambientes de saúde. Até o momento a resolução pertinente a esta consulta ainda não foi oficializada. O documento gerado nessa CP classifica os ambientes hospitalares em quatro níveis de risco, e estabelece que os padrões de referência para a contaminação microbiológica são diferenciados para os ambientes enquadrados nesses níveis de risco (Tabela 1). Outra diferença desse documento em relação a RE n° 9 é o estabelecimento de limites de concentração para alguns compostos no ar, sendo eles: fenol (15 mg/m^3), formaldeído (2,3 mg/m^3) e etanol (1.480 mg/m^3). Os valores estabelecidos para os parâmetros físicos, bem como a concentração de material particulado, permaneceram iguais aos da RE nº 9. Entretanto, a CP n° 109 não estabelece padrões para a concentração de CO_2 no ar interno (BRASIL, 2003).

Tabela 1 Parâmetros referenciais microbiológicos de QAI, segundo a CP nº 109.

	Nível 0	Nível 1	Nível 2	Nível 3
Partículas microbiológicas totais no ar	≤750 UFC/m^3	=500 UFC/m^3	=200 UFC/m^3	=50 UFC/m^3

Fonte: BRASIL, 2003

Um ambiente de nível 0 corresponde à área onde o risco não excede aquele encontrado em ambientes de uso público e coletivo. Uma UTN, a área coletiva de uma UTI e salas de cirurgia se enquadram no nível 2. Quartos de internação de imunodeprimidos e salas de cirurgia especializada (ortopedia, neurologia, cardiologia, transplante) se enquadram no nível 3. Em nenhum ambiente é aceita a presença de microrganismos potencialmente agressores com transmissão comprovada por via aérea, exceto por locais onde estão isolados pacientes que sofrem infecção por estes organismos (BRASIL, 2003).

Segundo esta mesma consulta pública, os compostos orgânicos voláteis devem ser avaliados nos ambientes apenas caso ocorram evidências de contaminação a pacientes ou profissionais (BRASIL, 2003).

A portaria nº 3.523, de 28 de agosto de 1998, do Ministério da Saúde, tem como objetivo estabelecer medidas básicas referentes à manutenção dos sistemas de climatização, para garantir a "Qualidade do Ar de Interiores" e a prevenção de riscos à saúde dos ocupantes de ambientes climatizados. Essa portaria regulamenta parâmetros físicos, químicos e biológicos, bem como os métodos de controle e pré-requisitos do projeto de instalação e de execução de sistemas de climatização (BRASIL, 1998).

Em relação ao ambiente hospitalar, a portaria do Ministério da Saúde nº 930, de 27 de agosto de 1992, determina que "todos os hospitais do país devem manter uma Comissão de Controle de Infecção Hospitalar (CCIH) independentemente da natureza da entidade mantenedora". Em 6 de janeiro de 1997, foi sancionada a Lei nº 9.431, que dispõe sobre a "obrigatoriedade de manutenção do programa de controle de infecções hospitalares pelos hospitais do País" (BRASIL, 1992; BRASIL, 1997).

Observou-se que a maioria dessas regulamentações foi elaborada com base nos parâmetros estabelecidos pela "American Society of Heating Refrigerating and Air-conditioning Engineers" (ASHRAE), dos Estados Unidos. Esse órgão estabelece os padrões de qualidade para ambientes internos climatizados. A norma ASHRAE 55-1992 (ASHRAE, 1992) estabelece os padrões de temperatura e umidade relativa do ar, enquanto a norma ASHRAE 62-1999 (ASHRAE, 1999), estabelece as taxas de ventilação do ar e alguns parâmetros físico-químicos, como a concentração de formaldeído e monóxido de carbono.

Na interrelação entre os contaminantes do ar e sua possível atuação nos microrganismos do solo, passamos a apresentar, a seguir, o próximo tópico.

1.2. Microbiologia do Solo

1.2.1. Introdução

A grande diversidade nas formas de vida encontradas em microbiomas de solos e a heterogeneidade destes ambientes torna o seu estudo complexo e extremamente desafiador. No entanto, também é de grande interesse para saúde humana e ambiental. Um microbioma sadio, com bactérias e fungos interagindo vivamente desempenha funções cruciais para o crescimento das plantas, auxiliando-as a absorver e manter a água, os nutrientes e os minerais. Esses microrganismos também exercem importante papel na cadeia alimentar, através da decomposição de matéria orgânica, e na estruturação dos solos (GILLER, 1996; CARDOSO; ANDREOTE, 2016).

1.2.2. Composição do microbioma de solos

Os microrganismos do solo são representados principalmente pelas bactérias, fungos, arqueias, algas e protozoários (ANDREOLA; FERNANDES, 2007; CARDOSO; ANDREOTE, 2016). Também compõem este sistema os vírus, que sendo parasitas intracelulares obrigatórios, desempenham importante papel no controle das populações microbianas (KUZYAKOV; MASON-JONES, 2018). A diversidade e a quantidade dos microrganismos do solo são bastante elevadas, no entanto, como este é normalmente um ambiente estressante, limitado por nutrientes, somente 15% a 30% das bactérias e 10% dos fungos encontram-se em estado ativo (ANDREOLA; FERNANDES, 2007).

Se analisados em elevado nível taxonômico, os solos apresentam certa similaridade quanto a estruturação das comunidades, em especial para as bactérias, uma vez que na grande maioria dos solos encontram-se os filos Acidobacteria, Actinobacteria, Proteobacteria, Verrucomicrobia, Bacteroidetes, Firmicutes e Planctomycetes (PHILIPPOT et al., 2013; CARDOSO;ANDREOTE, 2016). Apesar de a presença destes filos ser relativamente estável dentro das comunidades microbianas do solo, os organismos taxonomicamente similares podem ter funções distintas, de acordo com o ambiente onde se encontram e desenvolvem. De fato, a elevada heterogeneidade dos solos permite a ocorrência de diferentes hábitats que irão influenciar diretamente na diversidade e abundância dos microrganismos que nele habitam (VOS et al., 2013).

Os primeiros estudos sobre a composição do microbioma do solo envolviam principalmente o isolamento a partir de material ambiental e o cultivo dos microrganismos em laboratório, seguido de análise microscópica e caracterização da morfologia de colônias. Muito se aprendeu em microbiologia utilizando esta abordagem, no entanto, ainda no final do século XX já se evidenciava o impacto dos estudos independentes de cultivo para a compreensão da diversidade microbiana. Considerando que apenas 0,1% a 1,0% das bactérias do solo são cultiváveis utilizando métodos padrão, o surgimento da metagenômica, uma abordagem molecular baseada no sequenciamento do DNA presente em amostras ambientais, representou um grande avanço na compreensão da diversidade das comunidades microbianas de solo, permitindo acesso a um reservatório genético ainda inexplorado, em especial de arqueias (BARNS et al., 1996; AMANN et al., 1996; HUGENHOLZ et al., 1998; TORSVIK et al., 2002; DANIEL, 2005).

As primeiras abordagens de metagenômica, a fim de que o DNA pudesse ser sequenciado, dependiam da clonagem dos diferentes fragmentos de DNA obtidos daquela amostra em vetores de clonagem, compondo bibliotecas. Estas bibliotecas de clones também poderiam ser utilizadas para desvendar funções das comunidades microbianas (DANIEL, 2005). Os avanços nas tecnologias de sequenciamento tornaram a metagenômica uma abordagem muito mais simplificada e amplamente adotada, gerando uma grande quantidade de dados de sequências de DNA (PRIYA et al., 2021; LAPIDUS; KOROBEYNIKOV, 2021; ZHONG et al., 2021).

Desta forma, para entender melhor as interações microbianas que regem este ecossistema, é preciso conhecer a informação genética dos organismos que aí habitam. Ao encontro desta demanda da comunidade científica, duas iniciativas recentes merecem destaque. A iniciativa chamada de Terragenoma (http://www.terragenome.org/), que tem por objetivo organizar as informações sobre microbioma de solos, realizando a completa descrição do material genético microbiano contido em um grama de solo. E no Brasil, o grupo denominado Brazilian Microbiome Project (BMP) (http://www.brmicrobiome.org/), que visa descrever os microbiomas associados aos diversos ambientes edáficos brasileiros.

Dentro deste contexto, é importante destacar o bioma agrícola no Brasil, que ocupa em torno de 70 milhões de ha (IBGE, 2014) e se faz presente de forma fracionada e heterogênea ao longo de todo o território nacional. Este bioma é originado das alterações em propriedades físicas, químicas e biológicas dos solos, e precisa ser estudado a fim de compreendermos o efeito das práticas agrícolas sobre as comunidades microbianas e as possibilidades de uso dos mesmos para a obtenção de maior produtividade (CARDOSO; ANDREOTE, 2016).

1.2.3. Poluição do solo e Xenobióticos

O termo xenobiótico se refere a uma substância química exógena, estranha a um determinado organismo, produzido por outra espécie, ou material de origem antropogênica, e que não é um componente natural do organismo exposto a ela. Provavelmente, o mais importante grupo de xenobióticos, do ponto de vista ambiental, são os compostos químicos produzidos por humanos, com estrutura química artificial, para os quais os organismos não tiveram tempo de se adaptar através da evolução (GREN, 2012).

Os contaminantes do solo são todos os compostos presentes neste ambiente em concentrações capazes de causar danos ao desenvolvimento de animais e plantas que ocupam este local. Os principais contaminantes do solo são os hidrocarbonetos, os antibióticos, os metais pesados, os agroquímicos, dentre outros (CARDOSO; ANDREOTE, 2016).

A poluição dos solos por metais pesados ocorre por conta de operações antropogênicas como mineração, atividades industriais, queima de combustíveis e práticas agrícolas. Em concentrações baixas, alguns metais são essenciais para a manutenção de atividades vitais, no entanto, em níveis tóxicos, podem ser nocivos causando danos a animais, plantas e microrganismos. Os metais pesados predominantemente encontrados como contaminantes no ambiente são o arsênico (As), o cádmio (Cd), o cromo (Cr)(VI), o mercúrio (Hg), e o chumbo (Pb), chamados coletivamente de metais pesados tóxicos (ABDU et al., 2017; SILVA 2020, RAHMAN; SINGH, 2020).

Altos níveis de metais pesados em tecidos vivos podem causar falha de órgãos, doenças neurológicas e até a morte. No solo, níveis elevados de metais pesados, diminuem a diversidade microbiana e suas populações, afetando as importantes atividades que os microrganismos realizam neste ambiente e tornando a contaminação por metais pesados uma preocupação global quanto aos riscos à saúde humana e ao ambiente (ABDU et al., 2017; RAHMAN; SINGH, 2020).

Conforme bem apontado por GAVRILESCU (2015), o mundo tem vivenciado as consequências adversas do desenvolvimento descontrolado de atividades humanas, em diversas áreas como na indústria, no transporte, na agricultura e na urbanização. Associado a isso, o aumento nas demandas de consumo tem resultado em índices cada vez mais altos de poluição do ar, da água e do solo.

Os mais variados compostos químicos sintéticos, estranhos a microbiota do solo, chegam neste ambiente em grandes quantidades a partir de atividades antropogênicas como a deposição de rejeitos industriais e urbanos, a aplicação de defensivos agrícolas, o controle de zoonoses, os aterros sanitários e o descarte de materiais não biodegradáveis na ausência de instalações apropriadas. Indiretamente, também chegam ao solo contaminações provenientes da atmosfera e de lodos diversos provenientes de tratamento de esgoto (MOREIRA; SIQUEIRA, 2006; GAVRILESCU et al., 2015).

Uma variedade de químicos produzidos pelo homem, tais como: pesticidas, cosméticos, produtos de limpeza e cuidados pessoais, farmacêuticos, entre outros, são utilizados em todo mundo e se tornaram indispensáveis para a sociedade moderna (THOMAIDIS et al., 2012). Dados atualizados pela EUROSTAT em fevereiro de 2021, e apresentados na Tabela 2, revelam, somente em 2019, um consumo de 294,6 milhões de toneladas de químicos na União Europeia (considerando a composição de 27 países em 2020). Destes, 73,5% são considerados químicos perigosos, representando riscos à saúde humana e/ou ao ambiente (EUROSTAT, 2021).

Tabela 2 Consumo anual de químicos na União Europeia (27 países) em milhões de toneladas.

	2009	2010	2011	2012	2013	2014	2015	2016	2017	2018	2019
Total	268,0	306,2	295,5	292,6	289,9	294,9	292,5	290,8	297,5	299,3	294,6
Danoso	204,0	233,0	223,1	217,4	216,2	220,4	216,3	212,7	217,5	218,1	216,6
Danoso à saúde	203,5	232,4	222,5	216,9	215,9	220,0	215,9	212,1	216,8	217,6	216,2
Danoso ao ambiente	76,1	86,4	84,6	79,9	80,0	80,4	77,7	75,1	74,3	75,7	78,4

Fonte: EUROSTAT, 2012 (https://ec.europa.eu/eurostat/databrowser/view/SDG_12_10/default/table)

Dentre os xenobióticos mais abundantes que afetam os solos estão os herbicidas, fungicidas e inseticidas utilizados nas práticas agrícolas a fim de aumentar a produtividade. Estes agroquímicos entram no solo principalmente através de sua aplicação direta nas plantações, no entanto, também podem chegar ao solo pelo uso de inseticidas para o controle de vetores de doenças, pela água de lavagem de resíduos da indústria química, derramamentos acidentais e contaminações provenientes da indústria química, de refinarias e de efluentes industriais. Os resíduos provenientes de agroquímicos se acumulam no meio ambiente, e na cadeia alimentar, tendo se tornado um problema grave em todo o mundo (CARDOSO; ANDREOTE, 2016).

Os agroquímicos podem ser classificados de acordo com a sua estrutura, cabendo aqui destacar os organofosforados (como o chlorpirifós), os organoclorados (como o tricloroetano), e os neonicotinoides (como o imidacloprid) (WHITACRE; GUNTHER, 2012; RAYU, 2016).

Os compostos organofosforados são ésteres de ácido fosfórico e seus derivados, amplamente utilizados como inseticidas, acaricidas, nematicidas e fungicidas a fim de aumentar a produtividade no setor agrícola. São lipossolúveis, voláteis e extremamente tóxicos, causando deterioração nos solos cultiváveis, assim como graves danos aos ecossistemas e à saúde humana (HERNÁNDEZ-RUIZ, 2017).

Os organoclorados são uma classe de compostos orgânicos nos quais pelo menos um átomo de cloro está covalentemente ligado a um carbono tetravalente. Alguns resistem à degradação, se associam com o sedimento e outros sólidos e se acumulam nos tecidos dos invertebrados, peixes e mamíferos (SYED et al., 2014). Os compostos orgânicos clorados podem ser agrupados em três classes: i) Alifáticos; como o tricloroetano (TCE); ii) Policíclicos; por exemplo, o diclorodifeniltricloroetano (DDT) e iii) Aromáticos; tal como o pentaclorofenol (PCP).

1.2.4. Efeito dos xenobióticos sobre microrganismos do solo

O uso excessivo e a falta de tecnologia apropriada para o descarte de xenobióticos de origem industrial resultou na contaminação dos ecossistemas, impactando globalmente a capacidade de autorregulação da biosfera. Isto com frequência resulta em alterações irreversíveis da estrutura e do funcionamento dos ecossistemas.

A manutenção de um solo saudável é essencial para a utilização sustentável da terra, para a segurança alimentar e para a sustentabilidade ambiental. O impacto de xenobióticos nas comunidades bacterianas, por exemplo, que compõe o grupo mais abundante e diversificado do microbioma do solo, pode afetar os ciclos biogeoquímicos de elementos tão importantes quanto o carbono (C), o nitrogênio (N), o fósforo (P) e o enxofre (S), uma vez que as bactérias executam papel central nestes processos. Desta forma, alterações na composição ou atividades destas comunidades podem afetar a disponibilidade de nutrientes essenciais (RAYU, 2016).

Além da importância para a ciclagem de nutrientes, a adequada estruturação das comunidades microbianas também é importante para a regulação de outras funções realizadas pelos microrganismos do solo, como a decomposição da matéria orgânica, o controle biológico de pragas através da produção de compostos com atividade antimicrobiana, a transformação de metais e minerais, a decomposição e a degradação de xenobióticos e compostos fenólicos (CARDOSO et al., 1992; CARDOSO; ANDREOTE, 2016).

Os xenobióticos liberados no solo interagem com os elementos abióticos e bióticos deste ambiente, podendo ocorrer transferência sem alteração da estrutura, por escoamento, difusão ou absorção. Alternativamente, pode ocorrer a degradação do composto por transformação abiótica (física, fotoquímica ou química) ou por transformação biológica em plantas ou microrganismos através de suas enzimas. A disponibilidade para captação e transformação do xenobiótico pelos microrganismos do solo, depende de suas propriedades químicas (RAYU, 2016).

O estresse induzido pelos xenobióticos pode afetar a dinâmica do microbioma do solo alterando a estabilidade genômica e a distribuição física dos microrganismos e/ou a composição e diversidade da comunidade. Populações microbianas mais sensíveis podem ser eliminadas do sistema por extinção. No entanto, também pode ocorrer o desenvolvimento de comunidades dotadas de capacidade inata de resistir a poluição e de utilizar estes compostos a fim de suprir suas necessidades nutricionais e energéticas, caracterizando-se assim a biodegradação (GILLER et al., 1996, GIANFREDA; RAO, 2008; RAYU, 2016).

1.2.5. Biorremediação de solos

Os microrganismos do solo têm se mostrado capazes de degradar uma grande variedade de compostos orgânicos sintéticos, incluindo xenobióticos contemporâneos recentemente idealizados pelo homem. Estudos têm revelado a capacidade enzimática de microrganismos isolados, ou em consórcios, para biodegradação de herbicidas (PILEGGI et al., 2020), de hidrocarbonetos de petróleo (TRUSKEWYCZ et al., 2019; MOHAPATRA; PHALE, 2021) e, até mesmo de plásticos (ALI et al., 2021; KUMAR et al., 2021) entre outros contaminantes.

Os contaminantes do solo podem ser classificados, com relação à biodegradabilidade, em compostos biodegradáveis, persistentes e recalcitrantes. Os primeiros são biodegradáveis na maioria das condições ambientais (e normalmente apresentam estrutura molecular similar a moléculas de ocorrência natural). Os persistentes também são biodegradáveis, mas apenas sob determinadas condições ambientais (como presença de oxigênio para reações oxidativas, por exemplo). Já os recalcitrantes, são moléculas com baixo nível de decomposição pela atividade enzimática dos organismos, podendo esta recalcitrância estar relacionada às características do poluente, como baixa solubilidade, alta adsorção molecular aos componentes do solo, alta toxicidade do composto, ou à geração de compostos intermediários tóxicos aos microrganismos edáficos (CARDOSO; ANDREOTE, 2016).

Os contaminantes orgânicos podem sofrer transformações bioquímicas no solo que vão desde a simples remoção de átomos até a completa mineralização dos compostos. Esta degradação ocorre por meio de enzimas oxidativas, redutivas e hidrolíticas, podendo ocorrer como parte do catabolismo celular, fornecendo energia e carbono para o crescimento dos microrganismos. Alternativamente, também pode ocorrer por processos metabólicos periféricos, chamado de co-metabolismo, quando o microrganismo envolvido não se beneficia dessa transformação para o crescimento celular. Além do metabolismo intracelular, a transformação também pode ser catalisada por enzimas extracelulares que geram metabólitos com estrutura química mais simples e mais facilmente metabolizados (MATTOS, 2015; CARDOSO; ANDREOTE, 2016; RAYU, 2016).

No solo, as enzimas podem ficar aprisionadas nos coloides inorgânicos e orgânicos, constituindo um grande reservatório de enzimas extracelulares não diretamente associadas com a biomassa microbiana. Asparaginases, celulases, deamidases, desidrogenases, glicosidades, lipases, nucleotidases, fenoloxidases, fosfatases, fitases, proteases, pirofosfatases e ureases são as principais enzimas encontradas nestes reservatórios (PAUL; CLARK, 1988; MATTOS, 2015).

Esta capacidade metabólica dos microrganismos para transformar ou mineralizar contaminantes orgânicos em substâncias menos nocivas, que possam ser integradas aos ciclos biogeoquímicos, tem sido explorada no intuito de desenvolver metodologias de biorremediação aplicados à recuperação ou remediação de áreas contaminadas. Segundo Cardoso; Andreote (2016, p. 199) o objetivo da biorremediação é:

> Induzir e/ou acelerar os processos biológicos naturais, através das comunidades microbianas autóctones ou não, modificadas geneticamente ou não, para a obtenção de baixos níveis de detecção do poluente previamente estabelecido.

A biorremediação é considerada um método adequado, de custo/benefício favorável e versátil, apresentando baixo risco para os locais contaminados, uma vez que se trata de um processo biológico. No entanto, este processo pode ser lento e necessita de condições químicas e físicas favoráveis, assim como, da biodisponibilidade dos contaminantes. Importante ressaltar, que por vezes a degradação parcial do composto alvo pode levar a formação de um subproduto mais tóxico, sendo necessária esta avaliação. Além disso, a distribuição espacial da contaminação, a origem do resíduo, a temperatura, o pH, a composição da contaminação, a umidade, o potencial redox, a concentração de oxigênio dissolvido, a presença de nutrientes e de outros compostos tóxicos, são fatores capazes de influenciar o sucesso desta técnica, também devendo ser avaliados (CARDOSO; ANDREOTE, 2016; SILVA et al., 2020).

Desta forma, a escolha da mais apropriada técnica de biorremediação depende de análises preliminares das condições ambientais, do tipo de poluente, da composição do solo, dos custos de remoção e do tempo disponível para o tratamento, sendo este estudo de importância crucial para o sucesso da missão (SILVA et al., 2020).

A biorremediação pode ser realizada no local da contaminação (*in situ*) ou com remoção do solo (*ex situ*). O processo de biorremediação *ex situ*, em geral, é mais oneroso, em função da escavação e transporte do solo contaminado, no entanto, pode ser aplicado na remoção de diversos contaminantes em condições controladas. O processo de biorremediação *in situ*, por outro lado, apesar de não ter esses custos, pode ter o custo da instalação de equipamentos no local, além de impossibilitar o controle efetivo sob a superfície da área contaminada, podendo tornar-se inviável. (SILVA et al., 2020).

A biorremediação *in situ* pode ser intrínseca ou projetada. A biorremediação intrínseca, também chamada de atenuação natural, é o processo de degradação que depende apenas do metabolismo de microrganismos nativos sem a adição de fatores externos para aumentar a atividade de biodegradação. A atenuação natural, é a técnica mais barata de biorremediação e conta com microrganismos adaptados ao ambiente contaminado; no entanto, também se caracteriza por ser um processo mais lento que outras alternativas de remediação ambiental. Para que a atenuação natural ocorra é necessário, além da presença dos microrganismos degradadores, condições ambientais ótimas de temperatura, pH, umidade e concentração de oxigênio, combinadas a disponibilidade de carbono e nitrogênio para o desenvolvimento dos microrganismos. (TRUSKEWYCZ et al., 2019; SILVA et al., 2020).

A biorremediação *in situ* projetada pode ser realizada através de uma variedade de técnicas que visam aumentar a eficiência da biorremediação incluindo a bioaumentação (aumento de população microbiana pela introdução de microrganismos alóctones), a bioestimulação (estimulação da população microbiana autóctone através do melhoramento das condições ambientais), bioventilação (bioestimulação por meio da adição de gases estimulantes, como O_2 ou CH_4, para aumentar a atividade microbiana decompositora) e *bioslurping* (combinando extração de vapores por bombeamento a vácuo ao processo de bioventilação), entre outras (PARWEEN et al., 2018; SILVA et al., 2020).

A biorremediação *ex situ* inclui as técnicas de *landfarming* (aplicação do solo ou rejeitos contaminados na superfície de solo não contaminado, seguida de aeração e promoção de uma mistura uniforme do contaminante com a terra e o solo, a fim de estimular a degradação), biopilha (construção de pilhas do próprio solo contaminado, estimulando a atividade microbiana aeróbia), compostagem, utilização de biorreatores e eletrodiálise, a fim de tratar a terra retirada do local de contaminação (PARWEEN et al., 2018; SILVA et al., 2020).

A fim de aumentar a eficiência das tecnologias existentes, os solos contaminados por substâncias hidrofóbicas, como os óleos derivados de petróleo, podem ser lavados com surfactantes e biosurfactantes, capazes de reduzir a tensão superficial e interfacial, e, desta forma, aumentar as taxas de biodegradação. A utilização de biosurfactantes, buscando alternativas menos prejudiciais para o ambiente, tem sido cada vez mais estudada. Estão disponíveis, tanto abordagens de tratamento *in situ* como *ex situ,* devendo as características do local contaminado embasar a escolha do melhor método. A biorremediação potencializada pela lavagem com surfactantes também pode ser utilizada para a remoção de metais pesados através da complexação com surfactantes e troca iônica (SILVA et al., 2020; MULLIGAN, 2021).

Considerando a integração microbiológica com os ambientes descritos até o momento, apresentamos, a seguir, o tópico referente à microbiologia da água.

1.3. Microbiologia da Água

1.3.1. Introdução

Os ambientes aquáticos hospedam uma grande diversidade de microrganismos, que interagem e se desenvolvem a partir do material particulado em suspensão, reflexo das interações do nicho ecológico que compõem o ecossistema. Uma das grandes dificuldades de estudo em microbiologia aquática justamente é avaliar e entender os diferentes recursos e adaptações microbianas que podem gerar consequências ecológicas.

1.3.2. Biodiversidade no ambiente aquático

O ambiente aquático concentra a maior parte dos microrganismos do planeta. Os oceanos representam 90% da biomassa ativa e são responsáveis por metade da produtividade primária de matéria orgânica do planeta (WORDEN, 2006). Quanto estamos falando de vírus, devemos salientar que em quantidade eles acabam sempre superando todas as outras classes de microrganismos, uma vez que infectam todos os reinos de vida marinha, desde bactérias a baleias. Os vírus no oceano desempenham um papel importante no controle de fitoplâncton e com isso participando do ciclo de nutrientes, moldando a abundância dos seus hospedeiros.

O fitoplâncton semanalmente tem toda sua população global substituída (FIELD, 1998). Já os procariotos dominam os sistemas de oceano aberto e acabam dirigindo boa parte dos estudos com vírus marinhos para bacteriófagos, que são vírus que infectam bactérias ou também chamados de fagos. Entre esses fagos estão cianófagos que infectam cianobactérias fotossintéticas, sendo os *Synechococcus* e *Prochlorococcus* (SULLIVAN et al., 2003; SUTTLE, 2002) os mais abundantes em águas marinhas. Os vírus marinhos também infectam algas – plantas eucarióticas aquáticas que variam em tamanho de microalgas unicelulares a macroalgas complexas multicelulares. Alguns vírus infectam até mesmo minúsculos "picoeukaryotes fotossintéticos (PPEs)" que são eucariotos unicelulares com menos de 3 µm de tamanho e importantes produtores primários no ambiente marinho ao lado de cianobactérias.

Estima-se que o número total de microrganismos celulares no Planeta Terra esteja na ordem de 2,5 x 10^{30} células (entre bactérias e arqueas). Todos esses microrganismos juntos compreendem uma massa de 5 x 10^{7} g de Carbono. Fazendo uma analogia com a massa de uma baleia azul que é de aproximadamente 180 t, nós teríamos em massa bacteriana o mesmo que uma população de 1,38 x 10^{22} baleias azuis. Para se ter uma ideia, atualmente a população de baleias azuis é estimada em 14 mil animais e a massa bacteriana representaria 9,92 x 10^{20} mais vezes que a massa da população atual de baleias. Já os vírus são as entidades biológicas mais abundantes nos oceanos, chegando a ordem de 10^{30} partículas, onde 1 mL de água marinha da superfície contém aproximadamente 10^{7} vírus (SUTTLE, 2005; WEYNBERG, 2018).

1.3.2.1. *Bactérias*

As bactérias são ubíquas e bastante diversas no ambiente aquático. A abundância destes microrganismos está na ordem de 10^6 por mL em corpos d'água produtivos ou contaminados (MIKI, 2008). Em condições ideais, as bactérias se multiplicam rapidamente por divisão dando origem a uma grande população. As bactérias podem ser encontradas em suspensão associadas, por exemplo, a degradação de matéria orgânica nos corpos hídricos como folhas e madeira ou mesmo cobrindo superfícies de rochas ou grãos de areia, formando biofilmes. As bactérias desempenham um papel diverso em metabolizar compostos (TORTORA, 2012). As bactérias heterotróficas são cruciais nos ciclos de decomposição da matéria orgânica e na ciclagem de nutrientes nos ambientes aquáticos. Já as bactérias autotróficas são produtoras primárias nestes ambientes, predominantemente povoados por cianobactérias (MADIGAN, 2012).

1.3.2.2. *Vírus*

Os vírus transmitidos pela água são uma causa emergente de surtos de doenças e representam um grande desafio à saúde pública global. Os vírus entéricos em sua maioria são levados aos corpos d'água a partir dos dejetos humanos em sistemas onde o tratamento de esgoto é nulo ou precário. O monitoramento dos esgotos é uma medida essencial para análise de risco de eventuais agentes patogênicos que podem ser carreados pelos corpos hídricos. Indicadores virais são frequentemente usados para avaliação da contaminação dos esgotos, decaimento viral bem como seu trajeto percorrido desde o seu despejo. Um indicador ideal de qualidade deve ser fácil de se detectar e quantificar, fonte-específico, ou seja, ser um indicador proveniente da amostra que se quer analisar, resistente aos tratamentos aplicados na água e persistente no ambiente. Entre as principais famílias que infectam humanos e que são encontradas nos ambientes aquáticos, destacamos: *Adenoviridae, Anelloviridae, Astroviridae, Caliciviridae, Circoviridae, Hepeviridae, Parvoviridae, Polyomaviridae e Reoviridae* com diversas espécies virais agentes causadores de gastroenterites (RACANIELLO, 2012).

1.3.2.3. *Protozoários*

Os protozoários são microrganismos unicelulares. Cerca de 10% da biomassa total de invertebrados bentônicos pertence a este grupo. Em níveis de complexidade estes microrganismos superam as bactérias, porém só se tem cerca de 10% da estimativa das espécies identificadas. Dentre os protozoários mais abundantes nos ecossistemas aquáticos destacamos a presença da *Giardia* spp. e amebas em geral, ambos patogênicos aos seres humanos (TORTORA, 2012). Entre estes organismos mais uma vez destacamos a presença dos vírus nos ambientes aquáticos infectando e controlando a população destes microrganismos. Os vírus gigantes, recentemente descobertos, infectam uma gama de protistas. As espécies do gênero *Mimivirus* foram os primeiros vírus gigantes identificados (LA SCOLA, 2003).

Eles contêm genoma composto de DNA dupla fita linear e infectam múltiplas espécies do gênero *Acanthamoeba* contribuindo assim para o equilíbrio e disponibilidade de compostos orgânicos no ambiente. Santos et al. (2016) descreveram a descoberta do primeiro vírus gigante no Sul do Brasil, isolado a partir de amostras de mexilhão-dourado do Lago Guaíba e denominado posteriormente chamado de *Golden marseillevirus*. Descobertas como essas demonstram que conhecemos apenas uma pequena parcela do mundo microbiano e que novas metodologias com menor custo e maior acessibilidade são imprescindíveis para a catalogação de espécies. A figura 1 mostra e identifica a partícula viral e seu hospedeiro, as amebas de vida livre, citadas nesta seção.

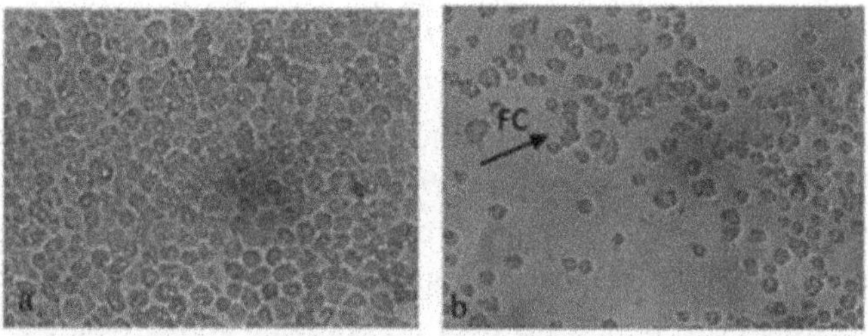

Figura 1 a) cultura de amebas in vitro da espécie *Acanthamoeba polyphaga*. b) cultura de amebas infectadas pelo membro da família *Marseilleviridae* descrito.

Fonte: SANTOS et al., 2016.

Na figura 2 podemos observar os vírus em diferentes fases da sua morfogênese dentro do citoplasma amebiano.

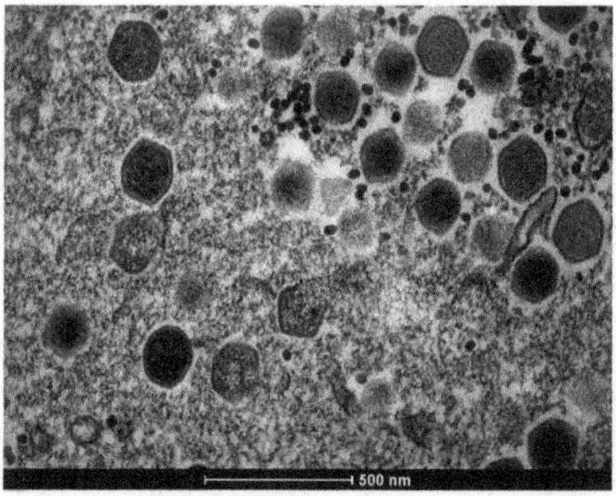

Figura 2 Citoplasma amebiano como local de diferentes fases da multiplicação de vírus.

Fonte: SANTOS et al., 2016

1.3.2.4. Microalgas

As microalgas têm um grande potencial biotecnológico, principalmente por serem microrganismos sintetizadores de substâncias aplicáveis à indústria alimentícia e farmacêutica. Dentre os inúmeros compostos extraídos, ou com potencial de exploração comercial, podem ser relacionados ácidos graxos polinsaturados, carotenoides, ficobilinas, polissacarídeos, vitaminas, esteróis e diversos compostos bioativos naturais (antioxidantes, redutores do colesterol etc.) (DERNER et al., 2006).

As microalgas estão divididas em organismos com dois tipos de estrutura: procarióticas abrangendo as cianobactérias da divisão *Cyanophyta* e as de estrutura eucariótica com membros nas divisões Chlorophyta, *Euglenophyta, Rhodophyta, Haptophyta, (Prymnesiophyta), Heterokontophyta (Bacillariophyceae, Chrysophyceae, Xantophyceae* etc.), *Cryptophyta e Dinophyta,* segundo Hoek et al. (1995). Estes microrganismos apesar de estruturalmente e morfologicamente apresentarem diferenças, fisiologicamente são semelhantes apresentando metabolismo análogo ao das plantas (ABALDE et al., 1995).

As microalgas são responsáveis por cerca de 60% da produção primária da Terra sendo principalmente encontradas no meio marinho, em água doce e também no solo. Além dos potenciais usos na indústria alimentícia e farmacêutica, estes microrganismos também têm sido empregados na biorremediação de águas residuais oriundas da indústria carregadas em metais pesados, como bioindicadores tanto na detecção de nutrientes quanto de substâncias tóxicas. Na agricultura podem ser aplicadas diretamente como biofertilizantes do solo.

1.3.3. Algumas metodologias diferenciais em microbiologia ambiental

Nos boxes 1 e 2 a seguir, serão apresentadas metodologias e técnicas na identificação de microrganismos ambientais.

1.3.3.1. Box 1: O sequenciamento de alto desempenho como ferramenta para monitoramento de vírus e outros microrganismos

Com o avanço das técnicas de biologia molecular bem como desenvolvimento de novos equipamentos, os estudos que abrangem a detecção de comunidades microbianas foram atualizados. Em 2002 o primeiro estudo de metagenoma – termo denominado ao conjunto de genomas – foi realizado no ambiente marinho, inicialmente com o foco de identificar os bacteriófagos (BREIDBART et al., 2002). Estudos como este passaram a ser realizados com maior frequência e em diversos ambientes devido ao desenvolvimento das técnicas de sequenciamento de nova geração, ou atualmente denominado como sequenciamento de alta performance. As técnicas que visam a identificação de genomas via sequenciamento de alto desempenho necessitam das etapas de extração de ácidos nucleicos, amplificação e purificação para garantir uma boa qualidade do processo. Além da demanda laboratorial, um grande gargalo da utilização desta técnica é o requerimento de conhecimento especializado nas análises de bioinformática, bem como, recursos computacionais (AIRD, 2011). O fluxograma abaixo exemplifica as fases do uso destas tecnologias para prospecção e estudo de microrganismos.

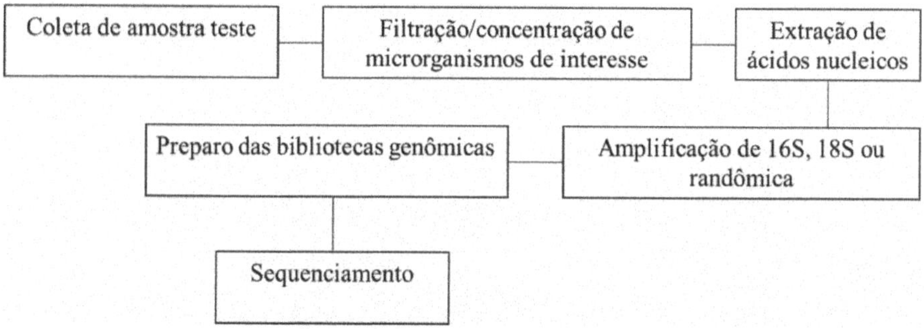

Figura 3 Fluxograma de processamento de amostras para análises via Sequenciamento de Alta performance.

Fonte: Autoras, 2021.

1.3.3.2. Box 2: Cultivo de vírus e células eucarióticas

1.3.3.2.1. Cultura de vírus

Os vírus necessariamente precisam estar em contato com células suscetíveis à sua infecção para então produzir mais partículas virais. Em laboratório utilizamos de alguns artifícios para o crescimento desses microrganismos e a primeira necessidade é um espaço adequado para o cultivo de células que serão infectadas pelas amostras ambientais ou isolados virais. O cultivo de vírus não é considerado um método de diagnóstico, mas sua aplicação é relevante no estudo e identificação de novas espécies, bem como, para metodologias de engenharia genética que envolvem construtos virais não patogênicos, por exemplo (RACANIELLO, 2012).

1.3.3.2.2. Cultura de células eucarióticas

Basicamente temos dois sistemas básicos de crescimento de células em cultura: um em monocamadas aderidas ao substrato artificial e outro com células em suspensão que podem ser cultivadas em biorreatores. Esses sistemas de cultura requerem laboratórios de acesso controlado livre de patógenos, para produção de culturas livres de qualquer contaminante. Alguns artifícios podem ser utilizados para manter os cultivos saudáveis como uso de dosagens de antimicrobianos de acordo com a tolerância da linhagem celular. Usualmente sistemas de cultura de células aderidas são amplamente utilizadas para o estudo de vírus *in vitro*, bem como para modelos celulares para o teste de novas drogas, por exemplo. Utilizamos linhagens adequadas com receptores, ou seja, células suscetíveis à infeção viral. Para a observação e checagem do cultivo de vírus, utilizamos de um artifício denominado efeito citopatogênico que consiste nas alterações morfológicas que os vírus causam ao infectar uma célula. A figura 4 demonstra uma cultura de células MDCK (células renais caninas Madin-Darby) e a outra imagem o mesmo cultivo celular infectado por parvovírus canino.

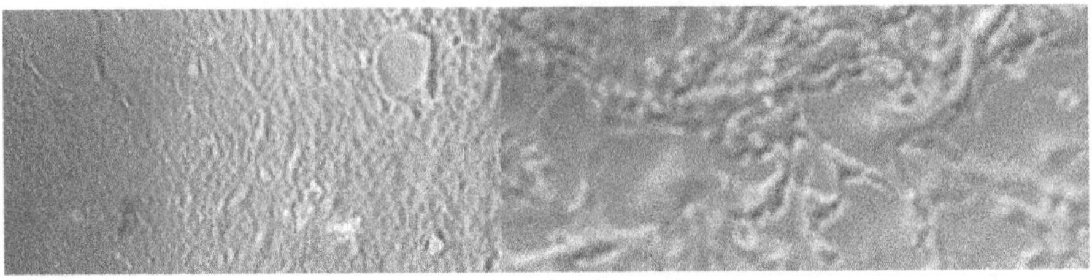

Figura 4 Controle de células da linhagem MDCK (a esquerda) e imagem das células infectadas com parvovírus canino (direita). Pode-se observar o efeito citopatogênico do vírus infectando as células que é um dos indicativos de controle dos cultivos de vírus *in vitro*.

Fonte: Autoras, 2021.

1.3.4. Biorremediação em ambiente aquático

A biorremediação é uma técnica que promove a remoção ou degradação de poluentes acelerando/potencializando o processo natural. O mecanismo básico desta tecnologia é focar no co-metabolismo, biotratamentos, biotransformação cinética para modelagem dos processos biogeoquímicos de determinado efluente. Conforme desenvolvemos e aperfeiçoamos nossos conhecimentos sobre as comunidades microbianas, e como elas respondem ao ambiente natural *versus* poluído, podemos utilizá-las de forma racional para o melhoramento e controle de áreas poluídas de forma biológica (SUTAR, 2012). As tecnologias de biorremediação oferecem um ótimo custo-benefício no tratamento de grandes ambientes aquáticos contaminados apresentando vantagens e aplicações que superam tratamentos convencionais e permitem uma manutenção das áreas biorremediadas. Na tabela 3 estão citadas as classes de contaminantes passíveis de biorremediação.

Tabela 3 Principais classes de contaminantes tóxicos que são passíveis de tratamentos via biorremediação.

Classe do contaminante	Aeróbio	Anaeróbio	Potenciais fontes
Solventes clorados		+	Indústria química
Policlorados		+	Manufatura de eletrônicos
Solventes aromáticos	+	+	Produção de óleos Gás Aeroportos Trilhos de trens
Hidrocarbonetos poliaromáticos	+		Produção óleos, estações de energia
Pesticidas	+	+	Agricultura

Fonte: Adaptado de: SUTAR et al., 2012.

1.4. Considerações Finais

Ao elaborar este capítulo sobre microbiologia ambiental, as autoras escolheram temas ainda pouco descritos em outras obras com esta mesma finalidade. Entretanto, alguns tópicos não foram abordados, como, por exemplo, a qualidade do ar externo, o microbioma da rizosfera, ciclos biogeoquímicos, bem como, contaminantes e doenças veiculadas pela água. No tópico de microbiologia do ar reunimos informações dispersas disponibilizadas em plataformas diversas. Com relação à microbiologia do solo, como é um tema bastante abordado em outras obras, buscamos trazer informações de pesquisas recentes com o que há de mais novo nesta área, a fim de estimular o envolvimento dos estudantes com a pesquisa científica. Na seção de microbiologia aquática, os tópicos versam sobre a perspectiva de quantidade e relevância da biomassa microbiana para a sustentabilidade do ecossistema aquático. Entendemos que os temas desenvolvidos neste capítulo, irão contribuir para a formação dos acadêmicos do curso de Engenharia de Bioprocessos e Biotecnologia, bem como de outros cursos afins.

2. REFERÊNCIAS BIBLIOGRÁFICAS

ABALDE, J. et al. Microalgas: cultivo e aplicaciones. España: Universidade da Coruña, 1995. 210 p. (Monografías n. 26).

AIRD, D., et al. Analyzing and minimizing PCR amplification bias in Illumina sequencing libraries. Genome Biology 12, R18 (2011). https://doi.org/10.1186/gb-2011-12-2-r18.

ALI, S. S.; ELSAMAHY, T.; AL-TOHAMY, R.; ZHU, D.; MAHMOUD, Y.A.-G.; KOUTRA, E.; METWALLY, A. M.; KORNAROS, M.; SUN, J. Plastic wastes biodegradation: Mechanisms, challenges and future prospects. Science of The Total Environment. Volume 780, 2021,146590, ISSN 0048-9697. https://doi.org/10.1016/j.scitotenv.2021.146590.

AMANN, R. I., W. LUDWIG, AND K. H. SCHLEIFER. 1995. Phylogenetic identification and in situ detection of individual microbial cells without cultivation. Microbiol. Rev. 59:143-169.

AMANN, R. I., W. LUDWIG, K. H. SCHLEIFER. 1995. Phylogenetic identification and in situ detection of individual microbial cells without cultivation. Microbiol. Rev. 59:143-169.

AMERICAN SOCIETY OF HEATING REFRIGERATING AND AIR-CONDITIONING ENGINEERS (ASHRAE). Standard 62-1999: Ventilation for Acceptable Indoor Air Quality. Atlanta: American Society of Heating, Refrigerating and Air-Conditioning Engineers. 1999.

ANDREOLA, F.; FERNANDES, S. A. P. A microbiota do solo na agricultura orgânica e no manejo das culturas. In: Silveira, Adriana P. D.; Freitas, Sueli dos Santos. Microbiota do solo e qualidade ambiental. Instituto Agronômico: Campinas – SP, p. 21-33. 2007.

BARNS, S. M., C. F. DELWICHE, J. D. PALMER, N. R. PACE. 1996. Perspectives on archaeal diversity, thermophily and monophyly from environmental rRNA sequences. Proc. Natl. Acad. Sci. USA 93:9188-9193.

BRADY, N.C.; WEIL, R.R. Elementos da natureza e propriedades dos solos. 3. ed. Porto Alegre: Artmed, 2013. 716 p.

BRASIL. Ministério da Saúde. Agência Nacional de Vigilância Sanitária (ANVISA). Resolução – RE nº 9, de 16 de janeiro de 2003. Determina a publicação de Orientação Técnica elaborada por Grupo Técnico Assessor, sobre Padrões Referenciais de Qualidade do Ar Interior, em ambientes climatizados artificialmente de uso público e coletivo. 2003.

BRASIL. Ministério da Saúde. Portaria nº 3.523, de 28 de agosto de 1998. Diário Oficial da União, Brasília, 31 ago. 1998.

BRASIL. Ministério da Saúde. Portaria nº 930, de 27 de agosto de 1992. Diário Oficial da União, Brasília, 27 ago. 1992.

BRASIL. Prefeitura do Município de São Paulo. Nota Técnica – 01/DVSAT/2020. Recomendações sobre a Qualidade do Ar Interno para Saúde do Trabalhador no ambiente de trabalho diante da Pandemia do coronavírus (COVID-19). Disponível em: <https://abrava.com.br/wp-content/uploads/2020/03/nota_tecnica_01_dvsat_2020_coronavirus_saude_trabalhador.pdf-1-SUS.pdf> Acesso em: 03 fev 2021.

BRASIL. Presidência da República. Lei nº 9.431, de 6 de janeiro de 1997. Diário Oficial da União, Brasília, 4 set. 1997.

BREITBART, M., et al. Genomic analysis of uncultured marine viral communities. Proceedings of the National Academy of Sciences of the United States of America, 2002, 99(22), 14250-14255. https://doi.org/10.1073/pnas.202488399.

CARDOSO, E.J.B.N; ANDREOTE, F.D. Microbiologia do solo. 3. ed. Piracicaba: ESALQ, 2016. 221 p.

CUNHA, V. O. BACTÉRIAS MULTIRRESISTENTES Klebsiella pneumoniae carbapenemase – ENZIMA KPC nas Infecções Relacionadas à Assistência à Saúde (IRAS). 2014. 55 f. Monografia (Especialização em Microbiologia) – Instituto de Ciências Biológicas da Universidade Federal de Minas Gerais.

DANIEL, R. The metagenomics of soil. Nat Rev Microbiol 3, 470-478 (2005). https://doi.org/10.1038/nrmicro1160.

DERNER, Roberto Bianchini et al. Microalgas, produtos e aplicações. Cienc. Rural. 2006, vol. 36, n. 6, pp. 1959-1967. ISSN 1678-4596. https://doi.org/10.1590/S0103-84782006000600050.

EUROSTAT. https://ec.europa.eu/eurostat/databrowser/view/SDG_12_10/default/table.

FALVEY, D.G. STREINFEL A.J. Ten-year air sample analysis of Aspergillus prevalence in a university hospital. Journal of Hospital Infection, n. 67, v. 1, p. 65-41. Amsterdam: Elsevier, 2007.

FIELD, C.B., BEHRENFELD, M.J., RANDERSON, J.T., AND FALKOWSKI, P. Primary production of the biosphere: integrating terrestrial and oceanic components. Science (1998) 281: 237-240.

GAVRILESCU, M.; DEMNEROVÁ, K.; AAMAND, J.; AGATHOS, S.; FAVA, F. Emerging pollutants in the environment: Present and future challenges in biomonitoring, ecological risks and bioremediation. New Biotechnol. 2015, 32, 147-156. http://dx.doi.org/10.1016/j.nbt.2014.01.001.

GIANFREDA, L. & RAO, M. A. 2008. Interactions between xenobiotics and microbial and enzymatic soil activity. Critical Reviews in Environmental Science and Technology, 38, 269-310.

GILLER, P.S. The diversity of soil communities, the 'poor man's tropical rainforest'. Biodiversity and Conservation, London, v. 5, p. 135-168, 1996.

GOMEZ, J E; MCKINNEY, J D. *M tuberculosis* persistence, latency, and drug tolerance. Tuberculosis. v. 84, p: 29-44, 2004.

GREN, I. Microbial transformation of xenobiotics. CHEMIK 2012, 66, 8, 835-842.

GRIGOREVSKI-LIMA, A.L.; SILVA-FILHO, R.G.; LINHARES, L.F.; COELHO, R.R.R. Occurrence of actinomycetes in indoor air in Rio de Janeiro, Brazil. Building and Environment, v. 41, p. 1540-1543, ISSN 0360-1323, 2006.

GUIMARÃES, R M *et al.* Tuberculose, HIV e pobreza: tendência temporal no Brasil, Américas e mundo. J Bras Pneumol. v. 38, n. 4, p: 511-517, 2012.

HERNÁNDEZ-RUIZ, G. M.; ÁLVAREZ-OROZCO, N. A.; RÍOS-OSORIO, L. A. Biorremediación de organofosforados por hongos y bacterias en suelos agrícolas: revisión sistemática. Corpoica Ciencia & Tecnología Agropecuaria, 18(1):139-159. Colombia. 2017. DOI: http://dx.doi.org/10.21930/rcta.vol18_num1_art:564.

HOEK, C. van den et al. Algae: an introduction to phycology. London: Cambridge University, 1995. 623 p.

HUGENHOLZ, P; GOEBEL, B.M.; PACE, N.R (1998). Impact of Culture-Independent Studies on the Emerging Phylogenetic View of Bacterial Diversity. Journal of Bacteriology. 180 (18): 4765-74.

JAIN A, MONDAL, R. Extensively drug-resistant tuberculosis: current challenges and threats. FEMS Immunol Med Microbiol. v. 53, n. 2, p: 145-150, 2008.

KENNY, L.C. BOWRY, A. CROOK, B. STANCLIFFE, J.D. Field Testing of a Personal Sizeselective Bioaerosol Sampler. Annals of Occupational Hygiene. v. 43, n. 6, p. 393-404, ISSN 0003-4878, 1999.

KOUL, A *et al.* The challenge of new drug discovery for tuberculosis. Nature. v. 469, p: 483-90, 2011.

KUMAR, R.; PANDIT, P.; KUMAR, D.; PATEL, Z.; PANDYA, L.; KUMAR, M.; JOSHI, C.; JOSHI, M. Landfill microbiome harbour plastic degrading genes: A metagenomic study of solid waste dumping site of Gujarat, India. The Science of the total environment, 20 July 2021, Vol. 779.

KUZYAKOV, Y.; MASON-JONES, K. Viruses in soil: Nano-scale undead drivers of microbial life, biogeochemical turnover and ecosystem functions. Soil Biology and Biochemistry, Volume 127, 2018, Pages 305-317, ISSN 0038-0717. https://doi.org/10.1016/j.soilbio.2018.09.032.

LA SCOLA, B. et al.). A giant virus in amoebae. Science, *299* (2003) (5615), 2033-2033.

LAPIDUS AL, KOROBEYNIKOV AI. Metagenomic Data Assembly – The Way of Decoding Unknown Microorganisms. Front Microbiol. 2021 Mar 23; 12:613791. doi: 10.3389/fmicb.2021.613791. PMID: 33833738; PMCID: PMC8021871.

LIMA DE PAULA, J. F. Aeromicrobiota do ambiente cirúrgico: princípios e peculiaridades da climatização artificial. 2003. 128 f. Dissertação (Mestrado em enfermagem fundamental) – Escola de Enfermagem de Ribeirão Preto, Universidade de São Paulo. Ribeirão Preto.

MA, Z *et al.* Global tuberculosis drug development pipeline: the need and the reality. Lancet. v. 375, p: 21001-21009, 2010.

MATTOS, M. L. T. Microbiologia do solo. In: NUNES, R. R.; REZENDE, M. O. O. (Org.). Recurso Solo: Propriedades e Usos. São Carlos: Editora Cubo, 2015. p. 250-272.

MELO, I. S.; AZEVEDO, J. L. Microbiologia Ambiental. 2. ed. Jaguariúna: Embrapa, 2008. v. 1.

MICHAEL T. MADIGAN. Brock biology of microorganisms. Benjamin Cummings edition, 2021 – 13th ed.

MOHAPATRA B, PHALE PS. Microbial Degradation of Naphthalene and Substituted Naphthalenes: Metabolic Diversity and Genomic Insight for Bioremediation. Front Bioeng Biotechnol. 2021 Mar 9; 9:602445. doi: 10.3389/fbioe.2021.602445. PMID: 33791281; PMCID: PMC8006333.

MOREIRA, F.M.S.; SIQUEIRA, J.O. Microbiologia e Bioquímica do Solo. 2006. 2a edição, Editora UFLA. 729 p. (http://www.prpg.ufla.br/solos/wpcontent/uploads/2012/09/MoreiraSiqueira2006.pdf).

MOROSINI, L. 2019. Avanço dos Fungos. Disponível em: < https://radis.ensp.fiocruz.br/index.php/home/reportagem/avanco-dos-fungos>. Acesso em: 20 fev 2021.

MOTA, R. J. B. S.; GIL, T. G. B.; LIMA, F. B.; MORAES, F. A. B.; FARIAS, A. S. Qualidade do ar interno no ambiente hospitalar: uma revisão integrativa. Revista Saúde. v. 8 n. 1/2, 2014.

MULLIGAN CATHERINE N. Sustainable Remediation of Contaminated Soil Using Biosurfactants. Frontiers in Bioengineering and Biotechnology. Volume 9 pag 195 (2021) https://doi.org/10.3389/fbioe.2021.635196.

NUNES, Zilma das Graças. Estudo da Qualidade Microbiológica do Ar de Ambientes Internos Climatizados. 2005.163 f. Tese (Doutorado em Vigilância Sanitária) - Programa de Pós-graduação em Vigilância Sanitária / Instituto Nacional de Controle de Qualidade em Saúde / Fundação Oswaldo Cruz. Rio de Janeiro, 2005.

OMS – Organização Mundial da Saúde World Health Organization. Global Tuberculosis Control - Epidemiology, Strategy, Financing. [Online]. 2009 [citado 2010]. Disponível em: < www.who.int/tb/publications/global_report/2009> Acesso em: 10 mar 2021.

PARRISH, N M *et al.* Mechanisms of latency in *Mycobacterium tuberculosis*. Trends in Microbiology. v. 6, n. 33, 1998.

PARWEEN T., BHANDARI P., SHARMA R., JAN S., SIDDIQUI Z.H., PATANJALI P.K. (2018) Bioremediation: A Sustainable Tool to Prevent Pesticide Pollution. In: Oves M., Zain Khan M., M.I. Ismail I. (eds) Modern Age Environmental Problems and their Remediation. Springer, Cham. https://doi.org/10.1007/978-3-319-64501-8_12.

PAUL, E. A.; CLARK, F. E. Soil microbiology and biochemistry. San Diego: Academic Press, INC., 1988. 275 p.

PERDRIX, Alain. PARAT, Sylvie. LIAUDY, Sylvette. MAÎTRE, Anne. Syndrome des bâtiments malsains (SBM). Revue Francophone des Laboratoires, n. 373, p. 67-72. Amsterdam: Elsevier, 2005. ISSN 1773-035X, mai 2005.

PHILIPPOT, L. et al. Going back to the roots: the microbial ecology of the rhizosphere. Nature Reviews Microbiology, New York, v. 11, p. 789-799, 2013.

PILEGGI M, PILEGGI SAV, SADOWSKY MJ. Herbicide bioremediation: from strains to bacterial communities. Heliyon. 2020 Dec 24;6(12): e05767. doi: 10.1016/j.heliyon. 2020.e05767. PMID: 33392402; PMCID: PMC7773584.

PIRES, E. J. V. C.; SILVA-JUNIOR, V.V.; LOPES, A.C.S., VERAS, D. L.; LEITE, L. E.; MACIEL, M. A. V. Análise epidemiológica de isolados clínicos de *Pseudomonas aeruginosa* provenientes de hospital universitário. Rev. bras. ter. intensiva. v. 21 n. 4 São Paulo Oct./Dec. ISSN 0103-507X. 2009.

PRIYA P, ANEESH B, HARIKRISHNAN K. Genomics as a potential tool to unravel the rhizosphere microbiome interactions on plant health. J Microbiol Methods. 2021 Apr 8:106215. doi: 10.1016/j.mimet.2021.106215. Epub ahead of print. PMID: 33839214.

PYLRO, V.S. et al. Brazilian Microbiome Project: revealing the unexplored microbial diversity challenges and prospects. Microbial Ecology, New York, v. 67, p. 237-241, 2014.

QUADROS, M. E.; LISBOA, H. M. Qualidade do ar interno. In: Quadros, M. E., Lisboa, H, M. Controle da poluição atmosférica. 2010. Cap n. IX, 37 p.

QUADROS, M. E.; LISBOA, H.M.; OLIVEIRA, V. L.; SCHIRMER, W. N. Qualidade do ar interno em ambientes hospitalares. Rev. Tecnologia, Fortaleza, v. 30, n. 1, p. 38-52, jun. 2009.

RACANIELLO, V., et al., Principles of Virology, 4th Edition, 2012. 2 Vol.

RAHMAN, Z., SINGH, V.P. Bioremediation of toxic heavy metals (THMs) contaminated sites: concepts, applications and challenges. Environ Sci Pollut Res 27, 27563-27581 (2020). https://doi.org/10.1007/s11356-020-08903-0.

RAYU, S. The interactions between xenobiotics and soil microbial communities. 285 f. Tese (Ph.D. Doctor of Philosophy) Western Sydney University, Australia. 2016.

SALES DA SILVA, I.G.; GOMES DE ALMEIDA, F.C.; PADILHA DA ROCHA E SILVA, N.M.; CASAZZA, A.A.; CONVERTI, A.; ASFORA SARUBBO, L. Soil Bioremediation: Overview of Technologies and Trends. Energies 2020, 13, 4664. https://doi.org/10.3390/en13184664.

Santos, R., Campos, F., Medeiros de Albuquerque, N. et al. A new marseillevirus isolated in Southern Brazil from Limnoperna fortunei. Scientific Reports 6, 35237 (2016). https://doi.org/10.1038/srep35237.

SILVA, D. P.; NAZARÉ, D. L.; MUNIZ, J. W. C.; CÂMARA, C. N. S. Infecções hospitalares associadas à qualidade do ar em ambientes climatizados. Rev Epidemiol Control Infect. v. 3, n. 4, p. 153-157. 2013.

SOUZA, A. C.; FREYMANN, G. F.; MACHADO, A. H. A. Análise microbiológica de um sistema de radiação UV-C para dutos de ar condicionado. XIII Encontro Latino Americano de Iniciação Científica e IX Encontro Latino Americano de Pós-Graduação – Universidade do Vale do Paraíba. Disponível em: < http://www.inicepg.univap.br/cd/INIC_2009/anais/arquivos/RE_0445_0999_01.pdf>. Acesso em: 10 mar 2021.

STATHOLOUPOU, O.I.; ASSIMAKOPOULOS, V.D.; FLOCAS, V.A.; HELMIS, C.G. An experimental study of air quality inside large athletic halls. Building and Environment. v. 43, n. 5, p. 793-803, ISSN 0360-1323, 2008. 36.

SULLIVAN, M.B., WATERBURY, J.B., AND CHISHOLM, S.W. Cyanophages infecting the oceanic cyanobacterium Prochlorococcus. Nature. (2003) 424: 1047-1051.

SUTAR et al. A Review on: Bioremediation. Int. J. Res. Chem. Environ. Vol. 2 Issue 1 January 2012(13-21).

SUTTLE, C.A. Viruses in the sea. Nature. (2005) 437: 356-361.

SYED JH, ALAMDAR A, MOHAMMAD A, AHAD K, SHABIR Z, AHMED H, ALI SM, SANI SG, BOKHARI H, GALLAGHER KD, AHMAD I, EQANI SA. Pesticide residues in fruits and vegetables from Pakistan: a review of the occurrence and associated human health risks. Environ Sci Pollut Res Int. 2014 Dec;21(23):13367-93. doi: 10.1007/s11356-014-3117-z. Epub 2014 Jun 25. PMID: 24958529.

THOMAIDIS NS, ASIMAKOPOULOS AG, BLETSOU AA. Emerging contaminants: a tutorial mini-review. Global NEST Journal 2012; 14:72-9.

TORSVIK, V., DAAE, F. L., SANDAA, R.-A. & ØVREÅS, L. Microbial diversity and function in soil: from genes to ecosystems. Curr. Opin. Microbiol. 5, 240-245 (2002).

TORTORA, Gerard J. FUNKE, Berdell R. CASE, Christine L. Microbiologia. 10. ed. Porto Alegre: Artmed, 967 p. ISBN: 978-85-363-2698-6, 2012.

TRUSKEWYCZ A, GUNDRY TD, KHUDUR LS, KOLOBARIC A, TAHA M, ABURTO-MEDINA A, BALL AS, SHAHSAVARI E. Petroleum Hydrocarbon Contamination in Terrestrial Ecosystems-Fate and Microbial Responses. Molecules. 2019 Sep 19;24(18):3400. doi: 10.3390/molecules24183400. PMID: 31546774; PMCID: PMC6767264.

UNITED STATES ENVIRONMENTAL PROTECTION AGENCY (EPA). Ar interno e Coronavírus (COVID-19). Disponível em: < https://www.epa.gov/lep/ar-interno-e-coronavirus-covid-19#:~:text=(Informa%C3%A7%C3%B5es%20relacionadas%20em%20ingl%C3%AAs),2019%20(COVID%2D19). Acesso em: 10 fev 2021.

VOS, M. et al. Micro-scale determinants of bacterial diversity in soil. FEMS Microbiology Reviews, Amsterdam, v. 37, p. 936-954, 2013.

WEYNBERG, K. D. Viruses in Marine Ecosystems: From Open Waters to Coral Reefs. Advances in Virus Research, (2018)1-38. doi: 10.1016/bs.aivir.2018.02.001.

WHITACRE, D. M. & GUNTHER, F. A. 2012. Reviews of environmental contamination and toxicology, Springer, New York, NY, 197, 1-197.

WHO. Global tuberculosis Control 2010. Geneva, Switzerland: World Health Organization. 2011.

WORDEN, A.Z., SEIDEL, M., SMRIGA, S., WICK, A., MALFATTI, F., BARTLETT, D. AND AZAM, FTrophic regulation of *Vibrio cholerae* in coastal marine waters. Environmental Microbiology, 8: 21-29. . (2006) https://doi.org/10.1111/j.1462-2920.2005.00863.x.

YOUNG, D et al. Systems biology of persistent infection: tuberculosis as a case study. Nat Rev Microbiol. v. 6, n. 7, p: 520-528, 2008.

ZHONG C, CHEN C, WANG L, NING K. Integrating pan-genome with metagenome for microbial community profiling. Comput Struct Biotechnol J. 2021 Mar 7; 19:1458-1466. doi: 10.1016/j.csbj.2021.02.021. PMID: 33841754; PMCID: PMC8010324.

CAPÍTULO 4

GENÉTICA TOXICOLÓGICA

Juliana da Silva
Ana Letícia Hilario Garcia
Paula Rohr
Jane Marlei Boeira

1. INTRODUÇÃO

A genética toxicológica ou genotoxicidade é a área científica que trata dos efeitos dos agentes químicos, físicos e biológicos sobre a hereditariedade dos organismos vivos. Um dos objetivos da toxicologia genética continua sendo a identificação de danos ao DNA que podem levar a efeitos adversos à saúde dos organismos, incluindo os seres humanos. Mas na área da toxicologia regulatória, os organismos de maior preocupação são os seres humanos. A toxicologia genética, por definição, é o estudo de como os agentes químicos, físicos ou biológicos afetam o processo de saúde-doença e de hereditariedade. Os agentes genotóxicos são definidos por sua capacidade de modificar o material hereditário das células vivas. A probabilidade de que um determinado agente cause danos genéticos depende inevitavelmente de muitas variáveis, incluindo o nível de exposição, a distribuição e retenção do agente no organismo, a eficiência da ativação metabólica e/ou sistemas de desintoxicação em tecidos-alvo e a reatividade do agente ou de seus metabólitos com macromoléculas críticas dentro das células. A probabilidade de que o dano genético cause a doença depende, em última análise, da natureza do dano, da capacidade da célula em reparar ou amplificar o dano genético, da oportunidade de expressar qualquer alteração induzida e da capacidade do organismo em reconhecer e suprimir a multiplicação de células aberrantes (SILVA et al., 2003).

A genotoxicidade não é um fenômeno raro. Em mamíferos, processos endógenos, bem como a exposição a agentes exógenos, resultam na indução de milhares de lesões de DNA por célula, por hora. O reparo completo do DNA elimina a grande maioria dos danos, mas a possibilidade de indução de novas alterações existe. O papel do toxicologista genético é entender a dinâmica e o significado de processos de dano e reparo de DNA, no contexto da exposição, também a cinética envolvida na transformação de lesões ao DNA em mutações hereditárias estáveis. Uma vez que os agentes mutagênicos são identificados, os toxicologistas genéticos, trabalhando em colaboração com outras áreas biomédicas e ambientais, podem determinar o nível de risco da exposição e gerenciar o dano por meio da eliminação dos agentes do ambiente ou da redução da exposição (HOEIJMAKERS 2001a; 2001b).

A genética toxicológica busca compreender a base científica da interpretação dos resultados dos testes de toxicologia genética para fins de identificação mais precisa dos perigos e avaliação do risco ambiental e humano; desenvolver estratégias de acompanhamento para determinar a relevância dos resultados dos testes para a saúde humana; fornecer uma estrutura para a integração dos resultados dos testes em uma avaliação baseada no risco dos efeitos das exposições químicas na saúde humana; promover a integração e utilização de novas técnicas e conhecimentos científicos na avaliação da toxicologia genética; e monitorar e promover o desenvolvimento e estratégias de testes inovadores (ANGERER et al., 2007). Na Figura 1 temos uma visão geral sobre fatores que devem ser considerados no monitoramento humano e que influenciam a capacidade de previsão de risco. Para uma melhor previsão de risco deve-se considerar monitoramento de dose, monitoramento de efeito bioquímico e monitoramento de efeito. O monitoramento da dose é a determinação de substâncias perigosas ou seus metabólitos nos fluidos corporais. O monitoramento de efeitos bioquímicos é a quantificação dos produtos de reação de substâncias reativas com moléculas biológicas, como DNA ou proteínas. O monitoramento de efeitos biológicos está relacionado à medição dos primeiros efeitos biológicos causados por substâncias químicas (ANGERER et al., 2007).

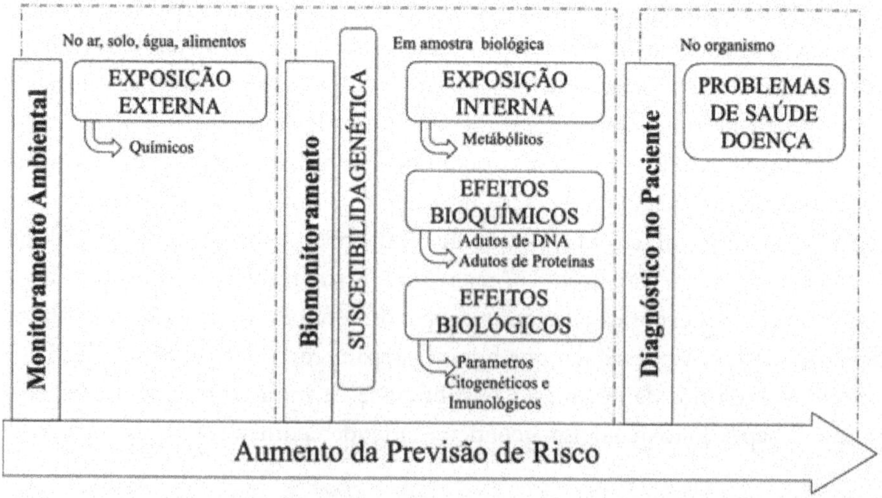

Figura 1 Esquema de monitoramento ambiental e biológico.

Fonte: Modificado de ANGERER et al., 2007.

A justificativa inicial para o uso de testes genéticos foi melhor articulada por Alexander Hollaender no final dos anos 1960, que se baseou em preocupações sobre os efeitos dos agentes mutagênicos ambientais na integridade do genoma humano. Consequentemente, os esquemas de testes usados para avaliar agentes ambientais eram predominantemente *in vivo* e direcionados sobre os efeitos em células germinativas (por exemplo, em roedores e na mosca-da-fruta, a *Drosophila melanogaster*). Em 1970, Bruce Ames, bem como outros microbiologistas-geneticistas, desenvolveram testes rápidos que possibilitaram avaliar e detectar mutações em placa de Petri (como o ensaio Salmonella/microssoma ou teste de Ames). Esses ensaios rapidamente substituíram os testes em animais e insetos mais tradicionais, por serem mais baratos, fornecerem resultados rápidos e demonstrarem que um conjunto diversificado de produtos químicos ambientais (corantes alimentares, produtos farmacêuticos e pesticidas, por exemplo) eram capazes de induzir alterações genéticas. Esta abordagem para rastrear produtos químicos e misturas foi o começo do que se tornou conhecido como «genética toxicológica». Usando métodos e sistemas como o teste de Ames, toxicologistas genéticos rapidamente demonstraram uma forte associação entre resultados positivos nas bactérias e atividade carcinogênica em roedores (NOHMI, 2014).

De 1975 até 1985, grande parte da atenção da toxicologia genética foi desviada da avaliação do risco de células germinativas para a triagem de produtos químicos como possíveis indutores de atividade cancerígena. Durante a última década, a toxicologia genética mudou seu foco e recuperou alguma perspectiva sobre a questão maior da integridade genômica. Muitos investigadores neste campo estão agora focados no desenvolvimento de informações sobre a reatividade de um agente com o material genético do organismo, desde a sua geração, durante todo o seu desenvolvimento e o que pode significar para a viabilidade final desse organismo ou de sua progênie. Assim, surgiu um novo conceito, o Expossoma, que pode ser definido como a medida de todas as exposições de um indivíduo ao longo da vida e como essas exposições se relacionam com a saúde. A exposição de um indivíduo começa antes do nascimento e inclui insultos de fontes ambientais e ocupacionais (MILLER; JONES, 2014; OLYMPIO et al., 2019). Entender como as exposições em nosso ambiente, dieta, estilo de vida etc. interagem com nossas próprias características únicas, como genética, fisiologia e epigenética impactam nossa saúde. A epigenética se refere a mecanismos moleculares envolvidos na interação entre fatores ambientais e a expressão da informação contida no DNA. Assim, o Expossoma engloba a totalidade das exposições ambientais humanas, proporcionando uma história de exposição ao longo da vida e complementando o genoma, como um novo paradigma para estudar a soma das causas ambientais das doenças (DEBORD et al., 2016). O Expossoma é, portanto, uma nova maneira de conduzir pesquisas sobre disparidades de saúde para entender os fatores sociais e ambientais e seus efeitos na saúde humana.

Devido à universalidade do código genético, existe uma tendência em se acreditar que se um agente pode causar danos ao DNA em um tipo de célula e organismo, ele também pode afetar outros tipos celulares e organismos. Porém, diferentes organismos possuem metabolismo, mecanismos de reparação e de detoxificação que variam consideravelmente tornando diferentes as respostas destes organismos a agentes genotóxicos (DE FLORA, 1998). Para driblar este problema e suprir a necessidade de informações em mutagênese e carcinogênese humana foram criadas estratégias de avaliação utilizando testes *in vitro* e *in vivo*. A extrapolação de dados entre diferentes organismos torna difícil a avaliação de risco. Neste contexto, parece difícil a concordância entre testes em humanos e outros mamíferos. A evolução dos testes representa um conhecimento importante em genética toxicológica, levando a um constante aprimoramento das estratégias de avaliação a serem empregadas (REN et al., 2017). Vários modelos foram propostos por diversos pesquisadores, órgãos governamentais e de pesquisa. A seleção dos testes a serem incluídos como modelo é de fundamental importância para o sucesso de uma avaliação. Neste contexto, cada vez mais são necessários novos testes para serem enquadrados nas estratégias de avaliação de risco que atendam às necessidades da vida contemporânea. O consenso de diversas agências internacionais determina hoje que uma bateria de testes deve ser composta no mínimo de testes de reversão bacteriana (por exemplo, o teste de Ames) e teste *in vitro* e *in vivo* de dano cromossomal em mamíferos. Muitas destas agências redigem normas que indicam e padronizam ensaios, facilitando a aceitação e comparação de dados de pesquisas realizadas em todo o mundo. Atualmente, existe uma grande variedade de metodologias para o monitoramento de mutagênese e a escolha depende basicamente das condições do laboratório e/ou dos objetivos do trabalho (SILVA et al., 2003; RIBEIRO et al., 2003).

2. MÉTODOS CLÁSSICOS NA AVALIAÇÃO DE AGENTES GENOTÓXICOS (*IN VITRO* E *IN VIVO*)

A avaliação da genotoxicidade é um componente indispensável na avaliação da segurança. Uma vez que nenhum teste isolado é capaz de definir se determinada substância ou exposição causa genotoxicidade, recomenda-se uma bateria básica de técnicas de testes *in vivo* e *in vitro*. A Figura 2 mostra alguns dos métodos de teste mais comuns para a avaliação de substâncias genotóxicas. Historicamente, os testes de curto prazo para avaliar o potencial genotóxico de produtos químicos perigosos foram introduzidos e modificados há décadas. Estes incluem o teste de Ames, os testes citogenéticos *in vivo* e o teste de micronúcleo. Mais recentemente, modelos animais transgênicos foram estabelecidos e provaram ser poderosos, como os ensaios de mutagenicidade de curto prazo, específicos para órgãos, para explorar as várias etapas envolvidas em mutações espontâneas ou induzidas. Além disso, junto com o rápido desenvolvimento da tecnologia de sequenciamento de nova geração, novos métodos foram introduzidos na toxicologia genética para analisar diretamente materiais genéticos em todo o genoma com capacidade de resolução para detectar alteração de um único nucleotídeo, bem como modificações epigenéticas (REN et al., 2017).

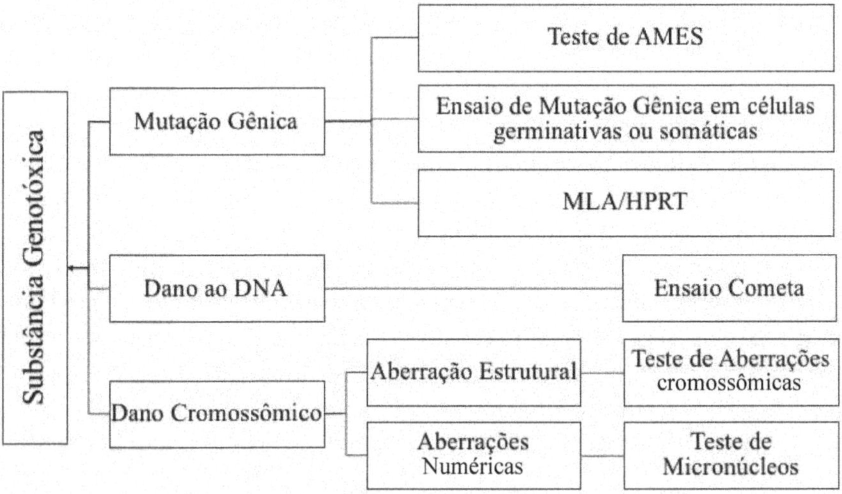

Figura 2 Métodos mais comuns para a avaliação de substâncias genotóxicas.
Fonte: Modificado de REN et al., 2017.

2.1. *Teste de AMES*

O Teste de AMES também chamado de ensaio *Salmonella*/microssoma é um teste que detecta a mutagenicidade de substâncias (AMES et al., 1975). A mutagenicidade é observada através de mutações reversas em bactérias expostas à substância teste, sendo considerado um teste rápido, de alta sensibilidade, além de ser um método barato, tendo sido desenvolvido como método alternativo, sem utilização de animais. No teste são utilizadas linhagens de *Salmonella typhimurium* auxotróficas (sem capacidade de sintetizar o aminoácido essencial) para histidina, que são colocadas em meio sem a presença de histidina, onde só conseguiram crescer as bactérias revertentes, ou seja, as que voltam a ter a capacidade de síntese do aminoácido. No teste Ames são utilizadas diferentes linhagens de *S. typhimurium* capazes de detectar diferentes tipos de mutações, como mudança no quadro de leitura (*frameshift mutation*) ou substituição de pares de base. Este teste pode ser realizado na ausência ou na presença da mistura de ativação metabólica (S9 mix) ou fração microssomal, o que garante a identificação de mutagênicos que necessitam de metabolização para apresentar atividade (MARON; AMES, 1983).

2.2. *Ensaio de Mutação Gênica em Células Germinativas ou Somáticas de Roedores Transgênicos*

Mutações esporádicas no DNA da linhagem germinativa pode levar a uma redução no sucesso reprodutivo e, quando herdada, pode causar doença genética ou aumento na predisposição ao câncer na prole. Existem evidências que demonstram que uma grande proporção de mutações é herdada da linhagem germinativa paternal, e que o número de mutações na prole é relacionado com a idade paterna no momento da concepção. Acredita-se que a maior taxa de mutações do sexo masculino, além da idade, possa ser o resultado da gametogênese, que ocorre maior número de divisões celulares em comparação às células germinativas nas fêmeas. O Ensaio de Mutação Gênica em células germinativas ou somáticas de Roedores Trangênicos utiliza ratos e camundongos machos transgênicos que contêm múltiplas cópias de plasmídeos integrados aos cromossomos ou fagos, como vetores de transporte. Nestes vetores há genes repórteres que são responsáveis pela detecção de mutações. O ensaio envolve a exposição destes ratos transgênicos à substância-teste, seguido de um período para a fixação das pré-mutações causadas pela exposição e a coleta das amostras (RIBEIRO et al., 2003).

2.3. *Ensaio de Mutação Gênica em Células de Linfoma de Camundongo (MLA)*

O Teste de mutação genética em células de mamíferos usando Timidina Kinase também conhecido como Ensaio com Linfoma de Camundongo (*Mouse Lymphoma Assay – MLA*) é indicado pela OECD (*Organization for Economic Cooperation and Development*) para a detecção de mutações gênicas induzidas pela substância-teste. As linhagens celulares usadas nesses testes avaliam mutações diretas em genes repórteres, neste caso, o gene da timidina kinase (TK para células humanas e Tk para células de roedores, de forma generalizada sendo referido como TK) (CLIVE et al., 1972). A diretriz da OECD (2015) traz as seguintes linhagens celulares: a linhagem L5178Y TK+ / - 3.7.2C de linfoma de camundongo (geralmente chamada L5178Y) e a linhagem linfoblastóide humana TK6 (geralmente chamada TK6). Como o gene da timidina kinase é autossômico e heterozigótico, é possível detectar colônias celulares deficientes na enzima timidina kinase após mutação de TK +/- para TK - / -. Essa deficiência pode ser resultante de eventos genéticos que afetam o gene TK, incluindo mutações genéticas (mutações pontuais, mutações de deslocamento de quadro, pequenas deleções etc.) e eventos cromossômicos (deleções grandes, rearranjos cromossômicos e recombinação mitótica).

2.4. *Ensaio Cometa*

O Ensaio Cometa (SCGE – do inglês *single-cell gel electrophoresis*) é um teste utilizado para a detecção de danos ao DNA, sendo aplicado em testes de genotoxicidade, biomonitoramento humano, epidemiologia molecular, além da capacidade individual de reparo. O teste é capaz de identificar quebras simples e duplas do DNA, dano oxidativo, *crosslinks* DNA-DNA, DNA-proteína, DNA-drogas e indução de apoptose (DUSINSKA; COLLINS, 2008). Com modificações no protocolo e utilizando de enzimas endonucleases, como a formamidopirimidina DNA-glicosilase (FPG), endonuclease III, T4 endonuclease V e 8-oxoguanine glycosylase (hOGG1), é possível detectar danos específicos, a exemplo, oxidação de purinas e de pirimidinas, dímeros de pirimidinas, guaninas oxidadas, respectivamente (COLLINS, 2004; COLLINS et al., 2008; AZQUETA et al., 2013).

Este teste apresenta algumas vantagens sobre os testes bioquímicos e citogenéticos, entre estas a necessidade de somente um pequeno número de células e de não ser necessário células em divisão. As células englobadas em gel sobre uma lâmina são submetidas a uma corrente elétrica, que faz migrar para fora do núcleo os segmentos de DNA livres, resultantes de quebras. Após a eletroforese, as células que apresentam um núcleo redondo são identificadas como normais, sem dano reconhecível no DNA. Por outro lado, as células lesadas são identificadas visualmente por uma espécie de cauda, como de um cometa, formada pelos fragmentos de DNA. Estes fragmentos podem se apresentar em diferentes tamanhos, e ainda estar associados ao núcleo por uma cadeia simples. Para alguns autores o tamanho da cauda é proporcional ao dano que foi causado, mas somente é de consenso que a visualização do "cometa", significa dano ao nível do DNA, podendo ser quebra simples, duplas, *crosslinks*, sítios de reparo por excisão e/ou lesões álcali-lábeis. A identificação do dano no DNA pode ser feita de diferentes maneiras, uma forma é classificar visualmente em diferentes classes as células com dano, outra é através de analisador de imagens, que serve para quantificar a cromatina que migrou para fora do núcleo. Moller e colaboradores (2020a) apontam as condições/informações mínimas que devem ser consideradas e apontadas em cada trabalho. Informações estas que se referem desde o tipo celular utilizado, até à análise estatística utilizada, considerando também questões quanto aos controles positivo e negativo, às condições de eletroforese, à coloração empregada, ao tipo de análise das lâminas. Isto, pois, modificações nestas condições podem levar a diferentes resultados.

2.5. *Teste de Aberrações Cromossômicas*

O Teste de Aberrações Cromossômicas é preconizado pela OECD para avaliação da genotoxicidade causada pela substância teste, através da formação de alterações nas estruturas dos cromossomos de células expostas. As aberrações estruturais podem ser de dois tipos, as que alteram os cromossomos ou as que modificam as cromátides. Neste teste, podem ser utilizadas culturas de linhagens celulares estabelecidas ou culturas primárias de células de humanos ou roedores

(OECD, 2016a). Como as aberrações cromossômicas podem ser resultantes de eventos clastogênicos, a análise da indução dessas alterações pela substância teste deve ser feita usando células na metáfase. Assim, após o início da exposição das culturas celulares à substância teste, em ao menos três diferentes concentrações, em intervalos predeterminados, de acordo com o tempo do ciclo celular, as células devem ser tratadas com substância capaz de levar a despolimerização do fuso mitótico (por exemplo, colchicina), bloqueando o ciclo celular na metáfase. Assim, as células são colhidas e coradas e as células metafásicas são analisadas em microscópio quanto à presença de aberrações nas cromátides e nos cromossomos. A determinação das doses a serem testadas será feita baseada na citotoxicidade da substância teste. Entre as técnicas citogenéticas clássicas usadas em monitoramento, o estudo de cromossomos através da observação e contagem de aberrações cromossômicas em células em metáfase se destaca. Esta abordagem proporciona uma análise detalhada, mas, a complexidade, o tempo despendido em um árduo trabalho e a presença de artefatos, como a perda de cromossomos durante a preparação das lâminas, estimulou o desenvolvimento de metodologia mais simples destinada a medir danos cromossômicos (DURANTE et al., 2013).

2.6. Teste de Micronúcleos (MN)

A formação de micronúcleos (MN) pode ser resultante da clastogênese, quebras cromossômicas gerando fragmentos acêntricos (sem centrômero) e/ou de cromossomos inteiros que não migram para os pólos durante a mitose, levando a perda de cromossomos inteiros (aneugênese) (OCDE, 2016b). O teste do MN é um teste amplamente utilizado tanto em avaliações *in vitro* como *in vivo*, podendo utilizar diferentes tipos celulares, como células da mucosa oral, células do trato urinário, células de peixes, plantas e mamíferos, desde que ocorra pelo menos uma divisão celular após o evento mutagênico. Nas avaliações *in vitro* é possível utilizar citocalasina-B, substância que leva ao bloqueio da citocinese e, com isso, é possível avaliar o dano na sequência de uma divisão celular, tornando o teste ainda mais preciso e robusto. A utilização de citocalasina-B ainda permite avaliar outros parâmetros, os quais podemos citar: as frequências de pontes nucleoplasmáticas como biomarcadores de erros de reparo e/ou fusão final de telômeros, brotos nucleares como biomarcadores de eliminação do DNA amplificado e/ou complexos de DNA de reparo além da frequência de MN como um biomarcador de quebra e/ou perda cromossômica. Os testes de MN são considerados simples, robustos e passíveis de automação. O Teste de MN demonstra ser um biomarcador confiável e adequado para avaliação da saúde humana, para o biomonitoramento ambiental, bem como para a avaliação de produtos naturais e sintéticos. (UCHOA; MAGALHÃES, 2020). Este teste é amplamente usado e são inúmeras as suas aplicações em diferentes organismos tanto *in vitro* quanto *in vivo* (para revisão ver KNASMÜLLER; FENECH, 2019).

3. BIOMONITORAMENTO AMBIENTAL

O biomonitoramento é uma metodologia de avaliação da qualidade ambiental com o uso de organismos. Existem três principais situações que levam a um biomonitoramento: (i) onde existem razões para se acreditar que espécies nativas estão ameaçadas; (ii) quando há implicações para a saúde humana quanto ao consumo de organismos potencialmente afetados; e (iii) quando existe o interesse de conhecer a qualidade ambiental. O monitoramento ambiental, principalmente no que diz respeito a organismos expostos a poluentes (biomonitores), utilizando testes em sistemas biológicos (biomarcadores), propicia promissoras ferramentas para a identificação de poluentes capazes de causar alterações na saúde humana e no ambiente (BUTTERWORTH et al., 1995).

Embora ligações diretas entre efeitos ecológicos e a saúde humana tenham se mostrado difíceis de estabelecer, o uso de espécies da fauna nativa como sentinelas ambientais é a base conceitual para esta conexão. Cientistas, administradores e médicos especialistas, hoje em dia, aceitam amplamente a ideia de que a sociedade humana é dependente de um ambiente saudável e que a contínua degradação ambiental ameaça a qualidade de vida. Em estudos ecotoxicológicos o maior objetivo é a detecção da causa-efeito entre sistemas biológicos e as misturas complexas de poluentes aos quais estão expostos. Muitos dos contaminantes presentes em nosso ambiente afetam os organismos de forma direta, sendo de efeito agudo e de rápida detecção, podendo causar distúrbios fisiológicos, problemas no desenvolvimento e/ou diminuição do tempo de vida. Alguns destes agentes exógenos também afetam o DNA dos organismos induzindo tumores e/ou mutações genéticas. Os efeitos tóxicos dos poluentes de efeito crônico, devido à complexidade que podem apresentar, são de difícil detecção e não são diretamente observados. Algumas vezes, estes efeitos podem vir a ser detectados muitos anos depois da exposição, dificultando a associação com os agentes causadores. Mutações gênicas, por exemplo, não são detectadas nas gerações em que ocorreram e somente aquelas do tipo dominante é que serão observadas na geração subsequente (SILVA et al., 2003; BUTTERWORTH et al., 2015).

Contudo, a seleção do biomonitor pode ser problemática. A mais óbvia limitação é, como no caso de pequenos mamíferos e/ou mamíferos aquáticos, o tamanho populacional limitado. Um bom conhecimento da estrutura populacional da espécie a ser utilizada se faz necessário. Sendo pequeno o grupo a ser utilizado, se tornam restritas as análises a serem realizadas, como avaliações levando em consideração sexo e idade. Assim, é possível que os dados obtidos não apresentem uma significância estatística adequada (SILVA et al., 2003).

4. MONITORAMENTO OCUPACIONAL

O biomonitoramento ocupacional é uma ferramenta para avaliar a exposição humana a produtos químicos, através da medida das substâncias ou de seus metabólitos em indicadores como tecidos, sangue e urina. As informações geradas através dos dados obtidos com o biomonitoramento, associado a estudos epidemiológicos, toxicológicos e farmacocinéticos auxiliam na determinação da grandeza da exposição, suscetibilidade e efeitos destes agentes químicos no potencial risco à saúde, os quais podem contribuir para novas políticas públicas de saúde (NATIONAL RESEARCH COUNCIL, 2006).

A avaliação e gestão de riscos para o biomonitoramento ocupacional é um instrumento necessário na avaliação da exposição e estimativa do risco e suas aplicações auxiliam nas medidas de prevenção e controle adequados, bem como auxiliam a informar os riscos e definir níveis permissíveis desta exposição. O processo de avaliação e gestão de riscos consiste na identificação do perigo, avaliação da dose-resposta, exposição e por fim à estimativa do risco. Desta forma, torna-se possível avaliar as opções de controle, controlar os efeitos da exposição, informar a população sobre o risco e estabelecer um programa contínuo de vigilância da exposição e do risco (KUNO et al., 2009).

Cada vez mais tem sido necessário implantar sistemas de gestão integrada em saúde, segurança no trabalho e no ambiente nas empresas, visto que tanto os trabalhadores da saúde ambiental da região quanto da população em torno, podem ser afetados pelos contaminantes gerados pelo setor produtivo (KUNO et al., 2009). Nos últimos 30 anos, somente no Brasil, uma grande quantidade de desastres ambientais afetou os trabalhadores, as condições de vida das comunidades vizinhas e causaram impactos adversos a saúde ambiental. Muitos desses acidentes ocorreram por faltas de medidas de controle ou medidas preventivas das grandes corporações, como em 2015, o rompimento da barragem de uma empresa de mineração, localizada em Mariana (MG), que provocou a morte de diversos trabalhadores e gerou uma grande quantidade de prejuízos ambientais, comprometendo a vegetação, rios e mares, solo, além dos danos à saúde e os materiais. Quando se avalia e controla os efeitos que a exposição aos contaminantes podem causar aos trabalhadores e a população em geral, deve-se levar em conta as características de cada tipo de exposição e, de uma forma geral, as concentrações no ambiente ocupacional são mais elevadas do que as concentrações que afetam a população, entretanto, o trabalhador está exposto aos contaminantes por tempo determinado enquanto no ambiente esta exposição é contínua (ANGERER et al. 2007).

Para avaliar a exposição ocupacional a agentes químicos é necessário obter informações referente ao mecanismo de ação e de que forma esses agentes são absorvidos e por quais vias, a forma de distribuição nos diferentes tecidos, a possibilidade de ser biotransformada ou o produto da interação entre um xenobiótico e a molécula alvo e, finalmente, a sua eliminação do organismo. Para entender estes processos e quais efeitos podem causar aos organismos expostos, é necessário compreender a toxicocinética e a toxicodinâmica deste agente, pois a identificação e medida de um efeito precoce pode ser usada como prevenção (AMORIM, 2003).

Estudos publicados de biomonitoramento ocupacional na determinação de substâncias químicas em biomarcadores iniciaram na década de 1890 (SEXTON et al. 2004), seguido por estudos publicados em 1930, com a utilização de técnicas para determinar a quantidade de chumbo ou metabólitos de benzeno no sangue e na urina (ANGERER et al. 2007). Novas técnicas para medir a concentração de agentes químicos nos fluidos corporais humanos foram introduzidas ao longo do tempo e a medicina ocupacional tornou-se capaz de detectar rapidamente concentrações muito baixas de substâncias no organismo.

Os biomarcadores são usados, portanto, para auxiliar na detecção de danos induzidos por exposição a substâncias genotóxicas, onde as baixas doses ou a complexidade das misturas tornam difíceis de compreender os processos envolvidos em um organismo (BONASSI et al., 2005). Os biomarcadores são capazes de detectar alterações em compostos, processos ou funções celulares ou bioquímicas que são mensuráveis em um sistema biológico ou amostra e são classificados em três classes: biomarcadores de exposição, de efeito e de suscetibilidade (MANNO et al., 2010). Os biomarcadores de exposição estão envolvidos com a exposição de agentes xenobióticos ou o seu metabólito, ou a interação entre o agente e sua molécula alvo (DUFFUS et al., 2007). Para isso é necessário um ensaio que seja capaz de rapidamente detectar danos ao DNA de agentes em diferentes circunstâncias de exposição, o que torna o ensaio cometa, por exemplo, um dos testes mais utilizados por atender adequadamente estes critérios (MOLLER et al., 2000). Os biomarcadores de efeito ou instabilidade cromossômica são utilizados para verificar a interação da substância analisada com os receptores do organismo, permitindo detectar modificações biológicas. Estes podem ser associados a uma doença estabelecida ou apresentar potencial para desenvolver uma doença (BONASSI; AU, 2002; MANNO et al., 2010). A frequência de micronúcleos em linfócitos de sangue periférico, utilizando a citocinese bloqueada (*Cytokinesis Block Micronucleus Test*, CBMN), é um dos mais utilizados para mensurar o dano genômico, disfunção mitótica, apoptose e necrose em populações humanas expostas a agentes clastogênicos (que quebram cromossomos) e aneugênicos (que induzem aneuploidia ou segregação cromossômica anormal). Além disso, resultados do aumento da frequência de MN utilizando experimentos *in vitro*, também são fundamentais na investigação da instabilidade genética associada à exposição de contaminantes ambientais (BONASSI et al., 2005).

Além de biomarcadores de exposição e efeitos utilizados como ferramentas na avaliação do biomonitoramento humano, os biomarcadores de susceptibilidade indicam quais fatores que podem aumentar ou diminuir o risco individual no desenvolvimento da resposta de um organismo em virtude de sua exposição a substâncias xenobióticas, ou seja, as variáveis genéticas que condicionam a resposta de um organismo a um agente estressor (MANNO et al., 2010). As variações genéticas presentes nos genes de produção de enzimas metabolizadoras de agentes químicos e de reparo do DNA são os responsáveis pela variabilidade da resposta individual a esta exposição. O polimorfismo genético pode aumentar a suscetibilidade de indivíduos a doenças que estão envolvidas com a exposição ambiental e ocupacional, contribuindo para o risco a doenças. Muitos estudos evidenciam a influência dos polimorfismos dos genótipos de metabolização e reparo, relacionados à exposição ocupacional a xenobióticos (BOLOGNESI, 2003).

Dentre as inúmeras substâncias as quais os trabalhadores estão expostos no ambiente de trabalho, destacam-se estudos com soldadores, frentistas, recicladores, trabalhadores de diferentes lavouras (como fumicultura, viticultura, sojicultora) que são expostos à diferentes pesticidas aplicados nas plantações, trabalhadores em contato com radiação ionizante ou carvão e produtos de combustão, entre outras atividades laborais. Trabalhadores da indústria de soldagem são diariamente expostos a diversos compostos danosos à saúde humana como radiação ultravioleta, metais tóxicos e hidrocarbonetos policíclicos aromáticos. A Agência Internacional de Pesquisa sobre o Câncer (IARC) estabeleceu que muitos dos compostos liberados durante a soldagem são considerados cancerígenos para humanos (QUINTANA-SOSA et al., 2021). Estima-se que mais de 10 milhões de pessoas em todo o mundo estão expostas ocupacionalmente à fumaça da soldagem. Vários dados científicos apontam os efeitos causados em trabalhadores expostos a estes vapores e sua associação com danos ao DNA e risco de câncer (ANTONINI, 2003). Jara-Ettinger e colaboradores (2015) avaliaram trabalhadores mexicanos expostos aos gases da soldagem, em amostras de células da mucosa oral e observaram aumento na contagem de células binucleadas e de cromatina condensada. Em recentes estudos publicados com soldadores utilizando técnicas como ensaio cometa e teste de micronúcleos com bloqueio da citocinese, foram avaliados danos ao DNA em amostras de sangue, linfócitos isolados e em células da mucosa oral. Aksu e colaboradores (2019) também observaram danos genotóxicos significativamente maiores em trabalhadores de uma fábrica de soldagem na Turquia, comparados com o grupo controle (sem exposição), nos fluidos corporais destes trabalhadores. Resultados similares foram observados por Quintana-Sosa e colaboradores (2021) na Colômbia, que encontraram aumento de MN, pontes, brotos nucleares (*nuclear buds,* NB) e células necróticas em amostras de linfócitos isolados. O mecanismo de indução de dano ao DNA, que afeta os trabalhadores da soldagem, pode ser devido à atividade dos radicais livres que promovem o dano oxidativo e à inflamação devido à exposição à fumaça da soldagem.

Outras atividades que têm causado grande preocupação por seu potencial em causar danos à saúde humana são as de trabalhadores expostos a pesticidas. O uso de pesticidas tem crescido consideravelmente no mundo inteiro, por serem os produtos químicos mais efetivos no controle de pragas, ervas daninhas ou doenças de plantas, o que contribui para aumentar a produtividade agrícola. Entretanto, os pesticidas têm causado uma grande preocupação por seus efeitos mutagênicos, capazes de induzir mutações, danos ao DNA e alterações cromossômicas (BOLOGNESI, 2003; PINTO et al., 2020). Existem inúmeros pesticidas com ampla distribuição e diferentes formulações disponíveis no mercado, entretanto a variedade de compostos genotóxicos oriundos das misturas complexas destas formulações, muitas vezes são desconhecidas. Alguns estudos merecem destaque por investigar os efeitos desta exposição a misturas complexas de pesticidas utilizando ferramentas de biomonitoramento de genotoxicidade para avaliação dos riscos potenciais destes agentes (REMOR et al., 2009; GODOY et al., 2019).

A indústria da soja é uma das que mais cresce no Brasil, colocando o país como o segundo maior produtor e exportador de soja do mundo. A lavoura de soja utiliza quase 50% do total de agrotóxicos comercializados no Brasil, e os trabalhadores da lavoura de soja são continuamente expostos às misturas presentes nos pesticidas (OLIVEIRA et al., 2019). Estudos que investigaram os efeitos desta exposição verificaram aumento na frequência de MN em células da mucosa oral. Alguns pesquisadores (BENEDETTI et al. 2018; OLIVEIRA et al., 2019) observaram aumento de MN, broto nucleares e *broken eggs*, e outras anormalidades nucleares como morte celular (células diferenciadas com cromatina condensada, células cariorréticas, células picnóticas e células cariolíticas). Outros parâmetros de instabilidade genômica como hipermetilação do DNA foram observados nos indivíduos expostos, além de guaninas oxidadas (principalmente 8-oxoGua) através do ensaio cometa modificado com enzimas e aumento de alumínio e fósforo nas amostras de urina (BENEDETTI et al., 2018), bromo, rubídio e chumbo em amostras de sangue (OLIVEIRA et al., 2019), o que pode estar relacionado a consequência da exposição da mistura complexa presente nos pesticidas (DA SILVA, 2016).

A cultura do fumo é amplamente difundida em vários países, e o Brasil é considerado o segundo maior produtor de fumo do mundo. A produção do tabaco requer uma grande quantidade de agrotóxicos para protegê-lo de doenças e pragas, sendo a aplicação dos mesmos a atividade de manejo da cultura que oferece maiores riscos ao fumicultor e suas famílias anualmente, de forma ritualística e por consequência o meio ambiente. A quantidade de pesticidas utilizados na fumicultura é variável, entretanto alguns autores relatam que o uso de pesticidas pelas famílias fumicultoras pode chegar a até 60 kg por hectare. Em épocas de seca, entretanto, esse valor pode atingir até 100 kg por hectare (FALK et al., 1996). O tempo de exposição na lavoura pelos trabalhadores, do início da temporada à época da colheita, corresponde a aproximadamente 10 meses, período que compreende o manuseio do tabaco e o uso de pesticidas na lavoura (KAHL et al., 2018a). Além da exposição aos pesticidas, trabalhadores da lavoura de fumo que manuseiam a planta durante o processo de colheita e na separação e classificação das folhas secas, também correm o risco de intoxicação aguda por nicotina (*Ni-*

cotiana tabacum), alcaloide encontrado nas folhas do tabaco, que causa *Green Tobacco Sickness* (GTS), a doença da folha verde do tabaco (DA SILVA et al., 2010).

Publicações recentes com trabalhadores da cultura do tabaco mostraram testes para avaliar a genotoxicidade e marcadores da dosagem de cotinina, principal metabólito da nicotina, para investigar os efeitos dos pesticidas e do contato com a folha do tabaco na saúde destes trabalhadores. Kahl e colaboradores (2018a, 2018b e 2018c) avaliaram o potencial efeito dos danos ao DNA em amostras de produtores de tabaco expostos a misturas de pesticidas e nicotina em lavouras de tabaco. Foram observados aumento de danos ao DNA através do ensaio cometa, associado ao tempo de exposição e, utilizando também o teste CBMN, em amostras de sangue e em amostras de células da mucosa oral destes produtores, foram encontradas alterações como aumento nas frequências de MN, células binucleadas (BN), BN com brotos nucleares (*BN cells with a nuclear buds,* NBUD), células binucleadas (BN) com pontes nucleoplasmáticas (*BN cells with a nucleoplasmic bridge,* NPB). Além disso, foram observados nestes trabalhadores aumentos nos níveis plasmáticos de cotinina e presença de elementos inorgânicos como fósforo, enxofre e cloro, em relação ao grupo não exposto. Alves e colaboradores (2016), também encontraram aumento de danos no DNA através do ensaio cometa e aumento na frequência de MN em amostras de células da mucosa oral. Os pesticidas consistem em misturas complexas, incluindo carbamatos, organofosforados, piretroides e organoclorados (KAHL et al., 2018b), potencializando os efeitos genotóxicos quando aplicados juntos oferecendo maiores riscos aos trabalhadores (BOLOGNESI; HOLLAND, 2016).

Além dos trabalhadores expostos aos pesticidas, crianças expostas ambientalmente aos agrotóxicos (residentes em áreas de intensa aplicação de pesticidas) também sofrem com os efeitos adversos desta exposição. Kapka-Skrzypczak e colaboradores (2019) avaliaram 108 crianças polonesas que residiam em áreas dedicadas à agricultura e observaram aumento do nível e quebras de fita de DNA e aumento de MN em linfócitos isolados de sangue periférico. Alguns fatores contribuem para que crianças sejam vulneráveis à exposição a pesticidas, como fatores de desenvolvimento, dietéticos e fisiológicos. O comportamento exploratório dessa faixa etária, os torna mais suscetíveis a exposição podendo ocorrer o contato com os pesticidas por ingestão, inalação ou contato dérmico (ROBERTS et al., 2012). Além disso, estudos sugerem que pode haver uma associação entre o uso de pesticidas pelos pais e resultados adversos, como redução do crescimento intrauterino, morte fetal, parto prematuro e anomalias congênitas (LONGNECKER et al., 2001).

Trabalhadores da indústria do carvão são mais uma das classes de indivíduos que desenvolvem atividades com potencial risco à saúde e ao meio ambiente. Durante as atividades de mineração de carvão, grandes quantidades de pó de carvão, cinzas, hidrocarbonetos aromáticos policíclicos (HPAs) e metais pesados são liberados no meio ambiente, formando uma mistura complexa (LEÓN-MEJÍA et al., 2016). A composição complexa do pó de carvão pode ocasionar um processo inflamatório em trabalhadores expostos cronicamente, ocasionando o desenvolvimento de várias doenças, como pneumoconiose, fibrose maciça progressiva, asbestose, silicose, bronquite, perda da função pulmonar, enfisema e até câncer de estômago, fígado ou pulmão (DE SOUZA et al., 2019).

Diversos estudos têm sido realizados sobre os efeitos da exposição às misturas do carvão e dos resíduos derivados da sua combustão. No Brasil, o Estado do Rio Grande do Sul possui as maiores reservas de carvão do país, além do maior complexo termelétrico na região sudeste do Estado, na cidade de Candiota. Rohr e colaboradores (2013a; 2013b) verificaram os danos genéticos causados pela exposição diária ao pó do carvão nestes trabalhadores de minas a céu aberto em Candiota e observaram aumento do índice de dano no ensaio cometa, MN e NPB em células de linfócitos, além de aumento na frequência de células basais, micronúcleos em células basais e diferenciadas e células binucleadas (BN) comparadas ao grupo não exposto em células da mucosa oral utilizando o teste MN (*Buccal Micronucleus Cytome Assay*, BMCyt). De acordo com os autores, o dano ao DNA observado nos trabalhadores da mina pode ser uma consequência do dano oxidativo resultante da exposição a misturas de resíduos de carvão.

Outra região com grandes reservas naturais de carvão está localizada no sudeste do departamento de Guajira, denominada como El Cerrejón, maior mina a céu aberto da Colômbia. León-Mejía e colaboradores (2011; 2014) utilizando biomarcadores de dano genético, observaram efeitos genotóxicos em trabalhadores de carvão da mina a céu aberto. Em amostras de linfócitos avaliadas pelo ensaio cometa, foi observado aumento no índice de dano e no teste de MN, aumento na frequência de MN e em amostras de células da mucosa oral, aumento na frequência de MN e NBUD, além de morte celular observados através do aumento das células cariorréticas e cariolíticas. Os danos observados pelos autores, tanto no Brasil quanto na Colômbia é resultante da mistura presente no pó do carvão, que possui efeitos sinérgicos, aditivos e potencializadores, que pode interagir com mecanismos celulares relacionados à produção de espécies reativas de oxigênio (EROs), causando danos em macromoléculas importantes, como DNA, lipídios e proteínas (LEÓN-MEJÍA et al., 2016).

Outros trabalhadores são expostos ocupacionalmente a uma variedade de solventes orgânicos em uma mistura complexa com outros agentes, como tintas e metais utilizados por pintores, cabeleireiros, trabalhadores da indústria têxtil, gráficas, fábricas de calçados e de laboratório (DA SILVA, 2016). Estas exposições às populações humanas vêm sendo monitoradas a décadas através de abordagens epidemiológicas moleculares que envolvem diferentes áreas de atuação, na intenção de diminuir os danos e auxiliar na detecção precoce de efeitos negativos. Os biomarcadores utilizados para avaliar as exposições ocupacionais dos trabalhadores quando expostos a misturas complexas de diferentes origens, se mostram capazes de detectar algum efeito de tempo e dose-resposta. Além disso, existe a necessidade de criar medidas de proteção a estes indivíduos a fim de diminuir os riscos à saúde humana e ambiental.

5. APLICAÇÕES DA GENÉTICA TOXICOLÓGICA NA CLÍNICA

Na clínica, a Genética Toxicológica tem se mostrado importante na busca e implementação de biomarcadores para o desenvolvimento de manifestações clínicas de maneira precoce. Muitos estudos utilizam ensaios da Genética Toxicológica aplicados no diagnóstico de diferentes patologias, como também associam os achados aos diferentes graus de severidade das manifestações destas patologias (BOLOGNESI et al., 2015; MOLLER et al., 2020b).

Um dos principais exemplos de manifestação clínica associada a diferentes ensaios da Genética Toxicológica, podemos citar o envelhecimento. Sabendo que o envelhecimento é um processo natural que leva progressivamente ao comprometimento do funcionamento do organismo. Esse comprometimento está associado à senescência celular que ocorre nos tecidos de adultos, devido a redução da capacidade de resposta a estresse, que aumenta o desequilíbrio homeostático. Devido a este desequilíbrio, é possível observar um aumento nos danos genéticos observados em indivíduos mais velhos, quando comparados com indivíduos mais jovens, o que pode ser justificado pelo acúmulo de lesões causadas pelas diferentes exposições ao longo da vida (LÓPEZ-OTÍN et al., 2013).

Em uma recente revisão, Siametis e colaboradores (2021) sugerem evidências demonstrando que lesões de DNA também provocam alterações epigenéticas generalizadas que ameaçam a homeostase celular em função da idade, estando também relacionadas com doenças associadas à idade. Em um trabalho interlaboratorial para descrever os níveis basais de dano em células de mucosa oral da população brasileira, Rohr e colaboradores (2020) identificaram uma regressão linear entre a idade com as frequências de MN, de NBUD, células binucleadas, células com a cromatina condensada e células cariolíticas, embora não tenham identificado diferenças nos níveis de dano entre os grupos de diferentes idades nos indivíduos avaliados.

Hoeijmakers (2009), em uma revisão, mostrou que o dano genético, além de estar associado com o envelhecimento, está fortemente relacionado com o desenvolvimento dos diferentes tipos de cânceres. Por isso, os cânceres são também manifestações clínicas bastante estudadas do ponto de vista da Genética Toxicológica. Câncer é um grupo de doenças caracterizado pela proliferação celular descontrolada. Este descontrole é resultado de uma lista de marcadores descritos por Hanahan e Weinberg (2000), esta lista foi atualizada por estes pesquisadores em 2011 (HANAHAN; WEINBERG, 2011), quando, entre outros marcadores, a instabilidade genômica foi incluída. Segundo os autores, a instabilidade genômica é um importante marcador para avaliação de tumores. Por isso, muitos trabalhos científicos mostram maiores níveis de instabilidade genômica, avaliados através do ensaio cometa, teste de MN, aberrações cromossômicas, ou comprimento telomérico, em pacientes diagnosticados com câncer quando comparados com indivíduos saudáveis, como no caso dos cânceres de mama, bexiga, carcinoma oral, colorretal, pulmão entre outros (RAJESWARI et al., 2000; FEKI-TOUNSI et al., 2014; KATARKAR et al., 2014; VODENKOVA et al., 2020; BENLIER et al., 2021).

Em uma metanálise sobre a aplicação clínica do ensaio de MN em células de mucosa oral, foi observado um aumento médio de 2,4 vezes na frequência de MN em pacientes com cânceres oral, de cabeça ou de pescoço, já para as leucoplasias este aumento foi de 1,8 vezes. Além de avaliar trabalhos com diferentes tipos de cânceres, esta metanálise avaliou estudos com outras manifestações clínicas que demonstraram aumento de dano genético, como diabetes e síndrome de Down (BOLOGNESI et al., 2015). No caso desta última, este aumento de dano pode ser explicado pela alteração do número cromossômico dos indivíduos, favorecendo a perda de um cromossomo, e formação do MN, devido ao excesso de um cromossomo no momento do pareamento entre os cromossomos homólogos durante a divisão celular. No diabetes, este aumento no dano genético pode estar relacionado ao estresse oxidativo gerado pela fisiopatologia da doença. Resultados similares foram encontrados em outra recente metanálise, onde foram avaliadas as alterações celulares observadas no teste de MN em linfócitos de pacientes com diabetes, obesidade ou sobrepeso. As três alterações metabólicas apresentaram tendência de aumento no dano genético, sendo que no diabetes o aumento foi estatisticamente significativo (FRANZKE et al., 2020).

Pesquisas demonstram que os danos relacionados à instabilidade genética podem ser modulados pelo consumo de alguns alimentos ou nutrientes. Um exemplo é o estudo com a suplementação com vitamina D em pacientes diabéticos, durante 8 semanas. Além de identificar o aumento nos níveis séricos de vitamina D, também foram observados melhora nos níveis glicêmicos, de insulina e de colesterol não-HDL (soma de todos os tipos de colesterol considerados ruins), além de reduzir parâmetros oxidativos e os danos no DNA, este último avaliado pelo ensaio cometa e pelo teste de MN na mucosa oral de pacientes. Importante ressaltar que mesmo após 4 semanas sem a utilização de vitamina D, os efeitos do tratamento ainda foram observados (FAGUNDES et al., 2019). Um estudo semelhante realizado pelo mesmo grupo, utilizou a suplementação com uma castanha do Pará diariamente, durante 30 dias. Embora a suplementação não tenha sido capaz de modificar os parâmetros glicêmicos e lipídicos, os autores observaram a redução dos níveis de danos ao DNA, basais ou oxidativos, detectados pelo ensaio cometa, após o tratamento das lâminas com peróxido de hidrogênio. Esta redução apresentou correlação com o aumento dos níveis séricos de selênio, como resultado da suplementação com castanha do Pará (MACAN et al., 2020).

Outro estudo duplo cego randomizado avaliou, por 8 semanas, o efeito da suplementação com polivitamínico contendo 14 vitaminas e 10 minerais, mostrando uma redução no dano genético detectado no ensaio cometa e nas espécies reativas de oxigênio, apesar de não modificar o sistema de antioxidantes nos indivíduos que receberam o polivitamínico, quando comparados com os que receberam placebo (KANG et al., 2019). Neste sentido, a dieta como um todo vem sendo bastante estudada como importante fator na modulação da instabilidade genética. Outro exemplo é a dieta mediterrânea, que se caracteriza pelo grande consumo de frutas, vegetais, cereais, batata, feijões, peixes, laticínios, além de pouco consumo de carnes vermelhas e álcool. Desta forma, a grande quantidade de compostos bioativos, que são considerados como fatores de proteção de danos ao DNA, é garantida. (DEL BÓ et al., 2019)

6. CONSIDERAÇÕES FINAIS

A genética toxicológica é uma ferramenta indispensável na busca por substâncias potencialmente danosas aos seres vivos e ao ambiente como um todo. Atualmente, métodos em genética toxicológica são amplamente empregados em estudos de impacto ambiental, na produção de medicamentos e avaliação de sua segurança, no monitoramento da exposição animal e humana e na clínica. Estes métodos são recomendados uma vez que o dano ao DNA pode levar a mudanças genéticas, incluindo mutações e danos cromossômicos que podem levar ao câncer.

Portanto, a Genética Toxicológica se mostra muito promissora na detecção de danos precoces, que se ignorados, podem evoluir para um quadro patológico ou nocivo. Nos campos da saúde ambiental e ocupacional, os biomarcadores de genotoxicidade têm sido largamente utilizados.

Como vimos, vários ensaios tanto *in vitro* quanto *in vivo* são usados para se detectar os danos gerados por agentes químicos, físicos ou biológicos ao material genético, dependendo do objetivo do estudo. Estes ensaios estão cada vez mais sendo aprimorados não só para a detecção destes agentes, mas também para as análises e coleta de dados. Além dos métodos discutidos neste capítulo, ressalta-se que recursos digitais hoje são uma realidade para coleta de dados eletrônicos. Recursos baseados na *web* na Biblioteca Nacional de Medicina dos EUA (NLM), incluindo MEDLINE®, PUBMED®, Gateway, Entrez e TOXNET®, são utilizados. O sistema TOXNET, base de dados sobre toxicologia, substâncias perigosas e saúde ambiental, tem sido discutido com ênfase nos bancos de dados com conteúdo de toxicologia genética, incluindo GENE-TOX, TOXLINE®, Banco de dados de substâncias perigosas, Sistema de informação de risco integrado e Sistema de informação de pesquisa de carcinogênese química. A localização das informações químicas, incluindo a estrutura química e a ligação com a saúde e informações sobre toxicidade e regulatórias, usando o CHEMIDPLUS do NLM e outros bancos de dados são cada vez mais utilizados. Várias agências governamentais têm programas ativos de pesquisa em toxicologia genética ou usam dados de toxicologia genética para auxiliar no cumprimento de sua missão. Os recursos *online* da *Food and Drug Administration* (FDA), da Agência de Proteção Ambiental dos EUA (*U.S. Environmental Protection Agency*, EPA), do *National Institutes of Environmental Health Sciences* (NIHS) *e do National Toxicology Program* (NTP) são cada vez mais utilizados. Estes sistemas são usados para a regulamentação de grande parte dos produtos farmacêuticos, produtos químicos industriais e pesticidas. Os recursos regulatórios da *web* são recomendados nas diretrizes sobre o desenho do estudo, regulamentos de Boas Práticas de Laboratório (BPL) e requisitos para coleta de dados eletrônicos e em relatórios científicos.

Assim a Internet oferece, atualmente, uma série de outros recursos de apoio ao campo da toxicologia genética. Os *links* da *web* para as principais sociedades profissionais e periódicos em toxicologia genética estão disponíveis. À medida que a biologia molecular e as ferramentas computacionais aperfeiçoam, novas áreas dentro da toxicologia genética, como análise de relacionamento de atividade estrutural, bancos de dados de espectros mutacionais e de toxicogenômica, apresentam também recursos *online*.

7. REFERÊNCIAS BIBLIOGRÁFICAS

AKSUA, İ.; ANLARB, H. G.; TANERC, G.; BACANLIA, M.; İRITAŞD, S.; TUTKUNE, E.; BASARAN, N. Assessment of DNA damage in welders using comet and micronucleus assays. Mutat. Res. Gen. Tox. En., v, 843, p. 40-45, 2019.

ALVES, J. S.; SILVA, RABAIOLI, F. R.; SILVA, SILVA, G. F.; SALVADOR, M.; KVITKO, K.; ROHR, P.; SANTOS, C. E. I.; DIAS, J. F.; HENRIQUES, J. A. P.; SILVA, J. Investigation of potential biomarkers for the early diagnosis of cellular stability after the exposure of agricultural workers to pesticides. Anais da Academia Brasileira de Ciências (Online), v. 88, p. 349-360, 2016.

AMES, B. N.; MCCANN, J.; YAMASAKI, E. Methods for Detecting Carcinogens and Mutagens with the Salmonella/Mammalian Microsome Mutagenicity Test. Mutation Res., v. 31, n. 6, p. 347-363, 1975.

AMORIM, L.C.A. O uso dos biomarcadores na avaliação da exposição ocupacional a substâncias químicas. Rev Bras Med Trab., v. 1, p. 124-132, 2003.

ANGERER, J.; EWERS, U.; WILHELM, M. Human biomonitoring: State of the art. Int. J. Hyg. Environ. Health, v. 210, p. 201-228, 2007.

ANTONINI, J.M. Health effects of welding. Crit. Rev. Toxicol., v. 33, p. 61-103, 2003.

AZQUETA, A.; ARBILLAGA, L.; DE CERANI, A. L.; COLLINS, A. R. Enhancing the sensitivity of the comet assay as a genotoxicity test, by combining it with bacterial repair enzyme FPG. Mutagenesis, v. 28, p. 271-277, 2013.

BENEDETTI, D.; LOPES A. B.; DE SOUZA, C. T.; DIAS, J. F.; NIEKRASZEWICZ, L.; CAPPETTA, M.; MARTÍNEZ-LÓPEZ, W.; DA SILVA, J. DNA damage and epigenetic alteration in soybean farmers exposed to complex mixture of pesticides. MUTAGENESIS, v. 33, p. 87-95, 2018.

BENLIER, N.; UÇAR, N.; ÖĞÜT, E.; ÇINKIR, H. Y.; YILDIRIM, M.; KARADENIZ, P. G.; AKKOL, E. K.; KHAN, H.; SAYGILI, E. I. Assessment of Antioxidant Effect of Beta-Glucan on the Whole Blood Oxidative DNA Damage with the Comet Assay in Colorectal Cancer. Curr Mol Pharmacol., 2021. https://doi: 10.2174/1874467214666 210219145445.

BOLOGNESI, C. Genotoxicity of pesticides: a review of human biomonitoring studies. Mutat. Res., v. 543, p. 251-272, 2003.

BOLOGNESI, C.; BONASSI, S.; KNASMUELLER, S.; FENECH, M.; BRUZZONE, M.; LANDO, C.; CEPPI, M. Clinical application of micronucleus test in exfoliated buccal cells: A systematic review and metanalysis. Mutat Res Rev Mutat Res., vol. 766, p. 20-31, 2015. https:// doi: 10.1016/j.mrrev.2015.07.002.

BOLOGNESI, C., HOLLAND, N. The use of the lymphocyte cytokinesis-block micronucleus assay for monitoring pesticide-exposed populations. Mutat. Res., v. 770, p. 183-203, 2016.

BONASSI, S.; AU, W. W. Biomarkers in molecular epidemiology studies for health risk prediction. Mutat Res., v. 511, p. 73-86, 2002.

BONASSI, S.; UGOLINI, D.; KIRSCH-VOLDERS, M.; STROMBERG, U.; VERMEULEN, R.; JAMES, D.; TUCKER, J. D. Human population studies with cytogenetic biomarkers: review of the literature and future prospectives. Environ. Mol. Mutagen., v. 45, p. 258-270, 2005.

BUTTERWORTH, J; CORKUM, B.E.; GUZMÁN-RINCÓN LD. Biomonitors and biomarkers as indicators of environmental change. Plenum Press, New York, pp 115-137, 2015.

CLIVE, D.; FLAMM, W.G.; MACHESKO, M.R.; BERNHEIM, N.J. A mutational assay system using the thymidine kinase locus in mouse lymphoma cells. Mutat. Res., v. 16, p. 77-87, 1972.

CLIVE, D.; JOHNSON, K.O.; SPECTOR, J.F.S.; BATSON, A.G.; BROWN, M.M.M. Validation and Characterization of the L5178Y/TK+/-- Mouse Lymphoma Mutagen Assay System. Mutation Res., v. 59, n. 1 p. 61-108, 1979.

COLLINS, A. R. The comet assay for DNA damage and repair: principles, applications, and limitations, Mol. Biotechnol., v. 26, p. 249-261, 2004. https://doi.org/10.1385/MB:26:3:249.

COLLINS, A. R.; OSCOZ, A. A.; BRUNBORG, G.; GAIVÃO, I; GIOVANNELLI, L.; KRUSZEWSKI, M.; SMITH, C. C.; STETINA, R. The comet assay: topical issues. Mutagenesis v. 23, n. 3, p. 143-151, 2008. doi: 10.1093/mutage/gem051. Epub 2008 Feb 17. PMID: 18283046.

DA SILVA, F.R.; ERDTMANN, B.; DALPIAZ, T.; NUNES, E.; DA ROSA, P.D.; PORAWSKI, M.; BONA, S.; SIMON, F.C.; ALLGAYER, D.C.M.; DA SILVA, J. Effects of dermal exposure to *Nicotiana tabacum* (Jean Nicot,1560) leaves in mouse evaluated by multiple methods and tissues. J. Agric. Food Chem., v. 58, p. 9868-9874, 2010.

DA SILVA, J. DNA damage induced by occupational and environmental exposure to miscellaneous chemicals Mutat. Res. Rev. Mutat. Res., v. 770, p. 170-182, 2016. https://doi.org/10.1016/j.mrrev.2016.02.002.

DEBORD, D.G.; CARREÓN T.; LENTZ, T.J.; MIDDENDORF. P.J.; HOOVER, M.D.; SCHULTE, P.A. Use of the "exposome" in the practice of epidemiology: a primer on omic technologies. Am J Epidemiol. V. 184, n. 4, p. 302-314, 2016. https://doi.org/10.1093/aje/kwv325.

DE FLORA, S. Mechanisms of inhibitors of mutagenesis and carcinogenesis. Mutat Res. V. 402, n. 1-2, p. 151-1588, 1998. https://doi.org/10.1016/s0027-5107(97)00292-3.

DE SOUZA, M.R., DIHL, R.R., DA SILVA, J. CHAPTER 34: Use of Micronucleus Assays to Measure DNA Damage Caused by Coal Dust and Ash. In: KNASMÜLLER, S., FENECH, M. (Ed.), The Micronucleus Assay in Toxicology. The Royal Society of Chemistry, p. 561-582, 2019. https://doi.org/10.1039/9781788013604-00561.

DEL BÓ, C.; MARINO, M.; MARTINI, D.; TUCCI, M.; CIAPPELLANO, S.; RISO, P.; PORRINI, M. Overview of Human Intervention Studies Evaluating the Impact of the Mediterranean Diet on Markers of DNA Damage. Nutrients, vol. 11, p. 391-404, 2019. https://doi: 10.3390/nu11020391.

DUFFUS, J.H.; NORDBERG, M.; TEMPLETON, D.M. IUPAC Glossary of Terms used in Toxicology, 2nd edition – IUPAC Recommendations, Pure Appl. Chem., v. 79, p. 1153-1341, 2007.

DURANTE, M.; BEDFORD, J.S.; CHEND, D.J.; CONRAD, S.; CORNFORTTH, M.N.; NATARAJAN, A.T.; VAN GENT, D.C.; OBE, G. M. From DNA damage to chromosome aberrations: Joining the break, Mutation Research, v. 756, n. 1-2, p. 5-13, 2013.

DUSINSKA, M.; COLLINS, A.R. The comet assay in human biomonitoring: gene–environment interactions. Mutagenesis, v. 23, n. 3, p. 191-205, 2008.

FAGUNDES, G. E.; MACAN, T. P.; ROHR, P.; DAMIANI, A. P.; DA ROCHA, F. R.; PEREIRA, M.; LONGARETTI, L. M.; VILELA, T. C.; CERETTA, L. B.; MENDES, C.; SILVEIRA, P. C. L.; TEIXEIRA, J. P. F.; DE ANDRADE, V. M. Vitamin D3 as adjuvant in the treatment of type 2 diabetes mellitus: modulation of genomic and biochemical instability. Mutagenesis, v. 34, p. 135-145, 2019. https://doi: 10.1093/mutage/gez001.

FALK, J.W., CARVALHO, L.A., SILVA, L.R., PINHEIRO, S. Suicídio e doença mental em Venâncio Aires: consequência do uso de agrotóxicos organofosforados. Relatório preliminar de pesquisa. 1996. Disponível em: http://galileu.globo.com/edic/133/agro2.doc.

FEKI-TOUNSI, M.; KHLIFI, R.; MHIRI, M. N.; REBAI, A.; HAMZA-CHAFFAI, A. Cytogenetic damage in the oral mucosa cells of bladder cancer patients exposed to tobacco in Southern Tunisia. Environ Sci Pollut Res Int., vol. 21, p. 12922-12927, 2014. https://doi: 10.1007/s11356-014-3200-5.

FRANZKE, B.; SCHWINGSHACKL, L.; WAGNER, K. H. Chromosomal damage measured by the cytokinesis block micronucleus cytome assay in diabetes and obesity – A systematic review and meta-analysis. Mutat Res., vol. 786, p. 108343, 2020. https://doi: 10.1016/j.mrrev.2020.108343.

GODOY, B.R.B.; CONTE, A.M.; GOVONI, B.; BOEIRA, J.M. Avaliação de micronúcleos e outras alterações nucleares em células esfoliadas da mucosa bucal de indivíduos expostos direta e indiretamente aos agrotóxicos, Braz. J. of Develop., v. 5, n. 11, p.23889-23906, 2019.

HANAHAN, D.; WEINBERG, R. A. The hallmarks of cancer. Cell., v. 100, p. 57-70, 2000. https://doi: 10.1016/s0092-8674(00)81683-9.

HANAHAN, D.; WEINBERG, R. A. Hallmarks of cancer: the next generation. Cell., v. 144, p. 646-74, 2011. https://doi: 10.1016/j.cell.2011.02.013.

HOEIJMAKERS, J. H. DNA damage, aging, and cancer. N Engl J Med. v. 361, p. 1475-85, 2009. https://doi: 10.1056/NEJMra0804615.

JARA-ETTINGER, A. C.; LÓPEZ-TAVERA, J. C.; ZAVALA-CERNA, M. G.; TORRES-BUGARÍN, O. Genotoxic Evaluation of Mexican Welders Occupationally Exposed to Welding-Fumes Using the Micronucleus Test on Exfoliated Oral Mucosa Cells: A Cross-Sectional, Case-Control Study. PLOS ONE, v. 10, p. 0131548, 2015. https://doi.org/10.1371/journal.pone.0131548.

KAHL, V. F. S.; DA SILVA, F. R.; ALVES, J. S.; DA SILVA, G. F.; PICININI, J.; DHILLON, V. S.; FENECH, M.; DE SOUZA, M. R.; DIAS, J. F.; DE SOUZA, C.T.; SALVADOR, M.; BRANCO, C. S.; THIESEN, F.V.; SIMON, D.; DA SILVA, J. Role of PON1, SOD2, OGG1, XRCC1, and XRCC4 polymorphisms on modulation of DNA damage in workers occupationally exposed to pesticides. Ecotoxicol. Environ. Saf., v. 159, p. 164-171, 2018a. https://doi.org/10.1016/j.ecoenv.2018.04.052.

KAHL, V. F. S; DHILLON, V. S.; SIMON, D., DA SILVA, F. R.; SALVADOR, M.; BRANCO, C. D. S.; CAPPETTA, M.; MARTÍNEZ-LÓPEZ, W.; THIESEN, F. V.; DIAS, J. F.; SOUZA, C. T.; FENECH, M.; DA SILVA, J. Chronic occupational exposure endured by tobacco farmers from Brazil and association with DNA damage. Mutagenesis, v. 33, p. 119-128, 2018b. https://doi.org/10.1093/mutage/gex045.

KAHL, V. F. S; SIMON, D.; SOUZA, M.; VIEIRA, H.; NICOLAU, C. C.; SILVA, F. R.; KVITKO, K.; PERES, A.; DORNELES, G.; DE SOUZA, C. T.; DIAS, J. F.; DA SILVA, J. Base excision repair (OGG1 and XRCC1) and metabolism (PON1) gene polymorphisms act on modulation of DNA damage and immune parameters in tobacco farmers. Mutation research-genetic toxicology and environmental mutagenesis., v. 836, p. 9-18, 2018c.

KANG, S.; LIM, Y.; KIM, Y. J.; JUNG, E. S.; SUH, D. H.; LEE, C. H.; PARK, E.; HONG, J.; VELLIQUETTE, R. A.; KWON, O.; KIM, J. Y. Multivitamin and Mineral Supplementation Containing Phytonutrients Scavenges Reactive Oxygen Species in Healthy Subjects: A Randomized, Double-Blinded, Placebo-Controlled Trial. Nutrients, v. 11, p 101-116, 2019. https://doi: 10.3390/nu11010101.

KAPKA-SKRZYPCZAK, L.; CZAJKA, M.; SAWICKI, K.; MATYSIAK-KUCHAREK, M.; GABELOVA, A.; SRAMKOVA, M.; BARTYZEL-LECHFOROWICZ, H.; KRUSZEWSKI, M. Assessment of DNA damage in Polish children environmentally exposed to Pesticides. Mutat. Res. Gen. Tox. En., v. 843, p. 52-56, 2019.

KATARKAR, A.; MUKHERJEE, S.; KHAN, M. H.; RAY, J. G.; CHAUDHURI, K. Comparative evaluation of genotoxicity by micronucleus assay in the buccal mucosa over comet assay in peripheral blood in oral precancer and cancer patients. Mutagenesis, vol. 29, p. 325-334, 2014. https://doi: 10.1093/mutage/geu023.

KNASMÜLLER S, FENECH M. The Micronucleus Assay in Toxicology, 1st Edition, Royal Society of Chemistry, Cambridge: Kindle Edition, pp 658, 2019.

KUNO, R.; ROQUETTI, M. H.; UMBUZEIRO, G. A. Indicadores biológicos de exposição: ocupacional X ambiental. ©INTERFACEHS – Revista de Gestão Integrada em Saúde do Trabalho e Meio Ambiente, v. 4, n. 1, 2009.

LEÓN-MEJÍA, G; ESPITIA-PÉREZ, L; HOYOS-GIRALDO, L.S; DA SILVA, J; HARTMANN, A; HENRIQUES, J.A; QUINTANA, M. Assessment of DNA damage in coal open-cast mining workers using the cytokinesis-blocked micronucleus test and the comet assay. Sci. Total Environ., v. 409, p. 686-91, 2011.

LEÓN-MEJÍA, G.; QUINTANA, M.; DEBASTIANI, R.; DIAS, J.; ESPITIA-PÉREZ, L.; HARTMANN, A.; HENRIQUES, J. A.; DA SILVA, J. Genetic damage in coal miners evaluated by buccal icronucleus cytome assay. Ecotoxicol. Environ. Saf., v. 107, p. 133-9, 2014.

LEÓN-MEJÍA, G.; QUINTANA-SOSA, M.; ROHR, P.; KVITKO; K.; HENRIQUES. J. A. P.; DA SILVA J. Occupational Exposure to Coal, Genotoxicity, and Cancer Risk. In: Marcelo L. Larramendy, M. L.; Soloneski, S. (Ed.), Environmental health risk – Hazardous factors to living species. InTech, p. 191-209, 2016.

LONGNECKER MP, KLEBANOFF MA, ZHOU H, BROCK JW. Association between maternal serum concentration of the DDT metabolite DDE and preterm and small-forgestational-age babies at birth. Lancet. v. 358, p. 110-114, 2001.

LÓPEZ-OTÍN, C.; BLASCO, M. A.; PARTRIDGE, L.; SERRANO, M.; KROEMER, G. The hallmarks of aging. Cell, v. 153(6), p. 1194-1217, 2013. doi: 10.1016/j.cell.2013.05.039. PMID: 23746838; PMCID: PMC3836174.

MACAN, T. P.; DE AMORIM, T. A.; DAMIANI, A. P.; BERETTA, Â. C. D. L.; MAGENIS, M. L.; VILELA, T. C.; TEIXEIRA, J. P.; ANDRADE, V. M. Brazil nut prevents oxidative DNA damage in type 2 diabetes patients. Drug Chem Toxicol., v. 18, p. 1-7, 2020. https://doi: 10.1080/01480545.2020.1808667.

MANNO, M.; VIAU, C.; COCKER, J.; COLOSIO, C.; LOWRY, L.; MUTTI, A.; NORDBERG, M.; WANG, S. Biomonitoring for occupational health risk assessment (BOHRA). Toxicol. Let., v. 192, p. 3-16, 2010.

MARON, D. M.; AMES, B. N. Revised methods for the Salmonella mutagenicity test. Mutat. Res., v. 113, 173-215, 1983.

MILLER, G.W.; JONES, D.P. The nature of nurture: refining the definition of the exposome. Toxicol Sci., v. 13, n. 1, p. 1-2, 2014. https://doi.org/10.1093/toxsci/kft251

MOLLER, P.; KNUDSEN, L. E.; LOFT, S.; WALLIN, H. The Comet Assay as a Rapid Test in Biomonitoring Occupational Exposure to DNA-damaging Agents and Effect of Confounding Factors. Cancer Epidemiol Biomarkers Prev. v. 9, p. 1005-1015, 2000.

MØLLER, P.; AZQUETA, A.; BOUTET-ROBINET, E.; KOPPEN, G.; BONASSI, S.; MILIĆ, M.; GAJSKI, G.; COSTA. S.; TEIXEIRA, J. P.; COSTA PEREIRA, C.; DUSINSKA, M.; GODSCHALK, R.; BRUNBORG, G.; GUTZKOW, K. B.; GIOVANNELLI, L.; COOKE, M. S.; RICHLING, E.; LAFFON, B.; VALDIGLESIAS, V.; BASARAN, N.; DEL BO', C.; ZEGURA, B.; NOVAK, M.; STOPPER, H.; VODICKA, P.; VODENKOVA, S.; DE ANDRADE, V. M.; SRAMKOVA, M.; GABELOVA, A.; COLLINS, A.; LANGIE, S. A. S. Minimum Information for Reporting on the Comet Assay (MIRCA): recommendations for describing comet assay procedures and results. Nat Protoc., v. 15(12), p. 3817-3826, 2020a. doi: 10.1038/s41596-020-0398-1. Epub 2020 Oct 26. PMID: 33106678; PMCID: PMC7688437.

MØLLER, P.; STOPPER, H.; COLLINS, A. R. Measurement of DNA damage with the comet assay in high-prevalence diseases: current status and future directions. Mutagenesis., v. 35, n. 1, p. 5-18, 2020b. doi: 10.1093/mutage/gez018. PMID: 31294794.

NATIONAL RESEARCH COUNCIL. Human Biomonitoring for Environmental Chemicals. Washington, DC: The National Academies Press. 2006. https://doi.org/10.17226/11700.

NOHMI, T. Past, present, and futures challenges of the international association and environmental mutagenesis and genomics societies (IEMGS). Genes and Environment, v. 36, n. 2, p. 29-32, 2014.

OECD, Organization for Economic Cooperation and Development, *Test No. 490: In Vitro Mammalian Cell Gene Mutation Tests Using the Thymidine Kinase Gene*, OECD Publishing, Paris, 2015. https://doi.org/10.1787/9789264242241-en.

OECD, *Test No. 475: Mammalian Bone Marrow Chromosomal Aberration Test*, OECD Guidelines for the Testing of Chemicals, Section 4, OECD, Publishing, Paris, 2016a. https://doi.org/10.1787/9789264264786-en

OECD, *Test No. 474: Mammalian Erythrocyte Micronucleus Test, OECD Guidelines for the Testing of Chemicals, Section 4*, OECD Publishing, Paris, 2016b. https://doi.org/10.1787/9789264264762

OLIVEIRA, A.; SOUZA, M. R; BENEDETTI, D.; SCOTTI, A.; Garcia, A. L. H.; DIAS, J. F.; NIEKRASZEWICZ, L.; DUARTE, A.; AMARAL, L.; SILVA, F. R.; Da Silva, J. Investigation of pesticide exposure by genotoxicological, biochemical, genetic polymorphic and in silico analysis. Ecotoxicology and environmental safety, v. 179, p. 135-142, 2019.

OLYMPIO, K.P.K; SALLES, F.J.; FERREIRA, A.P.S.S.; PEREIRA, E.C.; OLIVEIRA, A.S.; LEROUX, I.N.; VIEIRA, F.B.A. O expossoma humano desvendando o impacto do ambiente sobre a saúde: promessa ou realidade? Revista de Saúde Pública, p. 53-56, 2019. https://www.scielo.br/pdf/rsp/v53/pt_1518-8787-rsp-53-06.pdf

PINTO, B. G. S.; SOARES, T. K. M.; LINHARES, M. A.; GHISI. N. C. Occupational exposure to pesticides: Genetic danger to farmworkers and manufacturing workers – A meta-analytical review. Science of the Total Environment, v. 748, 141382, 2020.

QUINTANA-SOSA, M.; LEON-MEJÍA, G.; LUNA-CARRASCAL, J.; DE MOYA, Y. SH.; RODRÍGUEZ, I. L.; ACOSTA-HOYOS, A.; ANAYA-ROMERO, M.; TRINDADE, C.; NARVAEZ, D. M.; RESTREPO, H.G.; DIAS, J.; NIEKRASZEWICZ, L.; GARCIA, A.L.; ROHR, P.; DA SILVA, J.; HENRIQUES, A. P. J. Cytokinesis-block micronucleus cytome (CBMN-CYT) assay biomarkers and telomere length analysis in relation to inorganic elements in individuals exposed to welding fumes. Ecotoxicology and environmental safety, v. 212, p. 111935, 2021.

RAJESWARI, N.; AHUJA, Y.R.; MALINI, U.; CHANDRASHEKAR, S.; BALAKRISHNA, N.; RAO, K.V.; KHAR, A. Risk assessment in first degree female relatives of breast cancer patients using the alkaline Comet assay, Carcinogenesis, v. 21, p. 557-561, 2000. https://10.1093/carcin/21.4.557.

REMOR, A.P.; TOTTI, C.C.; MOREIRA, D.A.; DUTRA, G.P.; HEUSER, V.D.; BOEIRA, J.M. Occupational exposure of farm workers to pesticides: Biochemical parameters and evaluation of genotoxicity, Environment International, v. 35, p. 273-278, 2009.

REN, N; ATYAH, M; CHEN, WY; ZHOU, CH. The various aspects of genetic and epigenetic toxicology: testing methods and clinical applications. J Transl Med, v. 15, n. 1, p. 110, 2017. https://translational-medicine.biomedcentral.com/articles/10.1186/s12967-017-1218-4.

RIBEIRO, LR, SALVADORI, DMF, MARQUES, EK. Mutagênese Ambiental. Editora da Ulbra, 2003.

ROBERTS, J. R., KARR, C. J.; COUNCIL ON ENVIRONMENTAL HEALTH. Pesticide Exposure in Children. Pediatrics. v. 130, p. 1765-1788, 2012. https://doi.org/doi:10.1542/peds.2012-2758.

ROHR, P.; DA SILVA, G. F.; VICENTINI, V. E. P.; ALMEIDA, I. V.; DOS SANTOS, R. A.; TAKAHASHI, C. S.; GOULART, M. O.; DA SILVA, G. N.; DE OLIVEIRA, L. B.; GRISOLIA, C. K.; PIAU, T. B.; BASSI BRANCO, C. L.; REIS, É. M.; DE OLIVEIRA GALVÃO, M. F.; DE MEDEIROS, S. R. B.; MONTEIRO, M. S.; DE VASCONCELOS LOPES, R. A.; BRANDÃO, S. F. I.; BATISTA, N. J. C.; PAZ, M. F. C. J.; DA SILVA, J. Buccal micronucleus cytome assay: Inter-laboratory scoring exercise and micronucleus and nuclear abnormalities frequencies in different populations from Brazil. Toxicol Lett., v. 333, p. 242-250, 2020.

ROHR, P.; KVITKO, K.; DA SILVA, F. R.; MENEZES, A. P.; PORTO, C.; SARMENTO, M.; DECKER, N.; REYES, J. M.; ALLGAYER, MDA C.; FURTADO, T. C.; SALVADOR, M.; BRANCO, C.; DA SILVA, J. Genetic and oxidative damage of peripheral blood lymphocytes in workers with occupational exposure to coal. Mutat Res., v. 758, p. 23-28, 2013a.

ROHR, P.; DA SILVA, J.; DA SILVA, F. R.; SARMENTO, M.; PORTO, C.; DEBASTIANI, R.; DOS SANTOS, C. E.; DIAS, J. F.; KVITKO, K. Evaluation of genetic damage in open-cast coal mine workers using the buccal micronucleus cytome assay. Environ Mol Mutagen., v. 54, p. 65-71, 2013b.

SEXTON, K.; NEEDHAM, L. L..; PIRKLE, J. L. Human biomonitoring of environmental chemicals: Measuring chemicals in human tissue is the "gold standard" for assessing the people's exposure to pollution. Am. Sci., v. 92, p. 38-45, 2004.

SIAMETIS, A.; NIOTIS, G.; GARINIS, G. A. DNA Damage and the Aging Epigenome. J Invest Dermatol., vol 141, p. 961-967, 2021.

SILVA, J., ERDTMANN, B. & HENRIQUES, J.A.P. Genética Toxicológica. Ed. Alcance, Porto Alegre, 2003.

UCHOA, I.S.; MAGALHÃES, M.A.V. Micronucleus test an important Cellular Biomarker, Braz. J. Hea. Rev., v. 3, n. 2, p. 3851-3857, 2020.

VODENKOVA, S.; KROUPA, M.; POLIVKOVA, Z.; MUSAK, L.; AMBRUS, M.; SCHNEIDEROVA, M.; KOZEVNIKOVOVA, R.; VODICKOVA, L.; RACHAKONDA, S.; HEMMINKI, K.; KUMAR, R.; VODICKA, P. Chromosomal damage and telomere length in peripheral blood lymphocytes of cancer patients. Oncol Rep., v. 44, p. 2219-2230, 2020. htpps://doi: 10.3892/or.2020.7774.

CAPÍTULO 5

BIOTRANSFORMAÇÃO E BIOCATÁLISE

Henrique Alves de Brito
Fernanda Cortez Lopes
Karla Joseane Perez
Lilian Raquel Hickert

1. FUNDAMENTOS E PROCESSOS DE BIOTRANSFORMAÇÃO DE COMPOSTOS ORGÂNICOS E INORGÂNICOS

A biotransformação refere-se à transformação de um composto (substrato) por reações simples e catalisadas por microrganismos ou enzimas. O conceito pode ser atual, mas ocorre na natureza a milhares de anos: na transformação do suco de uva em vinho, na decomposição da matéria orgânica na terra, no crescimento de fungos na madeira etc. Processos de biotransformação têm sido utilizados pela humanidade por milhares de anos. Por exemplo, a biotransformação do etanol a ácido acético por *Acetobacter* foi desenvolvida concomitantemente com a produção de etanol a partir de açúcares fermentáveis por nossos ancestrais na Babilônia (Mesopotâmia), Egito, México e Sudão (LERESCHE e MEYER, 2006). A Figura 1 demonstra como ocorre o processo de biotransformação, assim como exemplifica alguns processos:

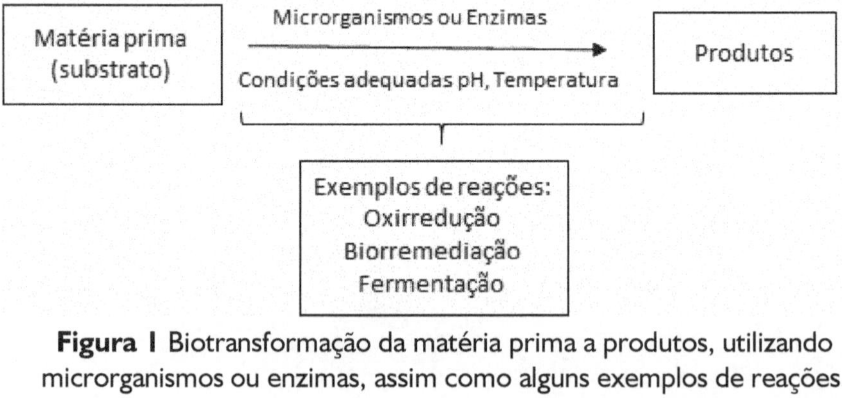

Figura 1 Biotransformação da matéria prima a produtos, utilizando microrganismos ou enzimas, assim como alguns exemplos de reações.

O uso de processos de biotransformação é atualmente considerado uma vantagem que impacta diretamente a competitividade industrial devido aos seus benefícios econômicos e ambientais, pois normalmente incluem menores custos de processo, maior qualidade do produto final e obtenção de produtos inteiramente novos, em comparação aos processos sintéticos, além de normalmente reduzirem os custos com o consumo de energia e promoverem a preservação ambiental (BOMMARIUS et al., 2007; KIRCHER et al., 2011).

Um exemplo prático da biotransformação é a biodegradação, pois ocorre naturalmente, e consiste na capacidade dos microrganismos que decompõem substâncias através de processos naturais – como na degradação da madeira, por exemplo. Algumas formas mais usuais da utilização da biodegradação é a biorremediação de áreas contaminadas. Ela consiste no uso de microrganismos capazes de utilizar metabolicamente os contaminantes como fonte de carbono e energia, transformando-os em substâncias menos tóxicas, podendo ocorrer tanto *in situ*, quanto *ex situ*. Pode-se utilizar microrganismos do próprio ambiente ou introduzi-los ao local de interesse, sendo possível atenuá-los através das condições ambientais favoráveis e, para que seja eficiente, devem estar presentes em grandes quantidades e possuir habilidade de degradação rápida do composto. Outro exemplo é a biomineralização, onde ocorre a degradação biológica de uma molécula até os seus constituintes inorgânicos: CO_2, H_2O, NH_4^+, SO_4^{2-}, PO_3^{3-}, entre outros (MOREIRA e SIQUEIRA, 2006).

Pode-se também utilizar enzimas para catalisar processos de biotransformação, pois estas são altamente eficientes para conversão de matérias primas, ambientalmente amigáveis, com um máximo de economia de carbonos e gerando poucos resíduos, além de serem muito específicas ao processo. Enzimas são tipicamente derivadas de plantas, tecidos animais, microrganismos como leveduras, bactérias ou fungos filamentosos. Biocatalisadores podem ser utilizados na sua forma livre ou imobilizada, como células inteiras ou extratos brutos desprovidos de células (KAUSHIK et al., 2014) O uso das enzimas e sua forma de atuação estão descritos de forma detalhada no capítulo 7.

O uso de microrganismos para a biotransformação de matérias tem sido cada vez mais abrangente, sendo que pode envolver a produção de várias substâncias de interesse industrial: etanol, ácido acético, glicerol, propanodiol, bioplásticos, biopolímeros, bioinseticidas e até alimentos e bebidas. Veremos neste capítulo algumas das principais utilizações da biotransformação.

2. PRODUÇÃO DE BIOINSETICIDAS

Por muitas décadas, o uso de inseticidas sintéticos fez parte da agricultura e contribuiu significativamente para o aumento da produtividade das culturas. Contudo, a longa persistência destes inseticidas no ambiente, sua citotoxicidade e o aumento da resistência a estes compostos pelos insetos resultaram em um impacto negativo na biosfera, poluindo diversos ecossistemas, levando à degradação do solo e à perda de biodiversidade. Além disso, estes pesticidas podem levar a problemas de saúde aos humanos como câncer e desordens imunológicas (DEVINE e FURLONG, 2007; OMARINI et al., 2020; VERMA et al., 2021). Nas últimas duas décadas, estratégias alternativas de controle de pragas vêm sendo utilizadas de uma forma mais sustentável, segura e amigável à natureza, com intuito de diminuir o uso destes inseticidas sintéticos (VERMA et al., 2021).

Uma alternativa a estes inseticidas químicos é a utilização de técnicas de controle biológico. Inimigos naturais, como microrganismos e plantas, podem apresentar papéis vitais no controle de pestes com diferentes mecanismos. Microrganismos como vírus, fungos, protozoários e bactérias podem ser os ingredientes ativos destes bioinseticidas (NAZIR et al., 2019). Os bioinseticidas podem ser altamente específicos para certas pestes e persistem por tempos mais curtos no meio ambiente, apresentando vantagens em relação aos inseticidas sintéticos (BRAVO et al., 2011a).

Bacillus thuringiensis (Bt) é um dos agentes de controle biológico mais promissores utilizados comercialmente. Devido ao seu *status* de "amigável" à natureza e de ser seguro, biopesticidas à base de Bt compõem cerca de 90% dos pesticidas microbianos (DAMALAS e KOUTROUBAS, 2018). Sua capacidade entomopatogênica é devida a uma inclusão cristalina, produzida durante a fase de esporulação, consistindo em uma gama de toxinas denominadas Cry, também conhecidas como endotoxinas Cry, que são ativas contra diversas larvas de insetos (PALMA et al., 2014). Após a esporulação, os cristais são liberados no ambiente e podem ser ingeridos por larvas de insetos. No trato intestinal das larvas, os cristais são solubilizados e as toxinas são ativadas por proteases intestinais, posteriormente ligando-se a receptores intestinais, formando poros e levando à morte das larvas (BRAVO et al., 2007). Dessa forma, seus produtos podem contribuir para reduzir problemas ecológicos e ambientais associados com o uso de inseticidas químicos. Alguns fatores limitantes de uso de Bt como bioinseticida são os custos e a garantia de sua atividade biológica, que podem variar de acordo com a linhagem e as condições de cultivo (NETO et al., 2020).

Alternativamente ao uso direto do Bt como bioinseticida, o desenvolvimento de plantas transgênicas contendo as toxinas Cry é uma alternativa bastante utilizada nos dias atuais e revolucionou o controle de pestes na agricultura, levando à diminuição do uso de inseticidas químicos. As culturas Bt incluem milho, algodão, batata, tabaco, soja, canola e vêm sendo amplamente plantadas em todo o mundo (BRAVO et al., 2011b; TABASHNIK et al., 2013). Nas plantas transgênicas, a proteína Cry é produzida continuamente, protegendo a toxina contra a degradação por luz ultravioleta e sendo específica para os insetos-alvo destas culturas (BRAVO et al., 2011b).

3. BIOTECNOLOGIA NA INDÚSTRIA DO PETRÓLEO

3.1. Desequilíbrio Ambiental

A diretiva sobre tratamento da água da UE 2000/06/CE apresenta uma lista de 33 substâncias que incluem metais, pesticidas, ftalatos, hidrocarbonetos aromáticos policíclicos e desreguladores endócrinos que devem ser removidas com o objetivo de manter a qualidade e preservar o bom estado da água (DEBLONDE et al., 2011). Entre os hidrocarbonetos poluentes estão os de petróleo, que atualmente estão em milhares de produtos consumidos diariamente, gerando um grande excedente no descarte do mesmo. Alega-se que um aumento na produção de petróleo gera dois fenômenos: primeiro, o declínio na produção de petróleo nas próximas décadas, com o esgotamento do petróleo ao redor do mundo pelo seu excessivo consumo, que pode afetar o nível econômico do petróleo nos países produtores e segundo, o nível de poluição ambiental que pode afetar a saúde pública (FRUMKIN et al., 2009).

Um dos níveis mais severos de poluição é o derramamento de petróleo que impacta diretamente nas áreas econômicas relacionadas com as indústrias de pesca, frutos do mar, turismo, petróleo e gás. Acidentes como o da plataforma de petróleo *Deep Water Horizon* no Golfo do México e com o petroleiro *Exxon Valdez* geraram profundo impacto na economia e na segurança ambiental e, ainda hoje são focos de atenção como pode ser visto na Figura 2.

Figura 2 Na esquerda, acidente com o petroleiro Exxon Valdez (1989) e na direita acidente na plataforma DeepWater Horizon.

Fonte: Alaska Resources Library and Information Services (1989) e Guarda Costeira EUA/ Reuters/via BBC News Brasil (2010).

O desastre com o *Exxon Valdez* culminou com o início do uso da biotecnologia na indústria do petróleo. Anteriormente, já haviam métodos de remediação baseados em remoção física e química de poluentes como lavagem ou precipitação iônica, mas não resolviam o desequilíbrio causado no ecossistema e sua recuperação (BRADL e XENIDIS, 2005). A biorremediação se utiliza de organismos vivos e suas biomoléculas para restaurar o equilíbrio do ecossistema no ambiente degradado.

3.2. Biorremediação de Hidrocarbonetos

O desenvolvimento e aprimoramento contínuos da tecnologia de remediação microbiana, como sequenciamento de alto rendimento e técnicas microfluídicas, fornecem um novo método para remediar a poluição por hidrocarbonetos de petróleo, pois permitem a triagem e identificação de microrganismos funcionais de ambientes contaminados com hidrocarbonetos de petróleo (JIANG et al., 2016; GUERRA et al., 2018).

Estudos recentes identificaram bactérias de mais de 79 gêneros capazes de degradar hidrocarbonetos de petróleo (TREMBLAY et al., 2017). Muitas dessas bactérias, como *Achromobacter*, *Acinetobacter*, *Alkanindiges*, *Alteromonas*, *Arthrobacter*, *Burkholderia*, *Dietzia*, *Enterobacter*, *Kocuria*, *Marinobacter*, *Mycobacterium*, *Pandoraea*, *Pseudomonas*, *Staphylococcus*, *Streptobacillus*, *Streptococcus* já são estudadas para a degradação de petróleo (MARGESIN et al., 2003; CHAERUN et al., 2004; JIN et al., 2012; NIE et al., 2014; VARJANI e UPASANI, 2016; SARKAR et al., 2017; VARJANI 2017; XU et al., 2017). Comunidades com altas porcentagens de *Alkanindiges sp.* no solo foram relatadas e relacionadas com restrições ambientais, como a poluição por diesel (FUENTES et al., 2016). Da mesma forma, algumas bactérias hidrocarbonoclásticas obrigatórias (OHCB), incluindo *Alcanivorax*, *Marinobacter*, *Thallassolituus*, *Cycloclasticus*, *Oleispira* e algumas outras, mostraram uma baixa abundância ou *status* indetectáveis antes da poluição, mas foram consideradas dominantes após a contaminação com o óleo de petróleo (YAKIMOV et al., 2007). Esses fenômenos sugerem que esses microrganismos são cruciais para a degradação dos hidrocarbonetos de petróleo e influenciam significativamente a transformação e o destino dos hidrocarbonetos de petróleo no meio ambiente.

Algumas bactérias têm sido relatadas como tendo um amplo espectro de capacidade de degradação de hidrocarbonetos de petróleo como *Dietzia sp.* que utiliza n-alcanos (C6-C40) e outros compostos como únicas fontes de carbono (WANG et al., 2011) e *Achromobacter xylosoxidans* DN002 que consome uma variedade de hidrocarbonetos monoaromáticos e poliaromáticos (MA et al., 2015). Até o momento não existem relatos de isolados bacterianos que podem degradar de maneira autônoma o petróleo. De fato, a maioria das bactérias só pode degradar ou utilizar efetivamente determinados componentes de hidrocarbonetos de petróleo, enquanto outros estão completamente indisponíveis (CHAERUN et al., 2004; VARJANI, 2017). Isso pode ser atribuído ao fato de que diferentes bactérias endógenas têm diferentes enzimas catalíticas; assim, seus papéis em locais contaminados por óleo também variam amplamente. Isso também implica que a remediação da contaminação por hidrocarbonetos de petróleo requer a ação conjunta de múltiplas bactérias funcionais para obter o melhor efeito de purificação ambiental (DOMBROWSKI et al., 2016). Com base nessa visão, Varjani e Upasani (2016) construíram um Consórcio Bacteriano de Hidrocarbonetos Halotolerantes (HUBC) que consiste em isolados de *Ochrobactrum*, *Stenotrophomonas maltophilia* e *Pseudomonas aeruginosa*, que se mostraram bons degradadores de petróleo bruto (3% v/v), com uma alta porcentagem de degradação (83,49%). Tao et al., (2017) utilizaram uma co-cultura definida de um consórcio bacteriano endógeno e de *Bacillus subtilis* exógeno para acelerar efetivamente a degradação do petróleo bruto. Wang et al., (2018) descobriram que um consórcio bacteriano endógeno no acidente com derramamento de petróleo em Penglai (China) teve maior eficiência de degradação do óleo em comparação com bactérias individuais e demonstrou que o consórcio tinha o potencial de biorremediar o petróleo bruto disperso no ecossistema marinho.

As propriedades da superfície bacteriana são essenciais para a biodegradação efetiva de substratos de hidrocarbonetos hidrofóbicos e seus mecanismos de adesão são de grande importância (ZHANG et al., 2015). Isso tem relação direta com a comunicação celular microbiana e suas interações. Porém, com tantos microrganismos diferentes e diversas aplicações, foram desenvolvidos diferentes métodos e estratégias de biorremediação. As mais utilizadas são atenuação natural, bioestimulação, e bioaumentação.

Por definição, a atenuação natural é o processo mais simples de biorremediação pelo qual a população microbiana endógena (bactérias e fungos) elimina ou desintoxica poluentes perigosos para a saúde humana e meio ambiente em formas menos tóxicas para atenuar o local poluído. Durante esse processo, os microrganismos endógenos utilizam os poluentes como fonte de carbono com base em suas vias metabólicas naturais. Essa tecnologia requer apenas o monitoramento do processo. Quando a poluição ocorre, os microrganismos endógenos degradadores de hidrocarbonetos aumentam rapidamente e se adaptam aos poluentes adicionados recentemente, resultando em degradação de contaminantes; no entanto, a diversidade microbiana pode ser reduzida (MCKEW et al., 2007).

A bioestimulação se baseia na estimulação do crescimento e da atividade dos microrganismos endógenos presentes no local contaminado através da adição de nutrientes, a fim de acelerar a taxa de biodegradação natural (NIKOLOPOULOU e KALOGERAKIS, 2010).

Em solos com número insuficiente ou não detectável de microrganismos endógenos degradantes de poluentes, a atenuação natural talvez seja inadequada como estratégia de remediação. Um dos métodos alternativos de biorremediação *in situ* é a bioaumentação. Esta aplicação envolve a adição de linhagens únicas ou consórcios de microrganismos degradadores de hidrocarbonetos com capacidade catalítica para remediar locais contaminados, a fim de acelerar a biodegradação de compostos orgânicos indesejados. As linhagens que são bioaumentadas são normalmente isoladas de ambientes poluídos por hidrocarbonetos de petróleo (SARKAR et al., 2005).

Mesmo com vários estudos e com a taxa de degradação de hidrocarbonetos laboratoriais altas, a hidrofobicidade e a baixa solubilidade em água da maioria dos hidrocarbonetos de petróleo, faz com que a taxa de biodegradação seja limitada no ambiente. Isso porque a biodegradação depende da biodisponibilidade limitada de hidrocarbonetos de petróleo para bactérias e o fato de que o contato celular bacteriano com substratos de hidrocarbonetos é um requisito antes da introdução de oxigênio molecular das moléculas pelas oxigenases funcionais (VASILEVA-TONKOVA et al., 2008; HUA e WANG, 2014). Por essa razão, as bactérias desenvolveram medidas contra contaminantes do petróleo, como melhorar a capacidade de adesão das células, alterando seus componentes de superfície e secretando um bioemulsificador para melhorar seu acesso aos substratos de hidrocarbonetos alvo (KACZOREK et al., 2012; KRASOWSKA e SIGLER, 2014).

4. BIOMOLÉCULAS SURFACTANTES

Os biossurfactantes ou também denominados surfactantes naturais são compostos de origem microbiana que se caracterizam por serem moléculas anfipáticas, que reduzem a tensão superficial de um líquido, a tensão interfacial entre dois líquidos ou aquela entre um líquido e um sólido. Assim, os surfactantes são compostos orgânicos que contêm como característica dois grupos hidrofóbicos (caudas) e grupos hidrofílicos (cabeças). Deste modo, uma molécula de surfactante contém tanto um componente insolúvel em água (e o componente solúvel em óleo) e um componente solúvel em água.

Biossurfactantes englobam as propriedades de diminuir a tensão superficial, promovendo a estabilização de emulsões e a formação de espuma, sendo geralmente não-tóxicos e biodegradáveis (BANAT et al., 2000; SAHARAN; SAHU; SHARMA, 2011). O interesse em surfactantes microbianos tem sido progressivamente crescente nos últimos anos devido à sua diversidade, baixa toxicidade, natureza ecológica e biodegradabilidade, biocompatibilidade, digestibilidade, possibilidade de produção em larga escala, seletividade e desempenho em circunstâncias extremas (como em altos valores de temperatura, pH e salinidade) (SAHARAN; SAHU; SHARMA, 2011).

Os surfactantes microbianos ainda podem ser divididos em um grupo estruturalmente diverso de moléculas ativas de superfície, sendo que são classificados em dois grupos principais em função da massa molecular: os de baixo peso molecular são chamados de biossurfactantes, lipopeptídeos e glicolipídios e apresentam a propriedade de diminuir a tensão superficial, quando presentes em meio aquoso; e os de alto peso molecular que são denominados bioemulsificadores ou bioemulsificantes (agentes de superfície ativa de alto peso molecular) (RON e ROSENBERG, 2001; SAHARAN; SAHU; SHARMA, 2011, UZOIGWE et al., 2015).

Uma emulsão é uma mistura estável de dois líquidos, constituindo-se em uma dispersão coloidal de gotículas de um líquido em outro. Os bioemulsificantes estabilizam dispersões de um líquido em outro, como, por exemplo, as emulsões de óleo em água (RON e ROSENBERG, 2001). Normalmente, uma mistura de óleo em água forma fases separadas, entretanto se a mistura é agitada vigorosamente, o óleo vai se dispersar na fase aquosa. Se a agitação cessar, as fases se separam rapidamente. Quando se adiciona um bioemulsificante é obtida uma mistura estável ou uma emulsão. Para a formação de gotas de óleo na água é preciso que o emulsificante seja solúvel em água e a porção hidrofóbica do bioemulsificante será adsorvida na fase oleosa dispersa e a porção hidrofóbica ficará na interface. A estabilidade da emulsão é garantida pela formação de filmes na superfície das gotículas de óleo na fase aquosa, que tende a se manter por longos períodos, refletindo a efetividade do bioemulsificante. Logo, ocorrerá a formação de uma gota de óleo carregada na superfície e provocará a repulsão das gotículas carregadas semelhantemente, o que evita a coalescência e confere a estabilidade da emulsão. As emulsões representam uma grande área interfacial e se formam à medida que a tensão é reduzida, e a estabilidade dependerá da natureza do emulsificante e das condições do meio (MAIER, 2003).

Os biossurfactantes e bioemulsificantes são sintetizados por bactérias, leveduras e fungos filamentosos durante o crescimento em diferentes fontes de carbono desde substâncias hidrofílicas como a glicose, até substratos hidrofóbicos como hidrocarbonetos (NITSCHKE e PASTORE, 2002; MULLIGAN, 2005). O principal papel fisiológico dos biossurfactantes é o fato de permitirem que microrganismos cresçam em substratos imiscíveis em água, pela redução da tensão superficial, tornando-os mais disponíveis para a captação e metabolismo (MELO e AZEVEDO, 2008).

Alguns autores relatam a redução da tensão superficial do meio na fase exponencial de crescimento (WILLUMSEN e KARLSON, 1997) e muitos outros apresentam apenas na fase estacionária, sendo considerados por muitos autores como metabólitos secundários (PRUTHI e CAMEOTRA, 2003; TAHZIBI et al., 2004). Os bioemulsificantes são geralmente produzidos quando as culturas atingem a fase estacionária de crescimento. Em vários casos foi demonstrado que a produção de emulsificantes é induzida por sinais moleculares envolvendo *quorum-sensing*. Esta característica regulatória parece ser geral e provavelmente se aplica à produção de emulsificantes ou compostos tensoativos de alta e baixa massa molecular (RON e ROSENBERG, 2001).

Os biossurfactantes de origem microbiana têm sido reconhecidos como substitutos parciais ou totais dos surfactantes sintéticos, sendo considerados com características superiores aos sintéticos na indústria petroleira e de óleos (ROCHA et al., 1992; MULLIGAN, 2005; ILORI et al., 2005). Entretanto, até o momento, apenas alguns estão sendo utilizados comercialmente, mas ainda incapazes de competir economicamente no mercado com os sintetizados quimicamente, devido aos altos custos de produção. Neste contexto, ainda representam um desafio em relação ao conhecimento de novas espécies potencialmente produtoras, métodos de análise, extração, purificação e otimização da produção. Progressos nestas áreas podem aumentar a competitividade econômica destas biomoléculas (ROCHA et al., 1992; MULLIGAN, 2005).

Moléculas biossurfactantes possuem um potencial para ser usada em diversos setores da indústria, como a de cosméticos, produtos farmacêuticos, agentes umectantes, conservantes de alimentos e de detergentes (MELO e AZEVEDO, 2008; SAHARAN; SAHU; SHARMA, 2011). Estas apresentam ainda diversas aplicações no controle microbiano por possuírem propriedades antifúngica, antibacteriana e atividade antiviral. Também têm sido utilizadas para a transfecção de genes, como ligantes para as imunoglobulinas de ligação, como adjuvantes para antígenos, como inibidores de coágulo de fibrina e como ativadores de lise do coágulo de fibrina. Ademais, podem ser utilizadas no controle de biofilmes em diversos tipos de materiais, incluindo cateteres, superfícies e outros materiais médicos insercionais por apresentarem propriedades antiadesivas (SINGH e CAMEOTRA, 2004). Eles também podem ser usados em imunoterapia pulmonar e incorporados em preparações probióticas para combater as infecções do trato urogenital (SINGH e CAMEOTRA, 2004).

Os biossurfactantes também apresentam inúmeras aplicações que incluem tratamento de derrames de óleo no mar ou na terra, remoção de pesticidas do solo e também podem ser utilizados como estabilizadores de espuma nas indústrias de alimentos, farmacêutica e na produção de sabões e detergentes (COOPER, 1986). Podem ser também utilizados na biorremediação de hidrocarbonetos, de metais, na limpeza de tanques, no controle biológico de patógenos em plantas em substituição aos pesticidas, na mineração, na indústria cosmética, de alimentos, de papel, têxtil, cerâmica e de tintas (MELO e AZEVEDO, 2008).

No entanto, conforme explicado anteriormente, como a produção de biossurfactantes atualmente ainda é muito onerosa devido ao uso de meios de cultura sintéticos, uma maior ênfase está sendo dada em relação à utilização de diversos substratos agroindustriais, que constituem matérias-primas de valor econômico bastante baixo e facilmente disponíveis em grandes quantidades. Estes substratos incluem óleos vegetais e resíduos agroindustriais como leite, melaço, soja, gordura animal e amido que podem ser utilizados como substratos para a produção em grande escala de biossurfactantes com tecnologia de ponta (ILORI et al., 2005; MELO e AZEVEDO, 2008; SAHARAN; SAHU; SHARMA, 2011; WINTERBURN e MARTIN, 2012).

Várias espécies de microrganismos são conhecidas por produzirem diversos tipos de biossurfactantes, alguns disponíveis comercialmente como a surfactina produzida por *Bacillus subtilis,* o emulsan produzido por *Acinetobacter calcoaceticus* RAG1 e um ramnolipídeo produzido por *Pseudomonas aeruginosa* (BODOUR e MAIER, 2002). Ben Ayed et al., (2015) relataram que biosurfactantes produzidos por *Bacillus amyloliquefaciens* An6 era uma alternativa aos surfactantes sintetizados quimicamente assim como Coelho et al., (2003) relataram produção de biosurfactantes por *Pseudomonas* sp. GU 104. Dependendo dos diferentes tipos de fontes de carbono e das condições de desenvolvimento dos microrganismos, diferentes tipos de biossurfactantes são produzidos, sendo que ainda há um campo grande de pesquisa nesta área visando aumento de escala.

5. BIOLIXIVIAÇÃO E RECUPERAÇÃO DE METAIS

Quarenta por cento dos locais com resíduos perigosos na Lista de Prioridades Nacionais da Agência de Proteção Ambiental dos EUA (NPL) são co-contaminadas com metais e poluentes orgânicos (SANDRIN et al., 2000). Metais são mais frequentemente encontrados em leitos profundos e incluem arsênio, bário, cádmio, cromo, chumbo, mercúrio, níquel e zinco. Co-contaminantes orgânicos comuns incluem petróleo, solventes clorados, pesticidas e herbicidas. A toxicidade de metais a microrganismos tem sido estudada extensivamente ao longo dos anos (SANDRIN et al., 2007).

Alguns desses metais são absorvidos como nutrientes essenciais aos microrganismos, uma vez que são incorporados a enzimas e cofatores. Para sobreviver sob condições de estresse por um determinado metal, as bactérias desenvolveram vários tipos de mecanismos para tolerar a absorção de íons metálicos. Esses mecanismos incluem biossorção nas paredes celulares e aprisionamento em cápsulas extracelulares, precipitação, efluxo de íons metálicos para fora da célula, redução de íons metálicos pesados para um acúmulo de estado menos tóxico e complexação de íons metálicos dentro da célula (NIES et al., 2003, NIES et al., 1999).

Esses mecanismos encontrados nos microrganismos podem ser usados para a recuperação de metais que se inicia com a interação do microrganismo com o metal por adsorção, mecanismo físico químico, biossorção ou bioaumentação (VERMA et al., 2019). Em seguida inicia-se um processo biohidrometalúrgico conforme a Figura 3.

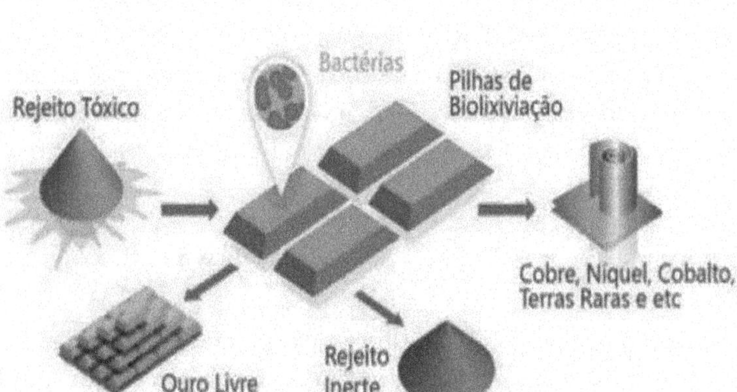

Figura 3 Esquema do processo de biolixiviação e recuperação de metais.
Fonte: (CIETEC, 2018).

A biolixiviação é um dos processos biohidrometalúrgicos, que se utiliza de microrganismos para lixiviar metais. A base para a reação de lixiviação é a oxi-redução de metais (GARCIA, 1992). Existem muitas vantagens com a biolixiviação em relação à lixiviação convencional, como a economia de insumos, já que o próprio microrganismo é o agente oxidante e não necessita de mão de obra qualificada devido à facilidade das instalações (GARCIA, 1992). O processo biohidrometalúrgico pode causar de forma direta (oxidação por Oxigênio) ou indireta (oxidação por íon férrico) a oxidação dos sulfetos metálicos (EHRLICH, 2001).

Os primeiros estudos que identificaram esse fenômeno foram observados em drenagens ácidas de minas de carvão e cobre. Identificou-se *Thiobacillus (Acidithiobacillus) ferrooxidans* e *T. thiooxidans* como as responsáveis pela oxi-redução dos metais (EHRLICH, 2001). Tais microrganismos poderiam ser usados na recuperação de placas de circuito impresso, onde há a presença de metais como ouro e cobre (WNAG, 2009; MORAES, 2011)

Porém o mecanismo de interação com metais pode variar de espécie para espécie. Um exemplo de um sistema de captação rápida e não específica é a captação de magnésio pelo sistema CorA, encontrado em bactérias Gram negativas, arqueias e leveduras. Este sistema é responsável pela absorção de uma variedade de cátions como magnésio, níquel, cobalto, zinco e manganês. Dois sistemas de transporte de metais comuns em células são o Pit (transporte inorgânico de fosfato) e o sistema de transporte de sulfato. Arsênio é capaz de entrar via Pit, enquanto o cromato pode se infiltrar nas células via transporte de sulfato (NIES, 1999). Os sistemas de captação de metal lentos e específicos incluem o tipo P ATPases que transportam zinco, manganês, cádmio, magnésio, cálcio, potássio, cobre, chumbo e prata (SANDRIN, 2007).

Uma vez que haja interação com o metal o processo de biolixiviação inicia. Um exemplo é a formação de covelita (CuS – solúvel) por meio da lixiviação de cobre a partir da calcocita (Cu_2S). As equações 1 e 2 descrevem essa transformação (MORAES, 2011):

$2Cu_2S + 2H_2SO_4 + O_2 \longrightarrow 2CuS + 2CuSO_4 + 2\,H_2O$ (Equação 1)

$CuS + 2Fe_2(SO_4)_3 + O_2 \longrightarrow 2CuSO_4 + 2FeSO_4 + S$ (Equação 2)

Uma reação similar poderia ser utilizada para a biolixiviação de placas de circuito impresso por meio da oxidação de cobre, chumbo e zinco com a ação de íon férrico conforme equações 3, 4 e 5:

$Cu^0 + 2Fe^{3+} \longrightarrow Cu^{2+} + 2Fe^{2+}$ (Equação 3)

$Zn^0 + 2Fe^{3+} \longrightarrow Zn^{2+} + 2Fe^{2+}$ (Equação 4)

$Pb^0 + 2Fe^{3+} \longrightarrow Pb^{2+} + 2Fe^{2+}$ (Equação 5)

O metabolismo dos microrganismos gera indiretamente íon férrico na lixiviação. O íon ferroso presente no minério é utilizado como fonte de energia pelos microrganismos e se transforma em íon férrico de acordo com a equação 6:

$2Fe^{2+} + ½ O_2 + H^+ \xrightarrow{microrganismo} 2Fe^{3+} + H_2O + e^-$ (Equação 6)

Durante o processo de biolixiviação o pH aumenta e o potencial diminui e, portanto, devem ser monitorados. Subprodutos dessas reações podem surgir como, por exemplo, arsenito férrico, hidróxido férrico, sulfeto férrico básico e jarositas, conforme as equações 7, 8, 9 e10:

$2H_3ASO_4 + 2Fe^{3+} \longrightarrow 2FeASO_4 + 6H^+$ (Equação 7)

$6H_2O + 2Fe^{3+} \longrightarrow Fe(OH)_3 + 6H^+$ (Equação 8)

$Fe(OH)_3 + SO_4^{2-} \longrightarrow 2Fe(OH)(SO_4) + 2H_2O$ (Equação 9)

$6Fe^{3+} + 4SO_4^{2-} + 12\ H_2O \longrightarrow 2H[Fe(SO_4)_2 \cdot 2Fe(OH)_3] + 10H^+$ (Equação 10)

Outros parâmetros importantes que podem ser monitorados são tempo de contato, temperatura, disponibilidade de O_2 e CO_2, concentração dos íons metálicos e de nutrientes minerais na lixívia, composição do mineral e tamanho das partículas, interação galvânica entre os minerais presentes e estrutura química e cristalina destes, além da presença de agentes químicos estranhos ao processo (MORAES, 2011).

Para aplicação desta técnica de recuperação de metais a partir de placa de circuito impresso, alguns estudos apresentam solubilização de metais de 40% a 80% de chumbo e de 50% a 90% de zinco, sendo que os melhores resultados apareceram quando se analisou a cultura mista composta de *Acidithiobacillus ferroxidans* e *Acidithiobacillu thiooxidans* em concentração de 7,8 g/L de resíduo de placa de circuito impresso com tamanho de partículas entre 0,5 e 1,0 mm (SANDRIN, 2007). Microrganismos mesofílicos (temperatura de crescimento de 30 a 40°C) e termofílicos (entre 40 a 55°C), visando a recuperação de metais também têm sido estudados (MORAES, 2011).

Os microrganismos que serão usados para a biolixiviação devem ser selecionados com muito cuidado porque esses organismos podem sobreviver dentro de uma gama limitada de metais pesados com base em sua toxicidade (DUBEY, 2004; PRESCOTT et al., 2002). Esses microrganismos podem ser subdivididos conforme Tabela 1.

Tabela 1 Categorização de microrganismos usados na recuperação de metais.

Microrganismos Aeróbios	Esses tipos de microrganismos são conhecidos por reduzir alcanos, hidrocarbonetos e pesticidas e compostos poliaromáticos e alguns desses microrganismos utilizam poluentes como fonte de carbono e energia. Exemplos: *Pseudomonas*, *Mycobacterium*, *Sphingomonas*, *Rhodococcus* e *Alcaligenes*.
Microrganismos Anaeróbios	Microrganismos anaeróbios podem policlorinar bifenilas em sedimentos, declorinar solventes tricloroetilenos e biorremediar clorofórmio.
Metilótrofos	Possuem enzimas específicas como a metano monooxigenase, reativa em condições de redução aeróbia.
Ligninolíticos	Possuem potencial de redução de agentes tóxicos ou persistentes se utilizando de substratos fundamentais como serragem, poeira, palha, espigas. Exemplos: *Phanaerochaete chrysosporium*.

Fonte: VERMA, 2019

6. PRODUÇÃO DE BIOPOLÍMEROS

Biopolímeros são biomoléculas poliméricas que contêm unidades monoméricas covalentemente ligadas para formar moléculas maiores. O prefixo 'bio' significa que são materiais biodegradáveis produzidos por organismos vivos, dentre eles microrganismos, animais e plantas, podendo ter em sua composição aminoácidos, lipídios ou açúcares. Biopolímeros microbianos como poliésteres, poliamidas, polifosfatos e polissacarídeos são produzidos através de culturas puras de microrganismos selvagens ou geneticamente modificados, sendo que neste capítulo iremos focar nos biopolímeros de origem microbiana. São predominantemente utilizados na produção de embalagens alimentícias, área biomédica, sistemas de entrega de fármacos, imobilização de enzimas, biossensores e cosméticos, além de outras aplicações industriais. São fundamentais em biotecnologia, pois eles são biocompatíveis e "amigáveis" à natureza (MOHAN et al., 2016; TANG et al., 2012; VERMA et al., 2020).

O interesse em biopolímeros, especialmente polissacarídeos extracelulares aumentou consideravelmente nos últimos anos, devido às suas interessantes propriedades físico-químicas e reológicas, além de suas diversas funcionalidades (ÖZCAN e ÖNER, 2015). Alguns exemplos de biopolímeros produzidos por microrganismos são xantana, celulose, pululana e polihidroxialcanoato (VERMA et al., 2020). Neste capítulo iremos abordar esses biopolímeros. Além disso, na

Tabela 2 haverá mais alguns exemplos de biopolímeros microbianos, os principais microrganismos produtores e suas aplicações.

Tabela 2 Biopolímeros microbianos e suas aplicações.

Biopolímero	Microrganismos produtores	Aplicações
Alginato	*Pseudomonas aeruginosa*, *Azotobacter* spp., algas pardas	Sistemas de entrega de fármacos, encapsulamento de células, engenharia tecidual. Produzido por algas tem *status* GRAS (alimentação, cosméticos, aplicações biomédicas e farmacêuticas)
Hialuronato	*Streptococcus* grupo A, *Pasteurella multocida*, *Bacillus cereus* G9241, *Streptococcus equi*, *Lactococcus lactis*, *Bacillus subtilis*, *Escherichia coli*, *Corynebacterium glutamicum*	Hidrogéis, lipossomos com superfície modificada, nanopartículas e micropartículas para aplicações médicas, farmacêuticas, alimentícia e cosmética
Polihidroxibutirato (PHB)	*Halomonas campaniensis LS21*, *Pseudomonas putida*, *Sphingobacterium sp.*, *Bacillus megaterium*	Engenharia tecidual, suturas cirúrgicas, liberação controlada de fármacos, biocurativos
Quitosana	*Aspergillus niger*, *Mucor rouxii*, *Penicillium notatum*	Sistemas de entrega de fármacos, filmes biodegradáveis, microencapsulamento

Fonte: (MORADALI e REHM, 2020; PELTZER et al., 2017; YEO et al., 2018)

O primeiro polissacarídeo produzido de forma eficiente por bactérias foi a goma xantana. Este co-polímero complexo é produzido por fermentação pela bactéria *Xanthomonas campestris* (VERMA et al., 2020). A cadeia linear da goma xantana é formada por duas unidades de glicose e um trissacarídeo das ramificações por duas unidades de manose e uma unidade de ácido glicurônico. A goma xantana é amplamente empregada na indústria devido às suas características reológicas, sendo utilizada como espessante, geleificante, como coloide protetor e estabilizante nas indústrias farmacêutica, de alimentos, química e petroquímica (BRANDÃO et al., 2008).

A celulose é um polissacarídeo abundantemente presente na natureza. Consiste de ligações $\beta(1 \rightarrow 4)$ de D-glicose e é o principal componente da parede celular de plantas (CHANG et al., 2016). A celulose microbiana é produzida por alguns gêneros de bactérias como *Acetobacter*, *Agrobacterium*, *Gluconacetobacter*, *Rhizobium*, *Achromobacter*, *Alcaligenes*, *Aerobacter*, *Azotobacter*, *Rhizobium*, *Salmonella*, *Escherichia* e *Sarcina*. É considerada uma alternativa para a celulose proveniente de plantas (RANGASWAMY et al., 2015). A celulose microbiana pode ser utilizada para a produção de hidrogéis, fibras e nanopartículas para diversas propostas como sistemas de entrega de fármacos e encapsulamento de células. A celulose produzida por algumas bactérias apresenta *status* GRAS (*Generally Recognized as Safe*, em português, geralmente reconhecido como seguro), como, por exemplo, a celulose produzida por *Gluconacetobacter hansenii*. É utilizada em produtos alimentícios, biomédicos (biocurativos, implantes dentais e cirúrgicos), embalagens e fibras têxteis, justamente pela segurança deste polissacarídeo (MORADALI e REHM, 2020).

A pululana é uma glicana linear e sua estrutura consiste em unidades repetitivas de maltotriose – constituída por três unidades de glicose ligadas entre si por ligações α-(1→4) – que se encontram interconectadas via ligações α-(1→6). É um exopolissacarídeo produzido pelo fungo *Aureobasidium pullulans* por fermentação submersa (SINGH et al., 2019). Pululana apresenta muitas características favoráveis como origem renovável, biocompatibilidade, estabilidade, natureza hidrofílica e disponibilidade de sítios reativos para modificações químicas. Há extensiva aplicação da pululana nas indústrias alimentícia, cosmética e farmacêutica, pela sua excelente capacidade de formação de filmes e a possibilidade de ser aplicada como excipiente farmacêutico. É importante destacar sua ampla aplicação na entrega de fármacos, em função da sua biodegradabilidade, não imunogenicidade e capacidade inerente de direcionamento às células hepáticas (TIWARI et al., 2019).

Polihidroxialcanoatos (PHAs) são poliésteres bacterianos produzidos por bactérias como *Escherichia coli*, *Pseudomonas* spp., *Bacillus* spp., *Aeromonas* spp. e *Halomonas* spp. PHAs foram descobertos em 1926 e desde então têm atraído interesses comerciais e da pesquisa, pois apresentam propriedades interessantes como elevada biocompatibilidade, excelente biodegradabilidade, estruturas químicas diversas e produção através de fontes renováveis. Estes polímeros são potenciais candidatos para substituição de plásticos de fontes não renováveis, como a petroquímica. Os PHAs são aplicados em diversas áreas, como em embalagens, na medicina e na agricultura, mas a aplicação extensiva dos bioplásticos, que é de grande relevância, ainda é limitada pelos altos custos de produção (CHEN, 2009; POLTRONIERI e KUMAR, 2017; RIAZ et al., 2021).

7. BIOMATERIAIS

Um biomaterial pode ser definido como qualquer material usado para preparar dispositivos com intuito de substituir uma parte ou uma função do corpo de forma segura, confiável, economicamente viável e fisiologicamente aceitável (PARK e LAKES, 2007). Devem ser inertes e não interagir com os sistemas biológicos, além de não causar mudanças prejudiciais ao corpo (WAHAB e ABD RAZAK, 2016).

Os biomateriais são compostos de diferentes substâncias, incluindo metais e ligas metálicas, cerâmicas, bem como polímeros naturais e sintéticos, além de compósitos (SCHNALBELRAUCH, 2018). Os polímeros naturais de origem microbiana foram amplamente discutidos na seção anterior, sobre produção de biopolímeros, portanto nesta seção iremos dar maior enfoque aos outros tipos de biomateriais. Alguns exemplos de como os biomateriais podem ser aplicados na área biomédica incluem: materiais implantáveis como placas, substitutos ósseos, válvulas cardíacas, *stents*; dispositivos para a liberação de medicamentos, como filmes e implantes subdérmicos; órgãos artificiais; biocurativos e dispositivos biomédicos, como cateteres (PIRES et al., 2015; SCHNALBELRAUCH, 2018).

Os biomateriais poliméricos são os mais empregados no âmbito biomédico. Apresentam algumas vantagens em relação aos materiais cerâmicos ou metálicos, como a maior facilidade de fabricação, podendo ser produzidas formas diversas desses polímeros, como partículas, fios e filmes. Apresentam um custo razoável e maior disponibilidade em apresentar materiais com propriedades mecânicas e físicas desejadas para cada aplicação (PIRES et al., 2015). Dentre os polímeros sintéticos alguns exemplos são poli (ácido láctico) (PLA), poli (ácido láctico-co-ácido glicólico) (PLGA), poli (ε-caprolactona) (PCL), dentre outros. Estes polímeros têm sido amplamente utilizados em função da sua biodegradabilidade, capacidade de reabsorção e biocompatibilidade, sendo empregados para a fabricação de dispositivos médicos e também *scaffolds* para engenharia tecidual (TIAN et al., 2012).

Atualmente, os metais mais utilizados na área médica são os grupos dos aços inoxidáveis, as ligas de titânio, além do titânio comercialmente puro, e as ligas à base de cobalto-cromo. Destacam-se por apresentar alta resistência à fadiga e à fratura e por isso excelente desempenho mecânico. Normalmente são utilizados para estabilização de tecidos rígidos por apresentarem essas características. Dentre as aplicações podem ser citadas, substituição de ossos e articulações, implantes dentários, *stents* e fios ortodônticos (PIRES et al., 2015).

Materiais que podem ser classificados como biocerâmicas incluem alumina, zircônia, fosfatos de cálcio, vidros ou vidros cerâmicos à base de sílica e carbonos pirolíticos (AZEVEDO et al., 2007). As cerâmicas apresentam apropriada osteocondutividade e biocompatibilidade devido à similaridade química e estrutural com a parte mineral do osso. No entanto, sua fragilidade inerente e a dificuldade de modelá-los são desvantagens do uso deste biomaterial. Por isso, *scaffolds* de compósitos polímeros/cerâmicas têm sido desenvolvidos em aplicações para a engenharia de tecido ósseo (OKAMOTO e JOHN, 2013).

Materiais compósitos são aqueles que contêm dois ou mais materiais distintos, em uma escala microscópica ou macroscópica. Os compósitos são uma classe de materiais constituídos por uma fase contínua (uma matriz) e uma fase dispersa (um reforço ou um modificador) separadas por interfaces. Os compósitos são desenvolvidos com intuito de melhorar as propriedades dos múltiplos biomateriais, desenvolvendo um biomaterial superior. A produção dos compósitos pode ocorrer de diversas formas, sendo que as principais associações são do tipo polímero-cerâmica e metal-cerâmica (DAVIS e LEACH, 2008; PIRES et al., 2015).

8. IMOBILIZAÇÃO DE BIOCATALISADORES

Enzimas são catalisadores biológicos que aceleram as reações bioquímicas em organismos vivos. Podem ser extraídas de células animais, vegetais e de microrganismos e são capazes de catalisar uma grande diversidade de reações. São requeridas em baixas concentrações e aceleram reações sem ser consumidas durante o processo (ROBINSON, 2015). Os processos catalisados por enzimas normalmente são mais rápidos, eficientes e "amigáveis" à natureza, por isso que seu uso em âmbito industrial vem crescendo ao longo dos anos. É interessante ressaltar, que talvez as enzimas sejam as moléculas biológicas exploradas há mais tempo pelo homem, mesmo que de forma empírica, na produção de alimentos como pães e vinhos desde os tempos remotos da nossa civilização (MONTEIRO e DO NASCIMENTO SILVA, 2009). Neste livro, o capítulo 6 é destinado a enzimas e nele é possível encontrar informações mais detalhadas a respeito destes biocatalisadores.

A estratégia de imobilização de biocatalisadores tem como finalidade principal permitir a reutilização do microrganismo ou enzimas e desta forma, proporcionar o aumento da produtividade do processo, através principalmente do aumento na densidade celular por unidade de volume de reator, reduzindo o tempo de fermentação. Imobilização é um termo genérico empregado para descrever a retenção de uma biomolécula no interior de um suporte. O processo de imobilização geralmente simula o crescimento natural das células em superfícies ou no interior de estruturas naturais, visando a menor perda de difusibilidade possível.

Sabe-se que um dos principais gargalos para a utilização de enzimas industrialmente é o alto custo da operação. Portanto, a imobilização enzimática tem sido muito estudada, pois é uma ferramenta fundamental para alcançar as vantagens tecnológicas oferecidas pelas enzimas com redução de custos, através da sua reutilização e a facilidade de separação do catalisador e dos produtos (GABARDO et al., 2012). Outra vantagem é o ganho de estabilidade térmica que as enzimas imobilizadas apresentam, pois o suporte promove uma proteção contra o estresse ambiental, principalmente quanto a mudanças de temperatura, que acaba sendo maior em enzimas livres (SECUNDO et al., 2013). Um decréscimo na atividade enzimática total pode ser observado devido a alterações de sua estrutura – sítio ativo – durante a imobilização e/ou limitações de difusão. As limitações de difusão são principalmente dependentes do tamanho e propriedades do substrato, das propriedades do material do suporte e do método de imobilização – ou seja, proporcionar pouca limitação na difusão, sem restringir o transporte de substrato e de produto (BERLOWSKA et al., 2013).

Em uma breve abordagem, o método de imobilização em superfícies sólidas consiste basicamente na interação entre a superfície celular ou da enzima e a superfície do suporte, que pode ocorrer de diferentes formas. As principais técnicas de imobilização encontram-se no relatório técnico de 1995 da IUPAC. Segundo este, os tipos de imobilização são classificados como: (i) confinamento da enzima dentro de uma estrutura de polímero insolúvel em água ou membrana semipermeável; (ii) adsorção da enzima em suporte insolúvel em água; (iii) ligação cruzada intermolecular de moléculas de enzima utilizando reagentes multifuncionais (entrecruzamento); (iv) ligação covalente entre a enzima e suporte insolúvel em água. Cada um desses métodos apresenta suas particularidades, com vantagens e desvantagens.

Na figura 4, pode-se observar as técnicas de imobilização de enzimas e de células assim como as principais diferenças entre as mesmas.

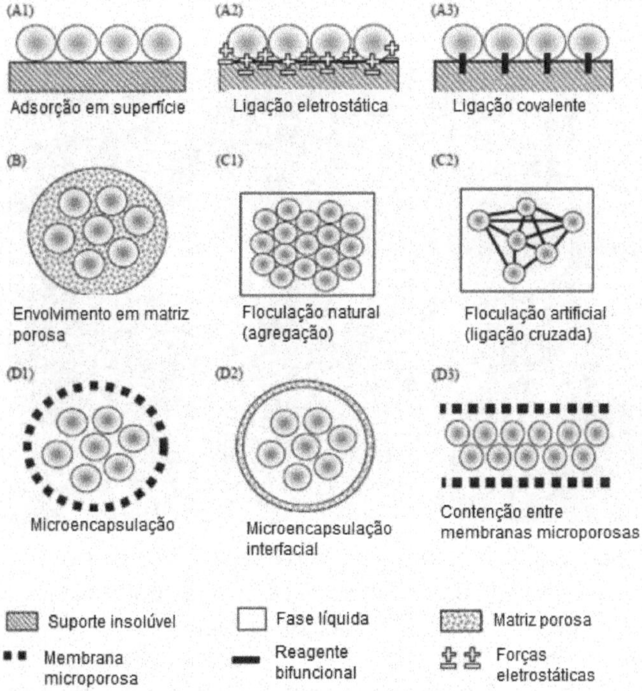

Figura 4 Métodos de imobilização de enzimas e de células: (A1-3) ligação a superfícies sólidas, (B) aprisionamento em matrizes porosas, (C1-2) floculação e (D1-3) contenção por membranas.

Fonte: Adaptado de KOURKOUTAS et al., 2004.

É importante frisar que, com o interesse científico e industrial aumentando cada vez mais, diferentes técnicas e estratégias de imobilização vêm surgindo, assim como a finalidade do uso – indo de alimentos até novos fármacos.

Na imobilização por confinamento, também conhecida como aprisionamento ou oclusão, ocorre uma retenção física da biomolécula dentro do suporte, porém deve haver a permeabilidade de substâncias de baixa massa molecular. Assim, a biomolécula não pode atravessar a matriz polimérica ou membrana, enquanto que o substrato e o produto poder passar o mais livremente possível – permitindo a difusão (SOUZA et al., 2017). Esta é a técnica mais utilizada para imobilização de leveduras e bactérias. De acordo com a IUPAC 1994, os suportes são classificados como microporosos (diâmetros de poros menores do que 2 nm), mesoporosos (poros com diâmetros na faixa de 2 a 50 nm) e macroporosos (diâmetros maiores do que 50 nm). Nesta técnica, confinamento é uma das mais utilizadas, sendo a imobilização em alginato de cálcio uma das mais empregadas e difundidas devido às inúmeras vantagens que apresenta como matriz-suporte, cumprindo a maior parte dos pré-requisitos necessários para um suporte ideal (GABARDO et al., 2012). A Figura 5 é uma imagem de Microscopia Eletrônica de Varredura (MEV) da levedura *Saccharomyces cerevisiae* confinada em uma esfera de alginato de cálcio, visando aumentar a produtividade de etanol a partir de hidrolisado de casca de arroz:

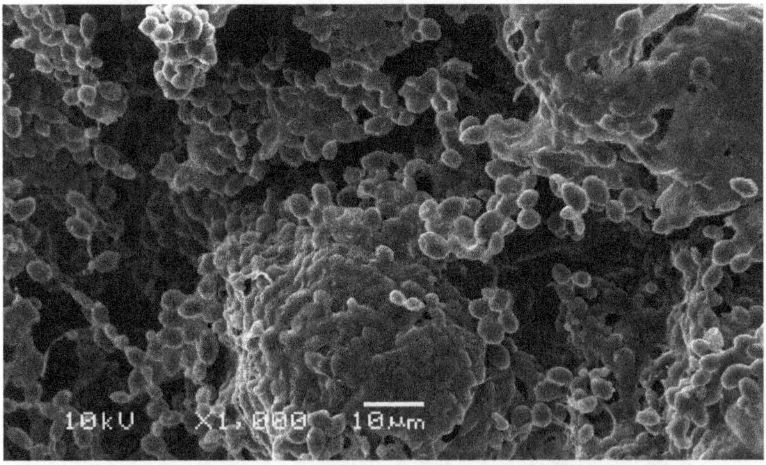

Figura 5 Microscopia Eletrônica de Varredura (MEV) de esferas de alginato de cálcio com levedura *S. cerevisiae* imobilizada.

Fonte: Lilian Raquel Hickert.

A quitosana é outro material que pode ser usado em técnicas de confinamento. Ela apresenta várias vantagens, entre elas a disponibilidade em larga escala, baixo custo e sua biocompatibilidade com vários tecidos e células. Isso permite a sua utilização em várias áreas como saúde, meio ambiente e industrial (KHONDEE et al., 2015; MORENO-GARCÍA et al., 2018). Na Figura 6, *Bacillus amyloli-*

quefaciens está imobilizado em esferas de quitosana para otimizar a produção de biossurfactantes a partir de glicerina residual do processo de biodiesel.

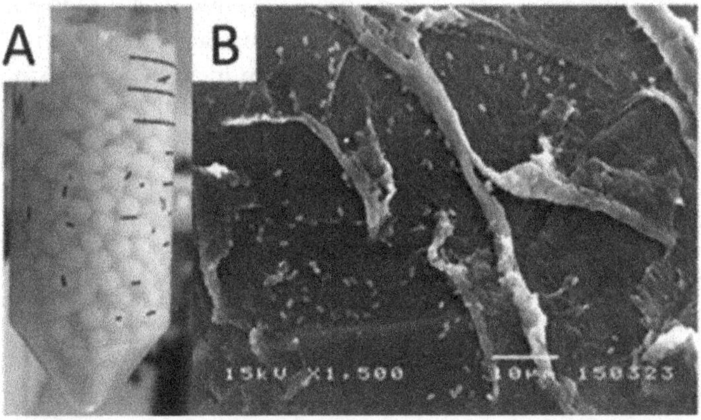

Figura 6 Imobilização de *B. amyloliquefaciens* em esferas de quitosana. A) Esferas de quitosana armazenada em tampão fosfato 0,15 M. B) Microscopia Eletrônica de Varredura (MEV) das esferas de quitosana com *B. amyloliquefaciens*.

Fonte: Henrique Alves de Brito.

Para a imobilização de enzimas, as técnicas mais utilizadas atualmente são de adsorção, entrecruzamento e ligação covalente. A adsorção de enzimas em suportes pode ser realizada através de diferentes tipos de interações fracas (interações de van der Waals), hidrofóbicas, ligações iônicas e ligações de hidrogênio, sendo que a principal desvantagem deste tipo de imobilização é que as ligações podem ser rompidas com facilidade se houver variação do pH ou da força iônica (GUIDINI et al., 2010, HANEFELD et al., 2009). Uma das grandes vantagens deste método encontra-se no fato de não necessitar ativação do suporte, além de permitir a reutilização mesmo após muitos reciclos. Outro método de imobilização é a ligação cruzada (entrecruzamento) ou *cross-linking* entre enzimas por meio de agentes reticulantes, formando agregados insolúveis sem a presença de um suporte sólido. Este método consiste na formação de ligações covalentes entre os grupos reativos do suporte e da enzima. A ocorrência de dessorção da enzima durante as reações catalíticas é reduzida devido à forte ligação entre a enzima e o suporte (HANEFELD et al., 2009; KOURKOUTAS et al., 2004).

A tecnologia de imobilização de biomoléculas envolve alguns passos básicos que dependem das características bioquímicas do microrganismo ou enzima a ser imobilizada: (i) da composição química do suporte; (i) da temperatura e pH escolhidos; (iii) dos efeitos de transferência de massa e interação suporte-biomolécula; (iv) solubilidade do suporte e outros. Outra propriedade importante dos suportes de imobilização é a sua hidrofobicidade, principalmente na imobilização enzimática de lipases.

Basicamente a escolha de características desejáveis da biomolécula, do suporte e do método de imobilização, devem resultar num derivado imobilizado ativo e estável. No entanto, não há um método geral que possa ser aplicado para a imobilização. Atualmente, dispõe-se na literatura de uma variedade de técnicas de imobilização de enzimas, assim como de um grande número de suportes, englobando materiais orgânicos e inorgânicos, naturais ou sintéticos. Os suportes inorgânicos, como vidro, gel de sílica, alumina, zircônia são mais adequados para o uso industrial devido às suas propriedades físicas, pois possuem resistência mecânica térmica. Já os suportes orgânicos (naturais ou sintéticos) possuem como vantagem o fato de serem 'verdes', não causando danos ao meio ambiente e sendo facilmente degradados. Alguns exemplos são os polissacarídeos insolúveis em água como colágeno, quitosana, alginato, amido, agarose etc. (SIRISHA et al., 2016).

Uma vez que as células imobilizadas se encontram fisicamente delimitadas pela matriz-suporte de imobilização, estas podem sofrer alterações em sua fisiologia, que podem ser tanto benéficas, quanto apresentar certas desvantagens, sendo que é difícil prever o tipo e a magnitude das possíveis alterações metabólicas provocadas pela imobilização celular. Na maioria das vezes é necessário testar e observar como a interação se dará no sistema.

Quanto ao sistema de biotransformação a ser utilizado, deve-se levar em consideração cautelosamente a forma de cumprir com os requerimentos exigidos pelo processo e pelas condições de cultivo, pois deve prever a facilidade de projeto e os custos envolvidos. Visando o escalonamento do processo, tem-se estudado o uso de reatores de células imobilizadas que podem ser divididos em três grandes categorias, de acordo com o padrão de escoamento: reatores de tanque agitado (STR), reatores de leito empacotado e reatores de leito fluidizado (BARON et al., 1996). A principal finalidade da utilização de biorreatores com células imobilizadas deve-se às vantagens que esses sistemas proporcionam especialmente quando acoplados com sistemas operados continuamente – ou seja, com fluxo de entrada de substrato e de produtos constantes.

9. APLICAÇÕES DE BIOCATALISADORES NA INDÚSTRIA DE ALIMENTOS E BEBIDAS

Como já vimos neste capítulo, os biocatalisadores em sua maioria enzimas. Um catalisador atua aumentando a velocidade de uma reação, de forma a diminuir sua energia de ativação, sem participar efetivamente da reação. É exatamente isto que a enzima irá proporcionar em uma reação, sendo então conhecida como biocatalisador, com a vantagem de prover a sustentabilidade ambiental – são 100% biodegradáveis.

Na indústria de alimentos, reações catalisadas por enzimas para transformações de alimentos têm sido utilizadas de forma não intencional há muito tempo, sendo essas reações, fundamentais para obtenção de certos produtos (BELITZ et al., 2009). Elas estão presentes em diversos alimentos presentes no nosso dia a dia. Além disso, as enzimas são consideradas coadjuvantes de tecnologia no processamento de alimentos e não aditivos alimentares.

Um exemplo da utilização de enzimas em alimentos e bebidas são as enzimas amilolíticas cujo uso está associado à produção de xaropes, edulcorantes, liquefação e sacarificação de amido, maturação e aromatização de queijo, farinha, cereais infantis, em cervejarias, nas vinícolas, entre outras aplicações (SUNDARRAM e MURTHY, 2014). Sendo o amido um polissacarídeo constituído de amilose e amilopectina, as amilases podem atuar sobre o amido danificado ou gelatinizado, durante o aquecimento no forno de massas e pães de trigo, causando modificações na extensibilidade e na retenção de água na massa, além de melhorar qualidades organolépticas como cor e aroma (*flavor*). O mecanismo de atuação das enzimas em panificação é bastante complexo e o objetivo de utilização de enzimas em produtos de panificação é unicamente para controlar e melhorar as propriedades reológicas da massa (AQUARONE et al., 2013).

Na indústria de sucos de frutas, as enzimas são utilizadas para aumentar a produtividade, melhorar a dissolução, clarificação, filtração, maceração e extração dos tecidos vegetais (BHAT, 2000; UENOJO e PASTORE, 2007). Preparados enzimáticos comerciais, utilizados na produção de sucos, são constituídos, principalmente, de um complexo de enzimas pectinolíticas e celulolíticas que atuam de modo combinado para a hidrólise dos polissacarídeos das frutas (SANKARAN et al., 2015), pois exercem um efeito favorável na melhoria da viscosidade e da filtrabilidade dos sucos, além de favorecerem a liberação de açúcares.

As pectinases também possuem atuação na extração de polpa de tomate, fermentação de chá e chocolate, tratamento de resíduos vegetais, degomagem de fibras nas indústrias têxtil e de papel, nutrição animal, enriquecimento proteico de alimentos infantis e extração de óleos, além de, em conjunto com glucanases e hemicelulases, terem sido utilizadas na produção de vinho (UENOJO e PASTORE, 2007). Além disso, enzimas pécticas são adicionadas para remover a camada de mucilagem do grão, pois são catalisadores naturais presentes nos grãos de café, aumentando, portanto, a dosagem de enzimas já presentes naturalmente o que também resulta na aceleração do processo. A pectinase ainda é utilizada na produção da sidra (bebida fermentada de maçã), pois permite a clarificação mais eficiente e rápida do fermentado. No suco de maçã recém-extraído, o tanino presente é incolor, mas escurece rapidamente pela ação da peroxidase e da polifenoloxidase. Estas enzimas estão relacionadas com o rápido escurecimento de frutas – como a maçã, a banana; e de vegetais, onde induz a mudanças negativas de sabor durante a estocagem. São consideradas as enzimas vegetais mais estáveis ao calor e suas inativações têm sido convencionalmente usadas como indicador de adequação de branqueamento em processamentos vegetais (FREITAS et al., 2008).

Pesquisas promissoras têm sido publicadas demonstrando também o uso de enzimas na produção de bioaromas em substituição ao processo químico. Alguns fungos, filamentosos e leveduras produzem lipases extracelulares, estáveis e capazes de atuar em reações de transesterificação em solventes orgânicos (hidrocarbonetos), que geram ésteres de aroma, que podem ser adicionados em diversos produtos alimentícios.

Muitas indústrias de alimentos utilizam na fabricação de doces o açúcar invertido, pois ele reduz a cristalinidade e aumenta seu poder edulcorante. Para a produção do açúcar invertido, dois métodos de inversão da sacarose podem ser usados: a hidrólise enzimática, catalisada pela enzima invertase e a hidrólise ácida, catalisada por um ácido. A ácida possui como principal desvantagem a formação de hidroximetilfurfural, que causa coloração escura ao alimento.

Na cervejaria, é de conhecimento comum que a levedura *Saccharomyces cerevisiae* é a responsável pela fermentação do açúcar presente no mosto de etanol. Porém enzimas são fundamentais na produção de uma cerveja de qualidade. As amilases convertem o amido em açúcares fermentescíveis – maltose principalmente, além disso, as enzimas protease, fosfatases, hemicelulases, peptidases, dextrinases também estão presentes neste processo. É importante frisar que, para que todas as enzimas de interesse estejam ativas, o pH do meio também deve ser ajustado. A Tabela 3 apresenta um resumo da atuação das enzimas e suas respectivas condições ótimas de cultivo.

Tabela 3 Principal enzima, atuação enzimática e suas respectivas condições ótimas de pH e temperatura.

Enzima	Atuação	pH	Temperatura (°C)
Hemicelulase	Decomposição da hemicelulose para glucanos de baixa e média massa molar	4,5 a 4,7	40 a 45
Exo-Peptidase	Decomposição das proteínas de alta e média massa molar	5,2 a 8,2	40 a 50
Endo-Peptidase	Decomposição das proteínas para produtos intermediários de alta e média massa molar	5,0	50 a 60
Dextrinase	Desagregação do amido para maltose e maltotriose pela desagregação das combinações 1-6	5,1	55 a 60

Enzima	Atuação	pH	Temperatura (°C)
β- amilase	Decomposição do amido para maltose pela desagregação das combinações 1-4	5,4 e 5,6	60 a 65
α-amilase	Decomposição do amido para dextrinas inferiores pela desagregação das combinações 1-4	5,6 e 5,8	70 a 75

Fonte: TSCHOPE 2001.

Na produção de queijos a enzima mais importante presente no coalho é a quimosina (renina), responsável pela coagulação do leite, seguida da pepsina. Estas preparações enzimáticas são obtidas a partir do abomaso de bezerros lactantes, ovelhas ou cabras desmamadas ou, atualmente, devido à alta demanda, a partir de microrganismos, principalmente os recombinantes. A proteólise é uma reação crítica para a conversão da massa em um queijo bem maturado, pois a consistência e o sabor do queijo irão depender desta. A complexidade do processo de cura de um queijo é relacionada com o tipo de reações bioquímicas como a glicólise, proteólise e lipólise e os compostos provindos destas irão constituir o '*flavor*' e o sabor do queijo (AQUARONE et al., 2013).

Como visto, as enzimas podem ser obtidas de tecidos animais ou plantas, porém há uma tendência para a produção de enzimas alimentícias provenientes de microrganismos, incluindo aqueles geneticamente modificados (GMO, Genetically Modified Organisms), como pode ser visto na Tabela 4.

Tabela 4 Exemplos de enzimas, fonte, forma de ação e aplicação de enzimas nos alimentos.

Enzima	Fonte	Ação	Aplicação
α-amilase	Sementes de cereais (trigo, cevada) ou *Aspergillus spp. Bacillus spp. Microbacterium imperiale*	Hidrólise do amido em polissacarídeos.	Panificação; malteação. Amolecimento da massa, aumento do volume do pão, ajuda na produção de açúcares para a fermentação de leveduras.
β-amilase	Batata doce	Hidrólise do amido em maltose pura.	Produção de xaropes de alta maltose.

Enzima	Fonte	Ação	Aplicação
Quimosina (coalho)	Abomaso de bezerro OU *Aspergillus awamori** *Kluyveromyces lactis**	Hidrólise da kappa-caseína.	Coagulação do leite em queijos.
Celulase	*Aspergillus niger Trichoderma spp*	Hidrólise da celulose.	Liquefação da fruta na produção de sucos
β-galactosidase (lactase)	*Aspergillus spp. Kluyveromyces spp.*	Hidrólise da lactose do leite em glicose e galactose.	Adoçantes de leite e soro; produtos para indivíduos intolerantes à lactose; redução da cristalização em sorvetes contendo soro de leite etc.
Protease (proteinase)	*Aspergillus spp.* * *Rhizomucor miehei Cryphomectria parasítica Penicillium citrinum Rhizopus niveus Bacillus spp*	Hidrólise da kappa-caseína; hidrólise de proteínas alimentícia, animais e vegetais; hidrólise do glúten do trigo.	Coagulação do leite para fabricação de queijos; produção de hidrolisados para sopas e alimentos salgados; melhora a massa do pão.
Lipase e esterase	*Aspergillus spp.* * *Candida spp Rhizomucor miehei Penicillium roqueforti Rhizopus spp. Bacillus subtilis*	Hidrólise de triglicérides em ácidos graxos e glicerol; hidrólise de ésteres de alquila em ácidos graxos e álcool.	Realce do sabor em queijos; modificação da função de gorduras por inter-esterificação; síntese de ésteres de aromas.

* Estas enzimas estão disponíveis comercialmente em versões GMO de fontes de microrganismos.

Fonte: Adaptado de F.I.B. 2011.

A fabricação de alimentos faz uso de enzimas em diferentes produtos e com diversas finalidades, estando em constante atualização, com novas demandas devido à alta exigência do consumidor por produtos de qualidade superior. Além disso, novos usos, formas de extração e ganhos alimentícios vêm sendo relatados, estimulando ainda mais o uso das enzimas em alimentos e bebidas, principalmente por serem de origem natural biodegradáveis, tornando-os inclusive mais atraentes visualmente, nutritivos e digestivos.

10. REFERÊNCIAS BIBLIOGRÁFICAS

AQUARONE, E.; BORZANI, W.; SCHMIDELL, W.; LIMA, U.A. Biotecnologia Industrial. Editora Edgard Blücher, 5ª edição, v. 4, São Paulo. 2013.

AZEVEDO, V.V.C. de, CHAVES, S.A., BEZERRA, D.C., COSTA, A., 2007. Materiais cerâmicos utilizados para implantes. Rev. Eletrônica Mater. e Process. 2, 35-42.

BANAT, I. M.; MAKKAR, R. S.; CAMEOTRA, S. S. Potential commercial applications of microbial surfactants. Applied Microbiology Biotechnology, v. 53, n. 5, p. 495-508, 2000.

BARON, G.V.; WILLAERT, R.G.; BACKER, L.U.C. Immobilized cell reactors. Immobilized living cells systems: Modelling and experimental methods. In: WIALLERT, R.G. London: John Willey & Sons, p. 67-95, 1996.

BELITZ, H. D.; GROSCH, W.; SCHIEBERLE, P. Food chemistry, 4th revised and extended edn. Heidelberg, Germany, p. 62-63, 2009.

BEN AYED, H.; JEMIL, N.; MAALEJ, H.; BAYOUDH, A.; HMIDET, N.; NASRI, M.; Enhancement of solubilization and biodegradation of diesel oil by biosurfactant from *Bacillus amyloliquefaciens* An6. Int. Biodeterior. Biodegradation v. 99, p. 8-14, 2015.

BERLOWSKA, J.; KREGIEL, D.; AMBROZIAK, W. Physiological tests for yeast brewery cells immobilized on modified chamotte carrier. Antonie Van Leeuwenhoek International Journal of General and Molecular Microbiology, v. 104, p. 703-714, 2013.

BHAT, M. K. Cellulases and related enzymes in biotechnology. Biotechnology Advances, v. 18, p. 355-383, 2000.

BODOUR, A. A.; MAIER, R. M. Biossurfactantes: Types, screening methodos and applications. In: Encyclopedia of Environmental Microbiology, p. 750-770, 2002.

BOMMARIUS A.S.; RIEBEL-BOMMARIUS, B.R. Biocatalysis: Fundamentals and Applications. Weinheim: Wiley-VCH Verlag GmbH & Co. KGaA, 2007.

BRADL, H.; XENIDIS, A. Chapter 3 Remediation techniques, in: Interface Science and Technology. p. 165-261, 2005.

BRANDÃO, L.V.; NERY, T.B.R.; MACHADO, B.A.S.; ESPERIDIÃO, M.C.A.; DRUZIAN, J.I. Produção de goma xantana obtida a partir do caldo de cana. Food Sci. Technol. v. 28, p. 217-222, 2008.

BRAVO, A.; DEL RINCON-CASTRO, M.C.; IBARRA, J.E.; SOBERÓN, M. Towards a healthy control of insect pests: potential use of microbial insecticides. Green Trends in Insect Control. p. 266-299, 2011a.

BRAVO, A.; GILL, S.S.; SOBERON, M. Mode of action of *Bacillus thuringiensis* Cry and Cyt toxins and their potential for insect control. Toxicon v. 49, p. 423-435, 2007.

BRAVO, A.; LIKITVIVATANAVONG, S.; GILL, S. S.; SOBERÓN, M. *Bacillus thuringiensis*: a story of a successful bioinsecticide. Insect Biochem. Mol. Biol. v. 41, p. 423-431, 2011b.

CHAERUN, S.K.; TAZAKI, K.; ASADA, R.; KOGURE, K. Bioremediation of coastal areas 5 years after the Nakhodka oil spill in the Sea of Japan: isolation and characterization of hydrocarbon-degrading bacteria. Environ. Int. v. 30, p. 911-922., 2004.

CHANG, I.; IM, J.; CHO, G. C. Introduction of microbial biopolymers in soil treatment for future environmentally-friendly and sustainable geotechnical engineering. Sustainability v. 8, p. 251, 2016.

CHEN, G.-Q. A microbial polyhydroxyalkanoates (PHA) based bio-and materials industry. Chem. Soc. Rev. v. 38, p. 2434-2446, 2009.

COELHO, P.A.; QUEIROZ-MACHADO, J.; SUNKEL, C. E. Condensin-dependent localisation of topoisomerase II to an axial chromosomal structure is required for sister chromatid resolution during mitosis. J. Cell Sci. v. 116, p. 4763-4776, 2003.

COOPER, D. G. Biossurfactants. Microbiological Sciences, v. 3, n. 5, p. 145-149, 1986.

CIETEC (2018). Biolixiviação, a biotecnologia aplicada à mineração. 1. Disponível em: https://www.cietec.org.br/riquezas-a-serem-catalisadas/. Acesso em 26.04.2021.

DAMALAS, C.A.; KOUTROUBAS, S. D. Current status and recent developments in biopesticide use, Agriculture v. 8(1), p. 13, 2018.

DAVIS, H.E., LEACH, J.K. Hybrid and composite biomaterials in tissue engineering. Top. Multifunct. Biomater. devices v. 10, p. 1-26, 2008.

DEBLONDE, T.; COSSU-LEGUILLE, C.; HARTEMANN, P. Emerging pollutants in wastewater: A review of the literature. Int. J. Hyg. Environ. Health v. 214, p. 442-448, 2011.

DEVINE, G. J.; FURLONG, M. J. Insecticide use: Contexts and ecological consequences 281–306, Agriculture and Human Values, v. 24, p. 281-306, 2007.

DOMBROWSKI, N.; DONAHO, J.A.; GUTIERREZ, T.; SEITZ, K.W.; TESKE, A.P.; BAKER, B.J. Reconstructing metabolic pathways of hydrocarbon-degrading bacteria from the Deepwater Horizon oil spill. Nat. Microbiol., v. 1, p. 16057, 2016.

DUBEY, R. C. A text book of Biotechnology. (third ed.), Chand and Company Ltd, New Delhi, India, p. 5-375, 2004.

EHRLICH, H. L. Past, present and future of biohydrometallurgy. Hydrometallurgy. v. 59, p. 127-134, 2001.

F.I.B. Enzimas: Natureza e ação nos Alimentos. FOOD INGREDIENTS BRASIL, São Paulo, n. 16, 2011. Disponível em: https://revista- fi.com.br/upload_arquivos/201606/2016060933630001465318851.pdf. Acessado em 20.04.2021.

FREITAS, A. A.; FRANCELIN, M. F.; HIRATA, G. F.; CLEMENTE, E.; SCHMIDT, F. L. Atividades das enzimas peroxidase (POD) e polifenoloxidase (PPO) nas uvas das cultivares benitaka e rubi e em seus sucos e geléias. Food Science and Technology, v. 28(1), p. 172-177, 2008.

FRUMKIN, H.; HESS, J.; VINDIGNI, S. Energy and Public Health: The Challenge of Peak Petroleum, 2009.

FUENTES, S.; BARRA, B.; CAPORASO, J.G.; SEEGER, M. From Rare to Dominant: a Fine-Tuned Soil Bacterial Bloom during Petroleum Hydrocarbon Bioremediation. Appl. Environ. Microbiol., v. 82, p. 888-896, 2016.

GABARDO S.; RECH R.; AYUB M.A.Z. Performance of different immobilized-cell systems to efficiently produce ethanol from whey: fluidized batch, packed-bed and fluidized continuous bioreactors. J Chem Technol Biotechnol., v. 87(8), p. 1194-1201, 2012.

GARCIA J. R, O. Utilização de microrganismos em processos biometalúrgicos. I e II encontros de metalurgia, mineração e materiais da Universidade Federal de Minas Gerais. Belo Horizonte, MG, 1992.

GUERRA, A. B.; OLIVEIRA, J. S.; SILVA-PORTELA, R.C.B.; ARAÚJO, W.; CARLOS, A. C.; VASCONCELOS, A. T. R.; FREITAS, A. T.; DOMINGOS, Y. S.; DE FARIAS, M. F.; FERNANDES, G. J. T.; AGNEZ-LIMA, L. F. Metagenome enrichment approach used for selection of oil-degrading bacteria consortia for drill cutting residue bioremediation. Environ. Pollut., v. 235, p. 869-880, 2018.

GUIDINI, C. Z.; FISCHER, J.; SANTANA, L. N. S.; CARDOSO, V. L.; RIBEIRO, E. J. Immobilization of *Aspergillus oryzae* β-galactosidase in ion exchange resins by combined ionic-binding method and cross-linking. Biochemical Engineering Journal, v. 52, n. 2-3, p. 137-143, 2010.

HANEFELD, U.; GARDOSSI, L.; MAGNER, E. Understanding enzyme immobilization. Chemical Society Reviews, v. 38, n. 2, p. 453-468, 2009.

HUA, F.; WANG, H. Q. Uptake and trans-membrane transport of petroleum hydrocarbons by microorganisms. Biotechnol. Biotechnol. Equip., v. 28, p. 165-175, 2014.

ILORI, M. O.; AMOBI, C. J. ODÓCHA, A. C. Factors affecting biosurfactant production by oil degrading *Aeromonas* spp. isolated from a tropical environment. Chemosphere, v. 61, n. 7, 2005.

IUPAC. Classification and Chemical Characteristics of Immobilized Enzymes (Technical Report) International Union of Pure and Applied Chemistry. Plymouth, UK, p. 597-600, 1995.

IUPAC. Recommendations for the characterization of porous solids (Technical Report). International Union of Pure and Applied Chemistry. Plymouth, UK, p. 1739-1758, 1994.

JIANG, C. Y.; DONG, L.; ZHAO, J.K.; HU, X.; SHEN, C.; QIAO, Y.; ZHANG, X.; WANG, Y.; ISMAGILOV, R.F.; LIU, S.J.; DU, W. High-Throughput Single-Cell Cultivation on Microfluidic Streak Plates. Appl. Environ. Microbiol., v. 82, p. 2210-2218, 2016.

JIN, H.M.; KIM, J.M.; LEE, H.J.; MADSEN, E.L.; JEON, C.O. Alteromonas As a Key Agent of Polycyclic Aromatic Hydrocarbon Biodegradation in Crude Oil-Contaminated Coastal Sediment. Environ. Sci. Technol., v. 46, p. 7731-7740, 2012.

KAUSHIK, N.; BISWAS, S.; SINGH, J. Biocatalysis and biotransformation processes--an insight. Sci. Technol. J., v. 1, p. 15-17, 2014.

KACZOREK, E.; JESIONOWSKI, T.; GIEC, A.; OLSZANOWSKI, A. Cell surface properties of Pseudomonas stutzeri in the process of diesel oil biodegradation. Biotechnol. Lett., v. 34, p. 857-862, 2012.

KRASOWSKA, A.; SIGLER, K. How microorganisms use hydrophobicity and what does this mean for human needs? Front. Cell. Infect. Microbiol., v. 4. 2014.

KIRCHER M. The pharmaceutical industry needs more innovation in bioprocesses. Future Medicinal Chemistry, v. 3(14), p. 1737-40, 2011.

KHONDEE, N.; TATHONG, S.; PINYAKONG, O.; MÜLLER, R.; SOONGLERDSONGPHA, S.; RUANGCHAINIKOM, C. Lipopeptide biosurfactant production by chitosan-immobilized Bacillus sp. GY19 and their recovery by foam fractionation. Biochem. Eng. J., v. 93, p. 47-54, 2015.

KOURKOUTAS, Y.; BEKATOROU, A.; BANAT, I.M.; MARCHANT, R.; KOUTINAS, A. A. Immobilization technologies and support materials suitable in alcohol beverages production: a review. Food Microbiology, v. 21, p. 377-397, 2004.

LERESCHE, J.E.; MEYER, H.P. Chemocatalysis and biocatalysis (biotransformation): some thoughts of a chemist and of a biotechnologist. Org. Process Res. & Dev., v. 10, p. 572-580, 2006.

LUSTGARTEN, A. Run to Failure: BP and the Making of the Deepwater Horizon Disaster. New York, W. W. Norton & Company, 2012.

MA, Y.-L.; LU, W.; WAN, L.-L.; LUO, N. Elucidation of Fluoranthene Degradative Characteristics in a Newly Isolated Achromobacter xylosoxidans DN002. Appl. Biochem. Biotechnol. v. 175, p. 1294-1305, 2015. Disponível em: https://doi.org/10.1007/s12010-014-1347-7.

MAIER, R. Biosurfactants: Evolution and diversity in bacteria. Advances in Applied Microbiology, v. 52, p. 101-121, 2003.

MARGESIN, R.; LABBE, D.; SCHINNER, F.; GREER, C. W.; WHYTE, L. G. Characterization of Hydrocarbon-Degrading Microbial Populations in Contaminated and

Pristine Alpine Soils. Appl. Environ. Microbiol. v. 69, p. 3085-3092, 2003. Disponível em: https://doi.org/10.1128/AEM.69.6.3085-3092.2003

MCKEW, B. A.; COULON, F.; OSBORN, A. M.; TIMMIS, K.N.; MCGENITY, T. J. Determining the identity and roles of oil-metabolizing marine bacteria from the Thames estuary, UK. Environ. Microbiol. 9, 165-176, 2007. Disponível em: https://doi.org/10.1111/j.1462-2920.2006.01125.x

MELO, I. S.; AZEVEDO, J. L. Microbiologia Ambiental. 2. ed. Embrapa, 2008.

MOHAN, S.; OLUWAFEMI, O. S; KALARIKKAL, N.; THOMAS, S.; SONGCA, S. P. Biopolymers-application in nanoscience and nanotechnology. Recent Adv. Biopolym. v. 1, p. 47-66, 2016.

MONTEIRO, V.N.; DO NASCIMENTO SILVA, R. Aplicações industriais da biotecnologia enzimática. Rev. Process. químicos v. 3, p. 9-23, 2009.

MORAES, V. T. Recuperação de Metais a partir do processamento mecânico e hidrometamúrgico de placas de circuito impressos de celulares obsoletos. Tese apresentada à escola Politécnica da Universidade de São Paulo. Engenharia Metalúrgica. USP. 2011.

MORADALI, M.F.; REHM, B.H.A. Bacterial biopolymers: from pathogenesis to advanced materials. Nat. Rev. Microbiol. v. 18, p. 195-210, 2020.

MOREIRA, F.M.S.; SIQUEIRA, J.O. Microbiologia e Bioquímica do Solo. 2 edição. Editora UFLA, Lavras, 2006.

MORENO-GARCÍA, J.; GARCÍA-MARTÍNEZ, T.; MAURICIO, J. C.; MORENO, J. Yeast immobilization systems for alcoholic wine fermentations: Actual trends and future perspectives. Front. Microbiol.v. 9, p. 241, 2018.

MULLIGAN, C. N. Enviromental applications for biossufactants. Environmental Polution, v. 133, p. 183-198, 2005.

NAZIR, T., KHAN, S., QIU, D. Biological control of insect pest, in: Pests Control and Acarology. IntechOpen, 2019.

NETO, J.M.W.D.; WANDERLEY, M.C. DE A.; DA SILVA, T.A.F.; MARQUES, D.A.V.; DA SILVA, G.R.; GURGEL, J.F.; DE PAULA OLIVEIRA, J.; PORTO, A.L.F., *Bacillus thuringiensis* endotoxin production: a systematic review of the past 10 years. World J. Microbiol. Biotechnol. v. 36, p. 1-21, 2020.

NIE, Y.; LIANG, J.-L.; FANG, H., TANG, Y.-Q.; WU, X.-L. Characterization of a CYP153 alkane hydroxylase gene in a Gram-positive Dietzia sp. DQ12-45-1b and its "team role" with alkW1 in alkane degradation. Appl. Microbiol. Biotechnol. v. 98, p. 163-173, 2014.

NIES DH. Efflux-mediated heavy metal resistance in prokaryotes. FEMS Microbiol Rev., v. 27(2-3), p. 313-39, 2003.

NIES DH. Microbial heavy-metal resistance. Appl Microbiol Biotechnol., v. 51(6), p. 730-50, 1999.

NIKOLOPOULOU, M.; KALOGERAKIS, N. Biostimulation Strategies for Enhanced Bioremediation of Marine Oil Spills Including Chronic Pollution, in: Handbook of Hydrocarbon and Lipid Microbiology. Springer Berlin Heidelberg, p. 2521-2529, 2010.

NITSCHKE, M.; PASTORE, G. Biossurfactantes: Propriedades e Aplicações. Química Nova, v. 25, n. 5, p. 772-776, 2002.

OMARINI, A.B.; ACHIMÓN, F.; BRITO, V.D.; ZYGADLO, J.A. Fermentation as an Alternative Process for the Development of Bioinsecticides. Fermentation 6, 120, 2020.

ÖZCAN, E.; ÖNER, E.T. Microbial production of extracellular polysaccharides from biomass sources. Polysaccharides Bioactivity Biotechnol. 161-184, 2015.

PALMA, L.; MUÑOZ, D.; BERRY, C.; MURILLO, J.; CABALLERO, P. *Bacillus thuringiensis* toxins: an overview of their biocidal activity. Toxins (Basel), v. 6, p. 3296-3325, 2014.

PELTZER, M.A.; SALVAY, A.G.; DELGADO, J. F.; WAGNER, J. R. Use of edible films and coatings for functional foods developments: a review. Funct. foods sources, Heal. Eff. Futur. Perspect. p. 1-26, 2017.

PIRES, A.L.R., BIERHALZ, A.C.K., MORAES, Â.M. Biomateriais: tipos, aplicações e mercado. Química Nov. v. 38, p. 957-971, 2015.

PLATT, J. R. 25 Years after Exxon Valdez Spill, Sea Otters Recovered in Alaska's Prince William Sound – Scientific American Blog Network. *Sci. Am.*, 1, 2014. Available at: https://blogs.scientificamerican.com/extinction-countdown/25-years-after-exxon-valdez-spill-sea-otters-recovered-in-alaskae28099s-prince-william. Acesso em 25.03.2021.

POLTRONIERI, P., KUMAR, P. Polyhydroxyalkanoates (PHAs) in industrial applications. Handb. Ecomater. Cham Springer Int. Publ. 1-30, 2017.

PRESCOTT L.M.; HARLEY J.P.; KLEIN D. A. Microbiology. (fifth ed.), McGraw-Hill, New York, 2002.

PRUTHI, V.; CAMEOTRA, S. S. Effect of nutrients on optimal production of biosurfactant by *Pseudomonas putida* – a Gujarat oil field isolate. Journal of Surfactants Detergents, v. 6, p. 65-68, 2003.

RANGASWAMY, B. E.; VANITHA, K. P.; HUNGUND, B. S. Microbial cellulose production from bacteria isolated from rotten fruit. Int. J. Polym. Sci. 2015.

RIAZ, S.; RHEE, K. Y.; PARK, S. J. Polyhydroxyalkanoates (PHAs): Biopolymers for Biofuel and Biorefineries. Polymers (Basel). v. 13, p. 253, 2021.

ROBINSON, P. K., 2015. Enzymes: principles and biotechnological applications. Essays Biochem. 59, 1.

ROCHA, C.; SAN-BLAS, G.; SAN-BLAS, F. VIERNA, L. Biosurfactant production by tro isolates of *Pseudomonas aeruginosa.* Microbiology and Biotechonology, v. 8, p. 125-128, 1992.

RON, E. Z.; ROSEMBERG, E. Natural roles of biosurfactants. Enviromental Microbiology, v. 3, n. 4., p. 229-237, 2001.

SAHARAN, B. S.; SAHU, R. K.; SHARMA, D. A review on biosurfactants: fermentation, current developments and perspectives. Genetic Engineering and Biotechnology Journal, GEBJ-29, 2011.

SANKARAN, A. K.; NIJSSE, J.; BIALEK, L.; BOUWENS, L.; HENDRICKX, M. E.; VAN LOEY, A. M. Effect of enzyme homogenization on the physical properties of carrot cell wall suspensions. Food and Bioprocess Technology, v. 8, p. 1377-1385, 2015,

SANDRIN T. R.; CHECH A. M.; MAIER R. M. A rhamnolipid biosurfactant reduces cadmium toxicity during naphthalene biodegradation. Appl Environ Microb v. 66, p. 4585-4588, 2000.

SANDRIN T. R.; HOFFMAN D. R. Bioremediation of Organic and Metal Co-contaminated Environments: Effects of Metal Toxicity, Speciation, and Bioavailability on Biodegradation. In: Singh S.N., Tripathi R.D. (eds) Environmental Bioremediation Technologies. Springer, Berlin, Heidelberg, 2007. Disponível em: https://doi.org/10.1007/978-3-540-34793-4_1.

SARKAR, P.; ROY, A., PAL S.; MOHAPATRA, B.; KAZY, S. K.; MAITI, M. K.; SAR, P., Enrichment and characterization of hydrocarbon-degrading bacteria from petroleum refinery waste as potent bioaugmentation agent for in situ bioremediation. Bioresour. Technol.v. 242, p. 15–27, 2017. Disponível em: https://doi.org/10.1016/j.biortech.2017.05.010

SARKAR, D.; FERGUSON, M.; DATTA, R.; BIRNBAUM, S. Bioremediation of petroleum hydrocarbons in contaminated soils: Comparison of biosolids addition, carbon supplementation, and monitored natural attenuation. Environ. Pollut. v. 136, p. 187-195, 2005. Disponível em: https://doi.org/10.1016/j.envpol.2004.09.025

SCHNABELRAUCH, M. Chemical Bulk Properties of Biomaterials, in: Biomaterials in Clinical Practice. Springer, p. 431-459, 2018.

SECUNDO, F. Conformational changes of enzymes upon immobilisation. Chemical Society Reviews, v. 42, n. 15, p. 6250-6261, 2013.

SINGH P.; CAMEOTRA S. S. Potential applications of microbial surfactants in biomedical sciences. Trends Biotechnology, v. 22, p. 142-147, 2004.

SINGH, R. S.; KAUR, N.; KENNEDY, J. F. Pullulan production from agro-industrial waste and its applications in food industry: A review. Carbohydr. Polym. v. 217, p. 46-57, 2019.

SIRISHA, V. L.; ANKITA JAIN.; AMITA JAIN. Enzyme Immobilization: Na Overview on Methods, Support Material, and Applications of Immobilized Enzymes. Advances in Food and Nutrition Research. 2016.

SOUZA, L. T. A.; VERÍSSIMO, LIZZY A. A.; JOÃO, B. C. P.; SANTORO, M. M.; RESENDE, R. R., MENDES, A. A. Imobilização enzimática: princípios fundamentais e tipos de suporte. p. 529 -568. In: Biotecnologia Aplicada à Agro&Indústria – Vol. 4. São Paulo: Blucher, 2017. ISBN: 9788521211150, DOI 10.5151/9788521211150-15.

SUNDARRAM, A.; MURTHY, T. P. K. α-Amylase Production and Applications: A Review. Journal of Applied & Environmental Microbiology, v.2, n. 4, p. 166-175, 2014.

TABASHNIK, B. E.; BRÉVAULT, T.; CARRIÈRE, Y. Insect resistance to Bt crops: lessons from the first billion acres. Nat. Biotechnol. v. 31, p. 510-521, 2013.

TAHZIBI, A.; KAMAL, F.; ASSADI, M. M. Improved production of rhamnolipids by a *Pseudomonas aeruginosa* mutant. Iranian Biomedical Journal, v. 8, n. 1, p. 25-31, 2004.

TANG, X. Z., KUMAR, P., ALAVI, S., SANDEEP, K. P. Recent advances in biopolymers and biopolymer-based nanocomposites for food packaging materials. Crit. Rev. Food Sci. Nutr. v. 52, p. 426-442, 2012.

TAO, K.; LIU, X.; CHEN, X., HU, X.; CAO, L.; YUAN, X. Biodegradation of crude oil by a defined co-culture of indigenous bacterial consortium and exogenous *Bacillus subtilis*. Bioresour. Technol. v. 224, p. 327-332, 2017. Disponível em: https://doi.org/10.1016/j.biortech.2016.10.073

TIAN, H., TANG, Z., ZHUANG, X., CHEN, X., JING, X.. Biodegradable synthetic polymers: Preparation, functionalization and biomedical application. Prog. Polym. Sci., v. 37, p. 237-280, 2012.

TIWARI, S.; PATIL, R.; DUBEY, S.K.; BAHADUR, P. Derivatization approaches and applications of pullulan. Adv. Colloid Interface Sci. v. 269, p. 296-308, 2019.

TREMBLAY, J.; YERGEAU, E.; FORTIN, N.; COBANLI, S.; ELIAS, M.; KING, T. L.; LEE, K.; GREER, C.W. Chemical dispersants enhance the activity of oil and gas condensate-degrading marine bacteria. ISME J. v. 11, p. 2793-2808, 2017.

TSCHOPE, E. C. Microcervejarias e Cervejarias. A História, a Arte e a Tecnologia. Editora Ad. São Paulo, 2001.

UENOJO, M.; PASTORE, G. M. Pectinases: aplicações industriais e perspectivas. Química Nova, v. 30, p. 388-394, 2007.

UZOIGWE, C.; BURGESS, J. G.; ENNIS, C. J.; RAHMAN, P. K. S. M. Bioemulsifiers are not biosurfactants and require different screening approaches. Front. Microbiol., 2015. Disponível em: https://doi.org/10.3389/fmicb.2015.00245.

VARJANI, S. J. Microbial degradation of petroleum hydrocarbons. Bioresour. Technol. v. 223, p. 277–286, 2017. Disponível em: https://doi.org/10.1016/j.biortech.2016.10.037.

VASILEVA-TONKOVA, E.; GALABOVA, D.; STOIMENOVA, E.; LALCHEV, Z. Characterization of bacterial isolates from industrial wastewater according to probable modes of hexadecane uptake. Microbiol. Res. v. 163, p. 481-486, 2008.

VERMA, D. K.; GUZMÁN, K. N. R.; MOHAPATRA, B.; TALUKDAR, D.;CHÁVEZ-GONZÁLEZ, M.L.; KUMAR, V.; SRIVASTAVA, S.; SINGH, V.; YULIANTO, R.; MALAR, S.E., others, Recent Trends in Plant-and Microbe-Based Biopesticide for Sustainable Crop Production and Environmental Security, in: Recent Developments in Microbial Technologies. Springer, p. 1-37, 2021.

VERMA, M. L.; KUMAR, S., DAS, A.; RANDHAWA, J. S.; AND CHAMUNDEESWARI, M. (2020b). Chitin and chitosan-based support materials for enzyme immobilization and biotechnological applications. Environ. Chem. Lett. v. 18, p. 315-323, 2020b.

VERMA, S.; KUILA, A.. Bioremediation of heavy metals by microbial process, Environmental Technology & Innovation, v. 14, 2019.

VERMA, M.L.; KUMAR, S.; JESLIN, J.; DUBEY, N. K. Microbial production of biopolymers with potential biotechnological applications, in: Biopolymer-Based Formulations. Elsevier, p. 105-137, 2020.

VARJANI, S. J.; UPASANI, V. N. Biodegradation of petroleum hydrocarbons by oleophilic strain of *Pseudomonas aeruginosa* NCIM 5514. Bioresour. Technol. v. 222, p. 195-201, 2016.

VARJANI, S. J. Microbial degradation of petroleum hydrocarbons. Bioresour. Technol. v. 223, p. 277-286, 2017.

WANG, Y.; XU, H.; YU, W.; BAI, B.; SONG, X.; ZHANG, J. Surfactant induced reservoir wettability alteration: Recent theoretical and experimental advances in enhanced oil recovery. Pet. Sci, 2011. Disponível em: https://doi.org/10.1007/s12182-011-0164-7.

WANG, C.; LIU, X.; GUO, J.; LV, Y.; LI, Y. Biodegradation of marine oil spill residues using aboriginal bacterial consortium based on Penglai 19-3 oil spill accident, China. Ecotoxicol. Environ. Saf. v. 159, p. 20-27, 2018. Disponível em: https://doi.org/10.1016/j.ecoenv.2018.04.059.

WNAG, J.; BAI, J.; XU, J. LIANG. Bioleaching of metals from printed wire boards by *Acidithiobacillus ferroxidans* and *Acidithiobacillus thiooxidants* and their mixture. Journal of hazardous materials.v. 172, p. 1100-1105, 2009.

XU, X.; ZHAI, Z.; LI, H.; WANG, Q.; HAN, X.; YU, H. Synergetic effect of bio-photocatalytic hybrid system: g-C 3 N 4 and *Acinetobacter* sp. JLS1 for enhanced degradation of C 16 alkane. Chem. Eng. J. v. 323, p. 520-529, 2017.

WAHAB, I.F., ABD RAZAK, S.I. Polysaccharides as composite biomaterials. Compos. from Renew. Sustain. Mater.. 65-84, 2016.

WILLUMSEN, P. A.; KARLSON, U. Screening of bacteria isolated from PAH-contamited soils for production of biosurfactants and bioemulsifiers. Biodegradation, v. 7, p. 415-423, 1997.

WINTERBURN, J. B.; MARTIN, P. J. Foam mitigation and exploitation in biosurfactant production. Biotechnology Letters, v. 34, p. 187-195, 2012.

YAKIMOV, M.M.; TIMMIS, K.N.; GOLYSHIN, P. N. Obligate oil-degrading marine bacteria. Curr. Opin. Biotechnol. v. 18, p. 257-266, 2007.

YEO, J. C. C.; MUIRIRI, J.K.; THITSARTARN, W.; LI, Z.; HE, C. Recent advances in the development of biodegradable PHB-based toughening materials: Approaches, advantages and applications. Mater. Sci. Eng. C v. 92, p. 1092-1116, 2018.

ZHANG, X.; ZHANG, Q.; YAN, T.; JIANG, Z.; ZHANG, X;, ZUO, Y. Y. Quantitatively Predicting Bacterial Adhesion Using Surface Free Energy Determined with a Spectrophotometric Method. Environ. Sci. Technol. v. 49, p. 6164-6171, 2015. Disponível em: https://doi.org/10.1021/es5050425

CAPÍTULO 6

ENZIMAS: PRODUÇÃO E APLICAÇÃO INDUSTRIAL

Fernanda Cortez Lopes
Anne Helene Souza
Ana Paula Perin

1. INTRODUÇÃO: CONCEITOS BÁSICOS SOBRE ENZIMAS

As enzimas são biocatalisadores, responsáveis por tornarem as reações mais rápidas e com menor energia de ativação (Figura 1). São de vital importância para as reações fisiológicas que ocorrem nos organismos, sendo protagonistas do funcionamento adequado dos sistemas biológicos. As enzimas são em sua grande maioria de origem proteica (com exceção das ribozimas, que são de RNA), sendo uma das proteínas mais específicas presentes nos seres vivos. Especula-se que as enzimas são as moléculas utilizadas há mais tempo pela humanidade, de forma indireta, empregadas na produção de pães e vinhos (FERNANDES; CARVALHO, 2016). Durante a história as enzimas estiveram envolvidas em importantes marcos da ciência e em muitos casos renderam prêmios Nobel aos pesquisadores (NELSON; COX, 2017). A palavra enzima foi cunhada pelo fisiologista alemão Wilhelm Friedrich Kühne em 1878, enquanto ele descrevia a habilidade das leveduras de transformar o açúcar em álcool (KÜHNE, 1878). Mais tarde em 1897, o químico Eduard Buchner comprovou que a atividade da enzima que convertia o açúcar em álcool permanecia ativa mesmo após ser extraída da levedura (BUCHNER, 1897). Em razão desse achado, em 1907 Buchner recebeu o Nobel em Química. Outro grande marco das enzimas na história da ciência ocorreu em 1926, quando James Sumner, pela primeira vez, cristalizou a urease da planta Feijão de porco (*Canavalia ensiformis*) (SUMNER, 1926). Com isso, ficou comprovado que as enzimas eram de natureza proteica, sendo assim, este pesquisador foi premiado com o Nobel em Química em 1946.

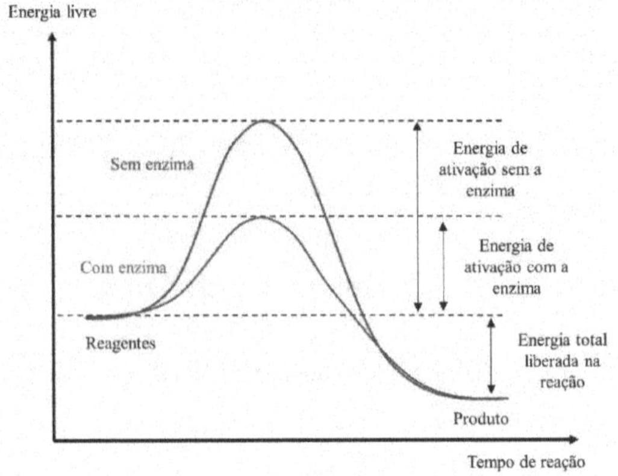

Figura 1 Diagrama de coordenadas de reação comparando uma reação catalisada enzimaticamente com uma não catalisada

Fonte: Adaptado VOET, DONALD; VOET, 2011.

Devido ao grande avanço dos estudos com enzimas, em 1956, a União Internacional de Bioquímica criou uma Comissão Internacional de Enzimas para regularizar a nomenclatura e a classificação das mesmas (IUB, 1961). Sendo assim, as enzimas foram divididas em seis classes, de acordo com o tipo de reação em que atuam:

1. Oxirredutases: catalisam reações de oxidação-redução ou transferência de elétrons;

2. Transferases: transferem grupos funcionais como amina, fosfato, acila, carboxila, entre moléculas;

3. Hidrolases: catalisam reações de hidrólise de ligação covalente;

4. Liases: adição de grupos a duplas ligações ou remoção de grupos deixando dupla ligação;

5. Isomerases: reações de interconversão entre isômeros ópticos ou geométricos;

6. Ligases: condensação de duas moléculas, sempre à custa de energia, geralmente do ATP.

Cada enzima descrita recebe um número de classificação, conhecido por "E.C." (*Enzyme Commission*), que é composto por 4 dígitos que significam:

I. Classe;

II. Subclasse dentro da classe;

III. Grupos químicos específicos que participam da reação;

IV. A enzima propriamente dita.

Um exemplo dessa classificação é a papaína, que tem a classificação EC 3.4.22.2. O número 3 é referente a sua classificação como hidrolase, o número 3.4 é porque esta atua em ligações peptídicas, ou seja, é uma peptidase, ou também conhecida como protease. O número 3.4.22 refere-se a esta enzima ser uma cisteína endopeptidase, ou seja, seu sítio ativo é de uma cisteína protease e esta cliva na região interna da proteína, por isso é classificada como endopeptidase. É possível encontrar informações de diversas enzimas no banco de dados BRENDA (https://www.brenda-enzymes.org/), inclusive a classificação das mesmas.

Muitas enzimas precisam de outras moléculas não proteicas, chamadas de cofatores, que são necessárias para que a enzima esteja cataliticamente ativa (ROBINSON, 2015). Pode ser uma molécula orgânica (chamada de coenzima), como NAD (nicotinamida adenina dinucleotídeo) e FAD (flavina adenina dinucleotídeo) ou moléculas inorgânicas, íons metálicos como cobalto, zinco, cálcio, entre outros. Isto explica a necessidade de fontes de minerais e vitaminas na dieta, devido aos seus papéis no metabolismo, atuando como cofatores e coenzimas (ROBINSON, 2015). Quando uma coenzima ou um cofator se liga covalentemente à enzima, são chamados de grupos prostéticos. Uma enzima cataliticamente ativa, junto com suas coenzimas e/ ou íons metálicos é chamado de holoenzima. Somente a parte proteica, não ativa cataliticamente, é chamada de apoenzima (NELSON; COX, 2017) **(Figura 2)**.

A estrutura primária da apoenzima é constituída pela sequência de seus aminoácidos, os quais interagem entre si, constituindo a estrutura secundária, caracterizada pelas estruturas do tipo α-hélices, folhas β e alças. A estrutura terciária corresponde às interações entre aminoácidos não sequencialmente próximos, o que provoca torções e dobramentos (PARK; SAVEN, 2005). A enzima apresenta um sítio catalítico, o que é determinante para sua atividade biológica. O sítio ativo envolve um pequeno número de aminoácidos, que caracterizam a forma e a carga da região, deixando-o altamente específico para um determinado substrato. Já a estrutura quaternária das enzimas corresponde à interação entre cadeias polipeptídicas, quando a enzima é composta por mais de uma subunidade (PARK; SAVEN, 2005).

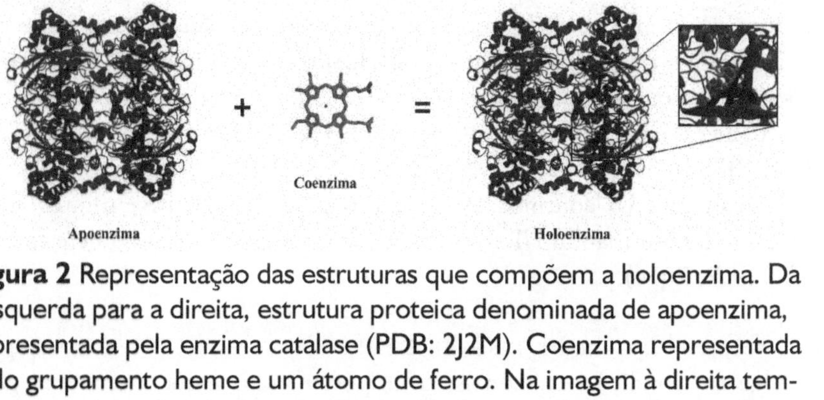

Figura 2 Representação das estruturas que compõem a holoenzima. Da esquerda para a direita, estrutura proteica denominada de apoenzima, representada pela enzima catalase (PDB: 2J2M). Coenzima representada pelo grupamento heme e um átomo de ferro. Na imagem à direita tem-se a estrutura de uma enzima funcional, já com o cofator, formando a holoenzima.

Devido à alta especificidade do sítio catalítico das enzimas, foi postulado que o sítio ativo e o substrato se complementavam, resultando em um encaixe "chave-fechadura", proposto pelo químico alemão Emil Fischer em 1894 (FISCHER, 1894). Essa ideia de um encaixe rígido se manteve até os anos 1950, quando Daniel Koshland, em 1958, propôs que ao invés de ser uma interação rígida, era flexível, na qual a enzima mudava um pouco a sua estrutura para acomodar a interação com o substrato (KOSHLAND JR, 1958). Essa nova ideia ficou conhecida como o modelo do encaixe induzido sendo a proposta que perdura até os dias atuais.

2. ATIVIDADE ENZIMÁTICA

Devido às enzimas serem biocatalisadores muito eficientes, se comparadas aos catalisadores convencionais não biológicos, agindo em substratos específicos com estereosseletividade, em condições brandas de temperatura e pressão, estas moléculas são cada vez mais utilizadas em diversos setores da indústria química, alimentícia, farmacêutica e outras (ARROYO, 1998).

O ensaio de atividade enzimática pode ser realizado de duas formas: (i) de forma qualitativa, em que ocorre a identificação da presença ou ausência de uma determinada enzima em um organismo ou tecido, por exemplo; (b) de forma quantitativa, para determinar a quantidade de enzima presente em uma determinada amostra (BISSWANGER, 2014).

A atividade enzimática geralmente é determinada como um substrato convertido em um respectivo produto em uma unidade de tempo. Para padronizar a forma de demonstrar a atividade enzimática, a Comissão Internacional de Bioquímica estabeleceu algumas recomendações: a unidade enzimática 1 katal (Kat) é a quantidade de enzima que converte 1 mol de substrato formando 1 mol de produto/segundo; a unidade enzimática (UI) é a quantidade de enzima necessária para catalisar a transformação de 1 μmol de substrato/ minuto sob condições padrões de reação; a atividade específica é atividade enzimática dividida pela massa de proteína (IUB, 1979; IUB, 1961; IUBMB, 1992; CORNISH-BOWDEN, 2014; BISSWANGER, 2014). Apesar de Katal ser a unidade mais atual, a unidade enzimática UI continua sendo muito utilizada, inclusive muitos fornecedores continuam usando UI em suas preparações enzimáticas comerciais (BISSWANGER, 2014).

2.1. Fatores importantes para atividade enzimática

Algumas condições reacionais são importantes para que as enzimas possam atuar na sua máxima atividade catalítica.

2.1.1. Temperatura ideal

Com o aumento da temperatura, a velocidade de uma reação é aumentada devido a uma maior vibração das moléculas reagentes, favorecendo o encontro da enzima e do substrato. Entretanto, temperaturas muito elevadas podem danificar a estrutura tridimensional da enzima, prejudicando a sua atividade enzimática. Como a enzima está submetida à ativação e desnaturação, em virtude da temperatura a qual ela é exposta, o tempo de permanência em uma dada temperatura é um fator relevante para a sua estabilidade (MONTEIRO; DO NASCIMENTO SILVA, 2009; ROBINSON, 2015; VITOLO; PESSOA JR, 2015). Por exemplo, a amilase produzida pelo fungo *Aspergillus niger* possui temperatura ótima entre 50-55°C e mantém mais de 50% de sua atividade catalítica quando exposta à temperatura de 53°C durante 200h (MITIDIERI et al., 2006). Na Figura 3 está representada a curva de temperatura ideal de uma enzima hipotética.

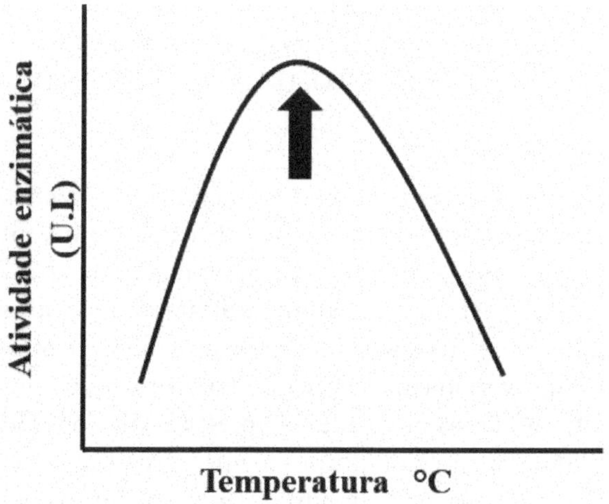

Figura 3 Representação da curva de temperatura ideal de uma enzima hipotética. A seta demonstra a temperatura ótima desta enzima.

Fonte: Adaptado de MONTEIRO, DO NASCIMENTO SILVA, 2009.

2.1.2. pH ideal

Como as enzimas são formadas por aminoácidos, mudanças de pH podem levar à ionização das cadeias laterais dos aminoácidos e à formação de cargas momentâneas, que alteram a conformação nativa da enzima, afetando diretamente a sua atividade catalítica (MONTEIRO; DO NASCIMENTO SILVA, 2009; VITOLO; PESSOA JR, 2015). Cada enzima possui um valor de pH ótimo, como representado na Figura 4 para uma enzima hipotética. Por exemplo, a amilase de *Aspergillus niger* possui pH ideal de 4,0, uma faixa de pH mais ácida (MITIDIERI et al., 2006). Por outro lado, a protease de *Aspergillus oryzae* possui pH ideal de 7,0, sendo pH mais neutro (DE ARAÚJO; DA SILVA SOUZA; DE FREITAS, 2020).

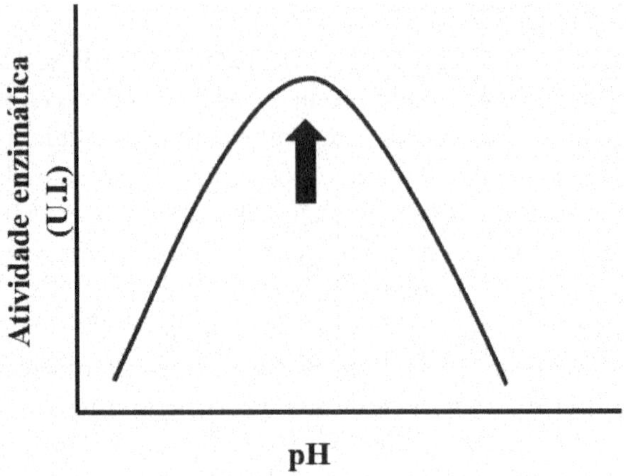

Figura 4 Representação da curva de pH ideal de uma enzima hipotética. A seta demonstra o pH ideal desta enzima

Fonte: Adaptado de MONTEIRO, DO NASCIMENTO SILVA, 2009.

2.1.3. Cofatores

Como foi comentado anteriormente, muitas enzimas precisam de outras moléculas não proteicas para garantir sua atividade catalítica (ROBINSON, 2015). Algumas vezes, esses íons podem inclusive aumentar sua atividade enzimática. Por exemplo, MITIDIERI e colaboradores utilizaram uma amilase fúngica para a formulação de um detergente enzimático e foi avaliado o efeito de íons metálicos, surfactantes e outros componentes presentes na formulação, que poderiam atuar de forma positiva ou não na atividade. Na presença dos íons Cu^{2+}, Zn^{2+} e Fe^{2+} a atividade amilolítica foi reduzida drasticamente, já na presença de Mg^{2+} e Ca^{2+}, não houve alteração na atividade. Já um dos surfactantes aumentou a atividade da enzima, o que é positivo para a formulação final do detergente (MITIDIERI et al., 2006). FLORES-SANTOS e colaboradores avaliaram o efeito de íons metálicos e surfactantes na atividade enzimática de um extrato contendo proteases, produzido a partir da actinobacteria *Barrientosiimonas* sp. V9. Na presença dos surfactantes dodecil sulfato de sódio (SDS) e Tween 20 ou 80, por exemplo, houve um aumento na atividade proteásica do extrato (FLORES-SANTOS et al., 2020).

2.1.4. Inibidores

Os inibidores são compostos que podem inibir a ação catalítica de algumas enzimas. Eles agem influenciando direta ou indiretamente o sítio ativo das enzimas. A inibição pode ser reversível e neste caso classificada como: (i) competitiva, em que estes inibidores podem competir pelo sítio ativo da enzima por similaridade estrutural; (ii) não competitiva em que o inibidor liga-se a outro sítio, que não o sítio ativo, não levando ao bloqueio do sítio de ligação ao substrato, mas inibindo a reação subsequente e (iii) incompetitiva em que o inibidor irá se ligar ao complexo enzima-substrato. No caso da inibição irreversível, contudo, o inibidor se liga a enzima de forma permanente, inutilizando-a (ROBINSON, 2015; VITOLO; PESSOA JR, 2015).

Inibidores podem ser utilizados para estudar em detalhes o sítio ativo de enzimas. LOPES e colaboradores caracterizaram enzimas produzidas por *Aspergillus niger* utilizando inibidores como EDTA (ácido etilenodiamino tetra-acético) e 1,10-fenantrolina (inibidores de metaloproteases), PMSF (fluoreto de fenilmetilsulfonil) (inibidor de serino proteases), pepstatina (inibidor de aspático proteases), iodoacetamida (inibidor de cisteína proteases). Os autores identificaram uma queratinase com sítio ativo de serina protease e proteases com sítios ativos de aspártico proteases (LOPES et al., 2011).

3. CINÉTICA ENZIMÁTICA: CONCEITOS GERAIS

A cinética enzimática estuda a descrição quantitativa do processo enzimático, principalmente, como as variáveis experimentais afetam as taxas de reação, ou seja, a velocidade da mesma. As variáveis que são estudadas incluem a concentração de enzimas, de substrato, de produto, de inibidores e de ativadores, o pH, a temperatura e a força iônica (SEGEL, 2013).

O complexo Enzima-Substrato (ES) foi fundamental para iniciar a discussão sobre catálise. O pesquisador Victor Henri, propôs, em 1902, que a combinação da enzima com o substrato é uma etapa necessária da catálise (HENRI, 1902). Essa proposta foi ampliada em uma teoria geral de ação de enzimas, pelos pesquisadores Leonor Michaelis e Maud Menten, em 1913 (MICHAELIS; MENTEN, 1913). Os dois postularam que a enzima inicialmente se combina de modo reversível com o substrato, formando um complexo enzima-substrato em uma etapa relativamente rápida. Então, o complexo ES é rompido em uma segunda etapa, dessa vez mais lenta, fornecendo a enzima livre e o produto P ao final da reação (NELSON; COX, 2018). É possível visualizar estas duas reações na Equação 1. Sendo k_1 a constante da velocidade para a formação do complexo enzima-substrato e k_2 a constante da velocidade para conversão do complexo ES no produto P e a liberação subsequente do produto da enzima.

$$E + S \underset{k_2}{\overset{k_1}{\longleftrightarrow}} ES \underset{k_{-2}}{\overset{k_2}{\longleftrightarrow}} E + P \quad \text{(Equação 1)}$$

Relacionando as características destas duas reações, sendo uma mais rápida e outra mais lenta, além da importância da concentração do substrato em deslocar o equilíbrio para a formação do produto, Michaelis e Menten chegaram a uma equação, que pode ser visualizada abaixo (Equação 2).

$$V = \frac{V_{máx}[S]}{K_m + [S]} \quad \text{(Equação 2)}$$

De acordo com esta equação, a atividade enzimática pode ser descrita como Velocidade Máxima ($V_{máx}$), ou seja, a quantidade máxima de produto formado em um determinado tempo, e também pela constante de Michaelis-Menten, K_m, que é a concentração de substrato [S] na qual se atinge a metade da $V_{máx}$ (MONTEIRO; DO NASCIMENTO SILVA, 2009). Um típico gráfico de velocidade *versus* [S] para uma enzima que segue a cinética de Michaelis-Menten é demonstrado na Figura 5.

Inicialmente, quando a concentração de substrato é aumentada, a taxa de reação aumenta consideravelmente, ocorrendo a formação do complexo ES e formação de produto. Contudo, à medida que a concentração de substrato é aumentada, em determinado momento, a taxa de reação começa a declinar, até que é atingido um estágio que o aumento da concentração de substrato apresenta pouco efeito sobre a velocidade da reação, e formação de produto. Neste ponto, a enzima está próxima ao seu ponto de saturação com o substrato, demonstrando assim, sua velocidade máxima (ROBINSON, 2015).

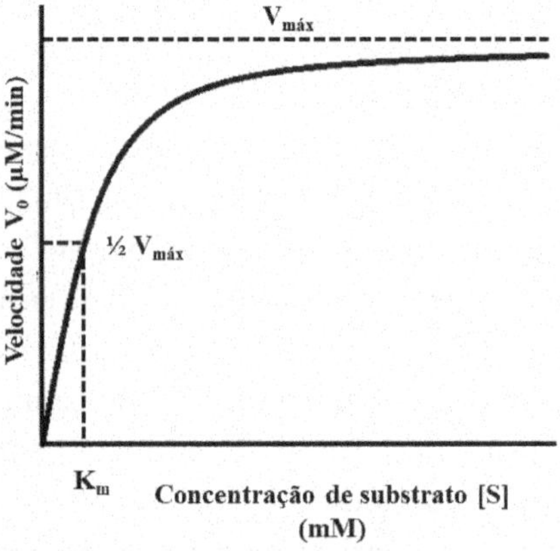

Figura 5 Efeito da concentração do substrato sobre a velocidade inicial de uma reação catalisada por enzima.

Fonte: Adaptado de (NELSON; COX, 2018).

K_m é uma medida de afinidade do substrato pela enzima. Em geral, um valor baixo de K_m significa forte ligação ao substrato, uma vez que é necessária menor concentração de substrato para obter metade da $V_{máx}$. Muitas vezes não é possível obter os dados de V_{max} e K_m pelo gráfico de Michaelis-Menten. É possível plotar os dados experimentais em outro gráfico denominado Lineweaver-Burk ou gráfico dos duplos recíprocos. Este gráfico lineariza os dados da curva hiperbólica, e o resultado em uma reta é mais facilmente extrapolável, permitindo assim, a determinação do $V_{máx}$ e do K_m (ROBINSON, 2015). A equação de Michaelis-Menten é muito importante em enzimologia industrial, pois permite cálculos de velocidade e medidas de afinidade de ligação entre enzimas obtidas por diferentes fontes e um determinado substrato (MONTEIRO; DO NASCIMENTO SILVA, 2009).

Outro parâmetro bastante estudado é o k_{cat}. O k_{cat} é considerado como o número de *turnover* da enzima, ou seja, indica o número de vezes (ciclos de catálise) que cada sítio ativo da enzima catalisa uma reação por unidade de tempo (NELSON; COX, 2018). Para melhor compreensão deste parâmetro, podemos visualizar a equação de formação do produto. Considerando que k_{-2} ocorre raramente, podendo ser ignorado, temos que o k_{cat} é equivalente ao k_2 (Equação 3).

$$E + S \underset{k_2}{\overset{k_1}{\longleftrightarrow}} ES \overset{k_{cat}}{\longleftrightarrow} E + P \quad \text{(Equação 3)}$$

A relação k_m/k_{cat} é uma medida da eficiência da enzima, permitindo comparar a preferência de uma enzima para diferentes substratos. É considerada uma constante de especificidade. Para um estudo mais aprofundado de cinética enzimática é possível consultar o livro Princípios de Bioquímica de Lehninger (NELSON; COX, 2018).

4. PRODUÇÃO E PURIFICAÇÃO DE ENZIMAS

O uso de micro-organismos na preparação de alimentos, como pão, queijo e vinho, já é empregado há muitos anos. A descoberta da utilização de fungos filamentosos, leveduras e bactérias em processos fermentativos foi fundamental para a produção de diversos produtos (TARAFDAR et al., 2021). Nos dias atuais, aproximadamente 60% das enzimas industriais são produzidas por fungos filamentosos, 24% por bactérias, 4% por leveduras e os 10% restantes por animais e plantas (RAVEENDRAN et al., 2018). Mais de 50% das enzimas industriais produzidas são absorvidas pela indústria alimentícia, sendo a maior empregadora dessas biomoléculas em seus processos (SINGH; SACHAN, 2018).

A produção de enzimas por micro-organismos é vantajosa, levando-se em consideração que maiores rendimentos são obtidos em menor tempo, menor volume residual é gerado, a sua produção não é dependente da sazonalidade, o substrato para a produção pode ser proveniente de resíduos agroindustriais, além da possibilidade de utilizar técnicas de DNA recombinante para favorecer a produção. A engenharia genética envolve técnicas que podem resultar em mudanças genéticas em micro-organismos, melhorando aspectos bioquímicos e fisiológicos das enzimas, aprimorando assim o seu desempenho (ADRIO; DEMAIN, 2010). Tendo em vista o aprimoramento da produção enzimática industrial, nas últimas três décadas, o ramo da engenharia de bioprocessos tem trabalhado muito no desenvolvimento de fermentadores (biorreatores) que atendam de forma mais eficiente as demandas do mercado de enzimas (ASHOK; KUMAR, 2017; LI et al., 2012; MADHAVAN et al., 2017; PANDEY, 1991).

Um exemplo de como a produção de proteínas por microrganismos é vantajosa: a produção de renina (uma protease coagulante do leite usada na fabricação de queijo), na abordagem tradicional, é utilizada a enzima extraída do estômago de um bezerro (um bovino jovem ainda lactente). A quantidade média de coalho extraído é de aproximadamente 10 kg, mas para isso alguns meses de agricultura intensiva para crescer um bezerro se faz necessário. Em comparação, um fermentador de 1.000 litros de *Bacillus subtilis* recombinante pode produzir 20 kg de enzima em 12 h (ROBINSON, 2015).

Outro ponto importante sobre a produção de enzimas por microrganismos é a facilidade na purificação. Muitas enzimas já são secretadas pela própria bactéria ou fungo, o que facilita a obtenção do produto. Por outro lado, há enzimas que são mantidas na porção intracelular, e que vão requerer mais processos para a extração e purificação. Mas mesmo nesses casos, a obtenção é menos onerosa do que a extração a partir de animais e plantas, além de ser mais sustentável (ROBINSON, 2015).

O processo de produção industrial de enzimas consiste basicamente em três operações subdivididas em processos: operações de *upstream* (pré-tratamento da matéria-prima, escolha do microrganismo e otimização do processo), fermentação e operações de *downstream* (obtenção do produto) (ASHOK; KUMAR, 2017). As operações de *upstream* se detêm na preparação do processo fermentativo, este é o momento de se ajustar todas as condições necessárias para o cultivo do microrganismo, como, por exemplo, pH, temperatura, agitação, aeração e composição do meio de cultura (IRFAN et al., 2016; KUMAR et al., 2010).

Dois métodos de fermentação podem ser utilizados para produção de enzimas, a fermentação submersa (SmF, sigla em inglês para *Submerged Fermentation*) e a fermentação em estado sólido (SSF, *Solid State Fermentation*, em inglês) (SUKMA; JOS; SUMARDIONO, 2018). A SSF pode ser definida como aquela que ocorre em substratos sólidos na ausência ou quase ausência de água livre. No entanto, a umidade mínima do sistema deve ser preservada, a fim de manter o crescimento e o metabolismo adequado do microrganismo. Enzimas, como as amilases, proteases, xilanases, celulases e pectinases podem ser produzidas por fermentação em meio sólido. Os microrganismos que mais se adaptam a esse tipo de fermentação são os fungos filamentosos, por apresentarem hifas e adequada tolerância à baixa atividade de água e elevada pressão osmótica (DORIYA et al., 2016). Uma série de vantagens está agregada à fermentação em estado sólido, dentre elas: (i) utilização de substratos com baixo valor agregado; (ii) volume do meio reduzido; (iii) menor investimento em biorreatores; (iv) alto rendimento de produto; (v) o crescimento dos fungos ocorre em condições de habitat natural; (vi) a baixa atividade de água reduz a contaminação; (vii) facilidade nas etapas de purificação, pois a proteína de interesse está mais concentrada (DORIYA et al., 2016).

A lista de vantagens é considerável, no entanto, há restrições de microrganismos que conseguem crescer nesse tipo de fermentação e as condições do processo não podem ser totalmente controladas, logo antes de se escolher cada processo deve-se analisar com o que será trabalhado e se há a necessidade de controle mais rígido da produção (DORIYA et al., 2016).

O processo de fermentação submersa (SmF) ocorre em reatores equipados com controladores de agitação, aeração, medidores de pH, temperatura e concentração de oxigênio dissolvido (JATUWONG et al., 2020). Os nutrientes encontram-se dissolvidos no meio líquido tornando-se facilmente acessíveis para utilização pelos microrganismos. Para a completa assepsia do bioprocesso, na maioria das vezes o próprio fermentador é capaz de se auto esterilizar antes do processo, garantindo a presença apenas do micro-organismo de interesse durante toda a fermentação. Do mesmo modo que a SSF apresenta vantagens a SmF também tem seus pontos positivos, como: (i) facilidade na manipulação; (ii) o microrganismo fica totalmente submerso no meio de maneira uniforme; (iii) a absorção de nutrientes e secreção de metabólitos são executados com maior eficiência; menor tempo de fermentação; (iv) pode apresentar maior produtividade; (v) fácil escalonamento (DORIYA et al., 2016).

A terceira parte do bioprocesso é a recuperação do produto (*downstream processing*). Essa fase compreende a extração e a purificação da proteína e deve-se atentar para os aspectos citológicos e fisiológicos do microrganismo. Se o produto é secretado, as etapas de recuperação seguem um roteiro diferente daquele produto que permanece na porção intracelular. Para o produto que não é secretado há a necessidade do rompimento da célula, com técnicas que se adéquem ao organismo que se está trabalhando. Organismos que possuem parede celular necessitam que a lise seja mais rigorosa do que organismos sem parede (KILIKIAN et al., 2020). Nessa etapa também é necessário saber qual é a aplicação final do produto, pois isso determina o nível de pureza requerida e consequentemente, o preço da produção (maior pureza reflete em maiores gastos). Enzimas que são aplicadas na produção de alimentos, rações, têxteis, couro e biocombustíveis, muitas vezes podem ser comercializadas na forma de extrato bruto ou com um baixo grau de pureza. Contudo, enzimas especiais, que são necessárias para aplicações analíticas, farmacêuticas e médicas necessitam de um maior grau de pureza (BINOD et al., 2019; LONDOÑO-HERNANDEZ et al., 2020; RAVEENDRAN et al., 2018; PATEL et al., 2016).

Há quatro etapas básicas no processo de purificação: remoção do material insolúvel, isolamento primário, purificação e isolamento do produto final. A remoção do material insolúvel se dá por filtração, centrifugação, decantação ou sedimentação. O isolamento primário se dá pela extração por solventes, precipitação e ultracentrifugação. O processo de purificação destina-se à remoção de impurezas bem como a concentração do produto. Pode-se optar pelos vários tipos de cromatografia (gel filtração, troca-iônica, afinidade, interação hidrofóbica) ou a precipitação fracionada (*salting out* com sulfato de amônio) (AJITH et al., 2019; ZHANG et al., 2010). A última etapa, o isolamento do produto final, compreende a formulação final ou comercialização direta. As operações incluem centrifugação e subsequente secagem de um produto final, liofilizado ou cristalizado por *spray drying* (MONTEIRO; DO NASCIMENTO SILVA, 2009).

5. IMOBILIZAÇÃO DE ENZIMAS

As enzimas são biocatalisadores muito eficientes que agem com alta especificidade sobre um substrato em condições amenas de temperatura e pressão, diminuindo a formação de subprodutos (BRENA; GONZÁLEZ-POMBO; BATISTA-VIERA, 2013; HASAN; SHAH; HAMEED, 2006). Estas características trouxeram luz ao uso destes biocatalisadores em processos em diversas indústrias. Entretanto, utilizar as enzimas livres em solução aumenta a sua instabilidade, além dos elevados custos, devido à dificuldade de separação da enzima do produto, ocasionando muitas vezes a perda da enzima. Nesse caso, utilizar enzimas na sua forma imobilizada pode ser a solução para estas dificuldades (BRENA; GONZÁLEZ-POMBO; BATISTA-VIERA, 2013; HASAN; SHAH; HAMEED, 2006; SHARMA; CHISTI; BANERJEE, 2001).

O termo imobilização de enzimas denota a imobilização desses biocatalisadores em um suporte ou em uma área específica, em que a sua atividade enzimática é mantida e estes podem ser reutilizados (KATCHALSKI-KATZIR, 1993). Os processos de imobilização de enzimas são muito interessantes, pois além de permitirem a sua reutilização, facilitam a recuperação da enzima e do produto, reduzindo o custo de produção da enzima, bem como permitindo a operação contínua do processo enzimático e seu uso em variados reatores enzimáticos (AWAD et al., 2016; BRENA; GONZÁLEZ-POMBO; BATISTA-VIERA, 2013; KATCHALSKI-KATZIR, 1993; KRAJEWSKA, 2004). Entretanto, para que estas enzimas sejam reutilizadas, é necessário que este catalisador seja estável ou que sua estabilidade aumente durante o processo de imobilização. Inclusive, o processo de imobilização enzimático é considerado uma ferramenta poderosa para a solução de problemas na indústria, levando ao aumento da estabilidade, da especificidade, da atividade enzimática, bem como na redução da inibição da enzima (MATEO et al., 2007). Em alguns processos industriais as células microbianas, contendo em seu interior enzimas de interesse, podem ser imobilizadas e utilizadas como biocatalisadores. Isto reduz os custos de purificação da enzima e diminui a instabilidade destas (KATCHALSKI-KATZIR, 1993). Por exemplo, células microbianas imobilizadas podem ser utilizadas no tratamento de águas residuais (BOUABIDI; EL-NAAS; ZHANG, 2019). Os fatores essenciais a serem considerados no processo de imobilização de enzimas são: a enzima, o método de imobilização escolhido e o suporte ou matriz (BRENA; GONZÁLEZ-POMBO; BATISTA-VIERA, 2013; HASAN; SHAH; HAMEED, 2006).

5.1. Tipos de imobilização

Existem diversos métodos de imobilização de enzimas e estes se baseiam nas interações químicas e físicas entre a enzima e o suporte (CARDOSO; MORAES; CASS, 2009). Dentre os diversos métodos, pode-se classificar em três categorias gerais: (i) ligação ao suporte, que envolve a ligação da enzima a um suporte através de ligações fracas ou covalentes; (ii) confinamento, em que a enzima é confinada em uma matriz polimérica ou malha de gel, sílica gel, membrana ou cápsulas e (iii) ligações cruzadas em que há a formação de agregados enzimáticos, na ausência de suporte (ALI et al., 2017; SHELDON, 2007a). A partir disto, há alguns métodos principais de imobilização como adsorção, ligação covalente, ligação cruzada, enredamento e encapsulamento (Figura 6) (CARDOSO; MORAES; CASS, 2009; I. WAHBA; E. HASSAN, 2015). A seguir veremos brevemente cada um destes métodos e alguns exemplos de aplicações.

5.1.1. Adsorção

O método de adsorção é muito utilizado devido à sua facilidade. O biocatalisador é estabilizado por interações eletrostáticas fracas com o suporte, como força de van der Waals, ligações de hidrogênio, interações hidrofóbicas e interação iônica (VILLENEUVE et al., 2000). O sucesso dessa técnica vai depender da massa molecular da proteína, da área do suporte a ser utilizada, bem como da natureza da sua superfície como tamanho dos poros e porosidade (VILLENEUVE et al., 2000). A desvantagem é que por ser uma interação fraca, pode ocorrer liberação da enzima (dessorção) do suporte durante o seu uso, sendo agravado por mudanças de pH, força iônica e temperatura (MARCONI, 1989). Por outro lado, estas interações fracas permitem a remoção das enzimas imobilizadas após estas perderem a sua atividade catalítica, permitindo a reutilização do suporte (CARVALHO; LIMA; SOARES, 2015). Este método é bastante utilizado para imobilização de lipases, para uso em biorreatores enzimáticos, devido às vantagens de baixo custo do método bem como a possibilidade de regeneração da atividade da enzima e reutilização do suporte (BALCÃO; PAIVA; MALCATA, 1996). Podem-se utilizar suportes insolúveis como resinas de troca-iônica, polímeros orgânicos, sílica gel e até mesmo vidro (MARCONI, 1989). Este foi o primeiro método utilizado para imobilizar uma enzima. Em 1916, os pesquisadores Nelson e Griffin imobilizaram uma invertase em carvão ativado por adsorção, sem observar perda apreciável da atividade enzimática (NELSON; GRIFFIN, 1916).

5.1.2. Ligação covalente

Nesse método ocorre a interação covalente de grupos funcionais da enzima, como grupos amino, carboxila, hidroxila e sulfidrila, com grupos reativos do suporte (HASSAN et al., 2019; MARCONI, 1989), Algumas vezes, o suporte precisa ser ativado previamente para ocorrer a ligação com a enzima, como, por exemplo, na ativação do suporte de sílica aminopropil com glutaraldeído para imobilização da enzima β-D-galactosidase, que hidrolisa a lactose do soro de leite (MARIOTTI et al., 2008). Outro exemplo é a imobilização da β-D-galactosidase, em discos de ágar ativados por tratamento com polietilenoimina seguido de glutaraldeído. Este último processo de imobilização aumentou a temperatura ótima da enzima de 45°C para 55°C e pH ótimo de 3,6 para 4,6. Além disso, a enzima imobilizada manteve mais de 92% da sua atividade enzimática após ser reutilizada 15 vezes consecutivas (WAHBA; HASSAN, 2015). A desvantagem deste método é que muitas vezes o processo de imobilização leva à perda da atividade enzimática devido à ligação do sítio ativo da enzima com o suporte. Uma forma de proteger o sítio ativo durante a imobilização é utilizar o substrato ou outros ligantes como inibidores reversíveis ou cofatores, por exemplo, durante o processo (MARCONI, 1989).

5.1.3. Enredamento e Encapsulamento

Nesse método a enzima é confinada, enredada em uma malha de gel em que permite a difusão de substratos, mas não permite a difusão da enzima (MARCONI, 1989). Como não é necessária interação de aminoácidos da proteína com o polímero, acaba trazendo vantagens como a manutenção da estrutura da proteína confinada (KOCH-SCHMIDT, 1977).

Na imobilização por enredamento em gel, a enzima é misturada aos componentes que formarão o gel, e após a polimerização dessa rede, a enzima fica presa nessa matriz (CARDOSO; MORAES; CASS, 2009). Um polímero muito utilizado para imobilizar enzimas é a poliacrilamida (GONZALEZ-SAIZ; PIZARRO, 2001).

As enzimas também podem ser imobilizadas dentro de esferas de um polímero semipermeável, que possui forma de gel, como o alginato de sódio (BORZANI et al., 2001). Por exemplo, a enzima invertase, utilizada na produção de açúcar invertido na indústria alimentícia, foi produzida por *Saccharomyces cerevisae* e imobilizada em cápsulas de alginato de sódio. Este processo de imobilização resultou em uma maior estabilidade da enzima frente à temperatura e pH elevado, bem como a manutenção de 87% da sua atividade enzimática durante 36 dias (TANRISEVEN AND DOGAN, 2001).

Outra metodologia é o encapsulamento de enzimas em lipossomos, que são vesículas formadas por fosfolipídeos e estas têm sido muito utilizadas na imobilização de enzimas para produção de biossensores enzimáticos (GRAÇA; FERREIRA, 2015), bem como carreadores de fármacos enzimáticos (BATISTA; CARVALHO; MAGALHÃES, 2007).

5.1.4. Ligações cruzadas

Trata-se de uma técnica versátil para imobilização de enzimas, sem suporte, através da formação de ligações covalentes entre as moléculas de enzima e o reagente químico utilizado, formando uma rede tridimensional de ligações cruzadas (ZABORSKY, 1977). Métodos de imobilização de enzimas sem o uso de suportes têm aumentado, devido ao seu baixo custo, alta produtividade volumétrica e devido à presença apenas da enzima e do agente químico formador das ligações cruzadas (MATEO et al., 2004). O glutaraldeído é um reagente muito utilizado em métodos de ligação para imobilização de enzimas (BARBOSA et al., 2014). Normalmente, o glutaraldeído é o agente químico de escolha para a formação de ligações cruzadas por não ter alto custo e ser comercialmente disponível (SHELDON, 2007b).

Entretanto, algumas enzimas podem perder em parte ou totalmente a sua atividade catalítica após o processo de imobilização com este agente, como, por exemplo, as enzimas nitrilases, devido, provavelmente, à formação de ligações cruzadas com resíduos de aminoácidos que são cruciais para a atividade enzimática (MATEO et al., 2004; SHELDON, 2007B). Uma alternativa neste caso é utilizar outro agente para formação das ligações cruzadas. Neste sentido, MATEO e colaboradores imobilizaram duas nitrilases por ligações cruzadas utilizando glutaraldeído e estas perderam totalmente a sua atividade enzimática. Alternativamente, os autores utilizaram polialdeído dextrana, ao invés de glutaraldeído, e mais de 50% da atividade catalítica inicial das enzimas foram mantidas (MATEO et al., 2004).

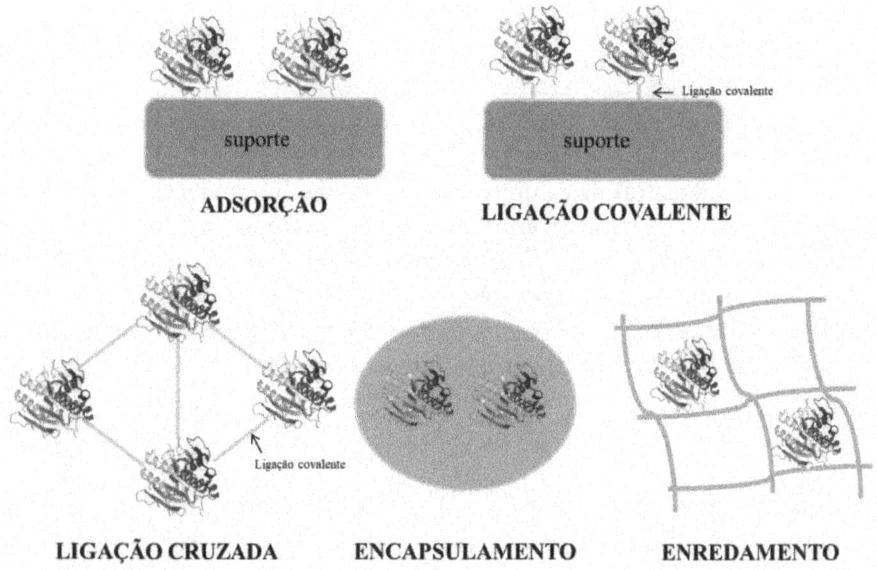

Figura 6 Métodos de imobilização de enzimas. A enzima representada é a subtilisina de Carlsberg tipo VIII de Bacillus licheniformis (PDB 1VSB_1).

Fonte: Adaptado de (NISHA S, 2012 e SIRISHA, 2016).

5.1.5. Tipos de Suportes

As características físicas e químicas dos suportes são importantes e a escolha deste vai depender das características das enzimas utilizadas e do tipo de processo no qual este suporte, contendo os biocatalisadores, será utilizado. É importante que o suporte permita acesso fácil do substrato a enzima e que o sistema suporte-enzima possa ser regenerado ao final de cada processo, sem a perda da atividade enzimática do biocatalisador (DALLA-VECCHIA; NASCIMENTO; SOLDI, 2004). Neste sentido, não há um suporte universal, que possa ser utilizado em todas as situações. Podem-se utilizar suportes orgânicos, inorgânicos, sintéticos ou naturais (KRAJEWSKA, 2004). Devem ser consideradas a estabilidade física e química desses suportes, sua hidrofobicidade e hidrofilicidade, capacidade de retenção do biocatalisador e custo (VILLENEUVE et al., 2000).

Como exemplo de suportes naturais, têm-se polissacarídeos insolúveis em água como quitina e quitosana, celulose, carragena, alginato, celulose, amido, agarose e outros (KRAJEWSKA, 2004; SIRISHA; JAIN; JAIN, 2016). Exemplos de suportes inorgânicos: vidro, sílica-gel, alumina, zircônia, sílicas e sílicas modificadas etc., e estes apresentam resistência térmica e mecânica, além de resistência ao crescimento microbiano (CARVALHO; LIMA; SOARES, 2015; SIRISHA; JAIN; JAIN, 2016). Os suportes sintéticos são resinas de troca-iônica que possuem poros e são inertes ao ataque de microrganismos. Inclui-se aqui poliestireno, policloreto de vinila (PVC), poliacrilato, polipropileno, DEAE (Dietilaminoetil)-celulose e outros (SIRISHA; JAIN; JAIN, 2016).

5.1.6. Propriedades Cinéticas após Imobilização

Normalmente, o comportamento cinético das enzimas, após a imobilização, muda em comparação com as enzimas livres e isto está associado a dois fatores principais: (i) mudanças na conformação da enzima; (ii) mudanças no ambiente enzimático em que a concentração de substrato, produto e cofatores podem ser diferentes em comparação com o ambiente da enzima livre (MARCONI, 1989). Restrições difusionais podem ocorrer principalmente do substrato e do produto entre a área do suporte onde estão as enzimas e o macroambiente reacional. Além disto, dependendo do método escolhido e da alteração da estrutura da enzima, durante o processo, pode haver um impedimento estérico, refletindo na atividade enzimática, cinética e estabilidade desta (GONZALEZ-SAIZ; PIZARRO, 2001).

5.1.7. Reatores Enzimáticos

Enzimas imobilizadas podem ser empregadas em reatores de diferentes configurações. O reator de tanque agitado, no qual as enzimas imobilizadas estão dispersas na solução de substrato e a agitação é realizada por agitadores mecânicos. Neste tipo de reator é possível realizar cultivos descontínuos ou em batelada, com ou sem recirculação ou contínuos. Além disso, há o reator em coluna de leito fixo, no qual a enzima imobilizada é empacotada em uma fase estacionária enquanto a solução de substrato é bombeada através do leito, bem como o reator de leito fluidizado, no qual a enzima imobilizada é mantida suspensa com intuito de atuar sobre a solução bombeada. O esquema dos tipos de reatores pode ser visualizado na Figura 7. Os reatores enzimáticos mais utilizados são leito fixo e leito fluidizado, os quais podem ser operados de forma contínua (GUISAN, 2006; KUMAR et al., 2013; POPPE et al., 2015).

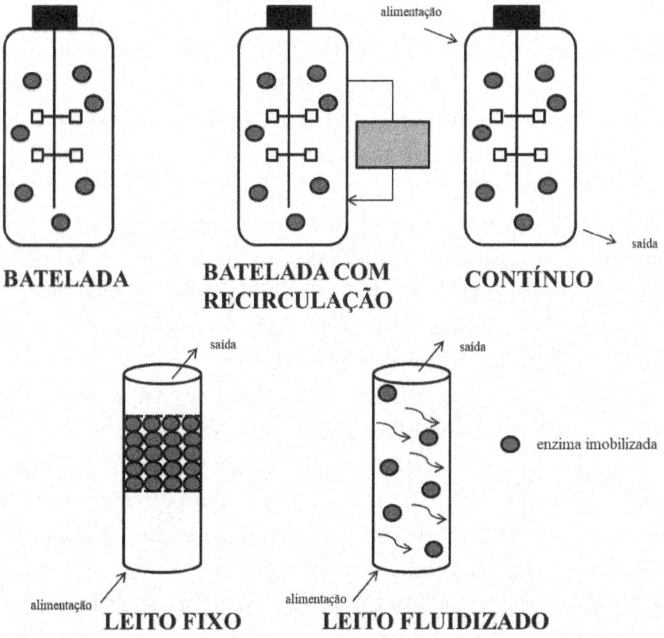

Figura 7 Principais reatores enzimáticos. Na parte superior da imagem temos biorreatores de tanque agitado e na parte inferior os reatores de coluna.

Fonte: Adaptado de POPPE et al., 2015.

DAL MAGRO e colaboradores compararam a clarificação de suco de laranja em reatores de leito fixo e leito fluidizado com um coquetel comercial de enzimas imobilizadas (pectinases e celulases) em quitosana. Observaram que os melhores resultados foram obtidos em reatores de leito fluidizado, pois 0,22 g do biocatalisador foram utilizados para clarificar mais de 2L de suco, sendo que após 3 dias de operação, as enzimas apresentavam 60% da capacidade de clarificação. Dessa forma, a utilização deste tipo de reator com enzimas imobilizadas é uma excelente alternativa para clarificação de suco em larga escala (DAL MAGRO et al., 2021).

6. APLICAÇÕES DA TECNOLOGIA ENZIMÁTICA

Atualmente, a hidrólise enzimática e processos baseados em enzimas são preferíveis aos processos químicos, pois estes são processos amigáveis à natureza, uma vez que as enzimas são biodegradáveis e utilizam condições amenas de catálise, com consequente menor consumo de energia. Além disso, há possibilidade de um controle eficiente do processo, sendo que as enzimas apresentam alto rendimento, elevada especificidade e estereosseletividade, como foi dito anteriormente (MONTEIRO, DO NASCIMENTO SILVA, 2009; CHAPMAN et al., 2018; RAVEENDRAN et al., 2018). Enzimas podem ser aplicadas em diversas indústrias, dentre elas: alimentícia, de bebidas, de detergentes, cosmética, coureira, farmacêutica, papeleira, têxtil e de biocombustíveis (CHAPMAN; ISMAIL; DINU, 2018; RAVEENDRAN et al., 2018) como pode ser observado na Tabela 1, na qual apresentamos um compilado das enzimas utilizadas em diferentes indústrias e algumas funções das mesmas. Além disso, a demanda industrial pela troca de aditivos químicos por enzimas e outras substâncias é crescente, pois o fato das enzimas serem de origem natural, as mesmas acabam tornando-se preferíveis pelo consumidor (SINGH; SINGH; SACHAN, 2019).

Aproximadamente 75% das enzimas produzidas em escala industrial são hidrolases. Proteases são as enzimas mais utilizadas, devido ao seu extensivo uso em indústrias de detergentes e de laticínios. As proteases representam 60% das enzimas do mercado (SINGH et al., 2016a). As lipases também são muito utilizadas, principalmente devido a seu uso na indústria de detergentes. Várias carboidratases, principalmente amilases e celulases, usadas em indústrias como a alimentícia, a têxtil e de detergentes, representam o segundo grupo de enzimas mais utilizadas (ZHU; WU; WANG, 2011). As principais empresas que estão a frente neste mercado são a Novozymes, a Dupont, a DSM e a Roche (LIU; KOKARE, 2017).

Tabela 1 Aplicações Industriais de Enzimas

Indústria	Enzimas utilizadas	Funções	Referências
Alimentos e Bebidas	α-amilase, protease, lipase, catalase, lactase, celulase, glicose oxidase, glicose isomerase, invertase, esterase, xilanase, pectinase, lacase, peroxidase, asparaginase, naringinase	promover maciez do pão, aumentar tempo de prateleira, preparar xaropes, converter amido em glicose, coagular leite, maturar queijo, reduzir lactose, reduzir amargor, clarificar, melhorar extração, cor e aroma de bebidas	(FASIM; MORE; MORE, 2021; RAVEENDRAN et al., 2018; SINGH; SINGH; SACHAN, 2019)

Indústria	Enzimas utilizadas	Funções	Referências
Biocombustíveis	lipase, celulase, xilanase	produção de ésteres metílicos de ácidos graxos, decomposição de lignocelulose	(CHAPMAN; ISMAIL; DINU, 2018)
Coureira	protease, lipase, queratinase, amilase, transglutaminase, tanase	imersão, depilação, desengordurar, dividir as fibras, tratar efluentes	(FASIM; MORE; MORE, 2021; SINGH et al., 2016b)
Cosmética	superóxido dismutase, protease, endoglicosidase, lacase, lipase,	redução radicais livres, remoção de pele morta, cuidados com a pele e dentes, pintura de cabelos	(SINGH et al., 2016b)
Detergentes	protease, amilase, celulase, lipase, manase	remover manchas de carboidratos, proteínas e gordura, tratamentos	(FASIM; MORE; MORE, 2021)
Farmacêutica (produção de insumos)	nitrilase, transaminase, monoamina oxidase, lipase, penicilina acilase	síntese de intermediários para a produção de ingredientes farmacêuticos ativos	(CHAPMAN; ISMAIL; DINU, 2018)
Farmacêutica (tratamento)	β-glicocerebrosidase, sacarosidase, α-galactosidase, lactase, lisozima, L-asparaginase, uricase, estreptoquinase, ribonuclease, colagenase	remoção de trombos, cicatrização de feridas, tratamento de intolerância à lactose e outros carboidratos, tratamento de doenças genéticas, câncer	(BISWAS et al., 2021; FASIM; MORE; MORE, 2021; MEGHWANSHI et al., 2020)
Papel e polpa	lipase, celulase, xilanase	remoção de lignina para melhorar branqueamento, melhora nas propriedades da fibra	(CHAPMAN; ISMAIL; DINU, 2018)

Indústria	Enzimas utilizadas	Funções	Referências
Têxtil	amilase, celulase, pectinase, subtilisina, papaína, transglutaminase, lipase, esterase, cutinase, nitrilase, lacase, catalase	processamento de algodão para tingimento, amaciamento, acabamento, tratamento de lavagem, *pilling* e remoção de fibras felpudas, degomagem de seda, modificação de superfície de poliacrilonitrila	(FASIM; MORE; MORE, 2021)

O uso industrial de determinadas enzimas sofre entraves como as baixas eficiência catalítica e estabilidade durante o processo industrial. Um dos maiores desafios da indústria é encontrar enzimas que possam suportar certas condições industriais como variação de temperatura e de pH (MONTEIRO; DO NASCIMENTO SILVA, 2009). As propriedades das enzimas podem ser alteradas através de técnicas de engenharia de proteínas. A engenharia enzimática tem sido utilizada para aumentar a tolerância dos biocatalisadores a altas temperaturas, aos pH extremos e aos solventes orgânicos, além de características específicas da própria catálise (MADHAVAN et al., 2020).

A compreensão da engenharia enzimática aliada aos estudos *in silico* não só aumentaram o número de enzimas industriais, mas também melhoraram a eficiência e a produção das mesmas. Aproximadamente 90% das enzimas comerciais são engenheiradas. A tecnologia do DNA recombinante também foi fundamental para o aumento da comercialização de enzimas (ADRIO; DEMAIN, 2014; MADHAVAN et al., 2020).

Há uma grande biodiversidade a ser explorada para a descoberta de novas enzimas, principalmente utilizando tecnologias recentes como a metagenômica e a mineração de genomas. Esta biodiversidade é tremenda, pois não é possível cultivar grande parte dos micro-organismos e há também os ambientes extremos que são fontes de enzimas de grande interesse industrial (FASIM; MORE; MORE, 2021).

7. CONCLUSÕES

As enzimas são biomoléculas de grande interesse industrial, uma vez que podem atuar em diversas áreas de forma sustentável e eficiente. Os estudos de caracterização cinética como K_m, K_{cat}, e determinação de fatores como pH e temperatura ideais, de inibidores e de ativadores são de fundamental importância para a escolha das enzimas com potencial uso em processos industriais. As técnicas de imobilização, bem como de engenharia enzimática e do DNA recombinante promoveram revoluções na aplicação das enzimas na indústria, permitindo melhorar as suas condições cinéticas, bioquímicas e fisiológicas, melhorando o seu desempenho e ampliando o uso destes biocatalisadores de forma eficiente nas diversas indústrias.

8. REFERÊNCIAS BIBLIOGRÁFICAS

ADRIO, J. L.; DEMAIN, A. L. Microbial enzymes: tools for biotechnological processes. Biomolecules, v. 4, n. 1, p. 117-139, 2014.

ADRIO, J. L.; DEMAIN, A. L. Recombinant organisms for production of industrial products. Bioeng Bugs, v. 1, n. 2, p. 116-131, 2010.

AJITH, S.; GHOSH, J.; SHET, D.; SHREEVIDHYA, S.; PUNITH, B. D.; ELANGOVAN, A. V. Partial purification and characterization of phytase from *Aspergillus foetidus* MTCC 11682. AMB Express v. 9, n. 1, p. 1-11, 2019.

ALI, S.; ZAFAR, W.; SHAFIQ, S.; MANZOOR, M. Enzymes immobilization: An overview of techniques, support materials and its applications. Int J Sci Technol Res, v. 6, n. 7, p. 64-72, 2017.

ARROYO, M. Inmovilización de enzimas. Fundamentos, métodos y aplicaciones. Ars Pharmaceutica, v. 39, n. 2, p. 23-39, 1998.

ASHOK, A.; KUMAR, D. S. Different methodologies for sustainability of optimization techniques used in submerged and solid state fermentation 3 Biotech, v. 7, n. 5, p. 1-12, 2017.

AWAD, G. E.; ABD EL ATY, A. A.; SHEHATA, A. N.; HASSAN, M. E.; ELNASHAR, M. M. Covalent immobilization of microbial naringinase using novel thermally stable biopolymer for hydrolysis of naringin. 3 Biotech, v. 6, n. 1, p. 14, 2016.

BALCÃO, V. M.; PAIVA, A. L.; MALCATA, F. X. Bioreactors with immobilized lipases: state of the art. Enzyme Microb. Technol., v. 18, n. 6, p. 392-416, 1996.

BARBOSA, O.; ORTIZ, C.; BERENGUER-MURCIA, Á.; TORRES, R.; RODRIGUES, R. C.; FERNANDEZ-LAFUENTE, R. Glutaraldehyde in bio-catalysts design: a useful crosslinker and a versatile tool in enzyme immobilization. Rsc Advances, v. 4, n. 4, p. 1583-1600, 2014.

BATISTA, C. M.; CARVALHO, C. M. B. de; MAGALHÃES, N. S. S. Lipossomas e suas aplicações terapêuticas: Estado da arte. Rev. Bras. Cienc. Farm., v. 43, n. 2, p. 167-179, 2007.

BINOD, P.; GNANSOUNOU, E.; SINDHU, R.; PANDEY, A. Enzymes for second generation biofuels: Recent developments and future perspectives. Bioresource Technology Reports, v. 5, p. 317-325, 2019.

BISSWANGER, H. Enzyme assays. Perspectives in Science, v. 1, n. 1–6, p. 41-55, 2014.

BISWAS, P.; MUKHERJEE, G.; SINGH, J.; RASTOGI, A., BANERJEE, R. Enzymes in Health Care: Cost-Effective Production and Applications of Therapeutic Enzymes in

Health Care Sector. In: Bioprospecting of Enzymes in Industry, Healthcare and Sustainable Environment. Springer, 2021. p. 291-314.

BORZANI, W.; AQUARONE, E.; SCHMIDELL, W.; DE ALMEIDA LIMA, U. Biotecnologia Industrial, vol. 1, 2, 3, 4. Edgard Blücher, 1ªedição, São Paulo, [s. l.], 2001.

BOUABIDI, Z. B.; EL-NAAS, M. H.; ZHANG, Z. Immobilization of microbial cells for the biotreatment of wastewater: a review. Environ. Chem. Lett., v. 17, n. 1, p. 241-257, 2019.

BRENA, B.; GONZÁLEZ-POMBO, P.; BATISTA-VIERA, F. Immobilization of enzymes: a literature survey. Immobilization of enzymes and cells, p. 15-31, 2013.

BUCHNER, E. Alkoholische gährung ohne hefezellen. Berichte der deutschen chemischen Gesellschaft, v. 30, n. 1, p. 117-124, 1897.

CARDOSO, C. L.; MORAES, M. C. de; CASS, Q. B. Imobilização de enzimas em suportes cromatográficos: uma ferramenta na busca por substâncias bioativas. Quim. Nova, v. 32, n. 1, p. 175-187, 2009.

CARVALHO, N. B.; LIMA, Á. S.; SOARES, C. M. F. Uso de sílicas modificadas para imobilização de lipases. Quim. Nova, v. 38, n. 3, p. 399-409, 2015.

CHAPMAN, J.; ISMAIL, A. E.; DINU, C. Z. Industrial applications of enzymes: Recent advances, techniques, and outlooks. Catalysts, v. 8, n. 6, p. 238, 2018.

COMMITTEE, I. U. B. Nomenclature; OTHERS. Units of enzyme activity. Recommendations 1978. Prepared by Karlson P, Bielka H, Horecker BL, Jakoby WB, Keil B, Liébecq C, et al. Eur J Biochem, v. 97, p. 319-320, 1979.

CORNISH-BOWDEN, A. Current IUBMB recommendations on enzyme nomenclature and kinetics. Perspectives in Science, v. 1, n. 1–6, p. 74-87, 2014.

DAL MAGRO, L., PESSOA, J. P. S., KLEIN, M. P., FERNANDEZ-LAFUENTE, R., & RODRIGUES, R. C. Enzymatic clarification of orange juice in continuous bed reactors: Fluidized-bed versus packed-bed reactor. Catalysis Today, v. 362, p. 184-191, 2021.

DALLA-VECCHIA, R.; NASCIMENTO, M. da G.; SOLDI, V. Aplicações sintéticas de lipases imobilizadas em polímeros. Quim. Nova, v. 27, n. 4, p. 623-630, 2004.

DE ARAÚJO, F. S.; DA SILVA SOUZA, I. H.; DE FREITAS, A. C. Estudo das condições de pH e temperatura para máxima atividade de protease de *Aspergillus oryzae* NRRL 1911. Braz. J. Dev, v. 6, n. 1, p. 3077-3091, 2020.

DORIYA, K., JOSE, N., GOWDA, M., & KUMAR, D. S. Solid-State Fermentation vs Submerged Fermentation for the Production of L-Asparaginase. In: Advances in Food and Nutrition Research. v. 78, p. 115-135, 2016.

FASIM, A.; MORE, V. S.; MORE, S. S. Large-scale production of enzymes for biotechnology uses. Curr. Opin. Biotechnol. v. 69, p. 68-76, 2021.

FERNANDES, P.; CARVALHO, F. Enzymes in Food Processing. In: Agro-Industrial Wastes as Feedstock for Enzyme Production: Apply and Exploit the Emerging and Valuable Use Options of Waste Biomass. Academic Press, 2016.

FISCHER, E. Einfluss der Configuration auf die Wirkung der Enzyme. Berichte der deutschen chemischen Gesellschaft, v. 27, n. 3, p. 2985-2993, 1894.

FLORES-SANTOS, J. C.; ZAVALETA, A. I.; FLORES-FERNÁNDEZ, C. N.; CHÁVEZ-HIDALGO, E.; IZAGUIRRE, V.; BRANDELLI, A. Production and Characterization of Extremophilic Proteinases From a New Enzyme Source, *Barrientosiimonas* sp. V9. Appl Biochem Biotechnol, v. 190, n. 3, p. 1060-1073, 2020.

GONZALEZ-SAIZ, J. M.; PIZARRO, C. Polyacrylamide gels as support for enzyme immobilization by entrapment. Effect of polyelectrolyte carrier, pH and temperature on enzyme action and kinetics parameters. Eur. Polym. J., v. 37, n. 3, p. 435-444, 2001.

GRAÇA, J. S.; FERREIRA, M. Encapsulação de biomoléculas em lipossomos: aplicações em biossensores enzimáticos e imunossensores. Revista Virtual de Química, v. 7, n. 4, p. 1552-1564, 2015.

GUISAN, J. M. Immobilization of enzymes as the 21st century begins. Immobilization of enzymes and cells, p. 1-13, 2006.

HASAN, F.; SHAH, A. A; HAMEED, A. Industrial applications of microbial lipases. Enzyme Microb. Technol. v. 39, n. 2, p. 235-251, 2006.

HASSAN, M. E.; YANG, Q.; XIAO, Z.; LIU, L.; WANG, N.; CUI, X.; YANG, L. Impact of immobilization technology in industrial and pharmaceutical applications. 3 Biotech, v. 9, n. 12, p. 1-16, 2019.

HENRI, Victor. Théorie générale de l'action de quelques diastases. Gauthier-Villars, 1902.

I. WAHBA, M.; E. HASSAN, M. Novel grafted agar disks for the covalent immobilization of β-D-galactosidase. Biopolymers, v. 103, n. 12, p. 675-684, 2015.

IRFAN, M.; ASGHAR, U.; NADEEM, M.; NELOFER, R.; SYED, Q. Optimization of process parameters for xylanase production by *Bacillus* sp. in submerged fermentation. J Radiat Res Appl Sc, v. 9, n. 2, p. 139-147, 2016.

IUO, Biochemistry. Report of the Commission on Enzymes. Pergamon Press Oxford, 1961.

JATUWONG, K.; SUWANNARACH, N.; KUMLA, J.; PENKHRUE, W.; KAKUMYAN, P.; LUMYONG, S. Bioprocess for Production, Characteristics, and Biotechnological Applications of Fungal Phytases. Front. microbiol. v. 11, p. 188, 2020.

KATCHALSKI-KATZIR, E. Immobilized enzymes—learning from past successes and failures. Trends Biotechnol, v. 11, n. 11, p. 471-478, 1993.

KILIKIAN, B. V.; PESSOA Jr., A. Rompimento celular. In: Purificação de produtos biotecnológicos: operações e processos com aplicação industrial. p. 444, 2005.

KOCH-SCHMIDT, A.C. Gel-entrapment of Enzymes. *In:* Biomedical Applications of Immobilized Enzymes and Proteins. Springer, 1977. p. 47-67.

KOSHLAND JR, D. E. Application of a theory of enzyme specificity to protein synthesis. PNAS, v. 44, n. 2, p. 98, 1958.

KRAJEWSKA, B. Application of chitin-and chitosan-based materials for enzyme immobilizations: a review. Enzyme Microb. Technol., v. 35, n. 2-3, p. 126–139, 2004.

KÜHNE, W. Unters. ad physiol. Institut der Univ. Heidelberg, v. 1, p. 291, 1878.

KUMAR, D.; NAGAR, S.; BHUSHAN, I.; KUMAR, L.; PARSHAD, R.; GUPTA, V. K. Covalent immobilization of organic solvent tolerant lipase on aluminum oxide pellets and its potential application in esterification reaction. J. Mol. Catal. B Enzym., v. 87, p. 51-61, 2013.

KUMAR, R., BALAJI, S., UMA, T. S., MANDAL, A. B., & SEHGAL, P. K. Optimization of influential parameters for extracellular keratinase production by *Bacillus subtilis* (MTCC9102) in solid state fermentation using horn meal-A biowaste management. Appl. Bioche. Biotechnol, v. 160, n. 1, p. 30-39, 2010.

LI, S.; YANG, X.; YANG, S.; ZHU, M.; WANG, X. Technology prospecting on enzymes: Application, marketing and engineering. Comput. Struct. Biotechnol. J., v. 2, n. 3, p. e201209017, 2012.

LIU, X.; KOKARE, C. Microbial enzymes of use in industry. *In:* Biotechnology of microbial enzymes. Elsevier, 2017. p. 267-298.

LONDOÑO-HERNANDEZ, L.; RUIZ, H. A.; TORO, C. R.; ASCACIO-VALDES, A.; RODRIGUEZ-HERRERA, R.; AGUILERA-CARBO, A.; AGUILAR, C. N. Advantages and Progress Innovations of Solid-State Fermentation to Produce Industrial Enzymes. *In:* Microbial Enzymes: Roles and Applications in Industries (pp. 87-113). Springer, Singapore.

LOPES, F. C., TICHOTA, D. M., DAROIT, D. J., VELHO, R. V., PEREIRA, J. Q., CORRÊA, A. P. F., BRANDELLI, A. Production of proteolytic enzymes by a keratin-degrading *Aspergillus niger*. Enzyme Res., v. 2011, n. 1, 2011.

MADHAVAN, A.; SINDHU, R.; PARAMESWARAN, B.; SUKUMARAN, R. K.; PANDEY, A. Metagenome Analysis: a Powerful Tool for Enzyme Bioprospecting. Appl Biochem Biotechnol., v. 183, n. 2, p. 636-651, 2017.

MADHAVAN, A.; ARUN, K. B.; BINOD, P.; SIROHI, R.; TARAFDAR, A.; RESHMY, R.; SINDHU, R. Design of novel enzyme biocatalysts for industrial bioprocess: Harnessing the power of protein engineering, high throughput screening and synthetic biology. Bioresour. Technol, p. 124617, 2020.

MARCONI, W. Immobilized enzymes: their catalytic behaviour and their industrial and analytical applications. React Pol, [s. l.], v. 11, p. 1-19, 1989.

MARIOTTI, M. P., YAMANAKA, H., ARAUJO, A. R., & TREVISAN, H. C. Hydrolysis of whey lactose by immobilized β-galactosidase. Braz Arch Biol Technol, v. 51, n. 6, p. 1233-1240, 2008.

MATEO, C.; PALOMO, J. M.; VAN LANGEN, L. M.; VAN RANTWIJK, F.; SHELDON, R. A. A new, mild cross-linking methodology to prepare cross-linked enzyme aggregates. Biotechnol. Bioeng., v. 86, n. 3, p. 273-276, 2004.

MATEO, C.; PALOMO, J. M.; FERNANDEZ-LORENTE, G.; GUISAN, J. M.; FERNANDEZ-LAFUENTE, R. Improvement of enzyme activity, stability and selectivity via immobilization techniques. Enzyme Microbial Technol., [s. l.], v. 40, n. 6, p. 1451-1463, 2007.

MEGHWANSHI, G. K.; KAUR, N.; VERMA, S.; DABI, N. K.; VASHISHTHA, A.; CHARAN, P. D.; KUMAR, R. Enzymes for pharmaceutical and therapeutic applications. Biotechnol. Appl. Biochem., v. 67, n. 4, p. 586-601, 2020.

MICHAELIS, Leonor; MENTEN, Maud L. Die kinetik der invertinwirkung. Biochem. z, v. 49, n. 333-369, p. 352, 1913.

MITIDIERI, S.; MARTINELLI, A. H. S.; SCHRANK, A.; VAINSTEIN, M. H. Enzymatic detergent formulation containing amylase from *Aspergillus niger*: a comparative study with commercial detergent formulations. Bioresour. Technol, v. 97, n. 10, p. 1217-1224, 2006.

MONTEIRO, V. N.; DO NASCIMENTO SILVA, R. Aplicações industriais da biotecnologia enzimática. Revista processos químicos, v. 3, n. 5, p. 9-23, 2009.

NELSON, David L.; COX, Michael M. Princípios de Bioquímica de Lehninger-7. Artmed Editora, 2018.

NELSON, J. M.; GRIFFIN, E. G. Adsorption of invertase. J. Am. Chem. Soc., v. 38, n. 5, p. 1109-1115, 1916.

Nomenclature Committee International Union; BIOLOGY, Molecular. Enzyme nomenclature: recommendations of the Nomenclature Committee of the International Union of Biochemistry and Molecular Biology on the nomenclature and classification of enzymes. 1992. [s.l.]: Academic Press, 1992.

PANDEY, A. Aspects of fermenter design for solid-state fermentations. Process Biochem. v. 26, n. 6, p. 355-361, 1991.

PARK, S.; SAVEN, J. G. Statistical and molecular dynamics studies of buried waters in globular proteins. Proteins: Structure, Function and Genetics, v. 60, n. 3, p. 450-463, 2005.

PATEL, A. K.; SINGHANIA, R. R.; PANDEY, A. Novel enzymatic processes applied to the food industry. Curr. Opin. Food Sci., v. 7, p. 64-72, 2016.

POPPE, J. K.; FERNANDEZ-LAFUENTE, R.; RODRIGUES, R. C.; AYUB, M. A. Z. Enzymatic reactors for biodiesel synthesis: present status and future prospects. Biotechnol. Adv., v. 33, n. 5, p. 511-525, 2015.

RAVEENDRAN, S.; PARAMESWARAN, B.; BEEVI UMMALYMA, S.; ABRAHAM, A.; KURUVILLA MATHEW, A.; MADHAVAN, A.; PANDEY, A Applications of microbial enzymes in food industry. Food Technol. Biotechnol., v. 56, n. 1, p. 16-30, 2018.

ROBINSON, P. K. Enzymes: principles and biotechnological applications. Essays Biochem., v. 59, p. 1, 2015.

SEGEL, I. H. Enzyme Kinetics. *In:* Encyclopedia of Biological Chemistry: Second Edition.: Elsevier Inc., 2013. p. 216-220.

SHARMA, R.; CHISTI, Y.; BANERJEE, U. C. Production, purification, characterization, and applications of lipases. Biotechnol. Adv., v. 19, n. 8, p. 627-662, 2001.

SHELDON, R. A. Cross-linked enzyme aggregates (CLEA®s): stable and recyclable biocatalysts. Biochem. Soc. Trans, v. 35, n. 6, p. 1583-1587, 2007a.

SHELDON, R. A. Enzyme immobilization: the quest for optimum performance. Adv. Synth. Catal., v. 349, n. 8-9, p. 1289-1307, 2007b.

SINGH, R.; SINGH, A.; SACHAN, S. Enzymes used in the food industry: Friends or foes? *In:* Enzymes in Food Biotechnology: Production, Applications, and Future Prospects. p. 827-843, 2019.

SINGH, R.; MITTAL, A.; KUMAR, M.; MEHTA, P. K. Microbial proteases in commercial applications. J Pharm Chem Biol Sci, [s. l.], v. 4, n. 3, p. 365-374, 2016 a.

SINGH, R.; KUMAR, M.; MITTAL, A.; MEHTA, P. K. Microbial enzymes: industrial progress in 21st century. 3 Biotech, v. 6, n. 2, p. 1-15, 2016b.

SIRISHA, V. L.; JAIN, A.; JAIN, A. Enzyme immobilization: an overview on methods, support material, and applications of immobilized enzymes. Adv Food Nutr Res, v. 79, p. 179-211, 2016.

SUKMA, A.; JOS, B.; SUMARDIONO, S. Kinetic of biomass growth and protein formation on rice bran fermentation using *Rhizopus oryzae*. *In*: MATEC Web of Conferences (Vol. 156, p. 01023). EDP Sciences.

SUMNER, J. B. Enzyme Urease. J. Biol. Chem., v. 69, p. 435-441, 1926.

TANRISEVEN, A; DOUGAN, S. Immobilization of invertase within calcium alginate gel capsules. Process Biochem., v. 36, n. 11, p. 1081-1083, 2001.

TARAFDAR, A.; SIROHI, R.; GAUR, V. K.; KUMAR, S.; SHARMA, P.; VARJANI, S.; SIM, S. J. Engineering interventions in enzyme production: Lab to industrial scale. Bioresour. Technol, p. 124771, 2021.

VILLENEUVE, P.; MUDERHWA, J. M.; GRAILLE, J.; HAAS, M. J. Customizing lipases for biocatalysis: a survey of chemical, physical and molecular biological approaches. J. Mol. Catal. B Enzym., v. 9, n. 4-6, p. 113-148, 2000.

VITOLO, M.; PESSOA JR, A. Biotecnologia farmacêutica: aspectos sobre aplicação industrial. Editora Blucher, 2015.

VOET, DONALD; VOET, Judith. Biochemistry, 4th edition. *In:* Biochemistry, 4th edition, 2011.

ZABORSKY, O. R. Covalent Linkage: III. Immobilization of Enzymes by Intermolecular Cross-Linking. *In:* Biomedical Applications of Immobilized Enzymes and Proteins. Springer, 1977. p. 25-35.

ZHANG, G. Q.; DONG, X. F.; WANG, Z. H.; ZHANG, Q.; WANG, H. X.; TONG, J. M. Purification, characterization, and cloning of a novel phytase with low pH optimum and strong proteolysis resistance from *Aspergillus ficuum* NTG-23. Bioresour. Technol, v. 101, n. 11, p. 4125-4131, 2010.

ZHU, D.; WU, Q.; WANG, N. Industrial Enzymes. *In:* Comprehensive Biotechnology, Second Edition. Elsevier Inc., 2011. v. 3 p. 3-13.

CAPÍTULO 7

ENGENHARIA DE REATORES E BIORREATORES

Cristiane Cassales Pibernat
Marlene Guevara dos Santos
Lilian Raquel Hickert

1. INTRODUÇÃO

Neste capítulo, será abordado o projeto e operação de reatores. Um reator nada mais é do que um recipiente onde substâncias químicas são adicionadas para que ocorra uma reação de forma controlada com objetivo de obter um produto comercial. A diferença entre os vários tipos de reatores está na forma como isso ocorre.

Um reator químico é aquele em que ocorre a reação entre substâncias químicas inorgânicas e/ou orgânicas, enquanto um biorreator é o reator em que ocorrem reações biológicas na presença de células vivas ou de suas enzimas isoladas, podendo ser células animais, vegetais ou microrganismos.

O projeto de um reator envolve basicamente a determinação de tempo em que deve ser mantido o contato dos reagentes para que a reação ocorra e, para tal, é fundamental conhecer a cinética da reação e a maneira como as condições operacionais, concentração dos reagentes, pressão e temperatura influenciam nesse tempo. Estas relações são abordadas com maior detalhamento nos estudos de Físico-Química dos cursos e aqui serão apenas relembrados.

2. TAXAS DE REAÇÃO E ESTEQUIOMETRIA

2.1. Cinética de Reações Químicas

Para o projeto de reatores, precisamos entender como as reações ocorrem.

Para que uma reação ocorra, é necessário o contato entre as moléculas das substâncias reagentes, para que ligações químicas originais se rompam e outras ligações se formem. Para que isto ocorra é necessário em primeiro lugar que estas substâncias sejam reativas, ou seja, a reação irá produzir uma substância mais estável do que os reagentes originais. Mesmo assim ela não ocorre em qualquer condição.

É necessário que as moléculas reagentes entrem em contato, ou melhor, "colidam" na posição e com a intensidade adequada, para que a reação seja efetiva. Então podemos entender que quanto maior a quantidade dos reagentes está presente, maior a probabilidade de que as colisões ocorram, assim, a velocidade com que as reações ocorrem depende das quantidades de reagentes presentes, suas concentrações, e a proporção entre as quantidades necessárias, ou seja, sua estequiometria.

Além disso, a colisão deve ter a intensidade correta, ou seja, a quantidade de energia mínima que venha a causar a ruptura de uma ligação e formação de outra, chamada de energia de ativação. Este nível mínimo de energia é necessário para que a reação ocorra, tanto para reações exotérmicas quanto endotérmicas, como se pode observar na Figura 2.1.

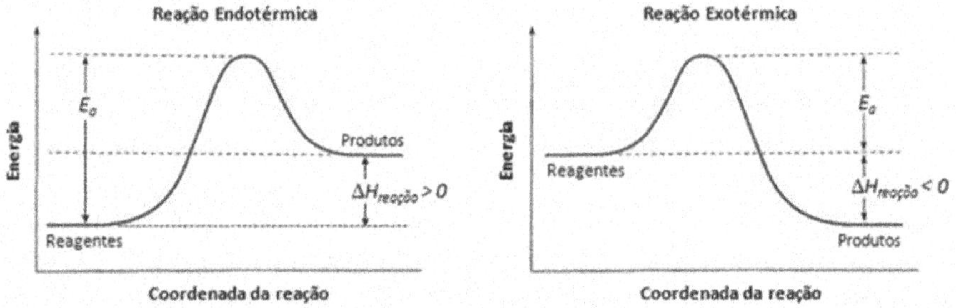

Figura 2.1 Variações de energia no decorrer de reação endotérmica e exotérmica.

Fonte: Adaptado de VOET e PRATT, 2000.

A intensidade da colisão está relacionada à vibração molecular, que ocorre quando uma molécula vibra e garante maior energia no impacto. Essa energia vibracional está relacionada à temperatura. Entende-se assim que temperaturas de reagentes mais elevadas produzem maior número de colisões efetivas e assim maior velocidade de reação. Dessa forma, pode-se compreender como funciona a cinética das reações, ou seja, a expressão numérica que representa a velocidade da reação que irá ocorrer. Ela está relacionada às concentrações e à temperatura.

Uma equação de taxa de reação descreve a quantidade que um reagente é consumido por unidade de tempo, assim como a quantidade de produto formado por unidade de tempo, ambas dependentes do volume útil do reator.

Para as reações ditas elementares, a taxa de reação é descrita por uma equação exponencial onde as concentrações dos reagentes têm como expoentes seus coeficientes estequiométricos e o efeito da temperatura é descrito por uma constante k. Por exemplo, dada a reação:

$$aA + bB \rightarrow cC$$
$$1A + 2B \rightarrow 4C$$

A taxa de consumo do reagente A é descrita por:

$$(-r_A) = \frac{(dC_A)}{dt} = kC_A^{\,a}C_B^{\,b} = kC_A^{\,1}C_B^{\,2}$$

A taxa de consumo do reagente B é 2 vezes maior, pois cada 1 mol de A consome 2 moles de B, portanto:

$$(-r_B) = \frac{(dC_B)}{dt} = 2(-r_A) = 2kC_A^{\,a}C_B^{\,b} = 2kC_A^{\,1}C_B^{\,2}$$

Bem como, a taxa de formação do produto C é quatro vezes maior que a do consumo de A, pois cada 1 mol de A formam 4 moles de C, logo:

$$(r_C) = \frac{dCc}{dt} = 4(-r_A) = 4kC_A^{\,a}C_B^{\,b} = 4kC_A^{\,1}C_B^{\,2}$$

Onde k é a velocidade específica da reação; C_A e C_B são as concentrações dos reagentes A e B respectivamente; a, b e c são os coeficientes estequiométricos da reação. Os expoentes de cada concentração são denominados de ordem da reação para o componente correspondente e a ordem global de reação é a soma desses expoentes, assumindo os valores dos coeficientes estequiométricos nas reações elementares e outros diversos, nas reações não elementares.

Assim, há uma relação entre as taxas de reação para reagentes com seus coeficientes estequiométricos, dada por: $\frac{(-r_A)}{a} = \frac{(-r_B)}{b} = \frac{(r_C)}{c}$.

Importante variável intensiva, que relaciona o número de moles desaparecidos com o número de moles iniciais, é a conversão do componente, que expressa a fração de reagente já consumido ou de produto já formado, conforme dado a seguir:

$$X_A = \frac{N_{Ao} - N_A}{N_{Ao}} = \frac{C_{Ao} - C_A}{C_{Ao}} \qquad X_B = \frac{N_{Bo} - N_B}{N_{Bo}} = \frac{C_{Bo} - C_B}{C_{Bo}}$$

$$X_C = \frac{N_{Co} - N_C}{N_{Co}} = \frac{C_{Co} - C_C}{C_{Co}}$$

Onde X_A, X_B e X_C são as conversões dos componentes A, B e C respectivamente; N_{Ao}, N_{Bo} e N_{Co} são os números de moles iniciais e N_A, N_B e N_C são os números de moles finais dos respectivos componentes A, B e C; C_{Ao}, C_{Bo} e C_{Co} são concentrações iniciais e C_A, C_B e C_C são as concentrações finais desses componentes.

Desta forma, ainda considerando a reação genérica dada, as concentrações dos componentes em um dado momento a partir da conversão alcançada podem ser descritas pelas equações:

Sistemas a volume constante: $V=V_o$	$C_A = C_{Ao}(1-X_A)$	$C_B=C_{Ao}(\theta_B - \frac{b}{a}X_A)$	$C_C=C_{Ao}(\theta_C + \frac{c}{a}X_A)$
Sistemas a volume variável: $V = V_o(1+\varepsilon_A)\frac{P_o}{P}\frac{T}{T_o}$	$C_A = \frac{C_{Ao}(1-X_A)}{(1+\varepsilon_A)\frac{P_o}{P}\frac{T}{T_o}}$	$C_B=\frac{C_{Ao}(\theta_B - \frac{b}{a}X_A)}{(1+\varepsilon_A)\frac{P_o}{P}\frac{T}{T_o}}$	$C_C=\frac{C_{Ao}(\theta_C + \frac{c}{a}X_A)}{(1+\varepsilon_A)\frac{P_o}{P}\frac{T}{T_o}}$

Onde: $\theta_B = \frac{C_{Bo}}{C_{Ao}}$; $\theta_C = \frac{C_{Co}}{C_{Ao}}$; $\varepsilon_A = \frac{(c-a-b)}{a} Y_{Ao}$,

denominado fator de contração-expansão; y_{Ao} é a fração molar inicial do componente A; *Po* é a pressão total inicial do sistema; *P* é a pressão total do sistema em um tempo qualquer; *To* é a temperatura inicial do sistema; *T* é a temperatura do sistema em um tempo qualquer.

Já para reações não elementares, devido a mecanismos de reação mais complexos, não obedecem a esse modelo, podendo apresentar modelos matemáticos diferentes.

A velocidade específica da reação k, e sua dependência com a temperatura é dada através da Lei de Arrhenius pela equação:

$$k = k_o \, e^{\frac{-E_a}{RT}}$$

Onde k_o é uma constante chamada fator de frequência, que é a média de probabilidade de uma colisão eficaz, sendo um valor específico para cada molécula; E_a é a energia de ativação, em J/mol ou cal/mol, que é a energia mínima necessária para que a colisão eficaz seja capaz de romper uma ligação e produzir nova ligação; R é a constante dos gases ideais, assume valor 8,314 J/mol.K ou 1,987 cal/mol.K; e T é a temperatura em K.

Assim, verifica-se que quanto maior a temperatura maior é a velocidade específica de reação *k*. É possível relacionar diferentes *k* em diferentes temperaturas, conhecendo-se a energia de ativação de uma reação. Linearizando a equação de Arrhenius, tem-se $\ln k = \ln k_o - \frac{E_a}{RT}$ e como ln k_o é constante para qualquer temperatura T, obtém-se a expressão

$$\ln \frac{k_1}{k_2} = \frac{E_a}{R} \ln\left(\frac{1}{T2} - \frac{1}{T1}\right)$$

Para reagentes gasosos, a cinética da reação é expressa em dados de pressão, pela sua relação com concentração, ou seja, número de moles por unidade de volume. Essa relação é definida pela lei dos gases ideais, *PV=NRT*; sabendo-se que a concentração é $C_A = \frac{N_A}{V}$, obtém-se $C_A = \frac{P_A}{RT}$. A pressão parcial do componente A, por sua vez, de acordo com as leis de Dalton e Raoult, é dada pela equação $PA = y_{Ao}.P$, ou seja, a fração molar do componente A multiplicada pela pressão total, levando a

$$C_A = \frac{y_{Ao}P}{RT}$$

2.2. Catalisadores

Um catalisador é uma substância que, quando presente no meio reacional, se conecta aos reagentes em um passo intermediário de reação, formando uma ligação temporária de menor energia de ativação – diminuindo o tempo de reação – e que após se desconecta, liberando o produto e mantendo sua forma original. Assim, um catalisador não é consumido em uma reação, ele apenas facilita a mesma, conforme mostra a Figura 2.2.

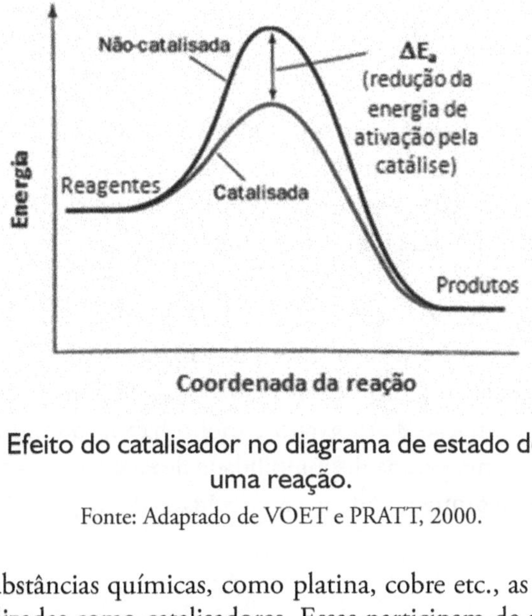

Figura 2.2 Efeito do catalisador no diagrama de estado de transição de uma reação.

Fonte: Adaptado de VOET e PRATT, 2000.

Além de substâncias químicas, como platina, cobre etc., as enzimas também podem ser utilizadas como catalisadores. Essas participam de reações biológicas de quebra de moléculas bioquímicas complexas produzidas pelas células vivas para seus processos metabólicos.

2.3. Cinética de Reações Biológicas

Para as reações biológicas, o modelo de equação cinética elementar das reações químicas não descreve o mecanismo da reação, pois ocorrem reações mais complexas dentro das células. Desta forma, apenas se pode modelar a reação global observada e não as reações internas da célula. O reagente consumido pela célula denomina-se substrato e os produtos da reação são mais células, produtos ou subprodutos do metabolismo.

As reações enzimáticas são reações biológicas catalisadas por enzimas. Essas são produzidas no interior das células vivas e podem ser expelidas no meio para quebrar moléculas bioquímicas complexas em moléculas menores. Este processo ocorre naturalmente em diversos alimentos, como para produção de queijo, de pães e podem inclusive ser capazes de penetrar nas células para que sejam consumidas no processo de digestão celular.

Os avanços da biotecnologia permitiram o desenvolvimento de técnicas de separação e purificação destas enzimas produzidas no meio, podendo-se empregar de forma isolada das células em reações de interesse comercial.

O modelo cinético desenvolvido para uma reação entre a enzima E e o substrato S para formar o complexo ES, seguida da formação de produtos e liberação da enzima para nova reação, e que descreve a velocidade de uma reação enzimática V a uma dada temperatura foi desenvolvido por Michaelis e Menten, de acordo com a equação:

$$S+E \rightarrow ES \rightarrow E+Produtos \qquad V = \frac{V_{max}S}{K_m + S}$$

Onde S é a concentração de substrato; V_{max} e K_m são conhecidos como parâmetros de Michaelis e Menten: V_{max} é a velocidade máxima possível de reação, determinada de acordo com a concentração de enzima; e K_m é uma constante, dada pela concentração de substrato quando $V = \frac{V_{max}}{2}$.

À medida que a concentração de substrato S aumenta, a **enzima** E satura-se, pois aumenta também a quantidade de **enzima** presente sob a forma de complexo **enzima**-substrato (ES), e a velocidade atinge o valor máximo V_{max}.

Quando a concentração de substrato é muito baixa, muito menor do que o valor de K_m, tem-se uma grande disponibilidade de enzima, a reação se comporta como uma reação de primeira ordem e a velocidade de reação é dada por

$$V = \frac{V_{max}S}{K_m},$$

conforme pode ser observado na Figura 2.3. Já quando a concentração de substrato é muito grande, seu aumento não resulta em aumento de velocidade de reação, pois não há enzima disponível para a catálise, portando $V = V_{max}$, ou seja, se comporta como uma reação de ordem zero, em que a velocidade de reação independe da concentração do substrato.

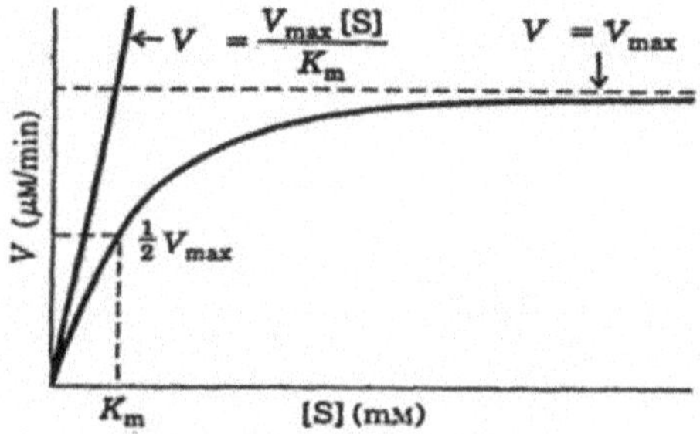

Figura 2.3 Curva representativa do modelo cinético de Michaelis e Menten.
Fonte: Adaptado de HEIDARI, 2019.

Para as reações biológicas de células e microrganismos, o modelo global comumente utilizado que descreve a velocidade de formação de novas células μ ao consumir um substrato, é descrita pelo modelo de Monod, que é muito semelhante ao modelo de Michaelis e Menten, segundo a equação:

$$\mu = \frac{\mu_{max} S}{K_S + S}$$

Onde S é a concentração de substrato; μ_{max} e K_S são conhecidos como parâmetros de Monod: μ_{max} representa a máxima velocidade específica de crescimento ou reprodução; e K_S é a constante de saturação, representa a concentração do substrato na qual a velocidade específica de crescimento é a metade do seu valor máximo

$$\mu = \frac{\mu_{max}}{2}$$

Analogamente ao modelo anterior, quando a concentração de substrato for muito menor que o valor de K_S a equação se torna um modelo de primeira ordem e, quando for muito grande, se torna modelo de ordem zero. Quanto menor o valor de K_S, mais amplo o "patamar" quase horizontal da curva, encontrando-se mais próximo de μ_{max}, como pode ser observado no gráfico da Figura 2.4.

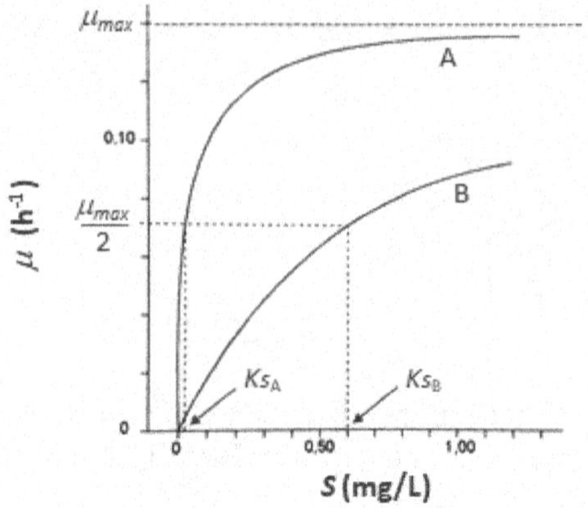

Figura 2.4 Curva representativa do modelo cinético de Monod.
Fonte: Adaptado de HISS, 2001.

A taxa de produção de biomassa pode ser modelada pela equação:

$$(r_x) = \frac{dX}{dt} = \mu X = \frac{\mu_{max} S}{K_S + S} X$$

A taxa de consumo de substrato para crescimento celular, por sua vez, pode ser descrita por:

$$(-r_S) = \left(-\frac{dS}{dt}\right) = \frac{\mu}{Y_{XS}} X = \frac{\mu_{max} S}{Y_{XS}\left(K_S + S\right)} X$$

Onde X é a concentração de biomassa (células); Y_{XS} é o rendimento de substrato em biomassa, é dado por $Y_{XS} = dX/dS$ que fornece a proporção de biomassa produzida por unidade de massa de substrato consumido em $g.g^{-1}$; os demais parâmetros já foram apresentados anteriormente.

Os produtos de reação podem ocorrer pelas reações metabólicas como subprodutos da digestão do substrato, chamados de produtos atrelados ao metabolismo ou como um produto específico de ação do microrganismo no substrato, não atrelado ao metabolismo.

A taxa de formação de um produto, que é produzido diretamente como um subproduto do processo metabólico, está relacionado principalmente à concentração de biomassa de duas formas: pode ser produzido durante o crescimento celular ou no processo de metabolismo de manutenção. No caso de produção durante o crescimento celular, a relação é dada pelo rendimento de produto em biomassa Y_{PX}, que fornece a proporção entre a massa de produto formado por unidade de massa de células produzidas em $g.g^{-1}$. Já a relação com o metabolismo de manutenção estará relacionado por que é a taxa específica de formação de produto pela manutenção celular, ou seja, uma relação de massa de produto produzido por unidade de massa de células por unidade de tempo em seu processo metabólico ($g.g^{-1}.s^{-1}$).

$$(r_P) = \frac{dP}{dt} = Y_{PX}(r_x) + m_P X = (Y_{PX}.\mu + m_P)X$$

Quando um produto também é formado durante o processo de consumo do substrato de forma não relacionada ao metabolismo, tem-se um rendimento de substrato em produto Y_{PS}, que determina a quantidade de produto formado por unidade de substrato consumido ($g.g^{-1}$). Dessa forma, a taxa de consumo do substrato apresenta três termos, o consumo para produção de células, o consumo para produção de produto e o consumo relacionado ao metabolismo celular, a uma taxa específica que é uma proporção de quanto de substrato é consumido por unidade de massa de células por unidade de tempo em seu processo de manutenção celular ($g.g^{-1}.s^{-1}$), conforme a expressão:

$$(-r_S) = \left(-\frac{dS}{dt}\right) = \frac{r_X}{Y_{XS}} + \frac{r_P}{Y_{PS}} + m_S X$$

Os modelos apresentados são simplificados, todavia possibilitam quantificar as reações que ocorrem nos processos biológicos e podem ser utilizadas nos projetos de biorreatores.

2.4. Reações Homogêneas e Heterogêneas

As reações homogêneas são aquelas em que os reagentes estão na mesma fase, líquida ou gasosa miscíveis, permitindo que ocorra o contato entre as moléculas em todos os pontos do meio físico.

As reações heterogêneas são reações em que os reagentes se encontram em fases distintas imiscíveis, por exemplo, sólido-líquido, sólido-gás, gás-líquido ou entre líquidos imiscíveis. Neste tipo de reação, não ocorre o contato entre as moléculas em todos os pontos do meio físico, apenas nas interfaces entre as fases, como a superfície dos sólidos ou de bolhas de gás em líquidos ou de bolhas de líquidos imiscíveis.

Desta maneira, nas reações heterogêneas, a taxa de reação de consumo de reagentes e formação de produtos, não depende apenas da expressão cinética, mas também da área de contato entre as fases, assim como de mecanismos de difusão e convecção que movimentam as moléculas que estão nesta superfície de contato.

Como exemplo, pode-se analisar o que ocorre na superfície de um catalisador sólido em contato com um reagente líquido. O reagente é levado para próximo do sólido pelas correntes de convecção (agitação) assim como pela difusão. Ao redor do sólido há uma camada limite estagnada, ocorre, então, a difusão do reagente dentro desta camada limite, ao chegar a contato com a molécula do catalisador sólido, o reagente forma produto; este então faz o caminho inverso, saindo da camada limite por difusão e se misturando ao meio líquido por convecção e difusão.

No caso de um sólido permeável, o mecanismo se torna mais complexo, pois além do mecanismo de difusão externo, o reagente vai difundir para dentro do sólido ao mesmo tempo em que reagir, e o produto, por sua vez, vai difundir para fora do sólido para após se difundir externamente.

Estes mecanismos reduzem a velocidade com que a reação ocorre. A equação cinética só é válida para o momento em que os reagentes estão em contato, e todo este processo difusivo/convectivo aumenta o tempo para que a reação ocorra.

Para este tipo de reação uma forma de analisar os problemas é através do cálculo de efetividade, que é um "rendimento" da reação heterogênea quando comparada à reação homogênea. Por exemplo, uma reação com efetividade de 0,9 terá uma taxa de reação de 90% daquela obtida no caso de a reação ser realizada em meio homogêneo. A efetividade sempre estará entre 0 e 1, quanto maior mais eficiente será o processo, quanto menor, mais influência o processo difusivo terá sobre a reação. Iremos determinar a efetividade de reações heterogêneas mais adiante neste texto.

3. PROJETO DE REATORES ISOTÉRMICOS

O projeto de reatores está relacionado à determinação do tempo necessário para uma reação ocorrer, determinada pela cinética da reação, que depende das condições operacionais de concentração, temperatura e pressão, assim como da forma em que os reagentes são colocados em contato, conforme mencionado anteriormente.

3.1. Modelos de Reatores Homogêneos

Os reatores químicos mais comuns são três tipos principais, diferenciados pela forma de contato entre os reagentes: reatores tipo tanque de mistura perfeita batelada e contínuo e o reator tubular contínuo (Figura 3.1).

O reator de tanque de mistura perfeita é um recipiente cilíndrico com agitação mecânica, capaz de garantir uma homogeneidade em todo o meio reacional. Ele pode ser operado de forma batelada, onde os reagentes são adicionados, aguarda-se o tempo de reação e após remove-se o produto, denominado BSTR (*Batch*

Stirred Tank Reactor); ou de forma contínua onde há correntes de entrada de reagente e saída contínua da solução contendo produto com manutenção do volume interno de trabalho, denominado CSTR (*Continuous Stirred Tank Reactor*).

No reator batelada BSTR, inicialmente, os reagentes encontram-se em concentração máxima, assim a taxa de reação também é máxima. Conforme os reagentes vão sendo consumidos, suas concentrações diminuem e a taxa de reação vai diminuindo ao longo do tempo, ou seja, a reação inicia de forma muito rápida, mas vai se tornando lenta à medida que o tempo transcorre. A concentração de produtos inicia em zero e vai aumentando ao longo do tempo. Esse tipo de reator encontra aplicação na indústria alimentícia nas principais fermentações (cerveja, vinho, iogurte, picles, entre outros), na indústria farmacêutica; na produção de pigmentos e polímeros; na indústria de cosméticos, de higiene e limpeza, tratamento de efluentes.

Já no reator de mistura contínuo CSTR, os reagentes entram e os produtos se formam continuamente, misturando-se no meio reacional. No entanto, por possuir vazões de entrada e saída constantes, se estabelecem concentrações diluídas estáveis, de acordo com o grau que a reação alcançou, ou seja, os reagentes entram e são diluídos na solução reacional. Desta forma a taxa de reação é constante e menor, pois as concentrações de reagentes no tanque são pequenas. Algumas das aplicações desse formato de reator são a fermentação alcoólica e o tratamento biológico de resíduos.

O reator batelada pode ainda ser operado, como semi-batelada, ou batelada alimentada, onde se pode adicionar um reagente no início e o segundo ao longo da reação, ou os dois reagentes ao longo da reação. Opera-se um reator desta forma quando, assim, se podem obter resultados melhores devido às condições cinéticas. Alguns exemplos são a produção de antibióticos (neomicina, estreptomicina, bacitracina) e algumas fermentações alcoólicas.

O reator contínuo tubular, PFR (*Plug Flow Reactor*) é um tubo onde os reagentes são alimentados em uma das pontas, e percorrem o tubo em escoamento pistonado, onde haverá mistura apenas na direção radial e não axial. No reator tubular, os reagentes entram em alta concentração, e reagem nesta lâmina de fluido que se desloca ao longo do tubo, sem que ocorra mistura com a porção da frente e de trás, assim, da mesma forma que em um reator batelada as concentrações vão reduzindo enquanto ele percorre o tubo e a taxa de reação vai reduzindo, tornando a reação mais lenta, o produto é formado e vai aumentando sua concentração, até que a solução reacional atinja a saída do tubo. Alguns exemplos são reatores com enzimas ou células imobilizadas e de leito fluidizado.

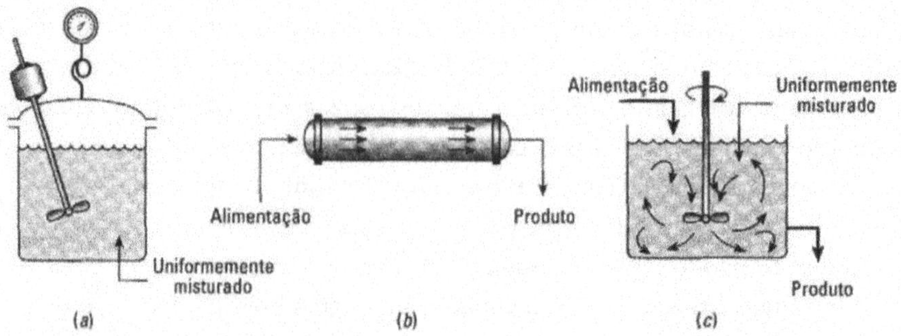

Figura 3.1 Esquema genérico dos três tipos de reatores ideais:
(a) reator de mistura descontínuo ou batelada;
(b) reator tubular contínuo – PFR;
(c) reator de mistura continuo – CSTR.
Fonte: LEVENSPIEL, 2000.

Percebe-se, portanto, que em um reator batelada as concentrações de reagentes e produtos mudam ao longo do tempo, mas são as mesmas em qualquer ponto do tanque, pois o agitador garante a homogeneidade. Em um reator de mistura perfeita contínuo as concentrações de reagentes e produtos são constantes em todos os pontos do tanque e ao longo do tempo. Já em um reator tubular as concentrações são diferentes em cada ponto ao longo do reator, mas para uma mesma posição do reator as concentrações são constantes ao longo do tempo. Essas variações são apresentadas na Tabela 3.1. Pode-se mencionar ainda que é possível aproximar um reator tubular a uma sequência de infinitos reatores de mistura contínuo.

Tabela 3.1 Análise da variação da concentração em função do tempo em uma posição fixa ou da variação da concentração em função da posição no reator num tempo fixo.

Reator	Variação da concentração com o tempo	Variação da Concentração com a posição
Batelada	Variável	Constante
CSTR	Constante	Constante
PFR	Constante	Variável

Fonte: Autoras, 2021.

3.2. Parâmetros a serem determinados no projeto de reatores

No projeto de reatores, é comum determinar primeiramente a temperatura em que deve ocorrer a reação. Como visto na equação de Arrhenius, quanto maior a temperatura, maior a taxa de reação, pois a velocidade específica *k* é diretamente proporcional à temperatura. Assim a temperatura escolhida deve ser econômica, em que a taxa de reação seja elevada, mas não ofereça riscos, podendo ser facilmente controlada, não havendo risco de formação de gases por evaporação em taxas que venham a gerar pressões, causando risco de ruptura, ou comprometer o ambiente de trabalho. Este cuidado deve ser maior em reações gasosas em que a pressão é fator importante de risco.

O segundo parâmetro a determinar é a pressão, sendo que para reações em meio líquido trabalha-se geralmente a pressões atmosféricas, e para reações gasosas a pressão deve ser determinada de acordo com a concentração desejada.

As concentrações são determinadas geralmente pelo fornecimento de matéria prima e a facilidade de manuseio seguro, principalmente para reações altamente exotérmicas onde o controle de temperatura pode ser mais complexo. Lembrando que quanto mais altas as concentrações, maior a taxa de reação, ou seja, maior a velocidade, portanto não há vantagem em se trabalhar com reagentes diluídos.

Assim definidas estas condições operacionais, o tamanho do reator deve ser calculado, baseado no tempo em que a reação leva para chegar à conversão do reagente desejado. A conversão é a proporção de reagente consumido, definido por

$$X_A = \frac{C_{Ao} - C_A}{C_{Ao}}$$

e pode assumir valores entre 0 (no início da reação) e 1 (ao final).

Trabalhar o projeto com conversão desejada 1 não é recomendado, pois isto implica em concentrações finais muito baixas de reagentes, taxas muito lentas e tempos muito longos (quando , o tempo tende a infinito), aumentando muito a dimensão do reator. Portanto, geralmente, se utilizam conversões menores, de 0,70 a 0,99. A conversão ideal, na prática, deve ser avaliada de forma dinâmica, analisando qual será a conversão econômica, onde se obtém maior produção de produto com menor custo de equipamento e operação.

A análise do tamanho do reator, portanto, é primordial para o projeto. Em um reator batelada, o tempo é o mesmo para alcançar uma conversão para as mesmas concentrações de reagentes e temperatura, independente da quantidade total dentro do reator, portanto se calcula o tempo de batelada e a partir deste o volume a processar.

No caso de um CSTR, o volume depende das vazões de entrada e da conversão, que, por sua vez, definem as concentrações dentro do reator. Como as concentrações e a taxa são constantes, é necessário determinar quanto tempo as moléculas devem ficar dentro do reator para reagirem e alcançar a conversão almejada. Este tempo é denominado tempo de residência. Assim, o tamanho do tanque é calculado, de acordo com o tempo de residência e a vazão de processamento desejada.

Já para um PFR, é similar a um batelada, diferindo que o tempo a ser determinado é aquele em que as moléculas levam para percorrer o reator e alcançar a conversão, desse modo o tamanho do reator, também dependerá do tempo de residência e da vazão de processamento requerida.

3.3. Equações de Projeto de Reatores Ideais Isotérmicos

O desenvolvimento das equações de projeto dos reatores ideais batelada, CSTR e PFR serão apresentados a seguir. Estas equações são desenvolvidas a partir de um balanço de massa (BM), também podendo ser realizado por um balanço molar, realizado nas fronteiras do reator (Figura 3.2).

BM global:

$$\begin{pmatrix} \text{taxa mássica} \\ \text{total entrando} \\ \text{no reator} \end{pmatrix} - \begin{pmatrix} \text{taxa mássica} \\ \text{total saindo} \\ \text{do reator} \end{pmatrix} = \begin{pmatrix} \text{taxa de} \\ \text{acúmulo} \\ \text{no reator} \end{pmatrix}$$

BM por componente:

$$\begin{pmatrix} \text{taxa mássica do} \\ \text{componente} \\ \text{entrando no reator} \end{pmatrix} - \begin{pmatrix} \text{taxa mássica do} \\ \text{componente} \\ \text{saindo no reator} \end{pmatrix} = \begin{pmatrix} \text{taxa de reação do} \\ \text{componente} \\ \text{dentro do reator} \end{pmatrix} + \begin{pmatrix} \text{taxa de acúmulo} \\ \text{do componente} \\ \text{no reator} \end{pmatrix}$$

A taxa de reação é dada pelo consumo de reagentes ou pela formação de produtos, de acordo com o componente analisado.

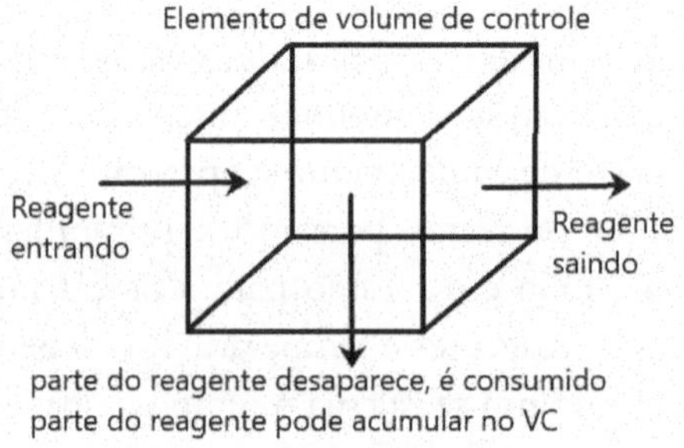

Figura 3.2 Balanço de massa para um elemento de volume do reator.
Fonte: Autoras.

Reator batelada

No reator batelada, não há entrada e nem saída de reagentes e produtos. A massa total dentro do reator permanece constante, sendo aquela que foi adicionada no abastecimento. Todavia, analisando o balanço de massa individual por componente (reagentes e produtos), embora não tenham entradas e saídas, há consumo e formação respectivamente.

$$\cancel{\dot{m}_A entra} - \cancel{\dot{m}_A sai} = \dot{m}_A consumido + \dot{m}_A\ acumulado$$

Portanto:

$$\dot{m}_A consumido = \dot{m}_A\ acumulado$$

$$\dot{m}_A\ acumulado = (-r_A).Volume\ do\ reator$$

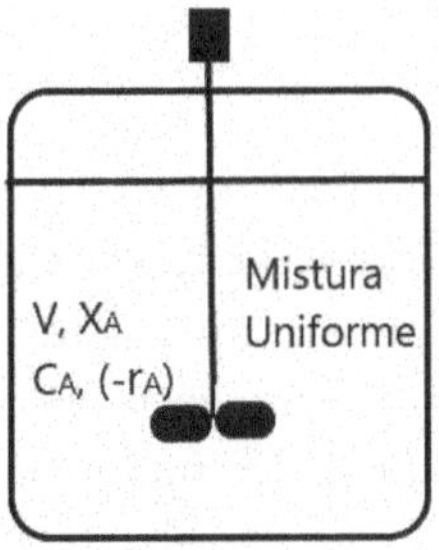

$$m_A acumulado = \frac{dNA}{dt} = \frac{dN_{Ao}(1-X_A)}{dt} = -N_{Ao}\frac{dX_A}{dt}$$

$$(-r_A).V_{reator} = -(-)N_{Ao}\frac{dX_A}{dt}$$

Separando as variáveis e integrando, tem-se:

$$V_{reator}.\int_o^t dt = N_{Ao}\int_o^{XA}\frac{dX_A}{(-r_A)}$$

$$t = \frac{N_{Ao}}{V_{reator}}\int_o^{XA}\frac{dX_A}{(-r_A)} = C_{Ao}\int_o^{XA}\frac{dX_A}{(-r_A)}$$

Esta equação possibilita calcular o tempo de reação em um reator batelada, partindo de uma concentração inicial de reagente A, C_{Ao}, para alcançar uma conversão desejada X_A. A integral pode ser resolvida manualmente ou diretamente em uma calculadora de engenharia ou científica com função integral.

Reator CSTR

Para um reator CSTR o balanço de massa é diferente, pois neste há correntes de entrada e saída que são iguais no balanço global, mas diferentes em um balanço por componente. Para esse caso, faz uso da vazão molar, , que é o número de moles por unidade de tempo que passa pela fronteira do reator. As concentrações dentro do reator se mantêm constante, assim como a taxa de reação $(-r_A)$.

Para o balanço de massa global não há acúmulo, assim como para os componentes.

$\dot{m}_A \; entra - \dot{m}_A \; sai = \dot{m}_A \, consumido + \cancel{\dot{m}_A} \, acumulado$

Assim:

$\dot{m}_A \, entra - \dot{m}_A \, sai = \dot{m}_A \; consumido$

$F_{Ao} - (F_{Ao} - F_{Ao} \cdot X_A) = (-r_A) \cdot Volume \; do \; reator$

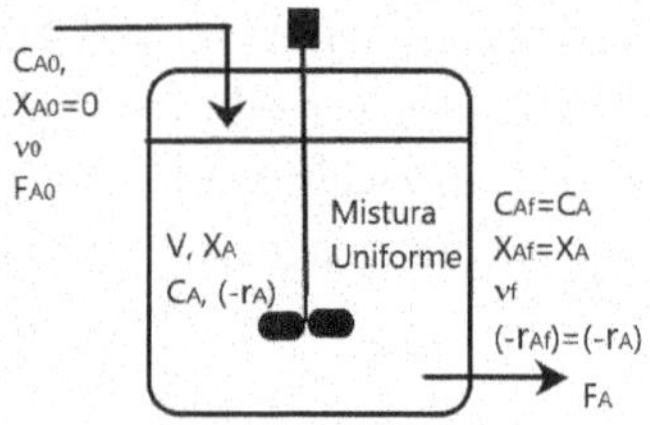

$$F_{Ao} \cdot X_A = (-r_A) . V_{reator}$$

$$V_{reator} = \frac{F_{Ao} . X_A}{(-r_A)}$$

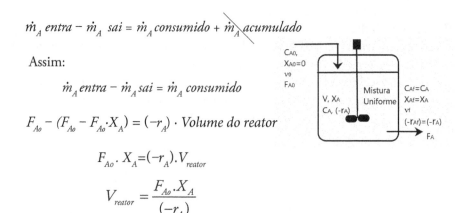

Esta equação possibilita determinar o volume de um reator CSTR abastecido a uma vazão F_{Ao} para alcançar uma determinada conversão X_A. O reator CSTR, assim como o batelada, tem formato cilíndrico, suas dimensões de altura/diâmetro seguem relações preestabelecidas empiricamente como relações que fornecem condições fluidodinâmicas adequadas à mistura perfeita.

Reator PFR

Para o reator tubular PFR, há correntes de entrada e saída iguais em massa total, porém diferentes por componente, e assim como o CSTR não há acúmulo de componentes no reator. No entanto, neste caso é preciso reduzir o volume de controle a um infinitesimal, pois diferente do CSTR, o PFR não tem concentrações e taxas de reação constante dentro de todos os pontos do reator. A concentração dos componentes varia na posição do reator e no tempo.

$\dot{m}_A \; entra - \dot{m}_A \; sai = \dot{m}_A \, consumido + \cancel{\dot{m}_A} \; acumulado$

$\dot{m}_A \; entra - \dot{m}_A \; sai = \dot{m}_A \, consumido$

$F_A - (F_A + dF_A) = (-r_A) \; . \; V_{reator}$

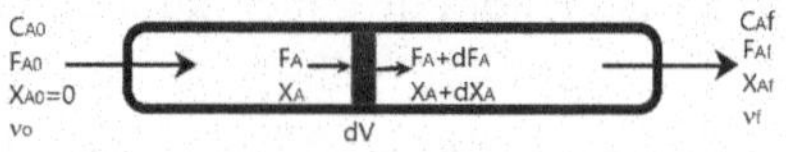

Sabendo que:

$dF_A = dF_{Ao}(1-X_A) = -F_{Ao} dX_A$

Então:

$F_{Ao} dX_A = (-r_A) \; . \; V_{reator}$

Integrando do ponto inicial do reator onde $V = 0$ e o final onde $V = V$, partindo de uma conversão 0 até chegar a uma conversão desejada , tem-se:

$$\int_0^V dV_{reator} = F_{Ao}\int_0^{XA}\frac{dX_A}{(-r_A)}$$

$$V_{reator} = F_{Ao}\int_0^{XA}\frac{dX_A}{(-r_A)}$$

A partir desta equação, pode-se calcular o volume de um reator tubular para alcançar determinada conversão de reagentes. Como o reator tem formato tubular, ou seja, cilíndrico, deve-se determinar o diâmetro baseado em questões fluidodinâmicas (obtenção de fluxo pistonado com velocidade econômica) e a partir deste determinar o comprimento total do tubo.

Tempo Espacial ou tempo de residência

Os sistemas contínuos CSTR e PRF podem ser avaliados pelo tempo médio que as moléculas dos componentes levam para atravessar as fronteiras do reator, conforme já comentado anteriormente, A vantagem em usar o tempo de residência é o de fornecer um parâmetro de proporcionalidade que pode ser usado para modificações de escala, ou seja, se a vazão for menor, o volume do reator deve ser menor, porém mantendo o mesmo tempo de residência, assim obtém-se a mesma conversão.

O tempo de residência τ é dado pela equação:

$$\tau = \frac{V_{reator}}{v_o}$$

Enquanto que a vazão molar F_{Ao}, por sua vez, pode ser descrita pela concentração inicial multiplicada pela vazão volumétrica: $F_{Ao} = C_{Ao}.v_o$. Assim pode-se reescrever a equação de projeto para o PFR, conforme segue:

$$V_{reator} = F_{Ao}\int_0^{XA}\frac{dX_A}{(-r_A)} = v_o\int_0^{XA}\frac{dX_A}{(-r_A)} \Rightarrow \tau = C_{Ao}\int_0^{XA}\frac{dX_A}{(-r_A)}$$

Analogamente para o CSTR, obtém-se:

$$V_{reator} = \frac{F_{Ao}.X_A}{(-r_A)} = \frac{C_{Ao}.v_o.X_A}{(-r_A)} \Rightarrow \tau = \frac{C_{Ao}.X_A}{(-r_A)}$$

Pode-se ainda analisar a chamada velocidade espacial, que fornece a dimensão de quantos volumes de reator são processados por hora e pode ser calculada como o inverso do tempo espacial:

$$\mathrm{v} = \frac{1}{\tau}$$

Desta forma, o volume dos reatores para alcançar determinada conversão pode ser dimensionado, as mesmas equações podem ser utilizadas para um volume conhecido de reator e analisar qual será o resultado de uma reação realizada nele. Pode-se calcular a conversão para uma determinada vazão ou tempo de batelada, ou a partir de uma determinada conversão, analisar a vazão máxima possível de ser alimentada.

3.4. Reações em fase gasosa a volume constante e a pressão constante

Quando os reagentes estão em fase gasosa, durante a reação, pode ocorrer a expansão ou a contração no número de moles. Por exemplo, se 1 mol de A reagir com 1 mol de B, originando 1 mol de C, ocorrerá a contração de volume, pois inicialmente haviam 2 moles de reagentes e no final da reação 1 mol de produto. Ao contrário, se tivermos 1 mol de A se decompondo em 1 mol de B mais 1 mol de C haverá expansão de volume, pois inicialmente havia 1 mol de reagente e no final da reação 2 moles de produtos. Quando esta variação no número de moles ocorre em reações em estado líquido, como a densidade dos líquidos não se altera significativamente, o volume é mantido. Nas reações em fase gasosa, entretanto, que tem alterações muito grandes de densidade, de acordo com o número de moles, este fator deve ser ponderado.

Nestes casos, há duas situações a serem consideradas em reatores tipo tanque, batelada e CSTR. Os reatores podem operar à pressão constante, quando possuem uma tampa móvel tipo pistão, que compensa as variações em pressão expandindo ou contraindo o volume do reator, mantendo a pressão estável. A segunda forma são os reatores de tampa fixa, que não tem seu volume alterado. Nestes casos, como o volume é mantido constante, variações no número total de moles causam efeitos de aumento ou redução de pressão. Lembrando que a concentração em gases pode ser descrita pela pressão, tem-se que: uma redução de pressão reduz a concentração e, um aumento de pressão aumenta a concentração, interferindo assim diretamente na cinética.

Para os reatores a volume constante não há dificuldades em utilizar as equações de projeto, mas nos casos de volume variável é preciso utilizar o volume final alcançado de acordo com o grau de conversão na expressão das concentrações, conforme expressões já apresentadas no item 2.1:

$$C_A = \frac{N_A}{V} = \frac{N_{Ao}(1-X_A)}{V_o(1+\varepsilon_A X_A)\dfrac{P_o}{P}\dfrac{T}{T_o}} = \frac{C_{Ao}(1-X_A)}{(1+\varepsilon_A X_A)\dfrac{P_o}{P}\dfrac{T}{T_o}}$$

$$C_B = \frac{N_B}{V} = \frac{C_{Ao}(\theta_B - \frac{b}{a} X_A)}{(1+\varepsilon_A X_A)\frac{P_o}{P}\frac{T}{T_o}} \qquad C_C = \frac{N_C}{V} = \frac{C_{Ao}(\theta_C - \frac{c}{a} X_A)}{(1+\varepsilon_A X_A)\frac{P_o}{P}\frac{T}{T_o}}$$

3.5. Carga Térmica de Refrigeração ou Aquecimento em Reatores Isotérmicos

Um dos fatores importantes do dimensionamento dos reatores isotérmicos é o cálculo de sua carga térmica, para posterior dimensionamento do sistema de trocador de calor empregado no reator para que se mantenha isotérmico.

Para reações exotérmicas, conforme a reação avança ocorre liberação de energia de reação na forma de calor. Desta forma, o meio reacional ao receber este calor, precisa ser refrigerado. Um trocador de calor deve remover o calor do meio na mesma taxa com que ele é gerado. Caso o resfriamento não ocorra adequadamente, o meio reacional tem sua temperatura incrementada e, assim, a constante da taxa de reação aumenta também, fazendo com que a reação ocorra mais rapidamente, aumentando a taxa de liberação de calor progressivamente mais rápido. Isso pode levar a perda do controle do reator em questão de minutos, trazendo risco iminente, pois se pode chegar a uma condição limite de vaporização da solução, com emissão de vapores químicos perigosos, e pressurização do reator, levando a uma possível explosão.

Para as reações endotérmicas, ao contrário, será necessário fornecer calor ao meio na mesma taxa que a energia é consumida para a reação. Caso não seja feito de forma eficiente, o meio reacional diminui sua temperatura, reduzindo a constante da taxa de reação e a taxa de reação, que progressivamente vai se tornando mais lenta a ponto de poder ocasionar a parada da reação.

Para o cálculo da carga térmica do reator, utiliza-se a entalpia de reação ΔH_R^o, que é a variação da energia total entre reagentes e produtos de uma reação. Ela pode ser determinada para a temperatura de operação do reator, fazendo a correção da entalpia disponível em tabelas de temperatura padrão de reação, ou calculadas pelos métodos da físico-química baseados nas energias das ligações, conforme a equação:

$$\Delta H_R = \Delta H_R^o + \Delta C_p * (T - T_{ref})$$

$$\Delta C_p = \sum \theta_i . C_{P_i}$$

Onde θ_i é dada pela razão entre a concentração do componente i e a concentração do reagente limitante; C_{pi} é a capacidade calorífica média do componente i na temperatura média de análise; ΔH_R^o é a entalpia de reação padrão na temperatura de referência T_{ref}; T é a temperatura na qual se deseja conhecer a entalpia da reação ΔH_R. A entalpia pode ser expressa na unidade kJ/mol, assim, de acordo com a taxa de reação em mol/L.s, obtém-se a taxa de geração de calor em kJ/L.s no reator.

O único modelo de reator que tem uma resolução simples para a carga térmica é o CSTR, pois como a conversão e a taxa de reação são constantes dentro do reator ao longo do tempo, a taxa de geração de energia $\dot{Q}$ também é constante, e no caso de a alimentação estar na mesma temperatura do reator, tem-se:

$$\dot{Q} = (-r_A).V.\Delta H_R$$

Já no caso de a alimentação estar em uma temperatura inferior ou superior, deve-se calcular e descontar ou somar o calor para elevar a temperatura dos reagentes a temperatura de reação.

$$\dot{Q} = (-r_A).V.\ \Delta H_R \mp \sum F_{i_o}.\ C_{i_o}.\ C_{p_i}$$

No caso de um CSTR ser operado adiabaticamente, ou seja, sem trocador de calor, assim como ele atinge um equilíbrio de concentrações, ocorre um equilíbrio na temperatura, pois a taxa de geração de calor é constante; como as vazões de entrada e saída também são constantes, este calor apresenta capacidade de aumento de temperatura até um valor de equilíbrio do sistema. Desse modo, a conversão alcançada dependerá da temperatura atingida, pois a constante da taxa estará de acordo com a temperatura de equilíbrio.

A conversão alcançada pode ser calculada, determinando-se a temperatura que se deseja empregar ou o contrário. Essa conversão é depois utilizada no cálculo do volume do reator e pode ser determinada pela seguinte expressão para uma alimentação à temperatura T_O:

$$X_A = \frac{\sum \theta_i.\ C_{p_i}.\ (T - T_O)}{\Delta H_R^O + \Delta C_p.\ (T - T_{ref})}$$

Para reatores batelada e PFR, este cálculo é mais complexo, pois a taxa de liberação de calor é variável, na batelada, diminui ao longo do tempo, na medida em que os reagentes são consumidos e a taxa de reação cai, e no PFR varia ao longo do comprimento do reator, conforme ocorre redução da concentração e a queda na taxa de reação. Assim estes dois tipos de reatores exigem resolução por cálculo numérico.

4. PROJETO DE BIORREATORES

4.1. Biorreatores homogêneos

Biorreatores operam em fase homogênea nos casos em que a enzima está dispersa, diluída no meio reacional líquido, ou em que células estão isoladas, sem formação de flocos. A reação ocorre em todos os pontos do meio reacional.

Biorreator batelada

Para o biorreator homogêneo operando em batelada, a equação de projeto é igual àquela usada para reações químicas, a diferença está na equação cinética $(-r_A)$ utilizada. Neste caso, são empregadas as cinéticas de Monod ou de Michaelis e Menten. A concentração de reagente é denominada de concentração de substrato S e calcula-se o tempo de batelada para que a concentração do substrato reduza de S_o até S_f, de acordo com a equação:

$$t_b = \frac{N_{Ao}}{V_{reator}} \int_0^{XA} \frac{dX_A}{(-r_A)} = C_{Ao} \int_0^{XA} \frac{dX_A}{(-r_A)} = \int_{S_0}^{S_f} \frac{dS}{(-r_S)}$$

Para o modelo cinético de Michaelis e Menten, que representa a cinética de enzimas, a solução da integral resulta em:

$$t_b = \int_{S_0}^{S_f} \frac{(K_m + S)}{V_{max}.S} dS$$

$$t_b = \frac{K_m}{V_{max}} ln \frac{S_o}{S_f} + \frac{S_o - S_f}{V_{max}}$$

Se houver a desativação da enzima, em uma cinética de primeira ordem, tem-se k_d como a constante da taxa de desativação V_{max_o} e como o valor de velocidade máxima antes de ocorrer a desativação, assim a equação de projeto resulta:

$$t_b = -\frac{1}{k_d} \ln \left[1 - k_d \left(\frac{K_m}{V_{max_o}} ln \frac{S_o}{S_f} + \frac{S_o - S_f}{V_{max_o}} \right) \right]$$

Para o modelo cinético de Monod, que representa a cinética das reações microbianas, a equação do tempo de batelada para consumo de substrato de uma concentração inicial S_o até uma concentração final S_f é dada por:

$$t_b = \frac{1}{\mu_{max}} ln \left[1 + \frac{S_o - S_f}{\left(\frac{1}{Y_{XS}} + \frac{q_P}{\mu_{max} Y_{PS}} + \frac{m_s}{\mu_{max}} \right) . x_o} \right]$$

Onde q_p é a taxa específica de formação de produto; e x_o é a concentração inicial de células.

Se nenhum produto for formado ou se a produção for diretamente ligada ao metabolismo energético, a expressão da taxa de consumo do substrato não apresenta o termo para a síntese do produto, resultando em:

$$t_b = \frac{1}{\mu_{max}} ln\left[1 + \frac{S_o - S_f}{\left(\frac{1}{Y_{XS}} + \frac{m_s}{\mu_{max}}\right).\, x_o}\right]$$

E caso a taxa de consumo de substrato para a manutenção possa ser negligenciada, tem-se:

$$t_b = \frac{1}{\mu_{max}} ln\left[1 + \frac{Y_{XS}.\left(S_o - S_f\right)}{x_o}\right]$$

No caso do projeto do reator se basear em uma quantidade de produto P desejada, pode-se calcular por:

$$t_b = \frac{1}{\mu_{max}} ln\left[1 + \frac{\mu_{max}.\left(P_f - P_o\right)}{q_p\ .\, x_o}\right]$$

Em reatores cujo objetivo principal é a produção de células (biomassa), pode-se determinar o tempo da batelada utilizando a concentração de células x como parâmetro:

$$t_b = \frac{1}{\mu_{max} - k_d} ln\frac{x_f}{x_o}$$

E no caso da taxa de morte celular poder ser negligenciada, usa-se:

$$t_b = \frac{1}{\mu_{max}} ln\frac{x_f}{x_o}$$

Para um reator batelada alimentada em que se alimenta continuamente o substrato a uma vazão molar constante F e concentração S_i, tem-se:

$$t_{fb} = \frac{x_f - x_o}{Y_{XS}.S_i F}$$

Em todos os casos, para reator batelada, deve-se levar em consideração o tempo de abastecimento, descarga, limpeza e esterilização, bem como o tempo de adaptação das células, que deve ser estabelecido experimentalmente.

Biorreator CSTR

Para reatores CSTR operando com reações enzimáticas homogêneas, negligenciando a taxa de morte celular, a equação de projeto, utilizando o modelo de Michaelis e Menten, tem a forma:

$$V_{reator} = \frac{F_o(K_m + S)}{V_{max}.S}$$

Ou para tempo de residência:

$$\tau = \frac{K_m + S}{V_{max}.S}$$

Para os biorreatores operando com cultivo celular, o balanço de massa para células dentro do reator mostra que a taxa de produção de células é a mesma taxa de células que deixam o reator, pois o substrato é adicionado sem novas células. Tem-se então:

$$\mu.x.V_{reator} = F.\,x$$

Reordenando a equação, obtém-se:

$$\frac{\mu.x}{x} = \frac{F}{V_{reator}} = D = \frac{1}{\tau} = \mu$$

Portanto, não é necessário conhecer a velocidade de reação μ, apenas a vazão molar de entrada e o volume de reator, para utilizar o tempo de diluição *D*. O volume do reator é assim determinado:

$$V_{reator} = \frac{FS_i - FS}{\left(\frac{\mu}{Y_{XS}} + \frac{q_p}{Y_{PS}} + m_S\right).\,x_o}$$

Ou para o tempo de residência:

$$\tau = \frac{S_i - S}{\left(\frac{\mu}{Y_{XS}} + \frac{q_p}{Y_{PS}} + m_S\right).\,x_o}$$

Desta forma, lembrando que μ_{max} e K_S são os parâmetros de Monod, pode-se determinar a concentração de substrato dentro do reator pela expressão:

$$S = \frac{DK_S}{\mu_{max} - D}$$

E a concentração de células no reator por:

$$x = \frac{D(S_i - S)}{\left(\dfrac{D}{Y_{XS}} + \dfrac{q_P}{Y_{PS}} + m_S\right)}$$

No caso de não haver consumo de substrato para a síntese de produtos, ou se há síntese, mas esta é um subproduto do metabolismo de energia celular, utiliza-se:

$$x = \frac{D(S_i - S)}{\left(\dfrac{D}{Y_{XS}} + m_S\right)}$$

E se é possível negligenciar a taxa de consumo de substrato para a manutenção celular, tem-se:

$$x = Y_{XS}(S_i - S)$$

Substituindo a equação da concentração de substrato *S* nesta última equação de *x*, obtém-se:

$$x = Y_{XS}\left(S_i - \frac{DK_S}{\mu_{max} - D}\right)$$

Quando há a produção de produtos a partir do substrato, a concentração do produto no reator pode ser determinada por:

$$P = P_i + \frac{q_P x}{D}$$

Para que o reator tenha seu estado estacionário garantido, há que se manter uma taxa de diluição máxima, chamada de crítica, pois em caso de taxas muito elevadas, a saída de células na corrente de saída pode ser maior que a taxa de células gerada quando esta estiver já em sua taxa máxima, não conseguindo assim manter a concentração de células dentro do reator. Essa taxa de diluição crítica pode ser determinada por:

$$D_{crítico} = \frac{\mu_{max} S_i}{K_S + S_i}$$

Há uma condição ótima de operação do reator, quando se obtém uma otimização da taxa de produção de células em relação à conversão do substrato no CSTR, chamado tempo de diluição ótimo, que pode ser calculado por:

$$D_{ótimo} = \mu_{max}\left(1 - \sqrt{\frac{K_S}{K_S + S_i}}\right)$$

Desta forma, o projeto ideal do reator será baseado na taxa de diluição ótima. A concentração de substrato e de células no reator pode ser determinada a partir desta.

Biorreator PFR

Biorreatores PFR são menos usuais que os anteriores, pois são de maior grau de dificuldade de operação e manutenção de condições ideais de reação. Por terem uma geração de calor diferente ao longo do reator, torna-se complexo um controle de temperatura adequado e, no caso de cultivo celular, a temperatura tem efeito extremamente importante, pois são muito mais sensíveis às variações de temperatura que reações químicas simples.

Para reatores PFR operando com bioprocesso enzimático em fase homogênea, ao aplicar na equação de projeto do reator PFR a taxa cinética representada pelo modelo de Monod, obtém-se a seguinte expressão para o tempo de residência:

$$\tau = \frac{K_m}{V_{max}} ln \frac{S_i}{S_f} + \frac{S_i - S_f}{V_{max}}$$

Por questões econômicas, a operação com enzimas em fase homogênea não é muito interessante, pois é necessária a adição constante de enzimas na corrente de alimentação e esta ao sair do reator dificilmente é reutilizada, pois implica em ter um processo de separação da enzima do meio líquido, acrescentando uma operação unitária que trará custos adicionais ao processo. Por este motivo é mais usual se utilizar reatores PFR de leito fixo ou leito fluidizado onde as enzimas são imobilizadas em sólidos como, por exemplo, esferas de gel de agarose ou alginato. Neste caso, a reação é heterogênea e este modelo de equação de projeto não é adequado.

Para biorreatores PFR homogêneo operando com células, a modelagem do balanço de massa leva a mesma equação de projeto, mas agora com a utilização do modelo cinético de Monod. Nestes biorreatores é usual operar em condições de taxa de crescimento máxima, assim a taxa de produção de células será μmax. Negligenciando a taxa de morte celular, por ser geralmente muito baixa, tem-se a seguinte equação de projeto para o tempo de residência:

$$\tau = \frac{1}{\mu_{max}} ln \frac{x_f}{x_i}$$

Neste tipo de biorreator, a alimentação deve conter a concentração inicial de células x_i, seja por inoculação constante ou pelo reciclo das células no reator.

4.2. Biorreatores Heterogêneos

Quando um biorreator é utilizado com enzimas imobilizadas ou células que estão aglomeradas em grandes flocos, ou aderidas como um biofilme em uma superfície sólida de um meio poroso, tem-se uma biorreação heterogênea. A reação não ocorre em todos os pontos do meio reacional, ocorre apenas na superfície de contato entre o sólido e o meio reacional líquido.

Nesta situação, efeitos de difusão e convecção no transporte molecular do substrato e oxigênio são responsáveis pela velocidade de reação, além da cinética, pois mesmo que a biorreação tenha uma cinética rápida, ela é dependente e limitada pela concentração com que o substrato chega ao sólido. Quando a cinética da biorreação é muito rápida e a difusão é lenta, a concentração ao redor do sólido é baixa, pois assim que o substrato chega à superfície do sólido ele é rapidamente consumido. Desta forma, a velocidade global da reação observada é baixa, ou seja, há uma grande interferência dos efeitos difusivos. Os efeitos convectivos, por sua vez, podem auxiliar aumentando a concentração, quando há um alto grau de agitação e turbulência. O fluido em alta velocidade ao redor do sólido forma uma camada limite de menor espessura, facilitando o processo, além de auxiliar a trazer moléculas do substrato para a região ao redor do sólido, assim como dispersar os produtos pelo meio reacional. Assim, quanto maior o efeito convectivo, maior será a velocidade observada da reação.

Outro fator importante nas reações heterogêneas é a forma como a medimos. Nas reações homogêneas como a reação ocorre em todos os pontos do meio reacional, a taxa de reação é dada por número de moles de reagente consumidos por litro por segundo. No caso das reações heterogêneas, como a reação só ocorre em superfície, é preciso medir a taxa de reação em número de moles de reagente consumidos por metro quadrado de área de sólido por segundo. Assim, conhecer a área superficial específica do sólido é importante para determinar a taxa de reação total no reator.

Como citado anteriormente, para corrigir a taxa de reação das reações heterogêneas, será utilizado um parâmetro de efetividade η, que nada mais é que uma "eficiência" calculada comparando-se a reação heterogênea com a reação caso fosse levada de forma homogênea.

A efetividade deve ser calculada com base nos efeitos difusivos e convectivos. Estes efeitos podem ser apenas externos ao sólido, no caso de sólidos rígidos, onde a enzima ou célula se encontra apenas aderida na superfície e o substrato não penetra no sólido. Em outras situações deve-se calcular a efetividade externa e a interna, que é causada pelos efeitos de difusão interna do substrato para dentro do sólido onde pode haver enzimas e células, como é o caso das esferas de agarose ou alginato com enzimas imobilizadas em sua massa, ou com flocos grandes de células aglomeradas.

5. BALANÇO DE MASSA EM REATORES HETEROGÊNEOS

Em reatores heterogêneos realiza-se o balanço de massa, analisando a partícula e o meio ao redor, considerando efeitos de difusão externa, camada limite, difusão interna e reação.

O efeito da difusão acarreta uma redução das concentrações, que por consequência reduzem a taxa de reação. A partir dos balanços de massa interno e externo, analisa-se separadamente estes efeitos e calcula-se uma efetividade interna e outra externa.

5.1. Geometria Esférica

Considere o balanço de massa para um sólido esférico de raio R, imaginando uma superfície em forma de casca ao redor de espessura *dr* localizada a uma distância *r* do centro da esfera – como uma casca de bola de *ping-pong* (Figura 5.1). O sólido contém o catalisador que pode ser uma enzima imobilizada em esferas de gel de agarose ou alginato, por exemplo, assim, o substrato penetra na esfera por difusão em direção ao centro da esfera, atravessando a casca *dr*. Isto ocorre devido à força motriz, que é a diferença de concentração deste substrato ao longo de *r*. Conforme o substrato penetra a esfera, ele reage com a enzima, formando os produtos, que pelo diferencial de concentração migram para fora da esfera por difusão (contradifusão equimolecular).

Para este balanço, serão feitas as seguintes considerações: a partícula é esférica, isotérmica, a transferência de massa ocorre apenas por difusão (não há liberdade de convecção interna), a difusão pode ser descrita pela lei de Fick com difusividade efetiva D_{Ae} constante, a partícula é homogênea, o sistema está em estado estacionário, a concentração do substrato varia somente em direção ao raio.

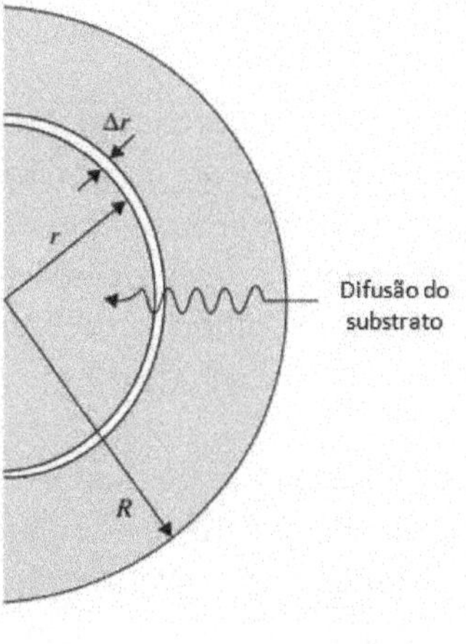

Figura 5.1 Balanço de massa na casca de uma partícula esférica.

Fonte: Adaptado de DORAN, 2013.

$$\dot{m}_A entra - \dot{m}_A sai + \dot{m}_A produzida - \dot{m}_A consumida = \dot{m}_A acumulada$$

$$\left(D_{Ae}\frac{dC_A}{dr}4\pi r^2\right)_{r+dr} - \left(D_{Ae}\frac{dC_A}{dr}4\pi r^2\right)_r + 0 - r_A 4\pi r^2 \Delta r = 0$$

Nesta equação de balanço, considerando que A é o substrato, a massa de A entra na camada *dr* por difusão, assim como a massa que sai; não há produção; o consumo se dá de acordo com a taxa de reação, que ocorre dentro do volume da casca de sólido de espessura *dr*; e o acúmulo é nulo.

Dividindo todos os termos por $4\pi\Delta r$, obtém-se:

$$\frac{\left(D_{Ae}\frac{dC_A}{dr}r^2\right)_{r+dr} - \left(D_{Ae}\frac{dC_A}{dr}r^2\right)_r}{\Delta r} - r_A r^2 = 0$$

Que pode ser escrito como:

$$\frac{\Delta\left(D_{Ae}\frac{dC_A}{dr}r^2\right)}{\Delta r} - r_A r^2 = 0$$

Analisando o balanço em um elemento diferencial de r tendendo a zero e como a difusividade do substrato no sólido D_{Ae} é uma propriedade independente de r, tem-se:

$$\frac{D_{Ae}d\left(\frac{dC_A}{dr}r^2\right)}{dr} - r_A r^2 = 0$$

$$D_{Ae}\left(\frac{d^2C_A}{dr^2}r^2 + 2r\frac{dC_A}{dr}\right) - r_A r^2 = 0$$

Esta equação pode ser resolvida por integração, para obter uma expressão que descreve o perfil de concentrações ao redor da partícula, C_A em função de r. Entretanto, primeiro é necessário descrever a equação de $(-r_A)$, que é função de C_A e pode ser representada por diferentes modelos cinéticos.

A análise será mostrada para os modelos de ordem zero, primeira ordem e Michaelis e Menten:

- **Reações de ordem zero:** ocorre quando a taxa de reação independe da concentração de reagente. Nos casos de enzimas imobilizadas, pode-se utilizar o modelo de ordem zero em situações em que a concentração de substrato é muito elevada, muitas vezes acima do valor de K_m da enzima. Nesta situação, todas as moléculas de enzima se encontram ligadas, estando portanto saturadas de substrato, e a velocidade de reação será sempre constante no valor de V_{max}, assim $(-r_A) = k_0 = V_{max}$. Além disso, em casos de concentrações muito altas de substrato, não haverá diferença significativa de concentração entre pontos internos da esfera e a superfície da esfera, portanto $C_A = C_{A_S}$.

$$D_{Ae}\left(\frac{d^2C_A}{dr^2}r^2 + 2r\frac{dC_A}{dr}\right) - k_0 r^2 = 0$$

$$C_A = C_{A_S} \text{ } em \text{ } r = R$$

Então $\frac{dC_A}{dr} = 0$ em $r = R_0$, onde R_0 é o raio mínimo onde o substrato alcança.

Assim:

$$C_A = C_{A_S} + \frac{k_0 R^2}{6D_{Ae}}\left(\frac{r^2}{R^2} - 1 + \frac{2R_0^3}{rR^2} - \frac{2R_0^3}{R^3}\right)$$

No caso do substrato permanecer maior que zero em todos os pontos até o centro da esfera, $R_0 = 0$:

$$C_A = C_{A_S} + \frac{k_0}{6D_{Ae}}\left(r^2 - R^2\right)$$

No caso de bioprocessos, é de interesse que haja substrato ao longo de todo o raio do sólido, pois zonas aonde o substrato não chega serão volumes desperdiçados, inúteis à reação. Assim pode-se definir qual será o raio máximo das esferas suporte para que isto não ocorra.

$$R_{max} = \sqrt{\frac{6D_{Ae}C_{A_S}}{k_0}}$$

- **Reações de primeira ordem:** ocorre quando a taxa de reação tem relação linear com a concentração, e no caso de enzimas, por exemplo, ocorre em concentrações de substrato muito abaixo de K_m. Neste caso k_1 será V_{max}/K_m da enzima.

$$D_{Ae}\left(\frac{d^2C_A}{dr^2}r^2 + 2r\frac{dC_A}{dr}\right) - k_1 C_A r^2 = 0$$

Conhecendo as condições de contorno, que são a concentração de substrato na superfície $C_A = C_{A_S}$ em $r = R$ e, pela condição de simetria onde no exato ponto central ocorre o ponto de mínimo de concentração, portanto, $\frac{dC_A}{dr} = 0$ em $r = 0$, a equação que descreve a concentração de substrato ao longo do raio será:

$$C_A = C_{A_S} \frac{R}{r} \frac{senh\left(r\sqrt{\frac{k_1}{D_{Ae}}}\right)}{senh\left(R\sqrt{\frac{k_1}{D_{Ae}}}\right)}$$

- **Reações de Michaelis e Menten:** Para situações onde a concentração de substrato não é muito menor que K_m, estando na região de dependência linear, e nem muito maior que esteja na região constante, pode-se utilizar a expressão completa:

$$D_{Ae}\left(\frac{d^2C_A}{dr^2}r^2 + 2r\frac{dC_A}{dr}\right) - \frac{V_{max}C_A}{K_m + C_A}r^2 = 0$$

V_{max} e K_m sendo parâmetros cinéticos da enzima, seu valor depende da concentração de enzimas presentes no sólido. Esta expressão não permite integração analítica simples, e, portanto, deve ser resolvida através da aplicação de métodos numéricos.

5.2. Geometria Plana

As mesmas equações em geometrias de placa plana, de altura z e largura b são as seguintes:

- Ordem zero placa plana:

$$C_A = C_{A_S} + \frac{k_0}{2D_{Ae}}\left(z^2 - b^2\right)$$

- Primeira ordem placa plana:

$$C_A = C_{A_S} \frac{cosh\left(z\sqrt{\frac{k_1}{D_{Ae}}}\right)}{cosh\left(b\sqrt{\frac{k_1}{D_{Ae}}}\right)}$$

5.3. Efeitos da Transferência de Massa Externa

Para que a reação ocorra dentro ou na superfície do sólido, é necessário que o substrato reagente percorra o meio fluido até chegar ao sólido. Ou seja, a concentração na superfície C_{A_S} e o perfil de concentração interna dependem desta migração, que ocorre pelo fenômeno de transferência de massa difusiva e convectiva no meio líquido externo ao sólido.

O fluido ao redor da partícula forma por questões de fluidodinâmica uma camada limite onde as velocidades se reduzem até zero na superfície do catalisador, ou seja, fora da camada limite pode-se entender o fluido com concentração homogênea C_{A_b}, mas dentro da camada limite o substrato se movimenta basicamente por difusão, criando assim um perfil de concentrações na região da camada limite, fazendo com que C_{A_S} seja menor que C_{A_b}.

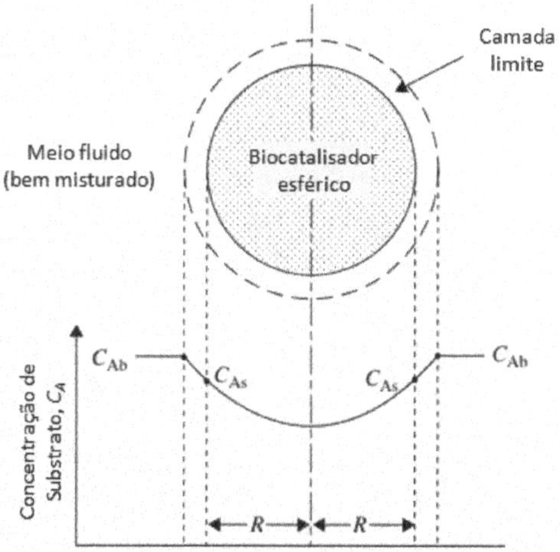

Figura 5.2 Típico perfil de concentração de substrato em um biocatalisador esférico.

Fonte: Adaptado de DORAN, 2013.

Quanto maior a espessura da camada limite, maior será o gradiente de concentração entre a superfície do sólido e o meio fluido. Quando o fluido está em alta velocidade, a camada limite é reduzida e o efeito de difusão externa praticamente se anula, neste caso $C_{A_S} = C_{A_b}$.

Para determinar se este efeito da camada limite será significativo ou não, temos que analisar os parâmetros de escoamento do fluido, ou seja, o tipo de escoamento no sistema (turbulento ou laminar). Quanto mais turbulento, menor será a camada limite, e assim menor será o efeito de difusão interna afetando as concentrações.

Correlações de transferência de massa por convecção são facilmente encontradas na literatura de mecânica dos fluidos. Estas correlações são determinadas pelo método de Buckigham e tem como finalidade encontrar relações para o número de Sherwood, que representa a razão da transferência de massa convectiva e difusiva em escoamentos forçados. O número de Sherwood (Sh) é função do número de Reynolds (Re) e do número de Schmidt (Sc). O primeiro verifica a razão entre as forças de inércia e forças viscosas, indicando o tipo de escoamento, laminar ou turbulento, enquanto o segundo é a razão entre a transferência de massa por quantidade de movimento e transferência de massa em nível molecular.

Assim, um sistema com transferência de massa difusiva mais convectiva é descrito pelo coeficiente global de transferência de massa K_C, que depende do coeficiente de difusão do substrato no meio fluido D_{Ab} e da espessura da camada limite d, que é função do escoamento.

$$K_C = \frac{D_{Ab}}{d}$$

A taxa total de transferência de massa W_A, ou fluxo molar N_A será então pela Lei de Fick:

$$W_A = N_A = \frac{D_{Ab}}{d}(C_A - C_{A_S})$$

$$W_A = N_A = \frac{(C_A - C_{A_S})}{1/K_C} = \frac{\textit{força motriz da difusão}}{\textit{Resistência do meio à difusão}}$$

Utilizando as correlações empíricas dos números adimensionais Reynolds Re, Schimidt Sc e Sherwood Sh pode-se determinar o valor de *Kc*:

$$Re = \frac{dp.v.p}{\mu}$$

$$Sc = \frac{v}{D_{Ab}}$$

$$Sh = \frac{K_C dp}{D_{Ab}}$$

O número de Sherwood pode ser determinado por correlações empíricas em função de Reynolds e assim, pode-se determinar o *Kc*, sendo que deve ser escolhida a correlação de acordo com a faixa do Número de Reynolds.

Para escoamento em leito fixo unidirecional, tem-se:

$$Sh = 2 + 0{,}552Re^{0,5}\,Sc^{1/3}\ \textit{para}\ 2 < Re < 800\ \textit{e}\ 0{,}6 < Sc < 0{,}7\ \textit{Froessling}$$

$$Sh = 2 + 0{,}6Re^{0,5}\,Sc^{\frac{1}{3}}\ \textit{para}\ 2 < Re < 200\ \textit{e}\ 0{,}6 < Sc < 2{,}5\ \textit{Ranz e Marshall}$$

$$Sh = 2 + 0{,}69Re^{0,5}\,Sc^{\frac{1}{3}}\ \textit{para}\ 20 < Re < 2000\ \textit{Rowe}$$

Para escoamento em tanque perfeitamente agitado:

Em reator tipo batelada ou CSTR não tem como mensurar a velocidade do escoamento ao redor da partícula, pois ela estará em suspensão. Assim não há como calcular o número de Reynolds. Neste caso, o Re é determinado como Reynolds de partícula Re_p, uma função de outro número adimensional chamado número de Grashof (*Gr*). Este utiliza ao invés da velocidade de escoamento, a velocidade de escorregamento que está relacionada à viscosidade.

$$Gr = \frac{gdp^3 \rho_L (\rho_p - \rho_L)}{\mu_L^2}$$

Para Gr < 6 calcular $Re_p = \frac{Gr}{18}$

Para 36 < Gr < 80.000 $Re_p = 0{,}153Gr^{0,71}$
Para 80.000 < Gr < 3E9 $Re_p = 1{,}74Gr^{0,5}$
As correlações para Sherwood neste caso são:

$$Sh = \sqrt{4 + 1{,}21(Re_p Sc)^{0,67}} \quad Para\ Re.Sc < 10.000$$

$$Sh = 2 + 0{,}6Re_p^{0,5} Sc^{\frac{1}{3}} \quad para\ Re_p < 1.000$$

5.4. Efetividade Externa

O efeito difusivo externo como visto, causa uma redução na taxa de reação. Esta redução é representada pela efetividade externa η_{ext}. A taxa de reação é representada pela cinética da reação, independente de efeitos difusivos, e é denominada taxa de reação observada, isto é, a taxa real que ocorre sob efeito difusivo.

Analisando a camada externa à partícula, a taxa de substrato reagente que chega até a partícula é igual à taxa de reação real que ocorre. A taxa de fluxo por unidade de área de contato é dada por:

$$N_A = \frac{(C_{A_b} - C_{A_S})}{1/K_C} = K_S(C_{A_b} - C_{A_S})$$

A taxa total para um leito de partículas pode ser obtida pela área total de partículas por unidade de volume S_X/V_p:

$$N_A = K_S \frac{S_X}{V_P}(C_{A_b} - C_{A_S})$$

Reorganizando a equação, tem-se:

$$\frac{C_{A_S}}{C_{A_b}} = 1 - \frac{V_p}{S_X} \frac{r_{A_{obs}}}{K_S.C_{A_b}}$$

O conjunto $\frac{V_p}{S_X} \frac{r_{A_{obs}}}{K_S.C_{A_b}}$ é denominado Módulo de Thiele Ω, Assim, para determinar o seu valor é necessário conhecer a taxa de reação observada medida na prática para uma determinada situação, ou seja, $r_{A_{obs}}$ deve ser conhecido em uma determinada condição para se analisar o Ω resultado da condição externa do sistema reacional, de acordo com a equação:

$$\Omega = \frac{V_p}{S_X} \frac{r_{A_{obs}}}{K_S . C_{A_b}}$$

Para sistemas de geometria esférica:

$$\Omega = \frac{R}{3} \frac{r_{A_{obs}}}{K_S . C_{A_b}}$$

Para sistemas tipo placa plana:

$$\Omega = b \frac{r_{A_{obs}}}{K_S . C_{A_b}}$$

A análise do módulo de Thiele calculado possibilita verificar o grau de interferência da difusão externa no sistema reacional. Quando $\Omega << 1$ o efeito de difusão externa pode ser negligenciado e, neste caso, a concentração de substrato na superfície C_{A_S} pode ser considerada igual à concentração no meio líquido C_{A_b}. Caso ele seja alto, próximo a 1, o efeito difusivo influencia fortemente o processo e calcula-se a concentração na superfície do sólido C_{A_S} através do valor de Ω:

$$C_{A_S} = C_{A_b}(1 - \Omega)$$

Após determinar a concentração na superfície C_{A_S}, determina-se a efetividade externa η_e, que por definição é a relação entre a taxa de reação obtida com a concentração de substrato presente na superfície $r_{A_s^*}$ e a taxa de reação obtida com concentração de substrato no meio líquido (sem o efeito difusivo) $r_{A_b^*}$, segundo a expressão:

$$\eta_e = \frac{r_{A_s^*}}{r_{A_b^*}}$$

Assim, para reações de primeira ordem onde $(-r_A) = k_1 C_A$:

$$\eta_{e1} = \frac{C_{A_S}}{C_{A_b}}$$

Para reações de ordem zero onde $(-r_A) = k_0$:

$$\eta_{e0} = 0$$

Para cinética completa de Michaelis e Menten onde $(-r_A) = \frac{V_{max} C_A}{K_m + C_A}$

$$\eta_{em} = \frac{C_{A_S}(K_m + C_{A_b})}{C_{A_b}(K_m + C_{A_S})}$$

5.5. Efetividade Interna

A efetividade interna representa a redução de taxa de reação causada pelos efeitos difusivos internos do substrato reagente na massa do sólido. Como vimos anteriormente, haverá um perfil de concentrações dentro do sólido, em que a concentração é máxima na superfície C_{A_S} e mínima no centro do sólido. Desta forma, não há uma taxa de reação constante. Em cada ponto da massa sólida, a taxa de reação será diferente. De forma teórica, poderíamos através de modelagens computacionais e criação de algoritmos, determinar concentrações pontuais e assim taxas pontuais dentro do sólido e desta forma calcular a taxa total. Mas de forma mais prática usamos o conceito de efetividade.

As concentrações de substrato reagente em cada ponto do sólido são descritas pelas equações descritas acima, quando analisamos os perfis de concentração.

A taxa global para a esfera inteira será a soma das taxas pontuais, esta soma é matematicamente equivalente à integral de r_A ao longo do volume da esfera, levando em conta que C_A é uma função do raio da esfera. Assim a expressão para a taxa global da reação (taxa de reação observada) será:

$$r_{A_{obs}} = 4\pi R D_{Ae} C_{A_S} \left[R\sqrt{\frac{k_1}{D_{Ae}}} coth\left(R\sqrt{\frac{k_1}{D_{Ae}}} \right) - 1 \right]$$

Nas reações de ordem zero, a taxa de reação independe da concentração do substrato, lembrando que isso pode ocorrer quando $C_{A_b} >> K_m$. Assim a taxa global observada será k_0 multiplicado pelo volume do sólido.

$$r_{A_{obs}} = \frac{4}{3}\pi R^3 k_0$$

No entanto, se C_A cair à zero em algum ponto do sólido, como visto que pode ocorrer, em esferas muito grandes, no centro da esfera não haverá reação, então:

$$r_{A_{obs}} = \left(\frac{4}{3}\pi R^3 - \frac{4}{3}\pi R_0^3 \right) k_0 = \frac{4}{3}\pi (R^3 - R_0^3) k_0$$

Para enzimas em que a cinética não pode ser simplificada para ordem zero ou primeira ordem, e o modelo de Michaelis e Menten deve ser utilizado completo, como não há uma expressão algébrica para representar C_A em função do raio, deve ser solucionado por métodos numéricos, mas pode-se obter uma aproximação utilizando método descrito a seguir.

A efetividade interna, η_i, que por definição é a relação entre a taxa de reação obtida com concentração de substrato presente pontualmente no sólido $r_{A_{obs}}$ e a taxa de reação obtida com concentração de substrato na superfície do sólido (sem o efeito difusivo interno) $r_{A_s}^*$, pode ser calculada por:

$$\eta_i = \frac{r_{A_{obs}}}{r_{A_s^*}} = \frac{\textit{taxa de reação real observada}}{\textit{taxa de reação se } C_A = C_{A_S} \textit{ em todo os pontos do sólido}}$$

Sendo a taxa de reação na superfície $r_{A_s^*}$:

$$r_{A_s^*} = \frac{4}{3}\pi R^3 k_1 C_{A_S}$$

A efetividade interna, em reações de primeira ordem, será:

$$\eta_{i1} = \frac{r_{A_{obs}}}{r_{A_s^*}} = \frac{4\pi R D_{Ae} C_{A_S}\left[R\sqrt{\frac{k_1}{D_{Ae}}}coth\left(R\sqrt{\frac{k_1}{D_{Ae}}}\right)-1\right]}{\frac{4}{3}\pi R^3 k_1 C_{A_S}}$$

$$\eta_{i1} = \frac{3D_{Ae}}{R^2 k_1}\left[R\sqrt{\frac{k_1}{D_{Ae}}}coth\left(R\sqrt{\frac{k_1}{D_{Ae}}}\right)-1\right]$$

O fator de efetividade para reações de primeira ordem dependem apenas de três parâmetros, R, k_1 e D_{Ae}. Estes parâmeros agrupados formam um número admensional chamado módulo de Thiele interno ϕ. A aplicação do módulo é diferente para diferentes cinéticas de reação e geometrias de catalisador. Os módulos generalizados que se aplicam a qualquer forma de catalisador e cinética de reação têm sido propostos desde então. O módulo de Thiele generalizado é definido como:

$$\Phi = \frac{V_p}{S_x}\frac{r_A | C_{A_S}}{\sqrt{2}}\left(\int_0^{C_{A_S}} D_{Ae} r_A dC_A\right)^{-\frac{1}{2}}$$

Onde V_p é volume de catalisador; S_x é área de superfície externa do catalisador; C_{A_S} é a concentração do substrato na superfície do catalisador; r_A é a taxa de reação; $r_A| C_{A_S}$ é a taxa de reação quando $C_A = C_{A_S}$; D_{Ae} é a difusividade efetiva do substrato. V_p/S_x é $R/3$ para esferas e b para placas planas.

- Módulo de Tiele interno para reações de primeira ordem em geometria esférica:

$$\phi_1 = \frac{R}{3}\sqrt{\frac{k_1}{D_{Ae}}}$$

- Módulo de Tiele interno para reações de ordem zero em geometria esférica:

$$\phi_0 = \frac{R}{3\sqrt{2}}\sqrt{\frac{k_0}{D_{Ae}C_{A_S}}}$$

- Módulo de Tiele interno para reações de primeira ordem em geometria plana:

$$\phi_1 = b\sqrt{\frac{k_1}{D_{Ae}}}$$

- Módulo de Tiele interno para reações de ordem zero em geometria plana:

$$\phi_0 = \frac{b}{\sqrt{2}}\sqrt{\frac{k_0}{D_{Ae}C_{A_S}}}$$

A partir do módulo de Thiele interno, calcula-se então a efetividade interna com as equações:

- Efetividade interna reações primeira ordem em geometria esférica:

$$\eta_{i1} = \frac{1}{3\phi_1^2}(3\phi_1 coth 3\phi_1 - 1)$$

- Efetividade interna reações ordem zero em geometria esférica:

$$\eta_{i0} = 1 \ se \ 0 < \phi_0 < 0.577$$

$$\eta_{i0} = 1 - \left[\frac{1}{2} + cos\left(\frac{\psi + 4\pi}{3}\right)\right] se \ \phi_0 > 0.577$$

$$Onde\, \psi = cos^{-1}\left(\frac{2}{3\phi_0^2} - 1\right)$$

- Efetividade interna reações de primeira ordem geometria placa plana:

$$\eta_{i1} = \frac{tanh\phi_1}{\phi_1}$$

- Efetividade interna reações de ordem zero em geometria placa plana:

$$\eta_{i0} = 1 \ \ para \ 0 < \phi_0 < 1$$

$$\eta_{i0} = \frac{1}{\phi_0} \ \ para \ \phi_0 > 1$$

Valores baixos de ϕ, em geral menores que 0,3 a difusão interna afeta pouco a reação e a efetividade fica próxima de 1, pode-se assim negligenciar o efeito da difusão interna, obtendo-se taxas de reação para reação heterogênea quase iguais às obtidas nas reações homogêneas, claro que na limitação do volume de sólido e não do meio reacional. No entanto, para valores de ϕ maiores que 0,3 o efeito difusivo é mais pronunciado, não se podendo negligenciá-lo, devendo-se calcular a efetividade. No caso de sólidos onde ϕ é muito maior que 10 pode-se calcular $\eta_i = \frac{1}{\phi_1}$.

Para as reações com cinética descrita por Michaelis Menten sob algumas condições podem ser aproximadas a reações de ordem zero ou primeira ordem. Podemos avaliar esta aproximação através do parâmetro β, que é definido como $\beta = K_m / C_{AS}$. Se este tende a infinito aproximamos à cinética de primeira ordem com $k_1 = V_{max} / K_m$, se tender a zero, aproximamos por ordem zero com $k_0 = V_{max}$. Se Michaelis-Menten não pode ser aproximada por ordem zero ou primeira ordem o valor de β pode ser estimado usando uma equação proposta por Moo-Young e Kobayashi, calculando-se a efetividade para ordem zero e para ordem 1:

$$\eta_{iM} = \frac{\eta_{i0} + \beta\eta_{i1}}{1+\beta}$$

Para calcular a efetividade interna, como visto anteriormente, é preciso conhecer a constante cinética da reação, no caso de enzimas, K_m e V_{max}. Quando estas informações não estão disponíveis, pode-se realizar uma aproximação, baseada em medidas reais do consumo de substrato obtidas na prática, que é a taxa de reação observada. Para tanto, calcula-se o Módulo de Thiele observado, ou módulo de Weisz Φ.

$$\Phi = \left(\frac{V_p}{S_x}\right)^2 \frac{r_{A_{obs}}}{D_{A_e} C_{A_S}}$$

Para esferas:

$$\Phi = \left(\frac{R}{3}\right)^2 \frac{r_{A_{obs}}}{D_{A_e} C_{A_S}}$$

Para placas planas:

$$\Phi = b^2 \frac{r_{A_{obs}}}{D_{A_e} C_{A_S}}$$

Calculado o Módulo de Weisz, utilizam-se os gráficos da Figura 5.3, em conjunto com o valor de β, para realizar a leitura gráfica da efetividade interna, ou calculado através das equações:

$$\Phi = \phi_1^2 \eta_{i1} \ \textit{para primeira ordem}$$

$$\Phi = 2\phi_0^2 \eta_{i0} \ \textit{para ordem zero}$$

$$\Phi = 2\phi_m^2 \eta_{im}(1+\beta)\left[1+\beta ln\left(\frac{\beta}{1+\beta}\right)\right] \ \textit{para Michaelis Mentem}$$

Para valores baixos de $\Phi < 0,3$, $\eta i = 1$ e a taxa de reação não é afetada negativamente pela transferência de massa interna e a difusão pode ser desprezada (concentração constante dentro do sólido). Para $\Phi > 3$, a transferência de massa é limitante e não pode ser desprezada, necessitando cálculo adequado. Para $0,3 < \Phi < 3$, é necessária uma análise mais detalhada, não há como prever a influência da difusão, deve-se calcular e analisar.

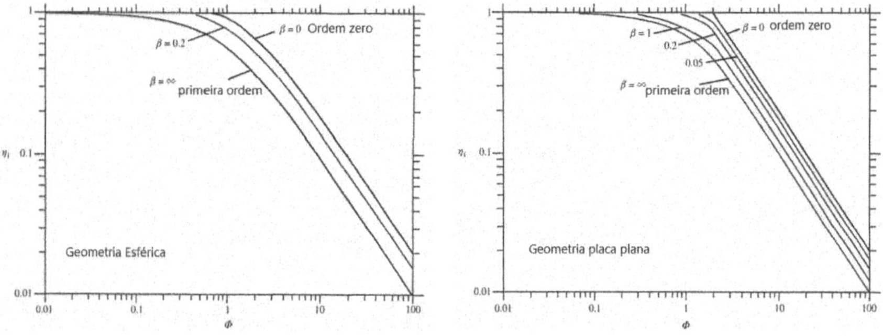

(a) (b)

Figura 5.3 Efetividade interna em função do módulo de Thiele observado Φ em cinética de primeira ordem, ordem zero e Michaelis e Menten para:
(a) geometria esférica;
(b) geometria em placa plana.

Fonte: Adaptado de DORAN, 2013.

5.6. Efetividade Total

Considerando-se a efetividade externa, influência da difusão externa, e a efetividade interna, influência da efetividade interna, há um efeito global, representado pela efetividade total. A efetividade total é a relação entre a taxa de reação global observada e a taxa de reação que haveria caso a concentração no sólido fosse a mesma que a do meio líquido em todos os seus pontos, conforme a equação:

$$\eta_T = \frac{r_{A_{obs}}}{r_{A_b^*}} = \frac{\textit{taxa de reação real observada}}{\textit{taxa de reação se } C_A = C_{A_b} \textit{ em todo os pontos do sólido}}$$

Assim, calculadas as efetividades interna e externa, multiplica-se uma pela outra para obter a efetividade total:

$$\eta_T = \frac{r_{A_{obs}}}{r_{A_S^*}} \frac{r_{A_S^*}}{r_{A_b^*}} = \eta_i \eta_e$$

Na prática, pode-se determinar a taxa de reação global, calculando a taxa de reação caso o sistema fosse homogêneo e multiplicar pela efetividade total para saber a taxa real que se obteria no sistema heterogêneo, levando-se em consideração os efeitos difusivos e convectivos. Este será útil nos cálculos de dimensionamento de reatores, mas deve-se lembrar que são valores relativos ao volume de sólidos e não de meio reacional líquido.

6. REFERÊNCIAS BIBLIOGRÁFICAS

DORAN, P. M. Bioprocess engineering principles. 2ª edição, Londres: Academic Press, p. 705-852 2013.

FOGLER, H. S. Elementos de Engenharia das Reações Químicas. 4ª edição, Rio de Janeiro: LTC, 2009.

HEIDARI, A. Novel experimental and three–dimensional (3D) multiphysics computational framework of Michaelis-Menten kinetics for catalyst processes innovation, characterization and carrier applications. Glob Imaging Insights, doi: 10.15761/GII.1000181, Volume 4(1), p. 1-8, 2019.

HISS, H. Cinética de Processos Fermentativos. In: LIMA, U. A.; AQUARONE, E. A.; BORZANI, W.; SCHMIDELL, W. Biotecnologia Industrial – Engenharia Bioquímica. São Paulo, SP: Edgard Blücher, Volume 2, p. 93-122, 2001.

LEVENSPIEL, O. Engenharia das Reações Químicas. 3ª edição, São Paulo: Edgard Blücher, 2000.

VOET, D.; VOET, J. G.; PRATT, C. W. Fundamentos de Bioquímica. Porto Alegre: Artes Médicas Sul, p. 281-290, 2000.

CAPÍTULO 8

RECUPERAÇÃO E PURIFICAÇÃO DE BIOPRODUTOS

Cristiane Cassales Pibernat

1. INTRODUÇÃO

Produtos naturais, amplamente conhecidos e de alto valor, derivados de plantas, animais ou fontes microbianas, são conhecidos e estudados há muitos anos. Nos últimos anos, à medida que a necessidade de maior potência e previsibilidade de tais produtos aumentou, procedimentos mais sofisticados de concentração e isolamento foram desenvolvidos.

A diversidade e crescente importância apresentada pelos produtos biotecnológicos incentivou o desenvolvimento de vários processos de purificação, bem como estimulou a introdução de modificações genéticas no desenvolvimento do microrganismo, com o objetivo de aumentar a resolução na purificação, integrando totalmente as etapas de desenvolvimento do processo (SCHMIDELL et al., 2001).

A recuperação e purificação de bioprodutos, amplamente conhecida por *Downstream processing*, compreende o conjunto dessas etapas de operações típicas do processo, posterior à obtenção, que visam à separação, concentração e purificação de produtos biológicos naturais, sejam de células vegetais, células animais ou microrganismos. Inclui procedimentos de recuperação de componentes que podem ser reaproveitados e de tratamento e descarte de resíduos.

2. ESTABELECIMENTO DO PROCESSO DE RECUPERAÇÃO E PURIFICAÇÃO DE BIOPRODUTOS

Diversos são os fatores a serem considerados na definição do processo de recuperação e purificação de uma biomolécula. Mas a aplicação final da molécula-alvo, suas características físico-químicas, bem como aquelas das impurezas e dos componentes do meio de cultura são determinantes para o processo.

Alguns questionamentos que se colocam ante o desenvolvimento de um processo de recuperação e purificação de uma biomolécula são fundamentais, a fim de nortear a melhor seleção de operações unitárias. Relacionados à molécula de interesse: Qual o uso final pretendido? Qual a pureza a ser alcançada? Qual a concentração dela no meio de cultivo? Quais suas características físico-químicas? Apresenta afinidade biológica? Será transportada? Qual o tempo estimado de armazenamento até o efetivo emprego? Relacionados aos componentes indesejados: Há impurezas que devem ser eliminadas? Quais as suas características físico-químicas? Qual a concentração que se encontram?

Antes mesmo da definição das etapas do processo de recuperação e purificação, é preciso definir metodologias analíticas para a qualificação da molécula-alvo, incluindo medidas de atividade biológica, quando for pertinente, e medidas da identidade química. Este conjunto de ferramentas será fundamental ao desenvolvimento do processo, dado que as operações unitárias selecionadas deverão se mostrar eficientes não somente quanto ao isolamento da molécula-alvo, mas também quanto ao percentual de recuperação em relação à massa de atividade biológica (quando pertinente) inicialmente presente no meio de cultivo. Além disso, o processo estabelecido deverá ser capaz de processar o volume de meio em um tempo tal que não comprometa a estabilidade da biomolécula resultante do cultivo celular. Resumindo, portanto, tem-se que os estudos de recuperação e purificação se iniciam com análises de caracterização da biomolécula-alvo e das impurezas e o estabelecimento de rotinas analíticas quantitativas e qualitativas, pois sem essas ferramentas não há como quantificar o sucesso de cada operação unitária testada (KILIKIAN e PESSOA, 2020).

A purificação de produtos biotecnológicos produzidos por células microbianas, de vegetais ou de animais constitui um conjunto de etapas complexas do processo, considerando as variadas características dos meios e das biomoléculas de interesse, como ácidos orgânicos, antibióticos, polissacarídeos, hormônios, aminoácidos, peptídeos e proteínas. Entre as características dos meios, pode-se citar a elevada proporção de água, a presença de moléculas orgânicas e inorgânicas constituintes do meio de cultura, os metabólitos extracelulares distintos da molécula que será purificada, bem como os metabólitos intracelulares oriundos de células rompidas ou permeabilizadas e os fragmentos celulares.

Em resultado à variedade de características descritas, as etapas de purificação são tão ou mais desafiantes que o estudo e o desenvolvimento da etapa de cultivo, pois não há processo de purificação de aplicação geral. O processo de recuperação e purificação de bioprodutos, entretanto, pode ser dividido em quatro etapas genéricas principais:

- **Clarificação**

  Caracterizada pela separação de células e fragmentos do meio. É assim denominada, pois a remoção de sólidos suspensos reduz a turbidez. Para moléculas produzidas no interior das células é necessário efetuar o rompimento ou permeabilização celular, processo que é efetuado sobre as células obtidas após a clarificação do meio de cultivo. Produtos intracelulares tornam o processo de purificação de biomoléculas mais difícil e oneroso em comparação a produtos extracelulares, dado que demandam o rompimento ou permeabilização das células. Consequentemente, ocorre aumento da viscosidade do meio devido à liberação da molécula-alvo juntamente com todas as demais moléculas intracelulares, o que amplia a diversidade de contaminantes.

- **Concentração e/ou purificação de baixa resolução**

Compreende a separação da molécula-alvo (uma proteína, por exemplo) em relação a moléculas com características físico-químicas significativamente diferentes (como água, íons, pigmentos, ácidos nucléicos, polissacarídeos, lipídeos, vírus e até mesmo proteínas quando estas estão em concentrações elevadas), em outras palavras, busca promover o isolamento entre a molécula de interesse e as demais moléculas não desejadas consideradas impurezas.

- **Purificação de alta resolução**

Compreende a separação entre classes de moléculas com algumas características físico-químicas semelhantes (proteínas, por exemplo), o que de fato ocorre nos estágios finais do processo, quando impurezas de naturezas diversas já foram eliminadas. Nessa etapa são empregadas operações unitárias específicas e seletivas, que conferem resolução particularmente elevada, como cromatografias e separação por membranas, podendo até mesmo ser dispensada a purificação de baixa resolução. Por outro lado, a ampliação de escala aplicada nas separações de elevada resolução pode significar agregação de custos, inviabilizando a comercialização da biomolécula, sendo muitas vezes crucial buscar a redução do volume de meio a processar na etapa de purificação de baixa resolução.

- **Tratamentos finais**

Constituem as operações de polimento para acondicionamento final do produto. Essas operações possibilitam elevar a concentração da molécula-alvo, visando estabilização e preservação do bioproduto em condições de manutenção da sua capacidade biológica por amplos intervalos de tempo, permitindo seu transporte e armazenamento de forma mais adequada.

A Figura 2.1 apresenta um fluxograma genérico do processo de recuperação e purificação, baseado na divisão em quatro etapas apresentada.

A efetivação de cada etapa não necessariamente compreende a aplicação de uma única operação unitária, pode-se realizar um conjunto de operações em cada etapa, ou nem ser necessário à realização de todas as etapas.

Moléculas como o etanol, por exemplo, são isoladas em processo que basicamente compreende a clarificação para separação da levedura, seguida da destilação para obtenção de uma fração rica em etanol. Nesse caso, portanto, não ocorrem as quatro etapas genéricas do processo de recuperação e purificação. Diversas enzimas de uso industrial tampouco necessitam de todas as etapas. O simples aumento da concentração da molécula-alvo, isto é, a redução do teor de água do meio e sua estabilização, por vezes, são suficientes. Ácidos orgânicos, como cítrico, lático e acético, também constituem classe de moléculas produzidas alternativamente por via microbiana, cuja recuperação e purificação não é complexa, limitando-se a operações de clarificação, precipitação e concentração (KILIKIAN e PESSOA, 2020).

Em contraponto a moléculas de baixa exigência de purificação, têm-se as moléculas de elevada exigência de pureza, em que muitas vezes todas as grandes etapas do fluxograma apresentado na Figura 2.1 são aplicadas, resultando em um processo altamente complexo.

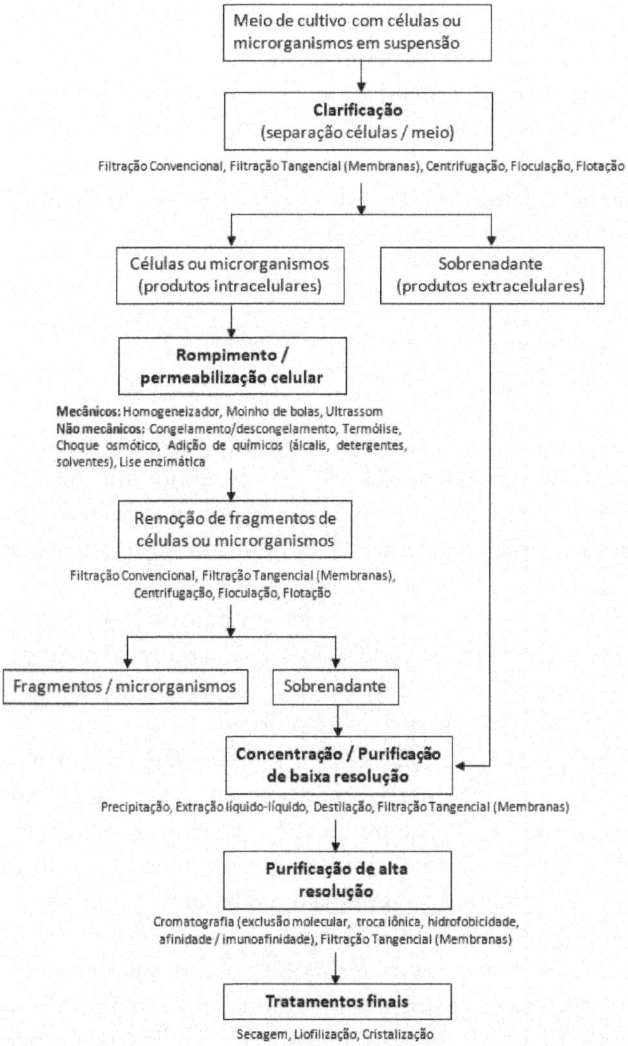

Figura 2.1 Etapas genéricas para um processo de recuperação e purificação de biomoléculas.

Fonte: Adaptado de PESSOA e KILIKIAN, 2005; PRASAD, 2010.

Agregar etapas ao processo de recuperação e purificação, se por um lado acarreta elevação da pureza da molécula-alvo, por outro reduz o rendimento, dado que as perdas são diretamente proporcionais ao número de etapas do processo e são cumulativas. Resulta daí que o estabelecimento da sequência de etapas do processo de purificação deve ser tal que contemple o máximo rendimento da molécula-alvo com o concomitante alcance da pureza necessária a sua aplicação e manutenção da identidade física e química, com o mínimo de etapas (KILIKIAN e PESSOA, 2020).

As estratégias, portanto, para o desenvolvimento do processo de recuperação e purificação compreendem: o conhecimento das características da molécula de interesse; o estabelecimento das metodologias analíticas para quantificação da molécula-alvo, incluindo medidas de atividade e identidade, bem como para monitoramento do processo; a remoção de impurezas presentes em proporção elevada nas etapas iniciais do processo; a aplicação sequencial de operações unitárias baseadas em fundamentos diferentes como tamanho molecular, carga iônica, hidrofobicidade, afinidade/imunoafinidade.

3. CUSTOS DO PROCESSO DE RECUPERAÇÃO E PURIFICAÇÃO

O custo do processo de recuperação e purificação depende em muito do número de etapas e do tipo de operação de elevada resolução na purificação, pois a porcentagem de recuperação está inversamente relacionada ao número de etapas, e as operações de elevada resolução são as de maior custo no processo. Por essa razão a natureza da molécula de interesse e sua aplicação final são, dentre tantos fatores de influência no processo, os de maior impacto. Produtos farmacêuticos, destinados a tratamentos terapêuticos, são os que requerem maior grau de pureza e, portanto, a complexidade do processo de recuperação e purificação é elevada, podendo chegar a 80% do custo final do produto.

O custo e as perdas da molécula-alvo são de fundamental importância na viabilidade do processo. A Figura 3.1 mostra como o aumento do número de etapas do processo de recuperação e purificação, assim como o rendimento de cada etapa, influencia o rendimento do produto final e, consequentemente, seu custo. Por exemplo, se a cada operação unitária o rendimento em produto for de 90%, um rendimento significativamente elevado, a aplicação de nove operações levará a um rendimento final de cerca de apenas 40%. Já para um rendimento de 80% em cada etapa, sete etapas reduziram a produção a pouco mais de 20%. Recuperações usuais da ordem de não mais que 50% da produção de um anticorpo são reportadas, o que dá uma ideia da importância da questão da ordem de grandeza da porcentagem de recuperação (KILIKIAN e PESSOA, 2020).

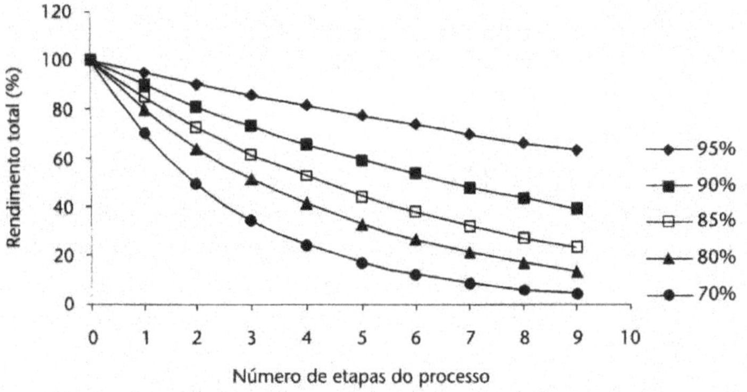

Figura 3.1 Variação de rendimento total no processo de purificação de um produto em função do número de etapas do processo e do rendimento de cada etapa.
Fonte: PESSOA e KILIKIAN, 2005.

Logo a redução do número de etapas é de fundamental importância na viabilidade do processo. Pode-se diminuir a quantidade de etapas combinando finalidades diferentes em uma única etapa, por exemplo, clarificando, concentrando e pré-purificando simultaneamente por meio da extração em sistemas de duas fases aquosas. A aplicação das etapas cromatográficas em uma ordem ótima também contribui para a redução de etapas e perdas no processo. Por fim, cabe mencionar a introdução de modificações genéticas no desenvolvimento do microrganismo, visando o aumento da resolução na purificação. Uma modificação clássica é aquela em que se introduzem sequências adicionais de histidina em uma proteína ou peptídeo, a fim de torná-lo suscetível à adsorção em zinco ou níquel, previamente ligado a um leito cromatográfico – adsorção baseada em afinidade química (KILIKIAN e PESSOA, 2020).

4. CLARIFICAÇÃO

A separação de células suspensas de um meio de cultivo é frequentemente a primeira operação unitária do processo de recuperação e purificação. As operações utilizadas nesta etapa permitem a separação de uma fração sólida (células, fragmentos celulares, partículas) de uma fração líquida, comumente denominada clarificado, mas também conhecida por filtrado ou sobrenadante.

A seguir são apresentadas algumas operações unitárias de clarificação viáveis em escala reduzida e industrial: filtração convencional, filtração tangencial (membranas), centrifugação, flotação e floculação. Importante perceber que essas mesmas operações podem ser empregadas após o "Rompimento / Permeabilização celular" e durante ou após a etapa de "Concentração / Purificação de baixa resolução".

4.1. Filtração convencional

A filtração convencional aplica-se a clarificação de grandes volumes de suspensões diluídas de células, da ordem de milhares de litros, produtos extracelulares e situações nas quais a assepsia não é necessária. Um uso frequente da aplicação da filtração convencional é para suspensões de bolores, pois o micélio apresenta densidade muito baixa e, assim, é de difícil separação do meio líquido por centrifugação.

Na filtração, a suspensão, sob pressão, é perpendicularmente direcionada a um meio filtrante. A fração volumétrica que atravessa o meio filtrante é denominada filtrado, e da contínua deposição das células sobre o meio filtrante resulta a formação de uma "torta de filtração".

Auxiliares de filtração podem ser empregados, reduzindo a compressibilidade ou a compactação da torta e, por consequência, aumentando a permeabilidade do leito. Entre os mais usuais estão a perlita (rocha vulcânica processada de modo a ser expandida) e a terra de diatomácea (resíduos de plantas aquáticas sedimentadas durante vários séculos), que podem ser agregados à suspensão inicial, em se tratando de sólidos compressíveis, ou depositados na forma de fina camada sobre o meio filtrante, quando se tratar de sólidos pegajosos. Além da redução da compressibilidade e da compactação da torta, os auxiliares evitam a penetração delimita células ou seus fragmentos no meio filtrante, com consequente entupimento do filtro.

No entanto, há algumas limitações no uso dos auxiliares de filtração: adsorção irreversível da própria molécula-alvo sobre o auxiliar, resultando redução de rendimento; não é indicado que células contendo produtos intracelulares sejam adicionadas de terra de diatomácea, pois a etapa de rompimento celular é prejudicada ou mesmo inviabilizada; e muito embora a compressibilidade seja reduzida, a viscosidade aumenta, impactando no tempo necessário à filtração. Porém, são necessários considerando-se que o diâmetro dos poros dos meios filtrantes convencionais situa-se na faixa de 10 a 1.000 µm, o emprego de tais filtros invariavelmente depende do uso de um auxiliar de filtração para a viabilização da retenção de bactérias e fungos, visto que a dimensão desses microrganismos frequentemente situa-se abaixo de 10 µm.

O equipamento frequentemente utilizado na clarificação de grandes volumes de suspensões microbianas é o filtro rotativo a vácuo (FRV), apresentado na Figura 4.1. O tradicional filtro prensa, constituído de placas dispostas em paralelo, horizontais ou verticais, produz tortas mais desidratadas em comparação ao FRV, e, ainda que na sua versão fechada para o meio ambiente esse filtro possa ser aplicado a suspensões de microrganismos patogênicos, a elevada demanda por mão de obra para frequentes paradas da operação, visando remoção da torta, restringe sua aplicação a pequenos volumes de suspensões, para os quais a filtração tangencial é mais adequada.

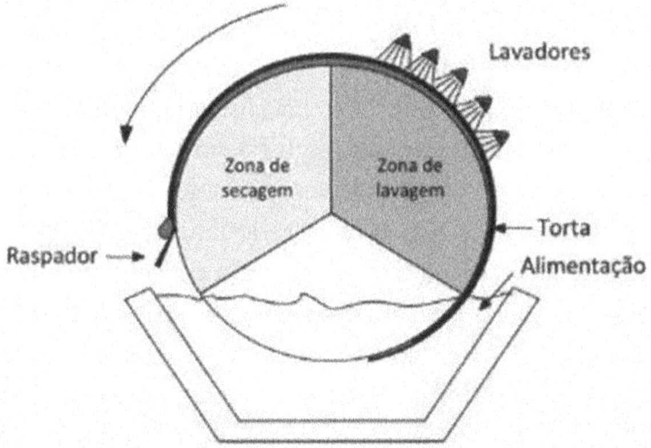

Figura 4.1 Representação esquemática do filtro rotativo a vácuo, FRV.
Fonte: KILIKIAN, 2020.

O FRV consiste de um tambor horizontal oco e rotativo (0,1 a 2 rpm) recoberto com uma malha metálica filtrante, a qual é coberta com uma camada de 5 a 10 cm de auxiliar de filtração. O tambor fica parcialmente submerso em um recipiente que contém a suspensão a ser filtrada, a qual é brandamente agitada para evitar sedimentação das células. A suspensão é alimentada pela parte externa do tambor e a reduzida pressão no interior do mesmo (vácuo) promove a filtração, formando uma fina camada de células microbianas acumuladas sobre o meio filtrante e compactada ao longo do ciclo de formação da torta. Essa torta é lavada, desidratada e raspada por uma faca, removendo os sólidos acumulados e expondo a superfície do meio filtrante coberto com o auxiliar de filtração para o próximo ciclo. O FRV é dividido em zonas de imersão, de lavagem, de secagem e de remoção contínua da torta, conforme ilustra a Figura 4.1, que constitui vantagem deste tipo de filtro sobre os demais, além de por suas características de operação contínua apresentar elevada capacidade da ordem de 100 a 200 $L/m^2.h$. (KILIKIAN e PESSOA, 2001; KILIKIAN, 2020).

4.2. Centrifugação

A sedimentação ou decantação é a deposição de partículas sólidas suspensas num meio contínuo, líquido ou gasoso, em virtude da diferença de densidade entra o fluido e as partículas sólidas. Na centrifugação promove-se o aumento da velocidade dessa sedimentação, isto é, acelera-se a decantação das partículas suspensas por ação de um campo gravitacional centrífugo, ou mesmo separam-se dois líquidos de densidades diferentes.

Da centrifugação resultam suspensões de células mais concentradas em relação à original, enquanto a filtração convencional dá origem a uma torta relativamente seca, o que constitui vantagem desta última operação unitária em relação à centrifugação. A filtração convencional, contudo, gera grandes volumes de torta, dificulta a manutenção de assepsia, demanda significativa mão de obra e pode apresentar severos problemas de entupimento dos filtros para suspensões de células microbianas. Para produtos intracelulares, a centrifugação é alternativa atraente, tendo em vista que auxiliares de filtração não podem ser adicionados.

Auxiliares de centrifugação podem ser utilizados, induzindo a agregação das células microbianas com base nas características iônicas da superfície (coagulação), o que resulta em maior velocidade de separação na centrifugação. Tal agregação pode ser induzida pelo ajuste de pH ou por adição de polieletrólitos à suspensão.

O incremento da força da ação da gravidade na sedimentação forçada em um campo centrífugo é denominado F_c. O valor dessa variável deve ser mencionado na caracterização de uma centrifugação, juntamente com o tempo adotado para se obter um determinado grau de clarificação. Por exemplo, para centrifugação de uma suspensão de leveduras, valores da ordem de 3.000 x g e alguns minutos são suficientes à completa sedimentação das células.

Na clarificação de suspensões microbianas, é comum a utilização de centrífugas de discos e de centrífugas tubulares, apresentadas na Figura 4.2. As centrífugas tubulares podem operar sob refrigeração e com valores de F_c bastante elevados, da ordem de 13.000 a 17.000 x g, embora sua capacidade seja limitada a algumas dezenas de litros e a operação seja descontínua. Já as centrífugas de discos, embora operem sob valores menores de F_c, de 5.000 a 15.000 x g, permitem processamento contínuo de até 200 m^3/h. A inclusão dos discos aumenta a área de sedimentação, reduzindo o tempo em relação a uma centrífuga sem discos.

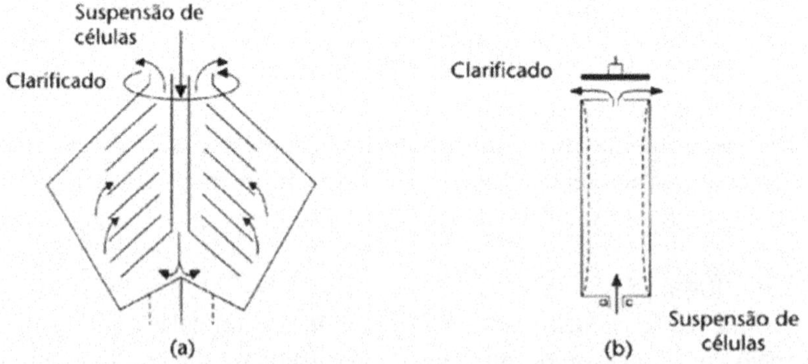

Figura 4.2 Representação esquemática de uma centrífuga de discos (a) e de uma centrífuga tubular (b).

Fonte: KILIKIAN, 2001.

Devido à natureza descontínua e contínua de operação das centrífugas consideradas, a tubular aplica-se a suspensões com no máximo 30 g/L de células, enquanto que na de discos suspensos com até 250 g/L são tratadas. Valores de até 100 g/L de células resultam de cultivos em alta concentração celular ou de operações prévias de adensamento do meio por floculação.

A clarificação de suspensões de leveduras por centrifugação é eficientemente realizada, enquanto que para bactérias a reduzida dimensão das partículas exige valores de F_c significativamente maiores e, portanto, recomenda-se uma comparação com a microfiltração quanto a desempenho e custo. (KILIKIAN e PESSOA, 2001; KILIKIAN, 2020)

4.3. Filtração tangencial

Os bioprodutos ocorrem em baixas concentrações em meios de cultivo, junto com uma variedade de moléculas contaminantes e de sólidos suspensos (células e seus fragmentos, matéria coloidal, produto do metabolismo das células, além dos nutrientes do meio de cultivo), que apresentam variadas dimensões, desde nanômetros a milímetros, o que provoca consideráveis problemas de separação. Outro desafio é sua labilidade e sensibilidade a pH, temperatura, força iônica, solventes e tensões cisalhantes. Parte desses problemas pode ser enfrentada com relativo sucesso por meio do emprego de processos de separação por membranas.

A filtração tangencial é o termo empregado para definir os processos de separação por membranas nos quais o fluido de alimentação escoa tangencialmente à superfície do meio filtrante, mostrado na Figura 4.3. Nesses processos a tensão de cisalhamento do fluido minimiza o acúmulo de células e seus fragmentos na superfície das membranas.

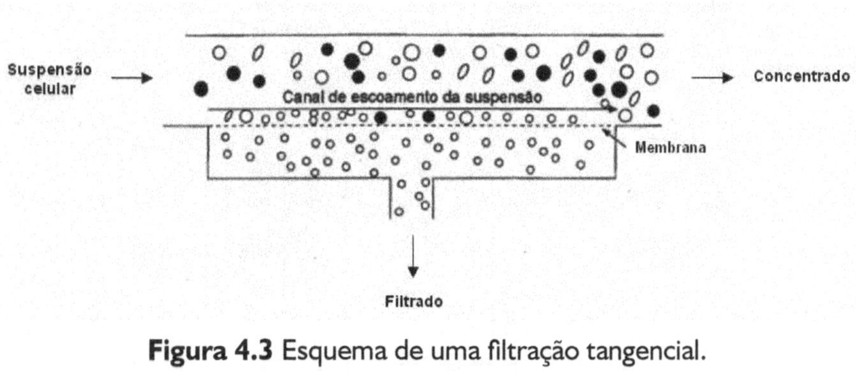

Figura 4.3 Esquema de uma filtração tangencial.

Fonte: Adaptado de KILIKIAN e PESSOA, 2001.

O desempenho de uma filtração tangencial é, em geral, caracterizado por duas variáveis: fluxo de filtrado e coeficiente de retenção de sólidos em suspensão, que são influenciados pelos fenômenos de concentração de polarização (formação de um gradiente de concentração de células ou solutos próximos à superfície da membrana) e *fouling* (bloqueio ou estreitamento dos poros da membrana resultante da deposição de solutos no interior da membrana), detalhado em Habert et al. (2020)

Os processos de separação por membranas caracterizam-se por apresentar baixo consumo energético, eliminando custos referentes ao armazenamento e ao descarte do auxiliar de filtração; são específicos, podendo ser a única operação de separação; são alternativas para separação de termolábeis; e apresentam simplicidade na operação e no aumento de escala.

Para que ocorra o transporte de uma espécie através de uma membrana, é necessário que haja uma força motriz agindo sobre as espécies a serem separadas. De acordo com a força motriz empregada e a morfologia da membrana (que pode ser porosa, ou densa, ou composta pelas duas), o transporte das diferentes espécies pode ocorrer tanto pelo mecanismo de convecção quanto pelo mecanismo de difusão, ou por ambos.

A Tabela 4.1 apresenta os atuais processos de separação com membranas, em operação comercial, suas principais características, a força motriz e exemplos típicos de aplicação.

Tabela 4.1 Processos de separação com membranas operacionais em escala industrial.

Processo	Força motriz	Material retido	Material que permeia	Aplicações
Microfiltração **(MF)**	ΔP (0,5-2 bar)	Material em suspensão, bactérias MM > 500.000 g/mol (0,01 μm)	Água e sólidos dissolvidos	• Esterilização bacteriana • Concentração de células • Oxigenação de sangue
Ultrafiltração **(UF)**	ΔP (1-7 bar)	Coloides, macromoléculas MM > 5.000 g/mol	Água (solvente) e sais solúveis de baixa MM	• Fracionamento e concentração de proteínas • Recuperação de óleos
Nanofiltração **(NF)**	ΔP (5-25 bar)	Moléculas com massa molar de valor médio (g/mol) 500g/mol < MM > 2.000 g/mol	Água, sais e moléculas de baixa MM	• Purificação de enzimas • Concentração de biomoléculas • Biorreatores à membrana

Processo	Força motriz	Material retido	Material que permeia	Aplicações
Osmose inversa **(OI)**	ΔP (15-80 bar)	Todo material solúvel ou em suspensão	Água (solvente)	• Dessalinização de águas • Concentração de antibióticos • Desmineralização de águas
Diálise **(D)**	ΔC	Moléculas com MM > 5.000 g/mol	Íons e orgânicos de baixa MM	• Hemodiálise – rim artificial
Eletrodiálise **(ED)**	ΔV	Macromoléculas e compostos não iônicos	Íons	• Concentração de soluções salinas • Dessalinização • Purificação de ácidos orgânicos
Permeação de gases **(PG)**	$\Delta P_i = \Delta C$	Gás menos permeável	Gás mais permeável	• Recuperação de hidrogênio • Separação CO_2/CH_4 • Fracionamento do ar
Pervaporação **(PV)**	Pressão por vapor	Líquido menos permeável	Líquido mais permeável	• Desidratação de álcoois • Eliminação de produtos voláteis de biorreatores

Fonte: HABERT et al., 2020.

Em processos que utilizam membranas porosas, a seletividade está diretamente associada à relação entre o tamanho das espécies presentes e o tamanho dos poros da superfície da membrana. Esse é o caso da **Microfiltração (MF)**, **Ultrafiltração (UF)**, **Nanofiltração (NF)** e **Diálise (D)**, para os quais a força motriz é o gradiente de pressão através da membrana, sendo o fluxo de permeado fundamentalmente convectivo. No caso de processos que empregam membranas densas, compostas ou não, a capacidade depende da afinidade das diferentes espécies com o material da membrana (etapa de natureza termodinâmica) e da difusão de tais espécies através do filme polimérico (etapa de natureza cinética), como é o caso da **Osmose Inversa (OI)**, **Pervaporação (PV)** e **Permeação de Gases (PG)**. O fluxo permeado é sempre de natureza difusiva, independente do tipo de força motriz aplicada, uma vez que a membrana não apresenta poros na superfície que se encontra em contato com o fluido a ser processado. Já na **eletrodiálise (ED)**, a força motriz é um gradiente de potencial elétrico. Por esse motivo, só pode ser usada nos casos em que pelo menos uma das espécies a serem separadas apresente carga elétrica. O transporte das espécies iônicas ocorre pelo mecanismo da difusão.

Uma grande variedade de membranas e equipamentos para filtração tangencial está disponível no mercado. A escolha da membrana e do filtro mais adequado vai depender do material a ser filtrado e do processo global de purificação. Membranas na geometria plana são usadas em módulos do tipo placa e quadro quanto em módulos do tipo espiral (Figura 4.4). Já as membranas com geometria cilíndrica são empregadas nos módulos tubular, capilar e tipo fibras ocas (Figura 4.5). (HABERT et al., 2020)

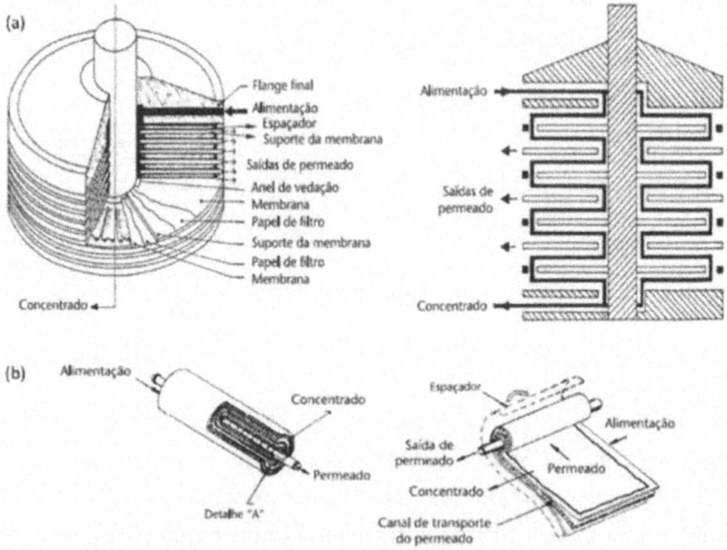

Figura 4.4 Representações esquemáticas de módulos do tipo placa e quadro (a) e espiral (b).

Fonte: HABERT et al., 2020.

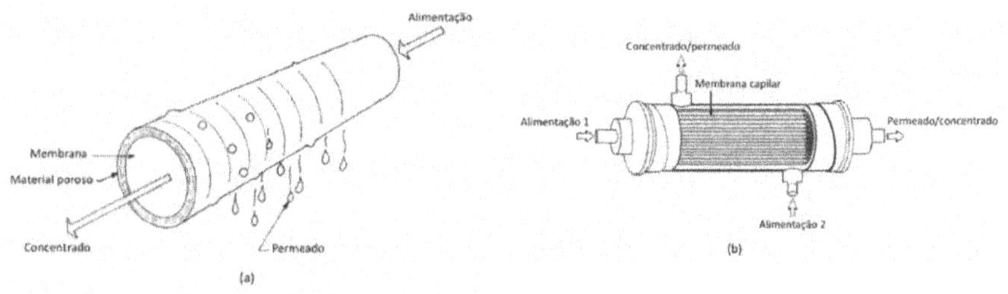

Figura 4.5 Representações esquemáticas de módulos do tipo tubular (a) e capilar (b).

Fonte: HABERT et al., 2020.

4.4. Flotação e Floculação

A flotação é uma técnica de separação de misturas que consiste na introdução de bolhas de ar a uma suspensão de partículas, seguida da adesão dessas às bolhas, sendo arrastadas para a superfície do líquido, formando uma espuma que pode ser removida da solução e separando seus componentes de maneira efetiva. As partículas devem necessariamente ter dimensões coloidais para possibilitar que as bolhas de ar carreguem as partículas. (MASSI et al., 2008)

Já a floculação é antecedida pela etapa de coagulação, que consiste na adição de produtos químicos sob intensa agitação, visando à desestabilização das partículas. Na sequência ocorre a floculação, onde o choque entre as partículas desestabilizadas ocorre por meio de agitação lenta e a adição de polieletrólitos realiza, através de suas longas cadeias, a união dos coágulos formando agregados ainda maiores, que são subsequentemente removidos nas etapas seguintes, por sedimentação, ou filtração, ou até mesmo por flotação. (SCHOLZ, 2016; LOPES et al., 2020)

5. ROMPIMENTO / PERMEABILIZAÇÃO CELULAR

A maior parte dos produtos biotecnológicos de interesse comercial corresponde a metabolitos extracelulares de células microbianas como bactérias e leveduras. Uma parcela importante dos bioprodutos, entretanto, corresponde a moléculas acumuladas intracelularmente, como proteínas, enzimas e anticorpos. O aumento da demanda por bioprodutos intracelulares para aplicações nas indústrias alimentícias e farmacêuticas evidencia a importância das operações de rompimento ou permeabilização celular. Soma-se a isso o fato de que os avanços nas técnicas de recombinação de DNA apontam na direção de estudos relacionados à síntese de diversas novas moléculas intracelulares, em procariotos e eucariotos, o que leva à necessidade adicional de avanços nas técnicas de rompimento ou permeabilização celular.

Produtos intracelulares requerem o rompimento ou a permeabilização destas através de operações unitárias conduzidas sobre o adensado obtido após a etapa de clarificação. O rompimento / permeabilização para recuperação de produtos termolábeis ou sujeitos a ação de enzimas deve ser conduzido rapidamente e em baixas temperaturas.

Há diferentes estruturas de paredes celulares. As diferenças na composição química e no tamanho das organelas e células resultam em diferentes graus de resistência ao rompimento / permeabilização celular. Na prática, observa-se que células envolvidas apenas por membrana, com células animais e hibridomas, são frágeis e, portanto, são rompidas sob baixas tensões de cisalhamento, requerendo pouca energia. A fragilidade das células envolvidas apenas por membranas, por outro lado, apresenta-se como um desafio no processamento do meio, pois uma simples operação de bombeamento, mesmo a baixa tensão de cisalhamento, pode provocar o rompimento da célula e o risco de perda da molécula-alvo. Células microbianas, como bactérias, leveduras e fungos, ao contrário, apresentam estrutura de parede celular robusta e de difícil rompimento / permeabilização (Figura 5.1).

Os métodos podem ser classificados em: mecânicos (homogeneizador de alta pressão, moinho de bolas, ultrassom); não mecânicos (choque osmótico, congelamento e descongelamento, termólise); químicos (álcalis, solventes, detergentes, ácidos) e enzimáticos (lise enzimática ou inibição da síntese da parede celular).

Para definir o processo de rompimento ou permeabilização a ser empregado, alguns fatores são levados em consideração como: rendimento, especificidade, necessidade de controle de temperatura, custo de operação unitária e capital investido. A recuperação e purificação de produtos intracelulares é de custo mais elevado em comparação a de produtos extracelulares, como já mencionado, pois a presença de contaminantes e fragmentos celulares exige maior número de etapas no processo. Nesse sentido, a biologia molecular pode contribuir para redução dos custos dos processos, uma vez que pode ser aplicada para a modificação genética da célula de tal forma que ela passe a produzir a biomolécula-alvo extracelularmente. (KILIKIAN e PESSOA, 2001; PESSOA, 2020).

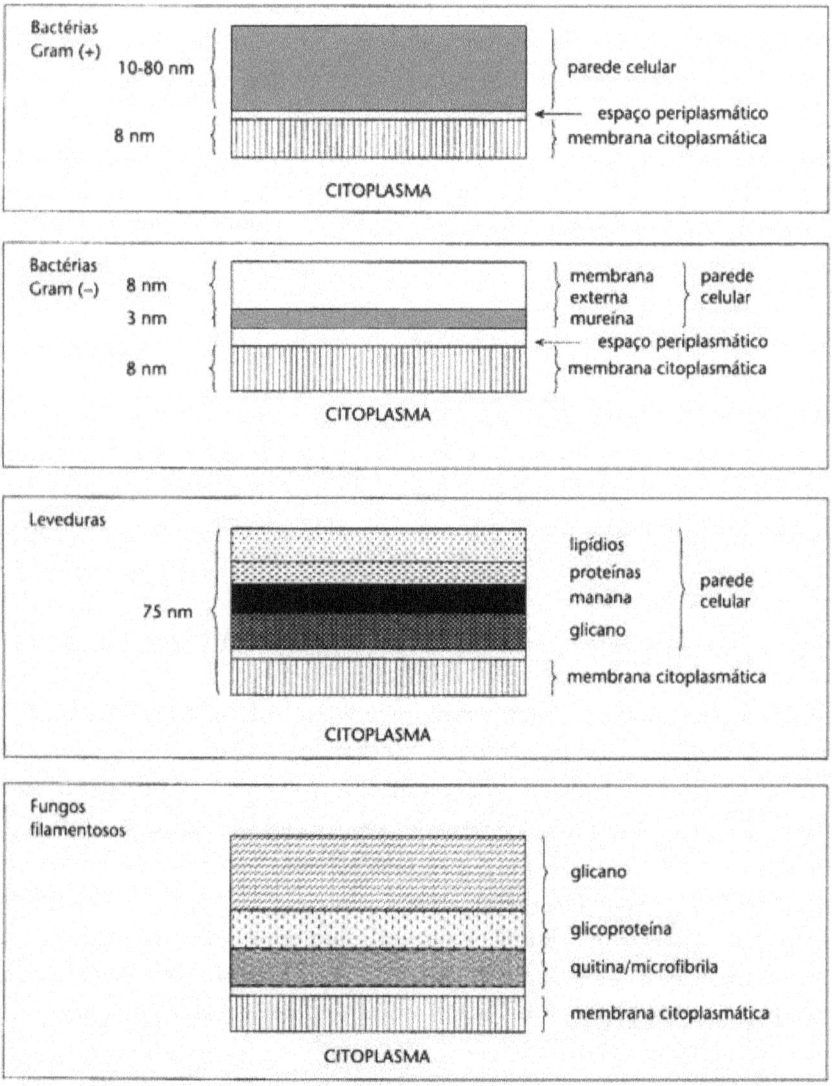

Figura 5.1 Estruturas estilizadas de paredes celulares de diferentes microrganismos.
Fonte: PESSOA, 2005.

Os métodos podem ser classificados em: mecânicos (homogeneizador de alta pressão, moinho de bolas, ultrassom); não mecânicos (choque osmótico, congelamento e descongelamento, termólise); químicos (álcalis, solventes, detergentes, ácidos) e enzimáticos (lise enzimática ou inibição da síntese da parede celular).

Para definir o processo de rompimento ou permeabilização a ser empregado, alguns fatores são levados em consideração como: rendimento, especificidade, necessidade de controle de temperatura, custo de operação unitária e capital investido. A recuperação e purificação de produtos intracelulares é de custo mais elevado em comparação a de produtos extracelulares, como já mencionado, pois a presença de contaminantes e fragmentos celulares exige maior número de etapas no processo. Nesse sentido, a biologia molecular pode contribuir para redução dos custos dos processos, uma vez que pode ser aplicada para a modificação genética da célula de tal forma que ela passe a produzir a biomolécula-alvo extracelularmente. (KILIKIAN e PESSOA, 2001; PESSOA, 2020)

5.1. Métodos Mecânicos

O **homogeneizador a alta pressão** foi originalmente projetado para a indústria de laticínios e, posteriormente, adaptado para rompimento celular. È constituído por pistões projetados para aplicar altas pressões, forçando a passagem da suspensão celular por um orifício estreito seguida de colisão com uma superfície rígida e imóvel em uma câmara à pressão atmosférica, ou colisão contra um segundo fluxo sob pressão elevada (Figura 5.2.a). A redução instantânea da pressão associada ao impacto provoca o rompimento celular sem danificar as biomoléculas. Esse tipo de rompimento provoca aumento da temperatura do meio, e por causa disso o equipamento deve ter um sistema eficiente de refrigeração, principalmente nos casos em que a molécula-alvo é termossensível. O processo conduzido a pressões elevadas proporciona altos rendimentos de recuperação com somente uma etapa, no entanto, rompimentos em múltiplas etapas podem ser utilizados para aumentar o rendimento.

O homogeneizador é amplamente utilizado em escala industrial, porém há casos em que não é o mais adequado, quando se trata de fungos filamentosos, por exemplo, pois bloqueiam a válvula de descarga. Nesse caso, o equipamento mais adequado é o moinho de bolas.

Originalmente os **moinhos de bolas** foram desenvolvidos para cominuir pigmentos usados na indústria de tintas, sendo posteriormente empregado para ruptura de células microbianas, em especial leveduras, fungos filamentosos e microalgas. É constituído por uma câmara cilíndrica fechada, horizontal ou vertical, um sistema de refrigeração e um eixo que gira em alta rotação (Figura 5.2.b). Nesta câmara são adicionadas esferas de vidro e células em suspensão. Ao longo do eixo de rotação estão distribuídos um ou mais discos ou hastes que giram em alta velocidade e provocam atrito entre as esferas e as células intactas, causando rompimento celular por cisalhamento.

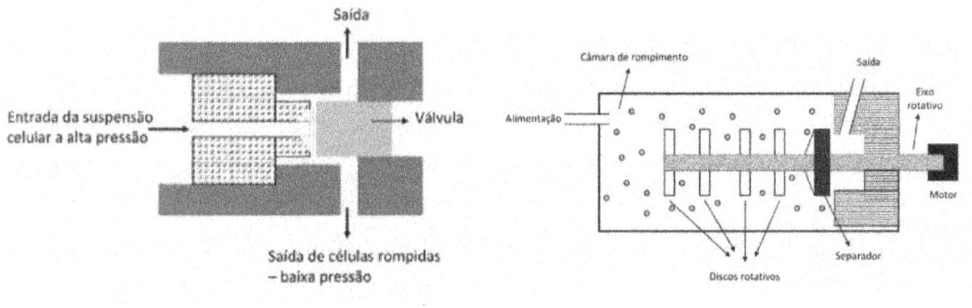

(a) (b)

Figura 5.2 Esquema genérico: (a) de um homogeneizador a alta pressão; (b) de um moinho de bolas.

Fonte: PESSOA et al., 2020.

O rompimento celular por **ultrassom** ocorre quando ondas sonoras são convertidas em vibrações em um meio líquido e causam o fenômeno de cavitação, que é a formação, crescimento e ruptura de bolhas de ar num intervalo de tempo, acompanhada de grande quantidade de transferência de energia para o meio na forma de força de cisalhamento, a qual, ao chocar-se com a célula, promove sua ruptura parcial, de tal forma que choques consecutivos levam ao rompimento da célula e consequente liberação do conteúdo intracelular (Figura 5.3). Esse método encontra grande utilização em escala de laboratório, no entanto, para o rompimento em larga escala é inviável, pois seria necessário empregar grande quantidade de sondas dispostas em série e instalar um eficiente sistema de refrigeração, o qual tornaria o processo economicamente inviável. (PESSOA et al., 2020)

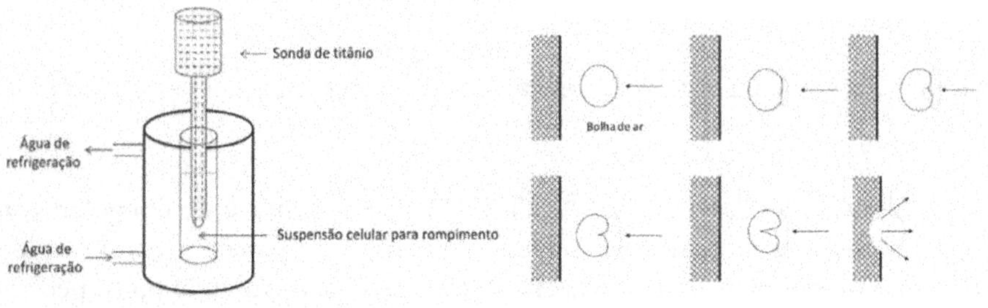

(a) (b)

Figura 5.3 Esquema genérico: (a) de um equipamento de ultrassom; e (b) sequência, provocada pelo ultrassom, de deformação de uma bolha simples em colapso com a superfície a ser rompida.

Fonte: PESSOA et al., 2020.

5.2. Métodos Não Mecânicos

5.2.1. Rompimento Físico

No **choque osmótico**, as células a serem rompidas são transferidas de um meio isotônico para um meio hipotônico, como a água destilada, gerando um rápido fluxo de água para o interior das células em razão da semipermeabilidade da membrana celular e a imediata expansão do volume da célula e sua ruptura. Por vezes o choque resultante é insuficiente para romper a célula integralmente, mas pode propiciar permeabilização seletiva, liberando apenas algumas moléculas para o meio extracelular (Figura 5.4). Se uma das moléculas for a de interesse, as etapas posteriores de purificação serão facilitadas, devido à reduzida quantidade de contaminantes. Esse método é indicado para bactérias Gram-negativas, pois possuem parede celular mais sensível que as Gram-positivas; para algumas células animais e protoplastos, mas mostra-se ineficiente para romper células vegetais cujas moléculas lignocelulósicas na parede impedem o fluxo osmótico.

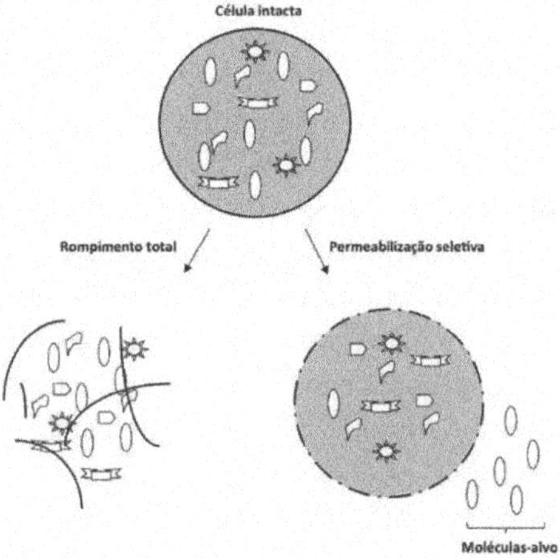

Figura 5.4 Ilustração de uma célula íntegra, parcial ou totalmente rompida.
Fonte: PESSOA et al., 2020.

Células submetidas a repetidos ciclos de **congelamento e descongelamento** podem sofrer rompimento total devido à perfuração da parede e membrana por cristais de gelo intracelulares, ou apenas lesões das quais resultarão poros permeáveis ao bioproduto. Os fatores que mais influenciam nesse tipo de rompimento são: tipo e idade da célula, temperatura e velocidade dos ciclos de congelamento/descongelamento. Embora seja um método simples que, a princípio, pode ser empregado para qualquer célula microbiana, vegetal ou animal, sendo indicado no rompimento de patógenos, não é eficiente para microrganismos que apresentam compostos intracelulares crioprotetores, caso de alguns biopolímeros. Além disso, é um processo demorado, de custo elevado devido à energia necessária para o congelamento e inadequado para biomoléculas sensíveis ao congelamento, apresentando melhor aplicação quando combinado a outras metodologias de rompimento.

A **termólise**, elevação da temperatura da suspensão celular por determinado tempo de aplicação, é outra possibilidade de rompimento celular, desde que a biomolécula-alvo não seja destruída. A suspensão celular pode ser aquecida em banho termostatizado, por injeção de vapor direto em tambor rotativo ou em *spray-drier*. O processo de termólise, dada sua simplicidade, é dos mais convenientes no rompimento celular em larga escala, sendo amplamente utilizado na produção de proteínas de algas, fungos filamentosos, leveduras e bactérias. Apresenta a vantagem de gerar fragmentos celulares com maiores dimensões e, portanto, mais facilmente removíveis por ultrafiltração ou centrifugação. (PESSOA et al., 2020)

5.2.2. Rompimento Químico

O rompimento de células por ação de álcalis é um método efetivo, simples e barato, que permite aplicação em larga escala, desde que o bioproduto seja estável a valores de pH maiores que 11. O princípio do rompimento é diversificado, visto que o agente alcalino atua de várias formas na hidrólise da membrana e parede celular, por exemplo, saponificando lipídeos. Os álcalis mais utilizados são a amônia e o hidróxido de sódio, uma vez que também rompem, e consequentemente inativam, patógenos ou microrganismos geneticamente modificados. São, portanto, importante opção na produção de biomoléculas com fins terapêuticos. Por outro lado, a geração de poluentes apresenta-se como a principal desvantagem desse método.

Já os **detergentes**, também conhecidos por tensoativos ou surfactantes, têm a propriedade de dissociar proteínas e lipoproteínas das paredes celulares, permeabilizando pela formação de poros e liberando a molécula-alvo. Dependendo do grau de remoção dessa camada, a célula pode ser totalmente rompida. Dentre os principais agentes tensoativos que podem ser utilizados estão: sais biliares; sais quaternários de amônio; surfactantes aniônicos como lauril sulfato de sódio, SDS (dodecil sulfato de sódio) ou sulfonato de sódio; surfactantes catiônicos como brometo de cetiltrimetilamônio; surfactantes não iônicos como Triton X-100 e Tween. Encontra aplicação, em larga escala, na produção de enzimas pela permeabilização celular de bactérias e leveduras.

Outra opção são os **solventes** que têm como princípio a dissolução dos lipídeos das membranas e da parede celular e a desidratação química das células. Os mais usados são etanol, metanol, tolueno e acetona. No entanto, outros tipos de solventes mais tóxicos, como benzeno, clorobenzeno, xileno e clorofórmio, também podem ser aplicados. A liberação de moléculas intracelulares, por exemplo, enzimas, ocorre pelos poros que se formam na membrana e parede celular após o contato da célula com o solvente, que leva a uma permeabilização seletiva. Esse método é indicado só para biomoléculas que não sejam desnaturadas na presença do solvente empregado. (PESSOA et al., 2020)

5.2.3. Rompimento Enzimático

Algumas enzimas são capazes de hidrolisar a parede de células microbianas. O mecanismo é baseado no fato de que a pressão osmótica interna rompe a membrana citoplasmática, ou parte dela, após a parede celular ter sido removida ou permeabilizada por ação das enzimas, permitindo que o conteúdo intracelular seja liberado para o meio externo. Como a composição da parede celular varia em função do tipo de microrganismo, conforme já apresentado, as enzimas empregadas para rompimento são específicas aos substratos visados da parede.

Os métodos enzimáticos de rompimento são adequados para recuperação de biomoléculas sensíveis à temperatura, tensão de cisalhamento ou pressões de trabalho geradas pelos métodos mecânicos. A lise enzimática é considerada um processo altamente seletivo, suave e efetivo; em contrapartida, é bastante dispendioso. Alguns fatores que a serem considerados são: presença de inibidores; possibilidade de reciclo da enzima; resistência à tensão de cisalhamento, caso a lise enzimática esteja associada a rompimento mecânico; estudo das condições ótimas e da eficiência de atuação das enzimas. (PESSOA et al., 2020)

5.2.4. Preservação da biomolécula-alvo

A avaliação da eficiência do rompimento celular deve levar em consideração o rendimento do bioproduto em sua forma ativa. A liberação de produtos intracelulares pós-rompimento celular, inclusive proteases, pode resultar na hidrólise da proteína desejada. Portanto, em diversos processos é essencial reduzir a temperatura de operação e ainda adicionar inibidores de proteases para reduzir seus efeitos deletérios, tais como o PMSF (fluoreto de fenil-metil-sufonil), ou o EDTA, ou o ácido aminocapróico, entre outros. Caso a molécula alvo seja uma enzima, em que os sítios ativos são reativos e suscetíveis à inativação por oxidação logo após a ruptura celular, deve-se adicionar agentes redutores imediatamente antes do rompimento, como o 2-mercaptoetanol, ou ditiotreitol, ou EDTA (agente complexante para íons metálicos).

A elevação da viscosidade, como resultado da liberação de ácidos nucleicos e proteínas da célula, acarretará problemas difusionais que impõem dificuldades às etapas seguintes de purificação, como na filtração e cromatografia. A adição de nucleases ou proteases, ou um ajuste adequado de pH, desde que não destruam a biomolécula de interesse, são estratégias que podem melhorar as características reológicas do meio. (PESSOA et al., 2020)

6. CONCENTRAÇÃO/PURIFICAÇÃO DE BAIXA RESOLUÇÃO

A etapa de concentração e/ou purificação de baixa resolução, também conhecida por purificação intermediária, compreende as operações de separação da molécula-alvo em relação a moléculas com características físico-químicas (peso molecular, solubilidade, densidade, especificidade de interação, entre outros) significativamente diferentes.

Dentre as operações unitárias viáveis em escala reduzida e industrial estão: precipitação, extração em sistema de duas fases aquosas e filtração tangencial (membranas), essa última já apresentada na etapa da clarificação.

6.1. Precipitação

A precipitação de bioprodutos em meios aquosos é uma das operações mais tradicionais, tanto em escala laboratorial quanto industrial, para concentração e/ou purificação de moléculas de origem microbiana, animal ou vegetal.

Trata-se de uma operação na qual uma perturbação, química ou física, em uma solução proteica, leva a formação de partículas insolúveis de proteína, recuperadas posteriormente por uma operação de separação sólido-líquido. As partículas agregam diferentes moléculas proteicas, grandes o suficiente para serem observadas a olho nu e que sedimentam sob valor moderado de força centrífuga. Essa separação, seguida da solubilização dos agregados de proteínas precipitadas, facilitando a redução de volume do meio, fez da operação de precipitação uma etapa tradicional aplicada previamente a operações de purificação de alta resolução. No entanto, para meios com moderada variedade de contaminantes, pode ser um método efetivo para purificação e, dependendo do grau de pureza necessário para utilização final, a precipitação pode atuar como etapa única.

Dentre as vantagens de se utilizar precipitação para concentração e purificação de proteínas, ácidos nucleicos e pequenos metabólitos estão a possibilidade de uso de equipamentos relativamente simples na operação em escala industrial, sobretudo em regime contínuo, e o grande número de agentes de precipitação de baixo custo utilizados em concentrações moderadas. A utilização desse método, todavia, somente é viável quando a adequada conformação da molécula-alvo é recuperada, sem desnaturação, após a precipitação. A Tabela 6.1 apresenta os principais métodos de precipitação, princípio, vantagens, desvantagens e algumas aplicações. (PESSOA et al., 2020)

Tabela 6.1 Principais métodos de precipitação.

Método de precipitação	Alguns Precipitantes	Princípio	Vantagens	Desvantagens	Algumas Aplicações
Sais neutros ***Salting in*** [1] ***e Salting out*** [2]	- Sulfatos de: amônio, zinco, magnésio, sódio - Acetato de amônia - Cloreto de magnésio - Citrato de sódio	Interações hidrofóbicas pela redução da camada de hidratação da proteína.	- Uso universal. - Baixo custo. - Sais podem estabilizar contra desnaturação, proteólise ou contaminação microbiana.	- Corrosivo. - Liberação de amônia em pH alcalino.	- Canabinóide - Cisteína - Homocisteína - Bifentrina - Permetrina - Ciflutrina - Fenvalerato
Íons metálicos	- Mn^{2+}, Fe^{2+}, Co^{2+}, Ni^{2+}, Cu^{2+}, Zn^{2+}, Cd^{2+} (ligam-se aos ácidos carboxílicos ou compostos nitrogenados) -Pb^{2+},Mg^{2+},Ba^{2+},Ca^{2+} (ligam-se somente a ácidos carboxílicos) - Hg^{2+}, Ag^{2+} (ligam-se aos grupos sulfidril)	Formação de complexos, pois os íons ligados às proteínas mudam o ponto isoelétrico (PI) o que oportuniza as ligações cruzadas entre elas.	- Uso de pequenas quantidades de precipitante.	- Risco de desnaturação.	- Ácido ascórbico - Resíduos de: histidina, cisteína, aspartato, glutamato, triptofano, fenilalanina, tirosina e NH_2 terminal de proteínas - Ácidos nucleicos - Anticorpos policlonais

Método de precipitação	Alguns Precipitantes	Princípio	Vantagens	Desvantagens	Algumas Aplicações
Solventes orgânicos	- Metanol - Etanol - Acetona - n-propanol - i-propanol - 2-metoxietanol - Éteres	Redução da constante dielétrica do meio, aumentando as interações eletrostáticas intermoleculares.	- Facilidade de reciclagem do precipitante, além de propriedades bactericidas. - Facilidade na remoção do precipitado.	- Risco de desnaturação. - Precipitante é inflamável e explosivo.	- Fracionamento do plasma sanguíneo para obtenção de globulinas, albumina, fibrinogênio, anticorpos.
Temperatura	- Calor	Interações hidrofóbicas e interferências das moléculas de água nas ligações de hidrogênio.	- Baixo custo. - Simples. - Atua junto com pH, sais, solventes.	- Risco de desnaturação.	- Proteínas
Polímeros	- Polietilenoglicol (PEG)	Exclusão da proteína da fase aquosa, reduzindo a quantidade de água disponível para a solvatação da proteína.	- Uso de pequenas quantidades de precipitante. - O precipitante propicia efeito estabilizante.	- Aumento da viscosidade do meio.	- Macroprolactina (hormônio prolactina + anticorpo IgG)

Método de precipitação	Alguns Precipitantes	Princípio	Vantagens	Desvantagens	Algumas Aplicações
Polieletrólitos	- Policátion polietilenoimina (PEI) - Poliânion ácido poliacrílico (PAA)	Ligação com a molécula de proteína, atuando como agente floculante.	- Uso de pequenas quantidades do precipitante. - Baixo custo e redução de resíduos.	- Risco de desnaturação.	- Proteases vegetais
Precipitação isoelétrica	- Ácidos minerais (fosfórico, clorídrico, sulfúrico) - Ácido acético	Neutralização da carga global da proteína pela alteração do pH do meio.	- Uso de pequenas quantidades de precipitante. - Baixo custo.	- Risco de desnaturação.	- Globulina - Caseína
Precipitação por afinidade	- Copolímero com ligante Corante *Cibacron Blue* em metacrilato - Quelatos de íons metálicos	Interação específica e seletiva com a proteína, usando um ligante.	- Seletivo e específico.	- Alto custo dos ligantes.	- Lactato desidrogenase - ®-glucoronidase - Galactose desidrogenase

[1] O efeito "**salting in**" é o aumento da solubilidade de proteínas devido ao acréscimo de baixas concentrações de sais em solução.

[2] O efeito "**salting out**" é a precipitação de proteínas pelo aumento da força iônica em solução por altas concentrações de sais.

Fonte: Adaptado de PESSOA et al., 2020.

6.2. Extração em sistema de duas fases aquosas

A extração de biomoléculas em sistemas de duas fases líquidas imiscíveis tem sido aplicada há cerca de setenta anos na purificação de produtos obtidos em células animais, vegetais e microbianas, na separação de vírus, organelas e ácidos nucleicos, com destaque para a aplicação na purificação de enzimas, antibióticos e ácidos orgânicos.

Proteínas, altamente sensíveis à desnaturação, podem ser purificadas em sistemas constituídos por duas fases aquosas imiscíveis (SDFA), em decorrência de uma partição diferenciada da molécula-alvo e impurezas entre as fases líquidas. O elevado teor de água, 75 a 80% em massa, garante a manutenção das propriedades biológicas das proteínas. Para produtos cuja aplicação exige elevado grau de pureza, a extração em SDFA não é suficiente, sendo sucedida por uma ou mais etapas cromatográficas.

A separação entre a molécula-alvo e as demais moléculas contaminantes decorre das diferentes solubilidades apresentadas por esses solutos em cada uma das fases aquosas. A Figura 6.1 ilustra a ocorrência das duas soluções aquosas imiscíveis e a presença de uma molécula-alvo P, cuja solubilidade é maior na fase de topo (fase superior) em relação à fase de fundo (fase inferior). Sendo assim, haverá aumento do grau de pureza da molécula-alvo, caso os contaminantes apresentem solubilidade maior na fase de fundo.

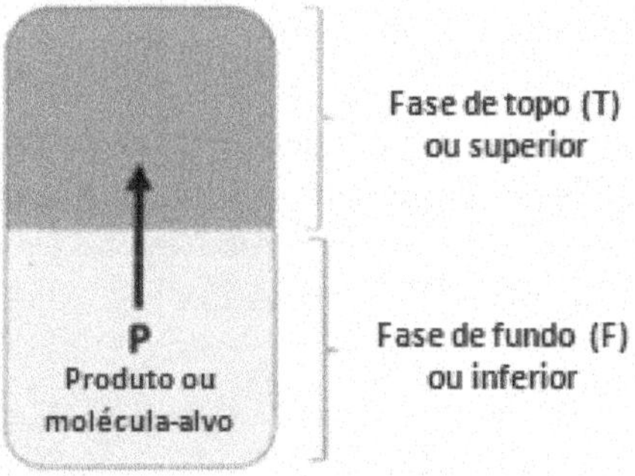

Figura 6.1 Representação de um sistema de duas fases aquosas imiscíveis.
Fonte: Adaptado de KILIKIAN et al., 2020.

Quatro grupos de sistema de duas fases aquosas imiscíveis são possíveis:

- Sistemas formados por dois polímeros não iônicos:

polietilenoglicol (PEG)/Dextrana (Dx), PEG/Ficoll; PEG/Polivinil álcool, polipropilenoglicol (PPG)/Dx, Ficoll/Dx, metilcelulose/ hidroxipropildextrana;

- Sistemas formados por um polieletrólito e um polímero não iônico:

sulfato dextrana de sódio/PPG, carboximetilcelulose de sódio/metilcelulose;

- Sistemas formados por dois polieletrólitos:

sulfato dextrana de sódio/carboximetildextrana de sódio, carboximetildextrana de sódio/carboximetilcelulose de sódio

- Sistemas formados por um polímero não iônico e um composto de baixa massa molar:

PPG/fosfato de potássio, PEG/fosfato de potássio, metoxipolietilenoglicol/ fosfato de potássio, PPG/glicose, PEG/glicose, PEG/sulfato de magnésio, PEG/citrato de sódio.

Nos sistemas com dextrana, esta apresenta maior concentração na fase de fundo, enquanto o outro polímero se concentra na fase de topo. Nos casos de emprego de sais, estes se concentram na fase de fundo, enquanto o polímero apresenta maior concentração na fase superior. Salvo em sistemas PEG/sulfato de amônio, em que ocorre inversão de fases com o aumento da temperatura, ficando a fase rica em PEG no fundo. Esse efeito depende da concentração de PEG e de sulfato de amônio e só ocorre nesse tipo de sistema.

O SDFA é representado em um diagrama de fases, no qual a ordenada representa a composição em massa da fase superior (fase de menor densidade) e a abscissa representa a composição em massa da fase inferior (fase de maior densidade). Composições representadas por pontos acima da curva de equilíbrio levam a formação de duas fases e, abaixo da curva, a uma só fase. A formação de um SDFA depende, portanto, da concentração dos componentes do sistema. A Figura 6.2 apresenta a curva binodal de um diagrama de fases em um sistema PEG/fosfato. Observa-se que quanto maior a massa molar do polímero, menor a concentração necessária para a formação de duas fases, ou seja, a curva binodal desloca-se no sentido da região monofásica.

A literatura apresenta diagramas de fases para diversos SDFA, principalmente PEG/dextrana e PEG/sal. No entanto, como os diagramas são específicos para cada sistema e condição (pH, temperatura e massa molar dos polímeros), frequentemente faz-se necessário determiná-los.

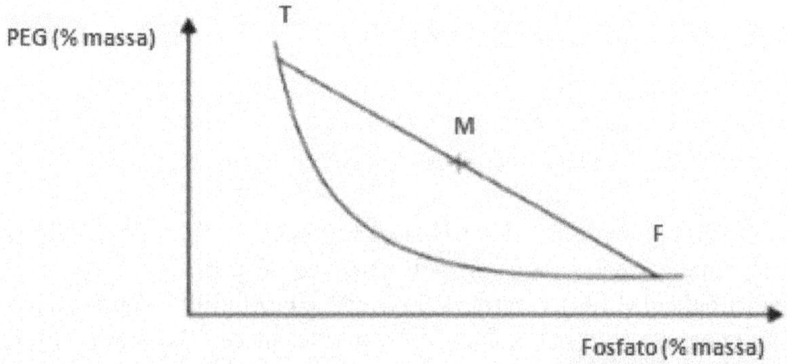

Figura 6.2 Curva de equilíbrio de um sistema PEG/fosfato: T – fase de topo (leve);
F – fase de fundo (pesada); M – ponto de mistura.

Fonte: Adaptado de KILIKIAN et al., 2020.

A avaliação da extensão da separação entre molécula-alvo e demais moléculas no SDFA é usualmente realizada através do coeficiente de partição K, pois valores de K significativamente distintos entre a molécula de interesse e as demais indicam ocorrência de purificação. O coeficiente de partição é uma grandeza adimensional que representa a relação entre as concentrações da molécula de interesse na fase de topo (C_{Ti}) e na fase de fundo (C_{Fi}) no equilíbrio, conforme a equação 6.1.

$$K = \frac{C_{Ti}}{C_{Fi}} \qquad [6.1]$$

O SDFA apresenta diversas vantagens: possibilidade de operação contínua em larga escala à temperatura ambiente; manutenção das proteínas em solução em meio a polímeros e sais que as protegem da desnaturação; possibilidade de eliminação de algumas etapas do processo de purificação para moléculas intracelulares, devido à extração de células e seus fragmentos simultaneamente ao fracionamento de proteínas e outras moléculas. (KILIKIAN e PESSOA, 2001; KILIKIAN et al., 2020)

6.3. Destilação

A destilação é uma operação pela qual um líquido, por aquecimento, passa para fase gasosa e, em seguida retorna ao estado líquido por resfriamento. Quando se trata de uma única substância, o líquido destilado tem a mesma composição do líquido original. Quando se trata da ocorrência conjunta de líquidos imiscíveis, o destilado encerra o líquido que tem ponto de ebulição mais baixo. No caso de líquidos perfeitamente miscíveis, os vapores destilados se compõem de uma mistura de vapores dos dois, com predominância daquele de menor volatilidade; porém, com uma série de destilações é possível separar os dois líquidos em estado de pureza, desde que não se forme mistura azeotrópica (fenômeno que ocorre numa mistura de líquidos, em determinada concentração, na qual se formam vapores com todos os componentes, em um ponto de ebulição inferior ao de qualquer um dos integrantes da mistura; nessa concentração não é possível separar os componentes por destilação) (LIMA et al., 2001).

A destilação é empregada na separação de alguns solventes orgânicos que podem ser obtidos por meio de cultivo microbiano, como etanol, butanol, acetona-butanol, butanol-isobutanol, metanol-etanol (TAQUEDA e CAMACHO, 2020). Quando a aplicação final exige maior pureza, pode-se fazer uso de outras operações na sequência, como no caso do etanol que após a etapa de séries de destilações realiza-se a etapa de desidratação.

7. PURIFICAÇÃO DE ALTA RESOLUÇÃO

As etapas iniciais do processo de recuperação e purificação levam à obtenção de meios aquosos clarificados, com frequência, constituídos de proteínas, peptideos, policetídeos, antibióticos, polissacarídeos e outros metabólitos, geralmente em concentração superior àquela do meio bruto inicial, além de componentes do meio de cultura, dos mais simples aos mais complexos, que podem compreender sais e até moléculas orgânicas. A partir dessa etapa podem-se utilizar operações que visam à separação da molécula-alvo em relação a moléculas com características físico-químicas semelhantes, empregando operações unitárias específicas e seletivas, que conferem resolução particularmente elevada, como cromatografias e separação por membranas (essa última já apresentada na filtração tangencial por membranas). As cromatografias têm por objetivo isolar e purificar o metabólito de interesse em relação aos demais, levando-o à pureza adequada ao uso pretendido.

Há casos em que se pode até mesmo dispensar a purificação de baixa resolução, no entanto, a ampliação de escala aplicada nas separações de elevada resolução pode significar agregação de custos, inviabilizando a comercialização da biomolécula, sendo muitas vezes crucial buscar a redução do volume nas etapas anteriores.

Na cromatografia, a solução contendo as moléculas a serem separadas é misturada a um solvente denominado eluente ou fase móvel, que pode ser líquida ou gasosa, e aplicada sobre uma fase estacionária ou fixa, imiscível com a fase móvel. A fase estacionária, normalmente, é acomodada dentro de uma coluna ou sobre uma superfície sólida (casos da cromatografia de papel ou em camada delgada); pode ser constituída por sílica porosa, polímeros orgânicos sintéticos, polímeros de carboidratos, na forma de partículas esféricas de aproximadamente 100 μm de diâmetro, embebidas em solvente, e por esta razão muitas vezes denominada de gel.

A cromatografia líquida é aquela de interesse nas purificações de metabólitos celulares. Esses ficam retidos na fase estacionária por meio de fenômenos de adsorção química ou física, partição, ou eliminação molecular, sendo, posteriormente, removidos de forma gradual pela ação do eluente ou fase móvel líquida, com velocidades diferentes devido às diferentes afinidades dos solutos com a fase estacionária e a fase móvel. Os componentes que interagem mais fortemente com a fase estacionária movem-se mais lentamente do que aqueles que interagem de forma fraca e, por essa razão, ficam retidos por menos tempo na coluna. Isso irá resultar na migração diferencial dos componentes da amostra e, consequentemente, na sua separação. A Figura 7.1 ilustra uma operação cromatográfica genérica em seus vários estágios.

A cromatografia pode ser aplicada com finalidade analítica, isto é, para quantificação de moléculas isoladas e identificadas no fluxo de saída do eluente, normalmente empregada para monitoramento da recuperação e purificação entre as etapas do processo. Também pode ser utilizada com finalidade preparativa, ou seja, para a obtenção de frações volumétricas do eluente contendo apenas uma molécula de interesse, para posterior uso em pesquisa, comercial ou industrial; verificando-se sua operação tanto em escala de bancada quanto em escala industrial.

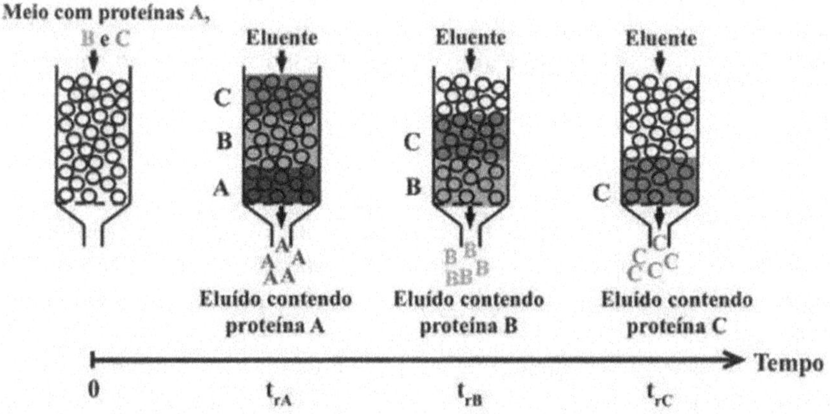

Figura 7.1 Ilustração de uma operação cromatográfica genérica, em que t_{rA}, t_{rB} e t_{rC} representam os tempos de retenção das moléculas A, B e C, respectivamente.

Fonte: KILIKIAN e NERLI, 2020.

Idealmente, a purificação desejada deve ser alcançada em uma única etapa cromatográfica, a fim de evitar perdas do produto. A aplicação de mais de um método cromatográfico, todavia, pode ser necessária e eficiente, tendo em vista os fundamentos distintos que regem as separações em cada método, o que possibilita a eliminação de diferentes impurezas em diferentes métodos cromatográficos. A seguir são apresentadas as operações cromatográficas industrialmente mais utilizadas. (KILIKIAN e NERLI, 2020)

7.1. Cromatografia de Exclusão Molecular

Um dos métodos mais úteis e eficazes para separação de proteínas umas das outras, de acordo com sua massa molar é a cromatografia de exclusão molecular, também conhecida como filtração em gel, cromatografia de permeação em gel, cromatografia de exclusão em gel, cromatografia de peneira molecular ou simplesmente cromatografia em gel.

O princípio básico desse método é a partição sofrida pelas moléculas, em virtude das diferenças no tamanho das espécies, entre a fase móvel (líquido eluente) e a fase estacionária de porosidade definida. Considere uma amostra constituída por uma mistura de moléculas de tamanhos menores e maiores que os poros da fase estacionária. As moléculas menores podem penetrar em todos os poros da matriz e, assim, movem-se lentamente ao longo da coluna, sendo as últimas a serem eluídas. Já as moléculas maiores, por sua vez, são excluídas da fase estacionária, sendo eluídas antes que as outras. E moléculas intermediárias podem apresentar penetração parcial, entrando em alguns dos poros, mas não em todos, despendendo tempos mais reduzidos para eluição que as moléculas menores.

As principais aplicações são: separação de grupos de moléculas, como na dessalinização; fracionamento de misturas proteicas em escala analítica e preparativa; determinação de massas moleculares; estudo de desnaturação de proteínas; determinação de tamanho de poro; e aplicações que combinam a exclusão molecular a outros princípios de separação, como a adsorção seletiva. (MORAES et al., 2020)

7.2. Cromatografia de Troca Iônica

Essa técnica de separação é das mais comumente utilizada para purificar proteínas, dada suas características: simples, fácil ampliação de escala, alta resolução, alta capacidade de adsorção e versátil; apresentando ainda diversas aplicações analíticas e preparativas, tanto em pesquisa quanto em indústrias.

É uma operação de separação baseada na afinidade dos componentes de uma amostra com os sítios iônicos em uma matriz sólida. A fase estacionária, eletricamente carregada, tem a capacidade de reter solutos que estão na fase móvel e apresentam cargas de sinais opostos. A adsorção, e posterior eluição, dos íons na fase estacionária é controlada por fatores como pH e força iônica. Os trocadores iônicos são classificados em: trocadores aniônicos, que trocam ânions e, portanto, apresentam grupos iônicos positivos ligados à matriz; e trocadores catiônicos, que inversamente trocam cátions e apresentam grupos iônicos negativos ligados a matriz. Após serem adsorvidos à matriz, os solutos podem ser subsequentemente eluídos por deslocamento com outros íons com a mesma carga da proteína adsorvida, porém com maior força de interação com a fase estacionária.

A cromatografia de troca iônica é amplamente empregada como uma das etapas de purificação de alta resolução, como, por exemplo: na purificação de diferentes moléculas (imunoglobulina, albumina, catalase e superóxido dismutase) a partir de uma mesma matéria-prima, o hemolisado placentário; na separação e purificação de proteínas de alto valor comercial a partir do soro de leite, como α-lactoalbumina, β-lactoglobulina, lactoferrina e imunoglobulina. (KILIKIAN e PESSOA, 2001; PESSOA et al., 2020)

7.3. Cromatografia de Interação Hidrofóbica

Na cromatografia por interação hidrofóbica (CHI), moléculas proteicas em solução salina são adsorvidas por um ligante hidrofóbico imobilizado na superfície da matriz sólida, para em seguida serem eluídas por um agente tensoativo.

As proteínas, embora solúveis em água, possuem em sua estrutura grupos que conferem à molécula certa hidrofobicidade cuja intensidade varia segundo a quantidade desses grupos. A adsorção por hidrofobicidade requer frequentemente a presença de íons *salting-out* (como os íons do cloreto de sódio e do sulfato de amônio), que diminuem a disponibilidade de moléculas de água na solução e aumentam a tensão superficial e as interações hidrofóbicas. Assim, uma dada resina pode ser utilizada para separar diferentes grupos proteicos, pois a intensidade das interações hidrofóbicas proteína-suporte hidrofóbico pode ser modulada com a concentração de sal.

A CIH é uma técnica versátil que pode ser utilizada em combinação com outras técnicas cromatográficas na purificação de uma grande variedade de proteínas, incluindo etapas de processos industriais de obtenção de bioprodutos como antibióticos, hormônios, proteínas recombinantes e lipopeptídeos. (FILHO et al., 2020)

7.4. Cromatografia de Afinidade e Imunoafinidade

O princípio da cromatografia por afinidade é o isolamento seletivo de macromoléculas biológicas através das propriedades dessas substâncias de unirem-se reversivelmente a ligantes específicos imobilizados covalentemente à matriz (suporte sólido). As moléculas que não possuem afinidade pelo ligante passam pela coluna sem serem ligadas, enquanto que as moléculas capazes de se unirem ao ligante, são retidas.

No caso da cromatografia de imunoafinidade, a alta especificidade e afinidade dos anticorpos (agente ligante imobilizado na matriz) para com seus antígenos faz dessa técnica uma poderosa ferramenta para isolar um determinado composto a partir de amostras complexas, com seletividade que, em geral, não é conseguida por outros métodos cromatográficos.

Algumas vantagens são: alta especificidade, uso de grandes volumes de amostra, purificação de proteínas a partir de misturas biológicas em apenas uma etapa, separação de formas nativas de uma proteína de suas formas desnaturadas. A cromatografia de afinidade apresenta aplicação eficiente na análise quantitativa e identificação de proteínas, enzimas, anticorpos, antígenos e glicoproteínas; além da separação e purificação em escala industrial de biopolímeros naturais, como plasma sanguíneo e matéria-prima de reatores bioquímicos. (MONTEIRO et al., 2020)

8. TRATAMENTOS FINAIS

O grau de pureza necessário de um produto biotecnológico depende de sua aplicação final. A simples secagem de microrganismos cultivados para produção de proteína celular é suficiente para sua comercialização. Caldos enzimáticos impuros, ou parcialmente purificados, podem ser utilizados como catalisadores em conversões químicas industriais, como na produção de xarope de frutose, empregando a enzima glicose isomerase. Na produção de solventes, como o etanol, apenas a destilação seguida de desidratação já contempla todas as etapas, clarificação, concentração, purificação e tratamento final para comercialização. No entanto, para grande parte de produtos biotecnológicos, especialmente aqueles de uso farmacêutico, além de uma purificação de alta resolução, algum tratamento final ainda é requerido, de maneira que o produto se apresente puro, seco, cristalino ou amorfo.

Nesta etapa, constituem as operações de polimento para acondicionamento final do produto, a partir da redução da umidade, permitindo seu transporte e armazenamento de forma mais adequada. Dentre os tratamentos finais mais empregados encontram-se: operações de secagem por vaporização, liofilização e cristalização.

8.1. Secagem por vaporização

As operações de secagem por vaporização compreendem a secagem natural e a desidratação. Ambas têm como objetivo a conservação dos produtos, pois a remoção de água inibe o crescimento de microrganismos deteriorantes, além de reduzir o peso e o volume.

A **secagem natural** consiste na eliminação da umidade em condições ambientais, sem a utilização de equipamentos, sendo assim mais econômica; porém é lenta, podendo atingir até 10 dias. Normalmente realizada em locais de clima seco, os produtos podem ser colocados em superfícies ou suspensos em varais para secagem.

Já a desidratação consiste na redução quase completa da umidade do material, atingindo-se normalmente de 3 a 10% de umidade no produto final, através de equipamentos que podem utilizar o ar como meio de aquecimento e de transporte da umidade ou que realizam pelo contato com a superfície aquecida em tambores ou rolos. Alguns equipamentos empregados são: secadores de bandeja individuais ou em túneis, desidratadores de leito fluidizado, atomizadores (*spray-dryer*), rolos ou tambores de secagem, micro-ondas.

8.2. Liofilização

A liofilização é a operação de secagem que remove um solvente de uma solução por sublimação. Nessa operação, o material é previamente congelado, a uma temperatura igual ou inferior a – 50°C; em seguida submetido à baixa pressão, pela realização de vácuo na câmara, para remoção da maior parte da água por sublimação. O processo de congelamento deve ser rápido, por isso exige baixas temperaturas, a fim de evitar a formação de cristais de gelo maiores que causariam danos irreversíveis ao material a ser liofilizado. Por ocorrer a baixas temperaturas, é o método de escolha para conservação de substâncias termolábeis. Os materiais liofilizados são apresentados na forma de pó e as atividades biológicas se mantêm estáveis por muito mais tempo, quando comparada com a conservação em solução aquosa. Atualmente, encontra variada aplicação: antibióticos, vacinas, anticoagulantes, leveduras, bactérias, vírus, proteínas, enzimas, hormônios, frações do sangue, alimentos (em especial aqueles em que se deseja preservar aromas e sabores) etc.

8.3. Cristalização

A cristalização é uma operação de agregação de cristais de moléculas presentes em soluções homogêneas supersaturadas. Após a cristalização, o produto pode ser recuperado por filtração ou centrifugação, seguido de secagem. É de grande importância em processos biotecnológicos, uma vez que permite a estocagem estável de bioprodutos; compostos cristalizados são estáveis, pois apresentam as moléculas imobilizadas. É uma técnica comumente empregada na fase final dos processos de recuperação e purificação de proteínas, particularmente as enzimas.

9. MONITORAMENTO DO PROCESSO DE RECUPERAÇÃO E PURIFICAÇÃO

O desenvolvimento do processo de recuperação e purificação de uma biomolécula deve ser guiado pelo máximo rendimento com o concomitante alcance da pureza necessária a sua aplicação e manutenção da identidade física e química, sendo monitorados ao longo do processo. Métodos de quantificação e caracterização de biomoléculas, os quais constituem ferramentas para o monitoramento do processo, visam o controle do efetivo progresso no isolamento da molécula-alvo em cada etapa ou a cada operação unitária empregada, acompanhando a sua recuperação, aumento da pureza e manutenção das propriedades de interesse.

A cada etapa do processo de recuperação e purificação, portanto, é de fundamental importância determinar a concentração da molécula-alvo ou propriedade equivalente, bem como das moléculas contaminantes, para viabilizar o cálculo da porcentagem de recuperação (*R*) e do grau de pureza (*P*) da molécula-alvo, conforme as equações 9.1 e 9.2.

$$R(\%) = \frac{C_{Xn}\ x\ V_n}{C_{Xo}\ x\ V_o} \qquad [9.1]$$

$$P = \frac{C_X}{C_T} \qquad [9.2]$$

Onde C_{Xn} representa a concentração da molécula-alvo em uma determinada etapa n do processo; C_{Xo} representa a concentração da mesma molécula no meio inicial; V_n e V_o representam, respectivamente, o volume de meio na etapa n e o volume de meio inicial; C_X e C_T representam a concentração da molécula-alvo e a concentração de todas as moléculas presentes, respectivamente, em uma dada etapa. A variável *P* representa, portanto, uma concentração específica, a fração da concentração de uma determinada molécula em relação à concentração de um conjunto de moléculas.

A eficiência de uma determinada etapa do processo, quanto à purificação alcançada em relação à etapa anterior, é determinada com base no aumento da pureza (*AP*), isto é, o aumento do valor de *P*, conforme a equação 9.3.

$$AP = \frac{P_n}{P_{n-1}} \quad [9.3]$$

Onde P_n é a pureza da molécula-alvo no estágio *n* e P_{n-1} refere-se à pureza da mesma molécula no estágio anterior. Analogamente, para a determinação do aumento de pureza relativa ao processo completo substitui-se P_{n-1} por P_o, pureza no meio inicial, na equação 9.3.

Quando a biomolécula apresenta atividade biológica específica, por exemplo, atividade enzimática ou antigênica, busca-se também determinar essa atividade. No caso de enzimas, a pureza em cada etapa pode ser obtida pela razão entre a atividade enzimática, *a* (U), e a massa de proteínas totais, *P* (mg), razão essa também denominada atividade específica, A_e, de acordo com a equação 9.4; e o aumento da pureza será dado pela variação do valor de A_e, conforme a equação 9.5.

$$A_e(U/mg) = \frac{a}{P} \quad [9.4]$$

$$AP(\%) = \frac{A_{ei}}{A_{eo}} \quad [9.5]$$

Onde A_{ei} é a atividade específica em certa etapa do processo; e A_{eo} é a atividade específica inicial.

Os métodos analíticos, a serem realizados entre as etapas ou operações unitárias para acompanhar o monitoramento do processo, também são selecionados de acordo com as características da molécula-alvo e das demais moléculas. Essas características indicarão se os métodos mais adequados são espectrofotométricos, cromatográficos, titulométricos, gravimétricos, imunoenzimáticos, ou outros.

Por exemplo, para determinação de concentrações totais de proteínas, dentre os mais utilizados estão os métodos espectrofotométricos: Lowry-Folin-Ciocalteau, Bradford, biureto-reagente alcalino de cobre e ácido Bis-cincrônico. No entanto, cada um desses métodos baseiam-se em princípios diferentes, razão pela qual os resultados obtidos não são iguais e, portanto, não devem ser comparados. Além disso, mesmo que se adote uma única metodologia, o resultado obtido só expressará a verdadeira concentração de proteínas se a curva de calibração for determinada com solução de proteínas de composição idêntica à solução-alvo.

A atividade enzimática, por sua vez, pode ser obtida determinando-se a quantidade de produto liberado ou substrato consumido (μmol) em um minuto nas condições do ensaio, para tal é necessário um método analítico adequado para quantificar o produto ou o substrato. Para a quantificação de antígenos e anticorpos, frequentemente usa-se o método imunoenzimático Elisa ou o método de Western Blot. A eletroforese, rotina comum no acompanhamento do processo, além de separar e purificar macromoléculas, pode ser empregada na avaliação qualitativa da concentração de proteínas em uma mistura. Moléculas de reduzida massa molar, como antibióticos e policetídeos, podem ser analisadas por cromatografia líquida de alta pressão (HPLC), desde que se disponha de padrões. Menos quantitativo, porém altamente difundido, é o método de estimativa de potência de antibióticos e lantibióticos com base na inibição causada pelo crescimento de uma bactéria.

Enfim, é vasto o campo das metodologias de análises que se aplicam a biomoléculas e, portanto, devem-se estudar publicações específicas, buscando os métodos mais adequados ao uso pretendido. Ademais, a variedade de moléculas presentes no meio, ao final da produção da biomolécula de interesse, tornará o desenvolvimento do processo de recuperação e purificação, incluindo as rotinas analíticas, uma situação única que requererá o desenvolvimento do arsenal analítico apropriado, bem como a sequência de etapas ao processo.

10. REFERÊNCIAS BIBLIOGRÁFICAS

FILHO, F. M.; FORTE, M. B. S.; TABOADA, O. M. Cromatografia de Interação Hidrofóbica. In: KILIKIAN, B. V.; PESSOA Jr. A. Purificação de Produtos Biotecnológicos: Operações e processos com aplicação industrial. 2ª Edição, São Paulo: Editora Blucher, p. 359-385, 2020.

HABERT, A. C.; BORGES, C. P.; KRONEMBERGER, F. A.; FERRAZ, H. C.; NOBREGA, R. Processos de separação por membranas. In: KILIKIAN, B. V.; PESSOA Jr. A. Purificação de Produtos Biotecnológicos: Operações e processos com aplicação industrial. 2ª Edição, São Paulo: Editora Blucher, p. 139-200, 2020.

KEMMER, F. N. The NALCO Water Handbook. Chapter 8 Coagullation and Flocullation, p. 204-224, 1988.

KILIKIAN, B. V. Filtração e Centrifugação. In: KILIKIAN, B. V.; PESSOA Jr. A. Purificação de Produtos Biotecnológicos: Operações e processos com aplicação industrial. 2ª Edição, São Paulo: Editora Blucher, p. 105-132, 2020.

KILIKIAN, B. V.; FRANCO, T. T.; COIMBRA, J. S. R.; MEIRELLES, A. J. A.; PESSOA Jr. A. Extração Líquido-Líquido em Sistemas de Duas Fases Aquosas. In: KILIKIAN, B. V.; PESSOA Jr. A. Purificação de Produtos Biotecnológicos: Operações e processos com aplicação industrial. 2ª Edição, São Paulo: Editora Blucher, p. 241-277, 2020.

KILIKIAN, B. V.; NERLI, B. B. Introdução à Cromatografia. In: KILIKIAN, B. V.; PESSOA Jr. A. Purificação de Produtos Biotecnológicos: Operações e processos com aplicação industrial. 2ª Edição, São Paulo: Editora Blucher, p. 281-298, 2020.

KILIKIAN, B. V.; PESSOA Jr. A. Purificação de Produtos Biotecnológicos. In: LIMA, U. A.; AQUARONE, E. A.; BORZANI, W.; SCHMIDELL, W. Biotecnologia Industrial – Engenharia Bioquímica. São Paulo, SP: Edgard Blücher, Volume 2, p. 493-522, 2001.

KILIKIAN, B. V.; PESSOA Jr. A. Purificação de Produtos Biotecnológicos: Operações e processos com aplicação industrial. 2ª Edição, São Paulo: Editora Blucher, p. 15-32, 2020.

KILIKIAN, B. V.; PESSOA Jr. A; PICÓ, G. A.; BRAIA, M. J. Processos de Purificação: Métodos Analíticos e Estabilidade de Enzimas. In: KILIKIAN, B. V.; PESSOA Jr. A. Purificação de Produtos Biotecnológicos: Operações e processos com aplicação industrial. 2ª Edição, São Paulo: Editora Blucher, p. 33-64, 2020.

LIMA, U. A.; BASSO L. C.; AMORIM, H. V. Produção de Etanol. In: LIMA, U. A.; AQUARONE, E. A.; BORZANI, W.; SCHMIDELL, W. Biotecnologia Industrial – Processos Fermentativos e Enzimáticos. São Paulo, SP: Edgard Blücher, Volume 3, p. 29-36, 2001.

LOPES, V. S.; SILVA, L. M. A.; MORUZZI, R. B.; OLIVEIRA, A. L. Estudo da coagulação / floculação de água com turbidez moderada na sedimentação e flotação por ar dissolvido. Eng Sanit Ambient, v. 25, n. 4, p. 567-572, 2020.

MASSI, L.; Sousa, S. R.; LALUCE, C.; JAFELICCI Jr., M. Fundamentos e Aplicação da Flotação como Técnica de Separação de Misturas. In: Química Nova na Escola, N° 28, p. 20-23, 2008.

MONTEIRO, G.; KAMIMURA, E. S.; FILHO, F. M.; RIBELA, M. T. C. P.; BARTOLINI, P. Cromatografia de Afinidade. In: KILIKIAN, B. V.; PESSOA Jr. A. Purificação de Produtos Biotecnológicos: Operações e processos com aplicação industrial. 2ª Edição, São Paulo: Editora Blucher, p. 405-440, 2020.

MORAES, A. M.; ROSA, P. T. V.; MALPIEDI, L. P. Cromatografia de Exclusão Molecular. In: KILIKIAN, B. V.; PESSOA Jr. A. Purificação de Produtos Biotecnológicos: Operações e processos com aplicação industrial. 2ª Edição, São Paulo: Editora Blucher, p. 305-330, 2020.

PESSOA Jr. A.; KILIKIAN, B. V. Purificação de Produtos Biotecnológicos. Barueri: Editora Manole, p. 1-23, 2005.

PESSOA Jr. A.; KILIKIAN, B. V.; LUCARINI, A. C. Precipitação de Proteínas. In: KILIKIAN, B. V.; PESSOA Jr. A. Purificação de Produtos Biotecnológicos: Operações e processos com aplicação industrial. 2ª Edição, São Paulo: Editora Blucher, p. 201-240, 2020.

PESSOA Jr. A.; PEREIRA, J. F. B.; HARMANN, F. A. Rompimento Celular. In: KILIKIAN, B. V.; PESSOA Jr. A. Purificação de Produtos Biotecnológicos: Operações e processos com aplicação industrial. 2ª Edição, São Paulo: Editora Blucher, p. 15-32, 2020.

PESSOA Jr. A.; FARRUGGIA, B.; RODRIGUEZ, F. Cromatografia de Troca Iônica. In: KILIKIAN, B. V.; PESSOA Jr. A. Purificação de Produtos Biotecnológicos: Operações e processos com aplicação industrial. 2ª Edição, São Paulo: Editora Blucher, p. 337-355, 2020.

PRASAD, N. K. Downstream Process Technology: A New Horizon In Biotechnology. New Delhi: PHI Learning Private Limited, p. 2-12, 2010.

SCHOLZ, M. Coagulation and Flocculation. Wetlands for Water Pollution Control, p. 37-46, 2016.

TAQUEDA, M. E. S.; CAMACHO, J. L. P. Destilação. In: KILIKIAN, B. V.; PESSOA Jr. A. Purificação de Produtos Biotecnológicos: Operações e processos com aplicação industrial. 2ª Edição, São Paulo: Editora Blucher, p. 589, 2020.

VERRALL, M. S. Downstream Processing of Natural Products: A Practical Handbook. Michigan: Wiley, 354 p., 1996.

CAPÍTULO 9

BIOTECNOLOGIA APLICADA À SAÚDE HUMANA

Jane Marlei Boeira
Brisa Raíssa Bartellt Godoy
Fernanda Cortez Lopes
Natasha Maurmann

1. INTRODUÇÃO

Apesar da humanidade usufruir de produtos provenientes de processos biológicos, desde o início das civilizações, foi apenas na segunda metade do século XX que se começou a observar os bioprocessos de forma aprofundada, otimizando os conhecimentos científicos acerca de diversos acontecimentos até então incompreendidos. Estes estudos culminaram no surgimento de novas técnicas e tecnologias que revolucionaram não somente a ciência, mas também os processos de produção e a sociedade como um todo. Ao passo que a biotecnologia clássica utilizava em seus primórdios, métodos mais tradicionais de melhoramento genético, a biotecnologia moderna faz uso constante de técnicas de engenharia genética, trabalhando com a modificação direta de células e de moléculas (SILVEIRA; BORGES, 2004; REIS et al., 2009).

A biotecnologia é uma ciência cuja importância à saúde e ao bem-estar da humanidade tem se consolidado a cada inovação. Através da biotecnologia foi possível o desenvolvimento de novos fármacos, vacinas recombinantes contra doenças bacterianas e virais, novas estratégias terapêuticas, bem como ferramentas moleculares como a PCR (Reação em Cadeia da Polimerase), antígenos recombinantes ou anticorpos monoclonais, que permitiram o diagnóstico rápido de doenças como a tuberculose e a AIDS (Síndrome da Imunodeficiência Adquirida) (AFZAL et al., 2016).

2. IMPORTÂNCIA DOS BIOFÁRMACOS E SEU IMPACTO SOBRE A SAÚDE HUMANA

É importante destacar a diferença entre os termos fármacos e biofármacos. Os fármacos normalmente são moléculas de pequena massa molecular, que podem ser de origem natural ou sintética, como exemplo temos a penicilina, de origem natural e a aspirina produzida por síntese química. Neste capítulo iremos abordar apenas os fármacos de origem natural produzidos por microrganismos, células vegetais e animais. Além disso, os produtos biológicos voltados à área da saúde, denominados de biofármacos, fármacos biológicos ou medicamentos biológicos que são derivados da moderna biotecnologia (JOZALA et al., 2016). Os biofármacos são produzidos utilizando matéria-prima de origem biológica, sendo obtidos por meio de microrganismos, órgãos e tecidos de origem vegetal ou animal, células ou fluidos de origem humana ou animal; ou biotecnológica, obtidos por meio de células modificadas geneticamente (ALMEIDA et al., 2011). Essa diferenciação entre fármacos e biofármacos pode ser bastante polêmica, sendo que alguns autores consideram os fármacos de origem natural, como a penicilina, também como biofármacos (RADER et al., 2008).

Os biofármacos representam atualmente a maior fonte de inovação da indústria farmacêutica, apontando soluções para inúmeras doenças não sensíveis às terapias tradicionais e se destacando como medicamentos essenciais ao arsenal terapêutico existente para o tratamento de doenças graves ou raras como câncer, diabetes, anemia, artrite reumatoide e esclerose múltipla (PRIVATO et al., 2020), além de condições agudas, como infarto do miocárdio e derrame cerebral. Também são considerados como uma promessa para tratar enfermidades complexas, e ainda sem cura, como diversas doenças genéticas (LEADER et al., 2008).

Os medicamentos biológicos são formados por moléculas de elevada massa molecular e estruturalmente mais complexas que os medicamentos sintéticos. Além disso, são geralmente instáveis e suscetíveis às variações das condições de conservação, necessitando de cuidados para o transporte e armazenamento. No entanto, muitos biofármacos são constituídos por proteínas muito similares ou idênticas às proteínas humanas. Em função disso, são considerados mais eficazes que os medicamentos sintéticos e constituem uma classe diversa e heterogênea de produtos. Existem os hormônios, como a insulina e o hormônio do crescimento, os fatores de crescimento e de diferenciação celular, as enzimas capazes de dissolver coágulos, os anticoagulantes para prevenir a sua formação e os modernos anticorpos monoclonais, que vêm revolucionando o tratamento do câncer e de doenças autoimunes. Além destes, são conhecidos também os antibióticos, as citocinas e as vacinas (INTERFARMA, 2012). As vacinas serão abordadas de forma detalhada no Capítulo 10 e as Enzimas no Capítulo 6 deste livro.

3. PRINCIPAIS ETAPAS E PROCESSOS DO DESENVOLVIMENTO DE BIOPRODUTOS APLICADA À SAÚDE HUMANA

A cultura de células e tecidos é a base da biotecnologia. As culturas de células são utilizadas para produção de medicamentos, terapia celular e estudos de toxicologia (UYSAL et al., 2018). A produção de fármacos e biofármacos por bioprocessos, também conhecidos como processos fermentativos, pode ser dividida nas seguintes etapas: processos *upstream*, biorreação e processamento *downstream*. Os processos *upstream* envolvem uma série de eventos incluindo a escolha da linhagem celular, do meio de cultura, dos parâmetros de crescimento e da otimização das condições de cultivo, para obtenção de um elevado rendimento do fármaco a ser produzido (GRONEMEYER; DITZ; STRUBE, 2014; SINDHU; PANDEY; BINOD, 2017).

Para a produção industrial, biorreatores normalmente são utilizados para a etapa de biorreação. Os biorreatores são os elementos centrais do bioprocesso, sendo os locais onde ocorre a produção de biomassa e a biossíntese de metabólitos (SINDHU; PANDEY; BINOD, 2017). Os biorreatores mais comumente utilizados são os do tipo Tanque agitado ou Reator de mistura completa (*Stirred Tank Reactor*, *STR*, em inglês), contudo, de acordo com a linhagem celular escolhida pode ser necessário utilizar outros tipos de biorreatores. Os reatores do tipo STR geram elevada força de cisalhamento, podendo levar à lise de alguns tipos celulares, em especial células de mamíferos. Outras opções de biorreatores incluem os reatores de coluna de bolhas, *air lift*, reatores de membrana plana e membrana oca, reatores de leito fixo e reatores de leito fluidizado (SPIER et al., 2011; VITOLO; PESSOA JR, 2015). Para produção de biofármacos utilizando células de mamíferos alguns biorreatores são utilizados, como os biorreatores descartáveis e os biorreatores em bolsa (*wave*), que acabam apresentando um melhor custo benefício em relação aos altos custos do bioprocesso (EIBL et al., 2010; SPIER et al., 2011).

Além da escolha do biorreator, outros parâmetros precisam ser avaliados como o tipo de bioprocesso, dentre eles os do tipo (i) batelada ou descontínuo: no qual não há adição ou retirada de meio de cultura ao longo do bioprocesso, (ii) batelada alimentada: há adição de meio de cultura durante o processo, (iii) contínuo: há adição de meio de cultura fresco e retirada de cultivo ou (iv) perfusão: há adição e retirada de meio de cultura, enquanto as células ficam retidas no biorreator (SINDHU; PANDEY; BINOD, 2017). Além disso, o bioprocesso pode ser do tipo Submerso (SmF) ou em estado Sólido (SSF), sendo que para a produção de fármacos e biofármacos a utilização de cultivos submersos ainda é prevalente, em função da melhor padronização, controle do processo e maior facilidade de escalonamento nos cultivos submersos (SINGHANIA et al., 2009). Outros parâmetros como temperatura, pH, agitação, necessidade de aeração e controle da produção de espuma são importantes variáveis na produção (VITOLO; PES-

SOA JR, 2015). O monitoramento das culturas de células para a produção de compostos ativos é realizado por sensores. Os principais controles na produção industrial são de pH, pO_2 e temperatura. Os biossensores detectam uma ampla gama de analitos e realizam medições em tempo real. Também o microambiente celular pode ser avaliado e são coletadas informações das concentrações de substratos consumidos e de metabólitos produzidos durante o cultivo (CIOSEK-SKIBIŃSKA, 2018).

O processamento *downstream* inclui todos os passos necessários para purificar um produto biológico a partir de um cultivo celular. Normalmente apresentam três etapas principais: (i) recuperação inicial, quando os produtos são intracelulares, por exemplo, há necessidade de rompimento celular, utilizando métodos físicos, químicos e/ou biológicos; (ii) purificação para a remoção da maioria dos contaminantes, que pode ser uma etapa de concentração por precipitação, utilizando o método de *salting out*, precipitação por solventes orgânicos e extração líquido-líquido; (iii) polimento para a remoção de contaminantes específicos e formas não desejadas da biomolécula, com a realização de etapas cromatográficas, uma vez que há necessidade de um alto grau de pureza para fármacos, o que acarreta um elevado custo para obtenção do produto final (ROSA et al., 2010; RATHORE; KAPOOR, 2015; VITOLO; PESSOA JR, 2015; JOZALA et al., 2016). Ao término das etapas de purificação, há a necessidade de formular o produto, selecionando o melhor veículo de estocagem, para manutenção da estabilidade do fármaco. Nessa etapa também podem ser utilizadas técnicas de secagem, como a cristalização e a liofilização, que por diminuírem a atividade de água do produto final, aumentam a vida de prateleira do produto. É importante ressaltar, que o método de secagem precisa ser escolhido de acordo com as características do fármaco, sendo que biofármacos normalmente são liofilizados, pois tendem a ser mais lábeis a altas temperaturas (VITOLO; PESSOA JR, 2015).

4. ORGANISMOS VIVOS UTILIZADOS PARA O DESENVOLVIMENTO DE FÁRMACOS E BIOFÁRMACOS

Produtos naturais são umas das principais fontes de novos fármacos. As plantas medicinais e os microrganismos vêm sendo fontes de vários agentes terapêuticos. Estes produtos naturais podem ser produzidos a partir do metabolismo primário ou secundário de organismos e não só apresentam uma grande diversidade estrutural, mas também uma grande variedade de bioatividades (DEMAIN; SANCHEZ, 2009; ZHANG et al., 2020). A grande biodiversidade da natureza nos fornece uma reserva quase que inesgotável de novas moléculas, sendo que há muito ainda a ser explorado (BOHLIN et al., 2010).

Metabólitos secundários são derivados de metabólitos primários que não apresentam funções claras até um determinado período de crescimento. A estrutura molecular de metabólitos secundários é complexa, sendo que estes metabólitos não são necessários para o crescimento microbiano ou vegetal. Apresentam várias funções, sendo que alguns exemplos incluem antibióticos, hormônios, alcaloides e toxinas (ZHANG et al., 2020).

Devido ao melhor entendimento da biossíntese de produtos naturais, o aumento de dados de sequenciamento de DNA, aos avanços da bioinformática e de técnicas analíticas, a descoberta de novos produtos naturais tem se tornado cada vez mais importante, no desenvolvimento de novos protótipos de fármacos. Estes compostos apresentam características bioquímicas e estruturais únicas e também exibem diferentes modos de ação, o que é importante, principalmente na área dos antimicrobianos, frente à crescente resistência aos fármacos disponíveis para terapêutica (HUANG; LIN, 2017). Alguns exemplos de fármacos isolados a partir de fontes naturais são: artemisinina de *Artemisia annua* L. e quinina de *Cinchona pubescens* foram obtidos de plantas, penicilina de *Penicillium chrysogenum* e lovastatina de *Penicillium citrinum* Thom de fungos filamentosos, e estreptomicina de *Streptomyces griseus* e doxorrubicina de *Streptomyces peucetius* a partir de bactérias (ZHANG et al., 2020).

4.1. Microrganismos

Há numerosas espécies de microrganismos, incluindo bactérias, vírus, fungos e algumas poucas algas produtoras de composto de interesse farmacológico, sendo que os microrganismos são considerados as maiores fontes de fármacos. Contudo, estes fármacos foram inicialmente encontrados de forma randômica e apresentaram algumas limitações no seu uso, muitas vezes em função de alta toxicidade, dentre outros problemas. Mais tarde, foi evidenciado que a biossíntese de produtos microbianos pode ser regulada, o que levou ao descobrimento de novos fármacos, dessa vez de forma guiada (ZHANG et al., 2020). A penicilina, por exemplo, foi descoberta em 1929, ao acaso por Alexander Fleming (FLEMING, 1929), contudo outros fármacos como a estreptomicina (SCHATZ; BUGLE; WAKSMAN, 1944) e a lovastatina (ALBERTS et al., 1980) foram descobertos de forma não incidental (ZHANG et al., 2020).

Atualmente temos modernos recursos e tecnologias para o descobrimento de novos fármacos. No passado, muitos dos produtos naturais eram isolados de microrganismos de solo, o que levou ao descobrimento de fármacos de sucesso. Contudo, novas fontes como as que incluem ambientes marinhos, hábitats não usuais ou extremos (altas ou baixas temperatura e pressão, elevado nível de acidez ou alcalinidade) são possíveis fontes de novos microrganismos, os quais podem ser potenciais produtores de compostos bioativos (BLUNT et al., 2018). Além disso, uma das fontes mais promissoras é a utilização de microrganismos não cultiváveis. Considerando que 99% das bactérias e 95% dos fungos não foram cultivados em laboratório, há uma grande biodiversidade a ser explorada. Muitos estudos metagenômicos vêm sendo realizados com intuito de buscar novos compostos bioativos (DEMAIN; SANCHEZ, 2009).

Além do uso de microrganismos como produtores de produtos naturais, os mesmos podem ser utilizados para a produção de proteínas recombinantes, para aplicação como biofármacos. Os avanços nas técnicas da tecnologia do DNA recombinante permitiram o uso de microrganismos como biofábricas. O sucesso alcançado por essa tecnologia permitiu o aumento de rendimento e a diminuição dos custos, levando à produção em escala industrial e abrindo uma porta para o tratamento de várias doenças (TRIPATHI; SHRIVASTAVA, 2019).

4.1.1. Bactérias

Bactérias do gênero *Bacillus* e *Pseudomonas*, além de actinomicetos, mixobactérias e cianobactérias são as maiores produtoras de produtos naturais. Os actinomicetos são fontes inesgotáveis de antibióticos. Muitos dos antimicrobianos da atualidade foram originados a partir de actinomicetos, especialmente do gênero *Streptomyces*. Metabólitos secundários produzidos por essas bactérias incluem importantes classes de antibacterianos como os β-lactâmicos, tetraciclinas, macrolídeos, aminoglicosídeos e glicopeptídeos (ABDEL-RAZEK et al., 2020; MAST; STEGMANN, 2019). Além disso, os actinomicetos são também produtores de fármacos antifúngicos, como a nistatina, anfotericina B e natamicina, bem como os antitumorais aclacinomicina A, actinomicina D, bleomicina, doxorrubicina, mitramicina, mitomicina C e nogalamicina (ABDEL-RAZEK et al., 2020).

Em relação a proteínas produzidas de forma recombinante, a bactéria *Escherichia coli* vem sendo amplamente utilizada desde os anos 1980, quando se iniciou a produção de proteínas recombinantes. Apresenta grande versatilidade, o que a torna adaptável à produção de diferentes produtos (FERRER-MIRALLES et al., 2009). Além disso, essa bactéria tem sua genética e bioquímica bastante conhecidas, é de rápido crescimento, apresenta uma produtividade adequada e de baixo custo (BAESHEN et al., 2015; GUPTA; SHUKLA, 2016). Algumas desvantagens deste sistema de expressão incluem a falta de modificações pós-traducionais, que muitas vezes são essenciais para a atividade da proteína, a formação de corpos de inclusão, nos quais a proteína encontra-se na sua forma insolúvel, as diferenças na utilização dos códons e a presença da endotoxina LPS (lipopolissacarídeo), a qual não pode estar presente em fármacos injetáveis, e portanto, precisa ser removida (TRIPATHI; SHRIVASTAVA, 2019). Outra desvantagem é relacionada à produção intracelular das proteínas recombinantes, o que aumenta o número de etapas *downstream* do bioprocesso (VITOLO; PESSOA JR, 2015). Alguns exemplos de biofármacos produzidos por *E. coli* são: insulina, glucagon, hormônio do crescimento e interferons (BAESHEN et al., 2015).

4.1.2. Leveduras

As leveduras tendem a ser utilizadas muito mais como sistemas de expressão heteróloga, do que como fontes de produtos naturais (ABDEL-RAZEK et al., 2020). As leveduras são excelentes escolhas como sistemas de expressão devido ao seu crescimento rápido, a facilidade de manipulação genética e a possibilidade de utilizar meios de cultura com valores acessíveis. Além disso, várias leveduras têm seu genoma sequenciado e são capazes de realizar algumas modificações pós-traducionais, sendo que nem sempre as mesmas são adequadas para proteínas de mamíferos. *Pichia pastoris* e *Saccharomyces cerevisiae* são as leveduras mais utilizadas como sistema de expressão heterólogo (FLETCHER; KRIVORUCHKO; NIELSEN, 2016; VIEIRA GOMES et al., 2018; BAGHBAN et al., 2019; TRIPATHI; SHRIVASTAVA, 2019). Alguns biofármacos produzidos por leveduras incluem insulina e análogos, bem como albumina sérica humana, vacinas para hepatite e partículas tipo vírus utilizadas na vacina contra papilomavírus humano (NIELSEN, 2013).

4.1.3. Fungos Filamentosos

A grande diversidade de moléculas produzidas por fungos filamentosos justifica a exploração destes organismos na produção de fármacos. Em destaque, a produção de fármacos que revolucionaram o tratamento de doenças humanas, como a penicilina e a ciclosporina. Há também estudos mais modernos que reportam o isolamento e a identificação de fungos produtores de *paclitaxel*, sendo essa uma nova estratégia de produção deste fármaco antineoplásico, originalmente produzido por plantas (BOHLIN et al., 2010; JOZALA et al., 2016). Além disso, há outros metabólitos fúngicos que são importantes agentes terapêuticos como ácido micofenólico (atividade imunossupressora), ácido fusídico e griseofulvina (atividade antimicrobiana), lovastatina, mevastatina e pravastatina (diminuição do colesterol) (ABDEL-RAZEK et al., 2020).

Fungos filamentosos oferecem um enorme potencial para a produção em larga escala de proteínas recombinantes. Os fungos são capazes de secretar seus metabólitos, o que torna os processos *downstream* mais baratos, além disso, são capazes de crescer em uma diversidade de substratos, diminuindo os custos de produção (NEVALAINEN; PETERSON, 2014). Algumas espécies de fungos dos gêneros *Trichoderma*, *Aspergillus* e *Penicillium* têm sido explorados em função de suas excelentes capacidades secretórias, além de suas habilidades de síntese de enzimas extracelulares. Apesar dessas potencialidades, há algumas desvantagens nas plataformas fúngicas de expressão, como a produção abundante de proteases que poderiam atuar na degradação de proteínas recombinantes, além disso, as modificações pós-traducionais que nem sempre levam a padrões de glicosilação adequados, o que pode levar a uma interferência na atividade do biofármaco ou torná-lo imunogênico (SARKARI; FELDBRÜGGE; SCHIPPER, 2016).

4.1.4. Biodiversidade microbiana e estratégias de bioprospecção

A biodiversidade microbiana abrange diversos tipos de microrganismos, incluindo as bactérias, fungos, arqueias e protistas, os quais apresentam capacidade adaptativa em diferentes ambientes da biosfera estando, dessa forma, presentes em todos os biomas da Terra, como nos sedimentos, solos e em corpos d'água, constituindo contribuintes ativos nos processos de metabolismo e ciclagem de nutrientes, assim como na transformação da matéria orgânica. Constantemente apontados como sendo os responsáveis por impulsionar, através de suas atividades metabólicas, o surgimento da maioria dos organismos encontrados em nosso planeta, a gama de microrganismos que pode ser encontrada no meio ambiente pode ser distinguida de acordo com a fisiologia e morfologia celular, por seus metabolismos característicos, por suas distintas estruturas genômicas, por sua expressão gênica e por seus mecanismos evolutivos (DUNLAP, 2001; HANDELSMAN, 2004).

Com o crescimento do conhecimento acerca da ampla importância biológica e da consciência da grande diversidade de microrganismos existentes, houve também um crescimento da necessidade de desenvolvimento de métodos que possibilitam explorar sistematicamente a biodiversidade microbiana e identificar esses organismos com o intuito de encontrar meios, dentre as características genéticas de cada microrganismo, que possam ter diversas aplicações úteis, sendo esse processo denominado bioprospecção (SITTENFELD; LOVEJOY, 1999; DUNLAP, 2001).

A bioprospecção tem se desenvolvido desde os primórdios das civilizações através da exploração e utilização de produtos provenientes da natureza. No que tange à bioprospecção de espécies de microrganismos, uma das principais abordagens consiste na busca, em diferentes biomas, de espécies que sejam classificadas como potencialmente cultiváveis ou consideradas inviáveis ao cultivo. Uma segunda abordagem consiste na aplicação de métodos *in silico*, através da utilização de mecanismos de busca em bancos de dados genômicos (FILHO; SILVA; BIGI, 2014; ALMEIDA; COLLARES; BARBOSA, 2015).

Aliados ao processo de bioprospecção, inúmeros processos biotecnológicos são fundamentais na obtenção de um bioproduto, podendo este ser um biomaterial ou uma enzima de aplicação industrial, compostos ativos, pesticidas, fragrâncias, aromas, cosméticos, entre outros produtos obtidos a partir do estudo da biodiversidade microbiana. Ferramentas biotecnológicas, tais como as de engenharia genética e de engenharia de proteínas, são capazes de promover o melhoramento de bioprodutos. Essas ferramentas podem levar a um aumento de produtividade de um determinado princípio ativo produzido por um microrganismo, através de edição genética ou até mesmo promover a modificação de propriedades de uma molécula de interesse, tornando-a mais receptiva e/ou eficaz à célula alvo. Desse modo, os diferentes métodos de bioprospecção microbiana têm como principal objetivo a busca e a identificação de diferentes microrganismos e suas respectivas características biológicas e bioquímicas, que possam ser utilizados, por meio de ferramentas biotecnológicas, para fins científicos, comerciais, farmacêuticos ou industriais (ARTUSO, 2002; FILHO; SILVA; BIGI, 2014; ALMEIDA; COLLARES; BARBOSA, 2015).

4.2. Plantas

Por milênios, as plantas medicinais têm sido fontes de agentes terapêuticos. Como forma de obtenção de fármacos a partir de produtos naturais, a produção biotecnológica de compostos vegetais utiliza a engenharia genética de plantas (para modificação da composição genética e maior produção de biomassa) ou sistemas *in vitro* como a cultura de plantas inteiras (micropropagação), ou a cultura de seus tecidos e órgãos (calos, culturas de células em suspensão e culturas de órgãos) (ATANASOV et al., 2015; EFFERTH, 2019). Plantas transgênicas têm a habilidade de aumentar a produção recombinante de biofármacos. Há várias vantagens em se utilizar plantas como: baixo custo, segurança, fácil escalonamento, estabilidade e habilidade de produzir proteínas N-glicosiladas. Como desvantagem temos o alto custo de purificação do biofármaco (TRIPATHI; SHRIVASTAVA, 2019).

A micropropagação é a propagação assexuada *in vitro* regenerando plantas a partir de partes excisadas por meio da organogênese do caule ou da embriogênese somática (ATANASOV et al., 2015; JAIN; NAKHOODA, 2017). Embora a tecnologia tenha custo elevado, oferece vantagens em relação à propagação convencional de plantas, como a produção de plantas geneticamente homogêneas durante todo o ano em um tempo curto, livres de doenças e maiores taxas de multiplicação (ATANASOV et al., 2015; DEBNATH; MALIK; BISEN, 2006).

Calos em planta são gerados *in vivo* para cobrir lesões externas (LIEBER, 2019). *In vitro*, os calos são estabelecidos a partir de tecidos com uso de reguladores de crescimento, como as auxinas e citocininas, formando um tecido vegetal desorganizado e indiferenciado (EFFERTH, 2019; LIEBER, 2019). Em meios de cultura apropriados, as culturas de calos podem se rediferenciar em plantas inteiras (EFFERTH, 2019). O Capítulo 13 deste livro aborda detalhadamente a biotecnologia vegetal.

4.3. Células animais

Culturas de células de mamíferos também são utilizadas para a produção de biofármacos, sendo atualmente as mais utilizadas. Essas células são capazes de produzir proteínas terapêuticas que requerem modificações pós-traducionais complexas (LEE et al., 2019). As linhagens de células animais mais utilizadas atualmente são as células de ovário de hamster chinês (CHO), mieloma murino (NS0), células de rim embrionário humano (HEK) e células renais de hamster bebê (BHK). Devido às diferenças fenotípicas nas células animais, variações nos produtos terapêuticos podem ser observadas. Esses biofármacos obtidos têm alto custo de produção, porém são mais eficazes e seguros, com menos efeitos colaterais do que os tratamentos tradicionais (TEMPLETON; YOUNG, 2018).

Os produtos terapêuticos obtidos por culturas de células animais visam o tratamento de inúmeras doenças como câncer, diabetes, doenças cardiovasculares, infertilidade, asma, artrite reumatoide, psoríase e infecções virais. Os medicamentos biológicos mais produzidos por culturas de células de mamíferos são anticoagulantes, vacinas, fatores sanguíneos, enzimas, citocinas, proteínas de fusão, fatores de crescimento, hormônios e anticorpos (TEMPLETON; YOUNG, 2018). Exemplos destes medicamentos estão detalhados a seguir.

5. EXEMPLOS DE FÁRMACOS OBTIDOS POR PROCESSOS BIOTECNOLÓGICOS

Em geral, os biofármacos, atualmente em uso, são classificados como agentes de primeira ou de segunda geração (CARREIRA et al., 2013; RANG et al., 2020). Os de primeira geração consistem de cópias diretas de hormônios humanos ou de outras proteínas, preparadas pela transfecção do gene para um sistema de expressão adequado (linhagem celular que produz a proteína com bom rendimento), coletando e purificando a proteína recombinante para utilização na terapêutica. O primeiro agente a ser produzido dessa maneira foi a insulina recombinante humana, em 1982 (RANG et al., 2020).

Já os biofármacos de segunda geração consistem em análogos ou cópias produzidas com a aplicação de técnicas de engenharia genética na proteína inicial, de modo que o produto apresente maior atividade biológica, estabilidade, ação mais rápida ou mais lenta, tempo de absorção diferente, sendo que essas mudanças são possíveis devido à modificação da molécula (CARREIRA et al., 2013). Como modificações dos biofármacos pode ser alterada diretamente a sequência de aminoácidos da proteína em questão, a quantidade e o tipo de glicosilação na proteína, ou adição de um grupo químico para aumentar a estabilidade. Insulinas humanas concebidas para agir com mais rapidez ou por um período mais prolongado estiveram entre as primeiras a ser comercializadas nessa classe (RANG et al., 2020). Uma terceira classe de biofármacos, classificados como de terceira geração, são os anticorpos monoclonais e as proteínas de fusão. Pode-se ligar à proteína uma molécula como, por exemplo, um quimioterápico, e assim torná-la ativa, com uma função única e muito mais específica para combater determinada patologia (CARREIRA et al., 2013; RANG et al., 2020).

A Comissão Europeia se refere a medicamentos biológicos, também designados como biofarmacêuticos, englobando, sob essa denominação, as proteínas (hormônios, enzimas ou anticorpos monoclonais), os produtos derivados do sangue, os medicamentos imunológicos (como soros e vacinas), os alérgenos e os produtos de tecnologia avançada, tais como os medicamentos de terapia genética e celular (SEKHON, 2010; SALERMO; MATSUMOTO; FERRAZ, 2018). Neste capítulo abordaremos os principais hormônios (insulina e hormônio do crescimento), citocinas, antibióticos e anticorpos monoclonais, como exemplos de biofármacos.

5.1. Hormônios: Insulina e Hormônio do crescimento (GH)

Talvez o melhor exemplo de produção e uso terapêutico das terapias proteicas seja fornecido pela história da insulina no tratamento do diabetes mellitus tipo I (DM-I) e tipo II (DM-II). Quando não tratado, o DM-I leva à debilidade grave e à morte, devido à falta do hormônio proteico, a insulina, que estimula as células a desempenhar diversas funções relacionadas com a homeostasia da glicose e o metabolismo intermediário (GOLAN et al., 2014).

Por quase um século, os pacientes diabéticos tinham à disposição somente a insulina extraída de pâncreas bovino ou suíno, que era muito mais imunogênica do que a insulina humana (INTERFARMA, 2012). Em 1922, a insulina foi purificada pela primeira vez a partir de pâncreas bovino e suíno e utilizada na forma de injeção diária, para salvar a vida de pacientes com DM-I. Pelo menos três obstáculos impediram o uso disseminado dessa terapia proteica: (i) a disponibilidade de pâncreas de animais para purificação da insulina; (ii) a redução do custo da purificação da insulina a partir de pâncreas animal; e (iii) o controle da reação imunológica apresentada por alguns pacientes à insulina de origem animal. Esses problemas foram resolvidos através do isolamento do gene da insulina humana, recombinação do gene com DNA plasmidial bacteriano e expressão em *E. coli* utilizando a tecnologia do DNA recombinante para produzir a insulina humana. Mediante a cultura de grandes quantidades dessas bactérias, a empresa Genentech, em parceria com a Eli Lilly Company, obteve uma produção em grande escala desse hormônio. A insulina assim produzida era abundante, barata, de baixa imunogenicidade e livre de outras substâncias pancreáticas animais. Sendo assim, a insulina foi a primeira terapia proteica recombinante comercialmente disponível e, em 1982, foi aprovada pela FDA (*Food and Drug Administration*) americana e, desde então, tem sido a principal terapia para o DM-I e uma importante terapia para o DM-II (GOLAN et al., 2014). Desenvolvimentos posteriores permitiram introduzir modificações na molécula da insulina, criando formas de ação prolongada (glargina, detemir) e formas de ação rápida (glulisina, lispro, aspart) (INTERFARMA, 2012; RANG et al., 2020).

O hormônio do crescimento (GH) é o hormônio mais abundante produzido e secretado pela hipófise. Sua secreção é elevada no recém-nascido, diminuindo aos 4 anos a um nível intermediário, que é mantida até depois da puberdade, após a qual inicia o declínio. O sono profundo é um estímulo potente da secreção de GH, particularmente em crianças (RANG et al., 2020). A deficiência de GH em crianças provoca uma condição conhecida como nanismo. Ao contrário da insulina, o GH de origem animal, não produz efeito em humanos. Por isso, crianças com essa deficiência, necessitavam receber o hormônio extraído de cadáveres, de obtenção difícil e custosa. Além disso, foi comprovado que produtos assim originados, estavam associados a graves efeitos colaterais neurológicos. Devido a isso, o GH humano foi produzido pela tecnologia do DNA recombinante, introduzido em 1985, sendo, portanto, o segundo produto farmacêutico produzido por biotecnologia (INTERFARMA, 2012; RANG et al., 2020). Assim, os casos de retardo do crescimento dependente de GH são tratados, em sua maioria, através de reposição com GH humano recombinante, designado pelo nome genérico de Somatropina. Um congênere da somatropina, denominado somatrem, é quimicamente idêntico, à exceção de uma metionina N-terminal adicional (GOLAN et al., 2014).

5.2. Citocinas

Citocinas são mediadores proteicos ou polipeptídicos sintetizados e liberados por células do sistema imunológico durante o processo de inflamação (RANG et al., 2020), em resposta a microrganismos e a outros antígenos. As citocinas são moléculas hidrossolúveis e de tamanhos variados, produzidas por células tanto do sistema imune inato quanto do adaptativo, a fim de ativar, mediar ou regular a resposta imune total. Elas possuem tempo de vida médio ou curto e dependem da ligação receptor-substrato específica, ou seja, só ativam células que tenham o receptor específico. Assim, a inibição ou a estimulação seletivas das ações das citocinas têm o potencial de modular respostas imunes e inflamatórias (GOLAN et al., 2014; WHALEN et al., 2016).

As citocinas podem ser divididas em interleucinas (IL), interferons (IFN), fatores estimuladores de colônias (CSF), fator de necrose tumoral (TNF) e fatores de crescimento (TGF). No entanto, sua classificação pode estar relacionada com sua forma estrutural ou seu papel biológico/função (GOLAN et al., 2014; WHALEN et al., 2016). As citocinas são de interesse na biotecnologia para uso na terapêutica.

Interleucinas (IL) fazem parte de uma família de mais de 30 substâncias que têm função reguladora do sistema imunológico. São secretadas por células da linhagem hematopoiética e as principais são a IL-1α, IL-1β, e surpreendentemente, um antagonista endógeno do receptor da IL-1 (IL-1ra). Durante o processo de inflamação, os macrófagos e várias outras células liberam misturas dessas interleucinas, o que pode iniciar a síntese e a liberação de uma cascata de citocinas secundárias, entre as quais estão as quimiocinas (RANG et al., 2020), relacionadas a várias funções biológicas.

O fator de necrose tumoral (TNF) é uma potente citocina inflamatória, que produz uma variedade de efeitos: tem ação pró-inflamatória, assim como a IL-1, e induz outras citocinas a contribuir na cascata inflamatória, modifica os vasos e os glóbulos brancos, aumentando o seu tráfego para a área de inflamação, além de produzir efeitos complexos na resposta imune. Tem uma função importante e o seu bloqueio completo compromete a capacidade de o organismo conter e combater infecções. Existe sob duas formas principais: α-TNF e β-TNF. Quando produzido em quantidades inapropriadas, o α-TNF está associado com a patogênese de diversas doenças, como artrite reumatoide, psoríase, doença inflamatória intestinal, entre outras. A sua neutralização leva ao bloqueio da produção de outras substâncias inflamatórias e constitui uma abordagem terapêutica eficiente nestas patologias (PFIZER, 2014; RANG et al., 2020).

De acordo com Dinarello et al (2012), o principal dinamizador da inflamação varia de acordo com o tipo e a doença. Na doença autoimune (ex., artrite reumatoide, em que o sistema imunitário adaptativo é ativado), o TNF parece ser a influência predominante e o bloqueio da sua ação é efetivo a nível terapêutico. Nas doenças autoinflamatórias (como na gota, em que apenas há envolvimento do sistema inato), a IL-1 parece ser o mediador chave. Tanto o TNF-α quanto a IL-1 são alvos importantes para a biofarmacêutica anti-inflamatória (DINARELLO et al., 2012; RANG et al., 2020). É também de interesse particular a IL-2, um fator de crescimento que estimula a proliferação das células T auxiliares marcadas pelo antígeno, que subsequentemente produzem mais IL-2, IFN-γ e FNT-α. Essas citocinas ativam coletivamente células *natural killers* (NK), macrófagos e linfócitos T citotóxicos. Biofármacos que interferem na produção ou na atividade da IL-2 reduzem significativamente a resposta imune e, assim, diminuem a rejeição de transplantes (WHALEN et al., 2016). A IL-2, como medicamento biológico, é indicada para o tratamento do carcinoma de rim e melanoma metastático. Outras interleucinas usadas são a oprelvecina, como estimulador da produção de plaquetas e a anakinra no tratamento de formas graves de artrite reumatoide. Todas elas são produzidas de forma heteróloga por *E. coli* (INTERFARMA, 2012).

Os interferons (INF), outro grupo importante de citocinas, são uma família de glicoproteínas induzíveis, de ocorrência natural, que interferem na capacidade dos vírus de infectar as células. Os INF humanos são modificadores de resposta biológica e são classificados em três tipos – α, β e γ – com base na sua antigenicidade (WHALEN et al., 2016; RANG et al., 2020). O α-INF foi o terceiro medicamento a ser produzido pela técnica do DNA recombinante, em 1986, indicado no tratamento das Hepatites B e C, no carcinoma renal, melanoma, linfoma não-Hodgkin e certas formas de leucemia. Os β-INF são eficazes no tratamento da esclerose múltipla e estão disponíveis em duas formas, uma não-glicosilada de ação rápida e outra glicosilada, produzida por células CHO, de efeito mais prolongado. Um terceiro tipo, o γ-INF, é usado no tratamento da doença granulomatosa crônica (PFIZER, 2014; WHALEN et al., 2016).

Os fatores de crescimento de colônia de granulócitos (CSF-G) e o fator estimulante de colônias de granulócitos e macrófagos (GM-CSF) são citocinas que estimulam a produção de glóbulos brancos e são indicados no tratamento de condições em que há queda do número destas células, uma síndrome denominada mielodisplásica. Isso pode ocorrer em diversas condições, como infecções graves, quimioterapia contra o câncer, pacientes submetidos a transplante de medula óssea, entre outros casos (PFIZER, 2014).

5.3. Antibióticos

Os antibióticos revolucionaram o tratamento de doenças infecciosas causadas por bactérias e reduziram mundialmente as taxas de morbidade e mortalidade associadas a infecções bacterianas. Com a capacidade de impedir o crescimento ou levar à morte de outros microrganismos, os antibióticos podem ser naturais, quando produzidos por bactérias, fungos (actinomicetos ou sintéticos), quando produzidos quimicamente sem nenhum princípio natural em sua composição, sendo, portanto, denominados quimioterápicos. Há também os antibióticos produzidos por semi-síntese, como algumas penicilinas que têm a estrutura do anel betalactâmico produzida por microrganismos e depois o restante da molécula é sintetizado quimicamente, com intuito de aumentar o espectro de ação desses antibióticos (LIMA et al., 2017).

A produção de antibióticos foi um grande marco industrial. A partir de 1929, com a descoberta da penicilina por Alexander Fleming, muitos outros tipos de antibióticos foram desenvolvidos no mundo e, na década de 1940, durante a segunda guerra mundial, os antibióticos passaram a integrar os processos industriais biotecnológicos, principalmente nos Estados Unidos, baseando-se inicialmente na síntese da penicilina e, posteriormente, da estreptomicina. Assim, a maioria dos antibióticos foi desenvolvida entre as décadas de 1940 e 1960, sendo a maioria deles eficazes para o tratamento de infecções causadas por bactérias Gram positivas (BORZANI et al., 2001; GUIMARÃES et al., 2010). Nesse período, a eficácia da penicilina disseminou seu uso, porém, sem critérios definidos. Além de infecções, passou a ser utilizada para dores em geral e febre e, devido a isso, com o decorrer do tempo, surgiram as primeiras cepas resistentes à penicilina. Assim, bactérias como *Staphylococcus* sp., que deveriam ser combatidas com antimicrobianos, tornaram-se resistentes ao produzir enzimas como as beta-lactamases, tornando o tratamento ineficiente contra certas infecções (LIMA et al., 2017). Além disso, o mau uso de antibióticos, acelerou o processo natural de resistência das bactérias, devido ao fato de que no ambiente natural esses antimicrobianos são produzidos por populações microbianas como ferramenta de competição por recursos nutricionais e espaço dentro do micro-habitat que ocupam (COSTA; SILVA JÚNIOR, 2017).

Segundo Guimarães et al. (2010), os antibióticos representam o maior percentual de venda e utilização dentre todas as classes de medicamentos. Alguns autores mostram que, atualmente, são conhecidos mais de 8.000 tipos de antibióticos de origem microbiana e que 123 são produzidos por processos fermentativos. Destes 123, grande parte são antibióticos β-lactâmicos, que são os mais utilizados pela população, tornando o processo de fermentação crucial para o desenvolvimento e produção desses compostos (LIMA et al., 2001; GUIMARÃES et al, 2010; PEREIRA e OLIVEIRA, 2016). Atualmente, estudos de modificação das rotas biológicas da síntese dos antimicrobianos aliados às ferramentas biotecnológicas, permitem, que os cientistas manipulem as reações biossintéticas, através da engenharia metabólica, e consigam produzir, através dos processos de fermentação em bactérias, antibióticos menos tóxicos e mais eficazes contra bactérias resistentes (GUIMARÃES et al., 2010).

5.4. Anticorpos monoclonais

Os anticorpos monoclonais (mAb) são imunoglobulinas (Ig), majoritariamente do tipo G (IgG) que estão atualmente entre as mais comuns terapias biológicas usadas, principalmente na oncologia, hematologia e imunologia (TEMPLETON; YOUNG, 2018). Os anticorpos monoclonais terapêuticos disponíveis podem ter diferentes origens, como murinos, quiméricos (cerca de 66% humanos), humanizados (97% humanos) ou humanos (AN, 2010).

Os mAb murinos, quiméricos e humanizados foram inicialmente produzidos por células de hibridomas geradas em camundongos (AN, 2010; LU et al., 2020). Para o desenvolvimento desses hibridomas de camundongo, a técnica tradicional começa pela imunização de camundongos com os antígenos desejados para desencadear a resposta imune (LU et al., 2020). Os esplenócitos colhidos, contendo linfócitos B produtores de anticorpos, são fundidos com células de mieloma para produzir os hibridomas, que secretam anticorpos monoclonais de forma contínua (AN, 2010; LU et al., 2020). Em 1986, foi aprovado pelo FDA o primeiro anticorpo monoclonal murino, o muromonabe, para a rejeição aguda de órgãos (AN, 2010).

Devido a reações imunológicas de mAb murinos, conhecidas como respostas do anticorpo humano anti-camundongo (HAMA), foram desenvolvidas as estratégias de produção de mAb quiméricos, humanizados e humanos (AN, 2010). Para a produção de mAb quiméricos, os hibridomas produtores de mAb murinos são quimerizados, mantendo as regiões variáveis do anticorpo de origem murina, e a maioria da cadeia de origem humana (LU et al., 2020).

No caso dos anticorpos monoclonais humanizados, apenas são incluídos os segmentos hipervariáveis de origem murina pela técnica de enxerto de região determinante complementar (CDR), em que as sequências de CDR de anticorpos não humanos são transplantadas para uma sequência estrutural humana (LU et al., 2020).

A aprovação pelo FDA do primeiro mAb quimérico, abciximabe, para hemostasia foi em 1994 e do primeiro mAb humanizado, daclizumabe para rejeição de transplante renal, ocorreu em 1997 (AN, 2010).

Para a produção de mAb humanos, a primeira abordagem foi expressar fragmentos de anticorpos humanos em bacteriófagos (AN, 2010). Por essa abordagem, uma biblioteca de anticorpos humanos exibidos em fagos é usada para selecionar antígenos de interesse. Os mAb humanos também podem ser obtidos por meio de camundongos transgênicos. Nesse caso, é utilizada a mesma metodologia de obtenção de hibridomas que produzem mAb murinos, porém com a utilização de camundongos transgênicos. Pela técnica de células B única, células mononucleares do sangue periférico (PBMCs) de humanos infectados ou vacinados são isoladas de células B para a geração de mAbs humanos (LU et al., 2020). Assim, os mAb estão se tornando uma importante modalidade de opção terapêutica para diversas doenças e se tornaram a classe predominante de medicamentos desenvolvidos nos últimos anos (LU et al., 2020).

6. APLICAÇÕES DE ENZIMAS NA SAÚDE HUMANA

Enzimas são uma das mais importantes biomoléculas que apresentam uma grande diversidade de aplicações industriais, bem como no campo biomédico (GURUNG et al., 2013). Enzimas microbianas são fontes preferenciais em relação às enzimas extraídas de plantas e animais. Isso se deve a diversas vantagens como maior facilidade de produção, melhor custo benefício e produção enzimática consistente em relação a esses outros organismos. Muitas das enzimas de origem microbiana são ainda inexploradas e há muitas oportunidades para buscar diversas aplicações industriais para essas enzimas (RAVEENDRAN et al., 2018; SINGH; SINGH; SACHAN, 2019). Enzimas microbianas têm apresentado um papel importante no diagnóstico, na terapêutica, em testes bioquímicos e no monitoramento de doenças (GURUNG et al., 2013).

Além disso, os avanços da engenharia genética e das técnicas de DNA recombinante facilitaram a produção de enzimas terapêuticas do tipo humanas, usando diferentes células como hospedeiros. A seleção de sistemas de expressão geralmente privilegia aqueles que secretam as enzimas para o meio de cultura, que apresentam processos fáceis de purificação e que são capazes de expressar glicoproteínas complexas, com determinados padrões de glicosilação, bem como outras modificações pós-traducionais, que são fundamentais para a manutenção da atividade enzimática (TAIPA et al., 2019).

O uso de enzimas terapêuticas abrange frequentemente uma ampla gama de aplicações, desde desordens digestivas à terapia de combate ao câncer, além de doenças cardiovasculares e de depósito lisossomal. As enzimas atuando como biofármacos ligam-se e atuam em seus alvos com elevada afinidade e especificidade, convertendo substratos em produtos em um tempo reduzido e com mínimas reações adversas (TAIPA et al., 2019). São normalmente requeridas em menor quantidade em comparação com enzimas de uso industrial, porém o grau de pureza e especificidade devem ser geralmente altos (GURUNG et al., 2013). A seguir, apresentamos alguns exemplos do uso de enzimas na terapêutica.

A aplicação de enzimas como agentes terapêuticos iniciou com o uso de enzimas digestivas (KUMAR; ABDULHAMEED, 2017). Leveduras têm sido utilizadas tradicionalmente para a produção de amilases e proteases para este fim (SIZER, 1972). A Taka-Diastase, uma preparação contendo amilase fúngica, foi comercializada para o tratamento de desordens digestivas pela Parke-Davis & Company no final do século XIX (PATIL, 2012). Já a primeira enzima recombinante para uso como biofármaco foi aprovada pelo FDA em 1987. A Activase (alteplase, ativador de plasminogênio tecidual humano) foi produzida em células CHO, sendo uma enzima que atua na dissolução de coágulos sanguíneos, indicada para pacientes que sofreram acidentes vasculares isquêmicos (JAYAPAL et al., 2007).

A doença de Gaucher é uma desordem de origem genética, caracterizada pela ausência de uma enzima vital denominada glicocerebrosidase. Neste caso, o glicocerebrosídeo, um componente lipídico de membranas celulares, se acumula no organismo, levando a um aumento do fígado e de outros órgãos. Cerezyme®, produzida pela empresa Genzyme, é uma versão recombinante do glicocerebrosídeo, expressa em células CHO (MELLADO; DOS REIS CASTILHO, 2008).

Para o tratamento de leucemia linfocítica aguda, a enzima L-asparaginase tem se mostrado promissora. As células tumorais não são capazes de produzir o aminoácido L-asparagina, diferente das células normais. Dessa forma, com o uso dessa enzima as células tumorais acabam sofrendo depleção deste aminoácido, levando estas células malignas à morte (GURUNG et al., 2013). A L-asparaginase é normalmente produzida por *E. coli* ou *Erwinia chrysanthem*. Alguns exemplos de formulações comerciais: Asparaginase Medac, Kidrolase, Paronal, Leunase e Elspar (ROTH et al., 2013).

Há muitas enzimas que são aplicadas na terapêutica e trouxemos apenas alguns exemplos. Caso queira se aprofundar no tema, excelentes capítulos de livro abordam esse tema com maiores detalhes (KUNAMNENI et al., 2018; TAIPA et al., 2019).

7. TERAPIA CELULAR E CÉLULAS-TRONCO

A terapia celular utiliza células e tecidos viáveis para o tratamento de doenças (WEINBERG, 2019). A transfusão de sangue é um exemplo de terapia celular utilizada na clínica por quase 90 anos (CARSON et al., 2011) e o sangue do cordão umbilical tem sido administrado para reconstituição hematopoiética por cerca de 30 anos (ST. MARTIN, 2018).

Alguns exemplos de terapias celulares realizadas utilizam células progenitoras hematopoiéticas (HPCs, do sangue periférico, medula óssea e sangue do cordão umbilical), linfócitos, células-tronco mesenquimais, células dendríticas, células NK, células das ilhotas pancreáticas, células neurais, células-tronco pluripotentes induzidas, condrócitos, hepatócitos, miócitos e células renais (FONTAINE et al., 2020). A fabricação de produtos clínicos para terapias celulares envolve a coleta, purificação, expansão *in vitro*, congelamento/armazenamento/descongelamento, lavagem e controle de qualidade (FONTAINE et al., 2020). Na terapia celular, as células podem ser administradas sem materiais (livres ou agregadas), ou em *scaffolds* (suportes) (MAZZITELLI; NASTRUZZI, 2019).

As células-tronco (CT) são responsáveis pela formação do corpo no período embrionário, e também pela manutenção da homeostase dos tecidos no corpo, repondo as perdas diárias, bem como pelo reparo de lesões ou pela proteção contra infecções. Possuem como característica a propriedade de não terem passado pelo processo de diferenciação celular, podendo se autorenovar (dividem-se formando outras CT idênticas), realizarem divisões ilimitadas e, além de apresentarem potencial para se diferenciar em diversos tipos celulares mais especializados (ŁOS; SKUBIS; GHAVAMI, 2019).

As CT podem ser classificadas em relação à plasticidade, podendo ser, na ordem decrescente de maior potencial de diferenciação: totipotentes, pluripotentes, multipotentes, oligopotentes e unipotentes. As CT totipotentes podem se diferenciar em todas as células do corpo, incluindo a placenta e membranas embrionárias, podendo originar um organismo funcional. As CT pluripotentes podem produzir células das três camadas germinativas (ectoderma, mesoderma e endoderma), sem, no entanto, serem capazes de originar um organismo completo. As CT multipotentes possuem plasticidade mais limitada, se diferenciando em alguns tipos celulares do mesmo folheto embrionário. As CT oligopotentes se diferenciam em poucas células do mesmo folheto embrionário. E as CT unipotentes se diferenciam em apenas um tipo de célula (OLIVEIRA; FERNANDES, 2016; MAURMANN et al., 2018).

As CT também podem ser classificadas com base no local de ocorrência como CT embrionárias (CTE), células-tronco pluripotentes induzidas (iPS) e CT adultas (CTA) (ŁOS; SKUBIS; GHAVAMI, 2019). Devido à pluripotência das CTE, essas células têm recebido atenção para utilização em diferentes aplicações terapêuticas desde seu isolamento em 1998. Entretanto, o dilema ético relativo à destruição dos embriões humanos limita sua utilização (SHARMA et al., 2021). As iPS e as CTE possuem semelhantes características, mas as iPS são derivadas de células adultas por meio de reprogramação genética (ŁOS; SKUBIS; GHAVAMI, 2019). Para a produção das iPS, Takahashi et al. estabeleceram em 2006 a inserção dos fatores de transcrição Oct3/4, Sox2, c-Myc e Klf4 em células somáticas, transformando assim fibroblastos diferenciados em células-tronco pluripotentes (SHARMA et al., 2021).

As CTA, também chamadas de células-tronco somáticas, são encontradas em muitos tecidos do corpo adulto (ŁOS; SKUBIS; GHAVAMI, 2019). As CT hematopoéticas são CTA amplamente utilizadas na clínica, podem ser isoladas da medula óssea e dar origem às diferentes células do sangue, como linfócitos, hemácias e plaquetas (OLIVEIRA; FERNANDES, 2016; ŁOS; SKUBIS; GHAVAMI, 2019). As células-tronco mesenquimais (CTM e MSCs do inglês *Mesenchymal Stem Cells*) também são CTA identificadas por Friedenstein e colaboradores em 1966. Foram chamadas de CTM em 1991 por Caplan devido à capacidade de se diferenciarem em outros tipos celulares que formam o tecido conjuntivo em muitos órgãos. A abreviatura "MSCs" também tem sido utilizada se referindo às nomenclaturas *Mesenchymal Stromal Cells*, *Multipotent Stromal Cells*, *Mesodermal Stem Cells*, e recentemente *Medicinal Signalling Cells* devido aos mecanismos de seus efeitos terapêuticos (ANDRZEJEWSKA; LUKOMSKA; JANOWSKI, 2019; MAQSOOD et al., 2020). As CTMs já foram encontradas em diferentes tecidos como no cordão umbilical, e sangue do cordão umbilical, medula óssea, tecidos placentários, tecido adiposo, membrana e fluido sinovial, sangue periférico, polpa dentária e tecidos endometriais. As propriedades regenerativas das CTM estão relacionadas ao direcionamento delas para os tecidos lesados e diferenciação nas células necessárias bem como nas suas propriedades imunossupressoras, imunomoduladoras e atividade parácrina, como produção de fatores de crescimento e outras moléculas bioativas armazenadas em exossomos. Exossomos são vesículas extracelulares na forma de partículas circulares de cerca de 150 nm, rodeadas por membrana lipídica de bicamada, que contêm componentes moleculares, incluindo proteínas, DNA e RNA (MAQSOOD et al., 2020).

8. ENGENHARIA TECIDUAL E MEDICINA REGENERATIVA

A engenharia tecidual (ET), comumente chamada no Brasil de engenharia de tecidos (do inglês *Tissue Engineering*) é uma área da medicina regenerativa. A ET objetiva desenvolver e reconstruir estruturas artificiais complexas que, ao serem implantadas na área danificada do corpo, podem restaurar a integridade e funcionalidade dos tecidos danificados (ZURINA et al., 2020). A ET foi definida por Langer e Vacanti em 1993 como "um campo interdisciplinar que aplica princípios de engenharia e ciências da vida para o desenvolvimento de substitutos biológicos para restaurar, manter ou melhorar a função do tecido ou um órgão inteiro" (LANGER; VACANTI, 1993).

A produção dos constructos na ET envolve a tríade: 1) células; 2) fatores bioativos, e 3) um arcabouço de biomaterial (ALMOUEMEN; KELLY; O'LEARY, 2019; TANZI; FARÈ; CANDIANI, 2019).

As células utilizadas na ET podem ser autólogas (do próprio paciente), heterólogas (de outro indivíduo), diferenciadas ou células-tronco (ALMOUEMEN; KELLY; O'LEARY, 2019).

Já os fatores bioativos podem ser proteínas, peptídeos, fatores de crescimento, pequenas moléculas ou forças mecânicas que influenciam o comportamento celular e a regeneração (ALMOUEMEN; KELLY; O'LEARY, 2019; KIM; KUMBAR; NUKAVARAPU, 2021). Fatores de crescimento utilizados, por exemplo, em produtos comerciais para regeneração e reparo ósseo são as proteínas morfogenéticas ósseas (BMP). Estratégias para induzir a angiogênese e a formação de tecido vascularizado incluem fatores de crescimento derivados de plaquetas (PGDF) e fatores de crescimento endotelial vascular (VEGF) (KIM; KUMBAR; NUKAVARAPU, 2021).

Os arcabouços, conhecidos como *scaffolds*, são produzidos a partir de biomateriais. Os biomateriais foram definidos em 1982 como "substâncias (exceto fármacos) ou combinações de substâncias, de origem natural ou sintética, que durante um período indeterminado são usados como um todo ou parte de um sistema para tratamento, amplificação ou substituição de qualquer tecido, órgão ou função corporal" (WILLIAMS, 1987). Mais recentemente, biomateriais foram descritos como produtos da combinação de materiais e compostos bioativos que interagem com as células e tecidos, a fim de produzir respostas biológicas (HUEBSCH; MOONEY, 2009).

Existem inúmeras técnicas para a produção de *scaffolds* conforme revisado recentemente (NIKOLOVA; CHAVALI, 2019; BEDELL et al., 2020; MABROUK; BEHEREI; DAS, 2020), as quais podem ser divididas em técnicas tradicionais como: fundição de solvente/lixiviação de partículas; moldagem por fusão; espuma de gás; separação de fase induzida termicamente; liofilização; e técnicas avançadas como: eletrofiação e manufatura aditiva [como estereolitografia (SL), sinterização seletiva a laser (SLS), impressão 3D a jato de tinta, impressão 3D multi-jato de tinta e bioimpressão 3D]. Algumas características dos *scaffolds* utilizados na ET são: biocompatibilidade, serem suporte estrutural, com porosidade e propriedades de superfície adequadas, capacidade de esterilização, biodegradabilidade e serem portadores de biomoléculas de sinalização (MAURMANN et al., 2017).

A medicina regenerativa (MR) é um campo emergente da ciência que possui como definição "substituir, projetar ou regenerar células, tecidos ou órgãos lesados devido à idade, doenças ou defeitos congênitos para restaurar ou estabelecer a função normal" (CHANG CHIEN; STOGICZA, 2021). Exemplos de procedimentos utilizados na MR incluem transplante de CTH (como do sangue do cordão umbilical, SCU, e de medula óssea) (ORLANDO et al., 2020), plasma rico em plaquetas, células-tronco mesenquimais autólogas e vários produtos biológicos alogênicos (CHANG CHIEN; STOGICZA, 2021).

9. CONCLUSÕES

O avanço da biotecnologia trouxe vários benefícios à saúde humana, desde o desenvolvimento em larga escala de antibióticos, como a penicilina, que foi fundamental para salvar diversas vidas durante a segunda Guerra Mundial, até a utilização mais recente dos modernos anticorpos monoclonais, que vêm revolucionando o tratamento de várias doenças devido à sua grande especificidade. Além disso, a utilização de células-tronco e da engenharia tecidual apresenta potencial para o desenvolvimento de novas terapias inovadoras, pois podem ser utilizadas para a produção de novos tecidos e órgãos, fundamentais no tratamento de diversas patologias. Dessa forma, o desenvolvimento da biotecnologia está atrelado a um aumento de expectativa e qualidade de vida dos seres humanos, podendo trazer benefícios incalculáveis para a humanidade.

10. REFERÊNCIAS BIBLIOGRÁFICAS

ABDEL-RAZEK, A.S.; EL-NAGGAR, M. E.; ALLAM, A.; MORSY, O. M.,; OTHMAN, S. I. Microbial natural products in drug discovery. Processes, v. 8, n. 4, p. 470, 2020.

AFZAL, H.; ZAHID, K.; ALI, Q.; SARWAR, K.; SHAKOOR, S.; NASIR, U.; NASIR, I. A. Role of Biotechnology in Improving Human Health. J. Mol. Biomark. Diagn. v. 8, 2016.

ALBERTS, A.W.; CHEN, J.; KURON, G.; HUNT, V.; HUFF, J.; HOFFMAN, C.; ROTHROCK, J.; LOPEZ, M; JOSHUA, H;HARRIS, E.; PATCHETT, A.; MONAGHAN, R.; CURRIE, S.; STAPLEY, E.; ALBERS-SCHONBERG, G.; HENSENS, O.; HIRSHFIELD, J.; HOOGSTEEN, K.; LIESCH, J; SPRINGER, J. Mevinolin: a highly potent competitive inhibitor of hydroxymethylglutaryl-coenzyme A reductase and a cholesterol-lowering agent. PNAS, v. 77, n. 7, p. 3957-3961, 1980.

ALMEIDA, J. R.; COLLARES, D. G.; BARBOSA, P. F. D. Bioprospecção microbiana. Brasília: Embrapa, 2015.

ALMEIDA H, AMARAL MH, LOBÃO P. Drugs obtained by biotechnology processing. Brazilian Journal of Pharmaceutical Sciences, v. 47, n. 2, p. 199-207, 2011.

ALMOUEMEN, N.; KELLY, H. M.; O'LEARY, C. Tissue engineering: understanding the role of biomaterials and biophysical forces on cell functionality through computational and structural biotechnology analytical methods. Computational and Structural Biotechnology Journal, v. 17, p. 591-598, 2019.

AN, Z. Monoclonal antibodies — a proven and rapidly expanding therapeutic modality for human diseases. Protein Cell, v. 1, p. 319-330, 2010.

ANDRZEJEWSKA, A.; LUKOMSKA, B.; JANOWSKI, M. Concise review: mesenchymal stem cells: from roots to boost. Stem Cells, v. 37, n. 7, p. 855-864, 2019.

ARTUSO, A. Bioprospecting, Benefit Sharing, and Biotechnological Capacity Building. World Development, v. 30, n. 8, p. 1355-1368, 2002.

ATANASOV, A. G.; WALTENBERGER, B.; PFERSCHY-WENZIG, E.-M.; LINDER, T.; WAWROSCH, C.; UHRIN, P.; TEMML, V.; WANG, L.; SCHWAIGER, S.; HEISS, E. H.; ROLLINGER, J. M.; SCHUSTER, D.; BREUSS, J. M.; BOCHKOV, V.; MIHOVILOVIC, M. D.; KOPP, B.; BAUER, R.; DIRSCH, V. M.; STUPPNER, H. Discovery and resupply of pharmacologically active plant-derived natural products: A review. Biotechnology Advances, v. 33, n. 8, p. 1582-1614, 2015.

BAESHEN, M. N.; AL-HEJIN, A.M.; BORA, R.S.; AHMED, M.M.M.; RAMADAN, H.A.I.; SAINI, K.S.; BAESHEN, N.A.; REDWAN, E.M. Production of biopharmaceuticals in *Escherichia coli*: current scenario and future perspectives. J. Microbiol. Biotechnol., v. 25, n. 7, p. 953-962, 2015.

BAGHBAN, R.; FARAJNIA, S.; RAJABIBAZL, M.; GHASEMI, Y.; MAFI, A.; HOSEINPOOR, R.; RAHBARNIA, L.; ARIA, M. Yeast expression systems: overview and recent advances. Mol. Biotechnol., v. 61, n. 5, p. 365-384, 2019.

BEDELL, M. L.; GUO, J. L.; XIE, V. Y.; NAVARA, A. M.; MIKOS, A. G. Polymer scaffold fabrication. In: LANZA, R.; LANGER, R.; VACANTI, J. P.; ATALA, A. (Ed). Principles of Tissue Engineering. Elsevier. p. 295-315, 2020.

BLUNT, J. W.; CARROLL, A. R.; COPP, B. R.; DAVIS, R. A.; KEYZERS, R. A.; PRINSEP, M. R. Marine natural products. Nat. Prod. Rep., v. 35, n. 1, p. 8-53, 2018.

BOHLIN, L.; GÖRANSSON, U.; ALSMARK, C.; WEDÉN, C.; BACKLUND, A. Natural products in modern life science. Phytochem. Rev., v. 9, n. 2, p. 279-301, 2010.

BORZANI, W.; SCHMIDELL, W.; LIMA, U. A.; AQUARONE, E. Biotecnologia industrial. São Paulo: Edgard Blücher Ltda, v. 1, 2001.

CARREIRA, A.C.O; LEVIN, G.; COELHO, T.M.; BELCHIOR, G.G; SOGAYAR, M.C. Biofármacos: sua importância e as técnicas utilizadas em sua produção. Genética na Escola, v. 8 (2), p. 169-177, 2013.

CARSON, C. T.; EMRE, N.; MCINTYRE, C.; FONG, T. C. Cellular therapies. In: MOO-YOUNG, M. (Ed.). Comprehensive Biotechnology. Elsevier, p. 411-424, 2011.

CHANG CHIEN, G. C.; STOGICZA, A. Regenerative medicine. In: PANGARKAR, S.; PHAM, Q. G.; EAPEN, B. C. (Ed.). Pain care essentials and innovations. Elsevier, p. 245-253, 2021.

CIOSEK-SKIBIŃSKA, P. Monitoring of cell cultures with biosensors and (bio)sensor arrays. In: WANDELT, K. (Ed.). Encyclopedia of Interfacial Chemistry. Elsevier, p. 364-373, 2018.

COSTA, A.L.P; SILVA JUNIOR, A.C.S. Resistência bacteriana aos antibióticos e Saúde Pública: uma breve revisão de literatura, Estação Científica, v. 7(2), p. 45-57, 2017.

DEBNATH, M.; MALIK, C.; BISEN, P. Micropropagation: a tool for the production of high quality plant-based medicines. Current Pharmaceutical Biotechnology, v. 7, n. 1, p. 33-49, 2006.

DEMAIN, A. L.; SANCHEZ, S. Microbial drug discovery: 80 years of progress. J. Antibiot., v. 62, n. 1, p. 5-16, 2009.

DINARELLO, C. A.; SIMON, A.; VAN DER MEER, J. W. Treating inflammation by blocking interleukin-1 in a broad spectrum of diseases. *Nat. Rev. Drug Discov*, 11, p. 633-652, 2012.

DUNLAP, P. V. Microbial Diversity. Encyclopedia of Biodiversity. Academic Press, p. 280-291, 2001.

EFFERTH, T. Biotechnology Applications of plant callus cultures. Engineering, v. 5, n. 1, p. 50-59, 2019.

EIBL, R.; KAISER, S.; LOMBRISER, R.; EIBL, D. Disposable bioreactors: the current state-of-the-art and recommended applications in biotechnology. Appl. Microbiol. Biotechnol., v. 86, n. 1, p. 41–49, 2010.

FERNANDES, A. L. Antibióticos do Século XX - Ascensão e Declínio. Dissertação para obtenção do grau de Mestre em Ciências Farmacêuticas. Universidade do Algarve, setembro de 2017.

FERRER-MIRALLES, N.; DOMINGO-ESPÍN, J.; CORCHERO, J. L.; VÁZQUEZ, E.; VILLAVERDE, A. Microbial factories for recombinant pharmaceuticals. Microb. Cell Factories, v. 8, n. 1, p. 1-8, 2009.

FILHO, S. A; SILVA, C. G. N.; BIGI, M. F. M. A. Parc. Estrat. v. 19, n. 38, p. 45-80, 2014.

FLEMING, A. On the antibacterial action of cultures of a penicillium, with special reference to their use in the isolation of B. influenzae. Br. J. Exp. Pathol., v. 10, n. 3, p. 226, 1929.

FLETCHER, E.; KRIVORUCHKO, A.; NIELSEN, J. Industrial systems biology and its impact on synthetic biology of yeast cell factories. Biotechnol. Bioeng., v. 113, n. 6, p. 1164-1170, 2016.

FONTAINE, M. J.; SELOGIE, E.; STRONCEK, D.; MCKENNA, D.; SZCZEPIORKOWSKI, Z. M.; TAKANASHI, M.; GARRITSEN, H.; GIRDLESTONE, J.; REEMS, J.-A. Variations in novel cellular therapy products manufacturing. Cytotherapy, v. 22, n. 6, p. 337-342, 2020.

GOLAN, D.E.; TASHJIAN, A.H.; ARMSTRONG. E.J.; ARMSTRONG, A.W. Princípios de Farmacologia: A Base Fisiopatológica da Farmacologia, 3ª edição, Rio de Janeiro: Guanabara Koogan, 392 p., 2014.

GRONEMEYER, P.; DITZ, R.; STRUBE, J. Trends in upstream and downstream process development for antibody manufacturing. Bioeng., v. 1, n. 4, p. 188-212, 2014.

GUIMARÃES, D.O.; MOMESSO, L.S.; PUPO, M.T. Antibióticos: importância terapêutica e perspectivas para a descoberta e desenvolvimento de novos agentes, Química Nova, v. 33 (3), p. 667-679, 2010.

GUPTA, S. K.; SHUKLA, P. Advanced technologies for improved expression of recombinant proteins in bacteria: perspectives and applications. Crit. Rev. Biotechnol., v. 36, n. 6, p. 1089–1098, 2016.

GURUNG, N.; RAY, S.; BOSE, S.; RAI, V. A broader view: microbial enzymes and their relevance in industries, medicine, and beyond. BioMed Res. Int., v. 2013, 2013.

HANDELSMAN, J. Metagenomics: application of genomics to uncultured microorganisms. In: Microbiol Mol Biol Rev, v. 68, p. 669-685, 2004.

HUANG, T.; LIN, S. Microbial natural products: A promising source for drug discovery. J. Appl. Microbiol. Biochem, v. 1, n. 5, 2017.

HUEBSCH, N.; MOONEY, D. J. Inspiration and application in the evolution of biomaterials. Nature, v. 462, n. 7272, p. 426-432, 2009.

INTERFARMA, Associação da Indústria Farmacêutica de Pesquisa, Entendendo os medicamentos Biológicos, 2012. Disponível em: https://www.interfarma.org.br/public/files/biblioteca/34-biologicos-site.pdf

JAIN, S. M.; NAKHOODA, M. Clonal and micropropagation. In: MURPHY, D. J.; MURRAY, B. G. (Ed.). Encyclopedia of Applied Plant Sciences. Elsevier, p. 428-432, 2017.

JAYAPAL, K. P.; WLASCHIN, K. F.; HU, W.; YAP, M. G. Recombinant protein therapeutics from CHO cells-20 years and counting. Chem. Eng. Prog., v. 103, n. 10, p. 40, 2007.

JOZALA, A. F.; GERALDES, D. C.; TUNDISI, L. L.; FEITOSA, V. D. A.; BREYER, C. A.; CARDOSO, S. L.; MAZZOLA, P.G.; OLIVEIRA-NASCIMENTO, L.; RANGEL-YAGUI, C.O.; MAGALHÃES, P.O.; OLIVEIRA, M.A.; PESSOA JR, A. Biopharmaceuticals from microorganisms: from production to purification. Braz. J. Microbiol., v. 47, p. 51-63, 2016.

KIM, H. S.; KUMBAR, S. G.; NUKAVARAPU, S. P. Biomaterial-directed cell behavior for tissue engineering. Current Opinion in Biomedical Engineering, v. 17, p. 100260, 2021.

KUNAMNENI, A.; OGAUGWU, C.; GOLI, D. Enzymes as therapeutic agents. *In:* Enzymes in Human and Animal Nutrition. Elsevier, p. 301-312, 2018.

KUMAR, S. S.; ABDULHAMEED, S. Therapeutic enzymes. *In:* Bioresources and bioprocess in biotechnology. Springer, p. 45-73, 2017.

LANGER, R.; VACANTI, J. P. Tissue engineering. Science (New York, N.Y.), v. 260, n. 5110, p. 920-6, 1993.

LEADER, Benjamin; BACA, Quentin J.; GOLAN, David E. Protein therapeutics: a summary and pharmacological classification. Nature reviews Drug discovery, v. 7, n. 1, p. 21-39, 2008

LEE, J. S.; KILDEGAARD, H. F.; LEWIS, N. E.; LEE, G. M. Mitigating clonal variation in recombinant mammalian cell lines. Trends in Biotechnology, v. 37, n. 9, p. 931-942, 2019.

LIEBER, M. M. The induction and maintenance of in vitro plant morphogenesis as viewed from a new perspective, with theoretical and constructive implications. Biosystems, v. 184, p. 103994, 2019.

LIMA, C.C.; BENJAMIM, S.C.C.; DOS SANTOS, R.F.S. Mecanismo de resistência bacteriana frente aos fármacos: uma revisão. Cadernos de Enfermagem, v. 11(1), p. 105-113, 2017.

LIMA, U. A.; AQUARONE, E; BORZANI, W.; SCHMIDELL, W. Biotecnologia Industrial, v. 3, Processos Fermentativos Enzimáticos, São Paulo: Blucher, 2001.

LOS, M. J.; SKUBIS, A.; GHAVAMI, S. Stem cells. In: ŁOS, M. J.; HUDECKI, A.; WIECHEĆ, E. (Ed.). Stem Cells and Biomaterials for Regenerative Medicine. Elsevier, p. 5-16, 2019.

LU, R. M.; HWANG, Y. C.; LIU, I. J.; LEE, C. C.; TSAI, H. Z.; LI, H. J.; WU, H. C. Development of therapeutic antibodies for the treatment of diseases. J Biomed Sci, v. 27, n. 1, 2020.

MABROUK, M.; BEHEREI, H. H.; DAS, D. B. Recent progress in the fabrication techniques of 3D scaffolds for tissue engineering. Materials Science and Engineering: C, v. 110, p. 110716, 2020.

MAQSOOD, M.; KANG, M.; WU, X.; CHEN, J.; TENG, L.; QIU, L. Adult mesenchymal stem cells and their exosomes: sources, characteristics, and application in regenerative medicine. Life Sciences, v. 256, p. 118002, 2020.

MAURMANN, N.; PEREIRA, D. P.; BURGUEZ, D.; PEREIRA, F. D. A. de S.; INFORÇATTI NETO, P.; REZENDE, R. A.; GAMBA, D.; DA SILVA, J. V. L.; PRANKE, P. Mesenchymal stem cells cultivated on scaffolds formed by 3D printed PCL matrices, coated with PLGA electrospun nanofibers for use in tissue engineering. Biomedical Physics & Engineering Express, v. 3, n. 4, p. 045005, 2017.

MAURMANN, N.; STEFFENS, D.; BRAGHIROLLI, D. I.; PRANKE, P. Update on the main use of biomaterials and techniques associated with tissue engineering. Drug Discovery Today, v. 23, n. 8, p. 1474-1488, 2018.

MAZZITELLI, S.; NASTRUZZI, C. Cell encapsulation and delivery. In: NARAYAN, R. (Ed.). Encyclopedia of Biomedical Engineering. Elsevier, p. 308–315, 2019.

MELLADO, M. C. M.; DOS REIS CASTILHO, L. Recombinant therapeutic proteins. *in:* Animal Cell Technology: From Biopharmaceuticals to Gene Therapy, Taylor & Francis, p. 389, 2008.

NEVALAINEN, H., PETERSON, R. Making recombinant proteins in filamentous fungi-are we expecting too much? Front. Microbiol, v. 5, p. 75, 2014.

NIELSEN, J. Production of biopharmaceutical proteins by yeast: advances through metabolic engineering. Bioenginered, v. 4, n.4, p. 207-211, 2013.

NIKOLOVA, M. P.; CHAVALI, M. S. Recent advances in biomaterials for 3D scaffolds: A review. Bioactive Materials, v. 4, p. 271-292, 2019.

OLIVEIRA, I. S. DE; FERNANDES, T. R. L. Terapia celular utilizando células-tronco adultas: [revisão]. SaBios: Revista Saúde e Biologia, v. 11, n. 2, p. 84-94, 2016.

ORLANDO, N.; PELLEGRINO, C.; VALENTINI, C. G.; BIANCHI, M.; BARBAGALLO, O.; SPARNACCI, S.; FORNIA, F.; FONTANA, T. M.; TEOFILI, L. Umbilical cord blood: current uses for transfusion and regenerative medicine. Transfusion and Apheresis Science, v. 59, n. 5, p. 102952, 2020.

PFIZER. Manual de Medicamentos Biológicos e Biossimilares, 2014. Disponível em: https://labnetwork.com.br/wordpress/wp-content/uploads/2014/07/Manual-Medicamentos-Biol%C3%B3gicos-e-Biossimilares.pdf

PATIL, P. N. Discoveries in pharmacological sciences. World Scientific, 2012.

PEREIRA, E.L.; OLIVEIRA, A.F.A. A produção de antibióticos por processos fermentativos aeróbios. Revista da Universidade Vale do Rio Verde, Três Corações, v. 14, n. 2, p. 1058-1078, 2016.

PRIVATO, M. B; MARTINEZ, L.L.; SCHMIDT, C. Biofármacos no Brasil: uma revisão do processo de regulamentação. Arquivos Médicos do Hospital da Faculdade de Ciências Médicas da Santa Casa de São Paulo, 2020. Disponível em: http://arquivosmedicos.fcmsantacasasp.edu.br/index.php/AMSCSP/article/view/602/866.

RADER, R. A. (Re)defining biopharmaceutical. Nat. Biotechnol., v. 26, n. 7, p. 743-751, 2008.

RANG, H.P.; DALE M.M.; RITTER, J.M.; FLOWER, R.J. Rang & Dale Farmacologia, 9ª ed., Rio de Janeiro: Guanabara Koogan, 808 p., 2020.

RATHORE, A. S.; KAPOOR, G. Application of process analytical technology for downstream purification of biotherapeutics. J. Chem. Technol., v. 90, n. 2, p. 228-236, 2015.

RAVEENDRAN, S.; PARAMESWARAN, B.; BEEVI UMMALYMA, S.; ABRAHAM, A.; KURUVILLA MATHEW, A.; MADHAVAN, A.; REBELLO, S.; PANDEY, A. Applications of microbial enzymes in food industry. Food Technol. Biotech., v. 56, n. 1, p. 16-30, 2018.

REIS, C.; CAPANEMA, L. X. L.; FILHO, P. L. P.; PIERONI, J. P.; BARROS, J. O.; SILVA, L. G. Biotecnologia para saúde humana: tecnologias, aplicações e inserção na indústria farmacêutica. Rio de Janeiro: BNDES Setorial, n. 29, p. 359-392, 2009.

ROSA, P. A. J.; FERREIRA, I. F.; AZEVEDO, A. M.; AIRES-BARROS, M. R. Aqueous two-phase systems: a viable platform in the manufacturing of biopharmaceuticals.J. Chromatogr. A, v. 1217, n. 16, p. 2296-2305, 2010.

ROTH, G.; NUNES, J. E. S.; ROSADO, L. A.; BIZARRO, C. V.; VOLPATO, G.;

NUNES, C. P., RENARD, G.; BASSO, L.A.; SANTOS, D.S.; CHIES, J. M. 2013. Recombinant *Erwinia carotovora* l-asparaginase II production in *Escherichia coli* fed-batch cultures. Braz. J. Chem. Eng., 30, n. 2, 245-256, 2013.

SALERMO, M.S.; MATSUMOTO, C.; FERRAZ, I. Biofármacos no Brasil: características, importância e delineamento de políticas públicas para seu desenvolvimento: texto para discussão. Brasília, Instituto de Pesquisa Econômica Aplicada, IPEA, 76 p, 2018.

SARKARI, P.; FELDBRÜGGE, M.; SCHIPPER, K. The corn smut fungus Ustilago maydis as an alternative expression system for biopharmaceuticals. *In*: Gene Expression Systems in Fungi: Advancements and Applications, p. 183-200. Springer, Cham, 2016.

SCHATZ, A.; BUGLE, E.; WAKSMAN, S. A. Streptomycin, a Substance Exhibiting Antibiotic Activity Against Gram-Positive and Gram-Negative Bacteria. Proc. Soc. Exp. Biol. Med., v. 55, n. 1, p. 66-69, 1944.

SEKHON B. S. Biopharmaceuticals: an overview. Thai Journal of Pharmaceutical Sciences, v. 34, p. 119, 2010.

SHARMA, P.; KUMAR, A.; DEY, A. D.; BEHL, T.; CHADHA, S. Stem cells and growth factors-based delivery approaches for chronic wound repair and regeneration: a promise to heal from within. Life Sciences, v. 268, p. 118932, 2021.

SILVEIRA, J.; BORGES, I. Um panorama da biotecnologia moderna, In: SILVEIRA, J. SILVEIRA, J. M. F. J.; DAL POZ, M. E.; ASSAD, A. L. Biotecnologia e recursos genéticos: desafios e oportunidades para o Brasil. Campinas: Unicamp, 2004.

SINDHU, R.; PANDEY, A.; BINOD, P. Design and Types of Bioprocesses. *In:* Current Developments in Biotechnology and Bioengineering. Elsevier, p. 29-43, 2017.

SINGH, Rachana; SINGH, Aditi; SACHAN, Shweta. Enzymes Used in the Food Industry: Friends or Foes? *In:* Enzymes in Food Biotechnology. Elsevier, p. 827-843, 2019.

SINGHANIA, R. R.; PATEL, A. K.; SOCCOL, C. R.; PANDEY, A. Recent advances in solid-state fermentation. Biochem. Eng. J., v. 44, n. 1, p. 13-18, 2009.

SITTENFELD A., LOVEJOY, A. Managing bioprospecting and biotechnology for conservation and sustainable use of biological diversity. In: Managing Agricultural Biotechnology-Addressing Research Program Needs and Policy Implications for Developing Countries. Cohen, UK: J (ed.) ISNAR/ CAB International. p. 92-101, 1999.

SIZER, I. W. Medical applications of microbial enzymes. *In:* Advances in applied microbiology. Elsevier, v. 15, p. 1-11, 1972.

SPIER, M. R.; VANDENBERGHE, L. P. D. S.; MEDEIROS, A. B. P.; SOCCOL, C. R. Application of different types of bioreactors in bioprocesses. Bioreactors: design, properties and applications. Nova Science Publishers Inc: New York, p. 55-90, 2011.

ST. MARTIN, K. FDA Regulation of cord blood products. In: REIS, R. L. (Ed.). Reference Module in Biomedical Sciences. Elsevier, p. 93-97, 2018.

TAIPA, M. A.; FERNANDES, P.; DE CARVALHO, C. C. C. R. Production and purification of therapeutic enzymes. *In:* Therapeutic Enzymes: Function and Clinical Implications, p. 1-24, Springer, 2019.

TANZI, M. C.; FARÈ, S.; CANDIANI, G. Advanced applications. In: TANZI, M. C.; FARÈ, S.; CANDIANI, G. (Ed.). Foundations of Biomaterials Engineering. Elsevier, p. 471-545, 2019.

TEMPLETON, N.; YOUNG, J. D. Biochemical and metabolic engineering approaches to enhance production of therapeutic proteins in animal cell cultures. Biochemical Engineering Journal, v. 136, p. 40-50, 2018.

TRIPATHI, N. K.; SHRIVASTAVA, A. Recent developments in bioprocessing of recombinant proteins: expression hosts and process development. Front. Bioeng. Biotechnol., v. 7, p. 420, 2019.

UYSAL, O.; SEVIMLI, T.; SEVIMLI, M.; GUNES, S.; EKER SARIBOYACI, A. Cell and tissue culture. In: BARH, D.; AZEVEDO, V. (Ed.). Omics Technologies and Bio-Engineering. Elsevier, p. 391-429, 2018.

VIEIRA GOMES, A. M.; SOUZA CARMO, T.; SILVA CARVALHO, L.; MENDONÇA BAHIA, F.; PARACHIN, N. S. Comparison of yeasts as hosts for recombinant protein production. Microorganisms, v. 6, n. 2, p. 38, 2018.

VITOLO, M.; PESSOA JR, A. Biotecnologia farmacêutica: aspectos sobre aplicação industrial.: Editora Blucher, 2015.

WEINBERG, R. S. Overview of cellular therapy. In: SHAZ, B. H.; HILLYER, C. D.; GIL, M. R. (Ed.). Transfusion Medicine and Hemostasis. Elsevier, p. 505-512, 2019.

WHALEN, K.; FINKEL, R.; PANAVELIL, T. A.; LANGELOH, A. Farmacologia Ilustrada, 6ª edição, Porto Alegre: Artmed, 680 p., 2016.

WILLIAMS, D. F. E. S. FOR B. Definitions in biomaterials: proceedings of a consensus conference. European Society for Biomaterials. Anais... Elsevier: Chester, England: 1987.

ZHANG, L.; SONG, J.; KONG, L.; YUAN, T.; LI, W.; ZHANG, W.; HOU, B.; LU, Y.; DU, G. The strategies and techniques of drug discovery from natural products. Pharmacol. Ther. p. 107686, 2020.

ZURINA, I. M.; PRESNIAKOVA, V. S.; BUTNARU, D. V.; SVISTUNOV, A. A.; TIMASHEV, P. S.; ROCHEV, Y. A. Tissue engineering using a combined cell sheet technology and scaffolding approach. Acta Biomaterialia, v. 113, p. 63-83, 2020.

CAPÍTULO 10

TECNOLOGIA DE VACINAS

Odir Dellagostin
Francisco Denis Souza Santos
Mara Andrade Colares Maia
Natasha Rodrigues de Oliveira

1. INTRODUÇÃO

A vacinação é uma das medidas de intervenção pública mais importantes da história, ficando atrás apenas da água potável (BIRMINGHAM; STEIN, 2003). De acordo com a organização mundial da saúde, vacinas salvam mais de 2,5 milhões de vidas anualmente. Além de seu conhecido impacto no combate a doenças em humanos, vacinas também têm reduzido significativamente a ocorrência de infecções em animais de produção e companhia, contribuindo para a manutenção da saúde pública em todo o mundo. O processo de desenvolvimento de uma vacina é longo, emprega tecnologia de ponta com alto investimento e elevado padrão de segurança. Entre as etapas do processo estão: 1) pesquisa e desenvolvimento (P&D), o qual envolve a descoberta do alvo, até formulação e análises iniciais da eficácia; 2) testes pré-clínicos, realizados *in vitro* e *in vivo*, com a finalidade de avaliar a imunogenicidade e segurança da formulação e 3) testes clínicos (Fases I, II, III e IV), os quais avaliam imunogenicidade, segurança e eficácia no público alvo, visando à aprovação sanitária da formulação e liberação para produção (SINGH; MEHTA, 2016; GOMEZ; ROBINSON, 2018).

Desde o seu desenvolvimento, vacinas convencionais, produzidas a partir de processos tradicionais, têm alcançado um grande impacto no combate a doenças e na redução da mortalidade. Nos últimos anos, as inovações obtidas com estratégias nas áreas da imunologia e da biologia molecular têm proporcionado o desenvolvimento de vacinas recombinantes, permitindo uma rápida e efetiva resposta a epidemias e pandemias de doenças infecciosas de impacto global, como a COVID-19. Atualmente, as vacinas disponíveis para a prevenção de doenças na saúde humana e animal são classificadas em três tipos: vacinas vivas/atenuadas, vacinas mortas/inativadas e vacinas recombinantes (Figura 1). De acordo com o antígeno utilizado e método de produção, estas vacinas ainda podem ser divididas em diversas outras subcategorias, disponibilizando, desta forma, um arsenal de estratégias e metodologias para uma diversidade de imunizantes amplamente utilizados ao redor do mundo.

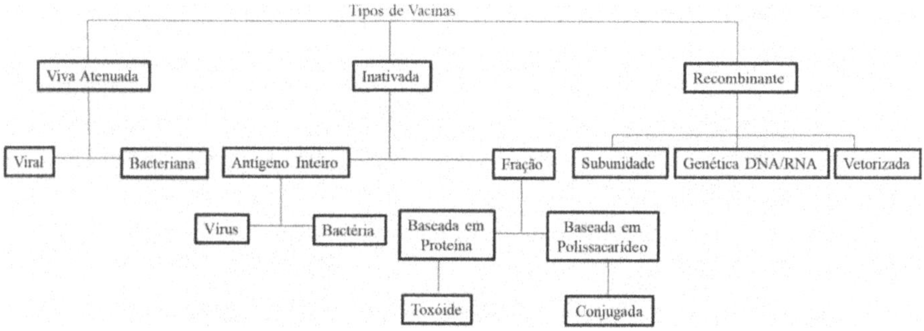

Figura 1 Tipos de vacinas existentes: viva-atenuada, inativada e recombinante.

Fonte: Autoria própria.

2. VACINAS VIVAS ATENUADAS

Vacinas vivas atenuadas são produzidas a partir da modificação de um microrganismo patogênico, via atenuação da virulência de um vírus ou bactéria (BADGETT et al., 2002). Tradicionalmente, os processos de atenuação se baseiam na passagem do microrganismo por repetidas culturas *in vitro*; em diferentes condições de temperatura, selecionando populações mutantes menos virulentas. Desta forma, sua habilidade de replicação é mantida, porém é eliminada a capacidade de gerar doença (JOSEFSBERG; BUCKLAND, 2012). Apesar dessa atenuação, a capacidade do patógeno de induzir uma resposta imune potente é altamente conservada. Uma vacina viva atenuada perfeita é aquela que perdeu completamente sua virulência, mas tem seus padrões moleculares associados a patógenos (PAMPs) intactos (CDC, 2019; HAJRA; DATEY; CHAKRAVORTTY, 2021).

A atenuação é alcançada principalmente pelo crescimento do organismo em condições de crescimento não naturais por períodos prolongados. A capacidade de causar infecção transitória sem causar doença, aumenta a resposta imunológica eficaz de longa duração contra o patógeno (RIITHO et al., 2017). No entanto, tem suas próprias vantagens e desvantagens. Essas vacinas conferem imunidade protetora prolongada, consequentemente, uma única dose de imunização é suficiente para fornecer proteção. Por outro lado, a principal desvantagem pode ser devido ao risco de reversão da capacidade de voltar à forma virulenta (SHARMA et al., 2020). A passagem sequencial da cepa bacteriana virulenta em um hospedeiro não natural ou em condições hostis gera alterações nas sequências de genes que comprometem o funcionamento de fatores virais necessários à patogenicidade que levam à atenuação da cepa bacteriana (BIO-MANGUINHOS, 2019).

A inativação viral também é realizada por métodos semelhantes de passagem em animais, ovos, cultura de células ou por passagem sequencial em condições adaptadas ao frio. Alternativamente, a mutagênese é induzida por radiação ultravioleta ou por meios químicos, até a atenuação bem-sucedida. Uma grande vantagem dos micro-organismos geneticamente atenuados é que eles exibem uma população homogênea com constituição genética definida e fenótipos atenuados idênticos (BUTLER et al., 2011).

Algumas das vacinas atualmente utilizadas, constituídas de antígenos que passaram por algum tipo de atenuação, são: BCG, pólio (VOP/SABIN), sarampo, caxumba, rubéola, febre amarela, varicela, rotavírus e febre tifoide (oral) (MINISTÉRIO DA SAÚDE, 2014; CDC, 2019). Na área veterinária, podemos citar alguns exemplos vacinais contra *Brucella abortus* e o vírus IBR, ambas em bovinos, e contra o vírus da Síndrome Reprodutiva e Respiratória dos Suínos (PRRS) (CHAGAS et al., 2019).

Uma importante vacina atenuada é a BCG (*Bacillus Calmette-Guérin*), que apresenta eficiência na proteção contra tuberculose grave disseminada em crianças. A atual vacina, que permanece sendo a vacina mais amplamente utilizada no mundo, foi obtida a partir de um isolado patogênico de *Mycobacterium bovis* e transferida ao laboratório no início do século XX (BENN et al., 2013; MURPHY; WEAVER, 2016). A atenuação de virulência através de inúmeras passagens foi empregada no desenvolvimento da vacina BCG contra tuberculose. A cepa de *Mycobacterium bovis* foi submetida ao cultivo em rodelas de batata por 13 anos. Após a sucessão de passagens, a cepa obtida perdeu virulência (RAVENEL, 1928). No Brasil, a vacina BCG é constituída de bacilos vivos *M. bovis* atenuados da cepa Moreau, Rio de Janeiro – considerada uma das mais imunogênicas e com menor índice de reação, cuja atenuação foi realizada com a adição de glutamato de sódio. Sua administração é também recomendada para contatos domiciliares de hanseníase como forma de prevenir a doença em indivíduos expostos ao *M. leprae* (MINISTÉRIO DA SAÚDE, 2014; LIMA et al., 2020).

A tríplice viral, denominada vacina SCR, indicada para a imunização ativa contra sarampo, caxumba e rubéola, é composta por uma preparação mista liofilizada das cepas de vírus atenuados Schwarz, de sarampo, RIT4385, de caxumba (derivada da cepa Jeryl Lynn), e Wistar RA 27/3, de rubéola. A produção da vacina SCR se inicia pela obtenção, separadamente, de cada concentrado viral. Os componentes de sarampo e caxumba são produzidos em culturas primárias de ovos embrionados de galinha, enquanto que a suspensão de rubéola é obtida pela propagação do vírus em células diploides MRC-5 (células não-transformadas de origem humana) (LIMA et al., 2020). Estas células são amplamente usadas como substrato para a preparação de vacinas pediátricas e são aceitas como a linhagem celular mais segura e de melhor caracterização para produção de vacinas. A preparação do concentrado viral final da vacina trivalente consiste essencialmente na combinação dos três ingredientes ativos (concentrado viral monovalente de sarampo, caxumba e rubéola) e formulação com estabilizadores. A quantidade de cada concentrado viral usado é calculada para que o produto final após o envase obtenha os títulos necessários após a liofilização. Durante todas as etapas de produção, há monitoramento do produto quanto à sua qualidade e dos controles químicos e biológicos requeridos pelas normas nacionais e ou internacionais vigentes. O Departamento de Qualidade (DEQUA) de Bio-Manguinhos realiza todos os ensaios preconizados para a liberação da vacina tríplice viral, nos quais se incluem: toxicidade inespecífica, esterilidade, potência, termoestabilidade, identidade, pH, umidade residual e aspecto (ALMEIDA, 2014).

3. VACINAS INATIVADAS

Vacinas inativadas consistem em patógenos inteiros que foram inativados ou mortos de forma que não podem causar doenças em indivíduos vacinados (OPRIESSNIG et al., 2021). As vacinas nesta categoria são produzidas normalmente a partir de culturas de vírus e bactérias cultivadas em laboratório, pela inativação do patógeno com produtos químicos (comumente formaldeído; beta-propiolactona ou binário etilenimina); tratamento físico, como calor ou por radiação (RAK et al., 2016; OPRIESSNIG et al., 2021). O formaldeído é uma das substâncias químicas mais comuns a serem utilizadas na inativação, conferindo rigidez estrutural. Agentes aniquilantes, como óxido de etileno, também são bastante utilizados, pois interagem com os ácidos nucleicos e não com proteínas de superfície, mantendo assim a antigenicidade (CDC, 2019; TIZARD, 2019).

Antígenos inativados não são capazes de se replicar no indivíduo vacinado e, por isso, as vacinas deste tipo devem conter uma quantidade maior de antígenos quando comparadas com as vacinas vivas, para que consigam estimular o sistema imune (CDC, 2019). Muitas vezes, é necessária a adição de adjuvantes, substâncias que incrementam a resposta imune (CHRISTENSEN, 2016). Outra característica das vacinas inativadas é a necessidade de mais de uma dose. A primeira dose apenas sensibiliza o organismo; enquanto a segunda e/ou terceira desenvolvem uma resposta imune protetora. Ainda, por desencadear resposta imune mais fraca, é importante o uso de adjuvantes para melhorar a resposta imune e aumentar o tempo de duração da proteção (DI PASQUALE et al., 2015). Apesar de apresentarem resposta imune inferior às vivas atenuadas, as vacinas inativadas são mais seguras. Não há o risco de reversão da virulência, mesmo se tratando de indivíduos imunocomprometidos (ZEPP, 2010; CDC, 2019). Também, são mais fáceis de armazenar e não existe o risco biológico para o vacinador (TIZARD, 2019).

Para exemplificar tipos de vacinas inativadas, tem-se a vacina contra parvovirose, leptospirose e erisipela em suínos, contra o vírus da raiva em diversas espécies de animais domésticos e contra o vírus da febre aftosa em bovinos (CHAGAS et al., 2019). No programa de vacinação, diferentes vacinas, como hepatite A, poliomielite, influenza e raiva são preparadas aplicando a tecnologia de inativação dos patógenos (PATTISON; DAVIES, 2001).

A abordagem atual à vacinação contra a influenza é utilizar uma vacina de vírus morto que é reformulada anualmente com base nas cepas prevalentes do vírus (MURPHY; WEAVER, 2016). Atualmente, é definido um tipo de vacina anual para o hemisfério Sul e outro para o hemisfério Norte. Uma das dificuldades cruciais desta vacina é a formulação com cepas selecionadas antecipadamente, com base nos tipos virais predominantes, conferindo assim, imunidade direcionada para tais cepas (WHO, 2020). A vacina é constituída por diferentes cepas do vírus *Myxovirus influenzae* inativados, fragmentados e purificados, cultivados em ovos embrionados de galinha, contendo, ainda, traços de neomicina ou polimixina, gentamicina e o timerosal como conservantes (MINISTÉRIO DA SAÚDE, 2014).

As vacinas disponíveis contra a leptospirose são baseadas em preparações contendo a célula inteira inativada pelo calor ou método químico (bacterinas). As vacinas comerciais disponíveis são bacterinas compostas pelos sorovares endêmicos de determinada região e induzem resposta imune humoral contra o LPS bacteriano. Infelizmente, a resposta imune fornecida possui curta duração, fazendo com que múltiplas doses da vacina sejam necessárias para a manutenção da imunidade. Um problema mais preocupante é a incapacidade das bacterinas em fornecer proteção cruzada contra os diversos sorovares da bactéria que não estão incluídos em uma determinada preparação vacinal (ZENG et al., 2015; DELLAGOSTIN et al., 2017). Na China, uma vacina contra a leptospirose foi desenvolvida por pesquisadores que inativaram a *Leptospira* com formalina, na década de 1950. A ocorrência de reações de hipersensibilidade e reação cruzada foi drasticamente reduzida após a otimização da composição do meio de cultura de *Leptospira* e o desenvolvimento de uma vacina multivalente de célula inteira morta (HU; LIN; YAN, 2014; XU; YE, 2018; DUAN et al., 2020).

4. TOXOIDES

Toxoides são toxinas bacterianas inativadas através de métodos químicos ou físicos, que são utilizadas como vacinas (YADAV et al., 2014). As toxinas são produzidas e secretadas (exotoxinas) por bactérias como *Clostridium tetani*, *Corynebacterium diphtheriae* e *Clostridium botulinum*, que são patógenos importantes para humanos e animais (VITEK; WHARTON, 1998; MALLICK; WINSLET, 2004; SMITH, 2009). As toxinas invadem a corrente sanguínea do hospedeiro, se ligam na superfície de uma célula alvo, assim lesam ou interrompem a função destas células causando a doença (REES & STEINER,

2018). O toxoide utilizado como antígeno destas vacinas estimula o sistema imune a produzir anticorpos que são capazes de neutralizar a toxina bacteriana durante a infecção e prevenir a doença (WASSILAK et al., 1969). Os toxoides são utilizados desde a década de 1920 e são considerados seguros e capazes de estimular o desenvolvimento de uma forte e duradoura imunidade (WASSILAK et al., 1969; YADAV et al., 2014).

5. TIPOS DE TOXOIDES

5.1. Toxoide tetânico

O processo de produção do toxoide tetânico consiste no cultivo do *C. tetani* em meio de cultura líquido em biorreatores (fermentação em batelada), por aproximadamente 160 horas, favorecendo a produção e liberação da toxina pelo microrganismo (LICONA-CASSANI et al., 2016). A inativação da toxina tetânica é realizada com formaldeído a 37ºC para subsequente conversão em toxoide (SMITH, 1969). O toxoide é submetido a purificação (detoxicação) através de métodos como precipitação com sulfato de amônio, ultrafiltração, filtração de fluxo tangencial ou cromatografia (ZARAGOZA et al., 2019). Em seguida, é realizada a adsorção ao adjuvante baseado em sais de alumínio (hidróxido de alumínio, fosfato de alumínio ou combinação de ambos) e por último o envase asséptico (WASSILAK et al., 1969; WORLD HEALTH ORGANIZATION, 2017).

5.2. Toxoide diftérico

A produção do toxoide diftérico utilizado atualmente é baseado nos métodos tradicionais desenvolvidos na década de 1920 (GLENNY; HOPKINS, 1923; RAMON, 1924; COOMBES et al., 2009;). Resumidamente, o cultivo de *C. diphtheriae* é realizado em meio líquido em biorreatores durante 7 a 8 dias. A inativação da toxina diftérica é realizada com formalina, seguido pela purificação ou detoxicação pela precipitação com acetona e por processos de filtração. O toxoide diftérico pode ser combinado com o toxoide tetânico e com células inativadas de *Bordetella pertussis* seguido pela adsorção a um adjuvante baseado em sais de alumínio, nessa etapa também ocorre a adição de estabilizantes e conservantes (SUNDARAN; RAO; BOOPATHY, 2001; COOMBES et al., 2009; YADAV et al., 2014).

5.3. Toxoide botulínico

O processo de produção do toxoide botulínico é realizado a partir do cultivo de *C. botulinum* em fermentadores usando meios de cultura complexos formulados com peptonas de origem animal ou vegetal, extrato de levedura e glicose (SIEGEL; METZGER, 1979; KELLER, 2008; ZARAGOZA et al., 2019). A produção das toxinas botulínicas pelo microrganismo ocorre em nível máximo após as 24 horas (ZARAGOZA et al., 2019). As toxinas são separadas do cultivo pela precipitação ácida e posterior separação do sobrenadante por centrifugação ou filtração (BYRNE; SMITH, 2000). A inativação da toxina é realizada pelo tratamento com formaldeído. O toxoide é novamente precipitado e esterilizado por filtração e então adsorvido ao adjuvante hidróxido de alumínio (BYRNE; SMITH, 2000).

6. VACINAS GLICOCONJUGADAS

As vacinas glicoconjugadas consistem em compostos, cujo carboidrato da superfície de um microrganismo (bactéria) é ligado covalentemente a uma proteína carreadora (JONES, 2005). O desenvolvimento destas vacinas iniciou-se depois da observação de que os polissacarídeos capsulares de *Haemophilus influenzae* tipo b (Hib) e *Neisseria meningitidis* do grupo C (meningococos) não induziam imunidade protetora nas pessoas vacinadas, devido a não se ligarem aos receptores específicos das células imunes (linfócitos T) (STEINHOFF et al., 1981; PARKE, 1987; RAPPUOLI, 2018). Porém, quando esses polissacarídeos estão ligados por ligações covalentes a proteínas que servem como carreadores, os linfócitos T são estimulados e uma resposta imune protetora é criada, prevenindo o desenvolvimento da doença (RAPPUOLI, 2018). Atualmente estão disponíveis vacinas glicoconjugadas contra Hib, meningococos, *Salmonella* Typhi e dez sorotipos de *Streptococcus pneumoniae* e muitas outras estão em desenvolvimento (RAPPUOLI, 2018).

A capacidade de uma vacina glicoconjugada em estimular a resposta imune depende de sua estrutura química final, a qual é influenciada por diversos fatores, como: método de conjugação, tamanho da cadeia de polissacarídeo, natureza da proteína carreadora, proporção polissacarídeo-proteína e a presença de uma molécula espaçadora (LORTHIOIS, 2007). Vários métodos de conjugação foram descritos na literatura científica sendo que a maioria dessas metodologias inclui a inserção de uma molécula espaçadora entre o polissacarídeo e a proteína. Na escolha do método de conjugação são considerados a estrutura química dos componentes da vacina, a disponibilidade dos grupos funcionais presentes nos polissacarídeos (hidroxilas ou carboxilas) e nas proteínas (aminogrupos de lisinas e ácidos carboxílicos dos aminoácidos ácido aspártico e glutâmico). O processo de conjugação pode ser dividido nas seguintes etapas: preparação do carboidrato (dimensionamento e ativação), preparação da proteína carreadora, conjugação e a finalização (purificação). Algumas metodologias de conjugação combinam várias dessas etapas, enquanto em outros uma etapa específica pode ser desnecessária (LEES; PUVANESARAJAH; FRASCH, 2008; ZAREI; ALMEHDAR; REDWAN, 2016). Os principais métodos tradicionais de conjugação são: método do brometo de cianogênio, método da carbodiimida e método da Aminação Redutiva (LORTHIOIS, 2007).

6.1. Vacinas glicoconjugadas contra *Haemophilus influenzae* tipo b

As vacinas contra Hib são formuladas com o polissacarídeo capsular purificado da bactéria (fosfato de poliribosilribitol) ligados com quatro diferentes proteínas carreadoras: proteína toxoide tetânico, proteína toxoide diftérico, proteína transportadora mutante da difteria CRM_{197} e proteína da vesícula de membrana externa de *N. meningitidis* do grupo B que são utilizadas nas quatro diferentes vacinas disponíveis (KELLY; MOXON; POLLARD, 2004). O polissacarídeo capsular deve ser produzido a partir do cultivo líquido de Hib em biorreatores utilizando peptona animal como principal fonte de nitrogênio (CARTY et al., 1985). A purificação do polissacarídeo capsular inicia com a inativação das células pelo fenol, formol ou timerosal, seguido pela separação do sobrenadante do cultivo por centrifugação. O sobrenadante clarificado é então concentrado por ultrafiltração de fluxo tangencial e precipitado com detergente catiônico brometo de cetiltrimetilamônio (cetavlon) e o complexo polissacarídeo capsular – cetavlon solubilizado com cloreto de cálcio, seguido pela precipitação do etanol e por extração de proteínas com fenol. Por fim, o polissacarídeo capsular é separado dos lipopolissacarídeos por ultracentrifugação (TAKAGI et al., 2008). No processo de produção da vacina ProHIBiR® que utiliza como carreador a proteína toxoide diftérico, o polissacarídeo capsular de Hib tem sua massa molecular (>600 kDa) reduzida através de hidrólise térmica a 100ºC, o produto gerado sofre ativação aleatória pelo brometo de cianogênio. A proteína do toxoide diftérico é obtida após fermentação da bactéria *C. diphtheriae*, detoxificada com formaldeído que inutiliza os grupos de lisinas. Assim a proteína deve ser ligada com a molécula espaçadora a diidrazida do ácido adípico. A conjugação do polissacarídeo com a proteína carreadora é realizada pelo método de Aminação Redutiva. A purificação final do conjugado é realizada por cromatografia de exclusão (GORDON, 1986; LORTHIOIS, 2007).

6.2. Vacinas glicoconjugadas contra *Salmonella* Typhi

As vacinas glicoconjugadas contra *S.* Typhi são produzidas com o polissacarídeo capsular Vi (SIMON; LEVINE, 2012). A vacina Vi-rEPA, que utiliza o polissacarídeo capsular Vi conjugado a exotoxina A recombinante de *Pseudomonas aeruginosa* (rEPA) se encontra em estágio mais avançado de produção em testes clínicos de fase 3 (LIN et al., 2001). A rEPA é produzida em *Escherichia coli* BL21. O polissacarídeo Vi é sintetizado durante o crescimento de *Salmonella enterica* subespécie entérica serovar Typhi (*S.* Typhi) e é liberado em grandes quantidades no cultivo. O processo de purificação é realizado pela hidrólise térmica, seguido pela precipitação com cetavlon. A conjugação do polissacarídeo Vi com a rEPA é realizada com adição da molécula espaçadora diidrazida do ácido adípico (KOSSACZKA et al., 1999; KOTHARI et al., 2013; HU, X. et al., 2016). Outras vacinas glicoconjugadas contra *S.* Typhi estão sendo avaliados em estudos de fase clínica nos Estados Unidos, na Ásia e na Europa que utilizam o polissacarídeo capsular

Vi conjugado ao toxoide tetânico, toxoide diftérico e a proteína transportadora mutante da difteria CRM_{197} (WORLD HEALTH ORGANIZATION, [*s. d.*]). Na Índia já são licenciadas vacinas glicoconjugadas contra *S.* Typhi que utilizam o toxoide tetânico como carreador proteico (VASHISHTHA; KALRA, 2020).

6.3. Vacinas glicoconjugadas veterinárias

Vacinas glicoconjugadas contra diversas doenças de animais estão sendo desenvolvidas (GERDTS et al., 2013). Atualmente, estão disponíveis na linha veterinária as vacinas Improvest® e Improvac®, formuladas com um análogo sintético do hormônio liberador de gonadotrofina (GnRH) conjugado ao toxoide diftérico. Essa vacina é indicada como uma alternativa à castração cirúrgica de machos suínos, reduzindo o comportamento agressivo (DUNSHEA et al., 2001; GERDTS et al., 2013). O processo de produção do análogo sintético do GnRH e o método de conjugação estão protegidos por patentes e por segredo industrial e não estão disponíveis.

7. VACINAS RECOMBINANTES

A partir da década de 80, o grande progresso da engenharia genética com o surgimento da tecnologia do DNA recombinante permitiu o desenvolvimento de uma nova categoria de vacinas, conhecidas como Vacinas Recombinantes (COHEN, 2013). O processo de desenvolvimento de uma vacina recombinante envolve a inserção de um ou mais segmentos do gene alvo em uma molécula carreadora, também conhecida como plasmídeo. A construção recombinante contendo o gene alvo e o plasmídeo é inserida em uma célula ou microrganismo hospedeiro o qual é incapaz de causar doença. A célula/microrganismo modificado então reconhece as informações contidas no plasmídeo recombinante e utiliza sua maquinaria genética para produzir milhares de cópias do alvo de interesse (VAN KAMPEN, 2001). O organismo modificado constitui um vetor, também conhecido como "sistema de expressão heteróloga" do gene de interesse.

Existem diversos tipos de sistema de expressão heteróloga como células de mamíferos, células de insetos, vírus, bactérias, leveduras e plantas (TRIPATHI; SHRIVASTAVA, 2019). Além dos sistemas de expressão, vacinas recombinantes podem ser divididas em três categorias: subunidade, genéticas (DNA/RNA) e vetorizadas. Uma etapa em comum e fundamental para as três categorias é a escolha do plasmídeo. Os plasmídeos são moléculas de DNA fita dupla, circulares ou não, considerados elementos extracromossomais com capacidade autorreplicante. Para atuar como um vetor de clonagem e/ou expressão para moléculas de DNA exógeno os plasmídeos devem atender a três características primordiais: possuir uma origem de replicação, um sítio de múltipla clonagem para reconhecimento por enzimas de restrição e um gene marcador de seleção (geralmente gene que confere resistência a um dado antibiótico) (COHEN, 2013). De acordo com o tipo de vacina desenvolvida e sistema de expressão heteróloga escolhido os plasmídeos podem apresentar mais características, como origens de replicação para procarioto e eucarioto, promotores, mecanismos de regulação da expressão gênica, número de cópias por célula e cauda/*tag* para recuperação e purificação da proteína (COHEN, 2013; ROSANO; CECCARELLI, 2014).

8. TIPOS DE VACINAS RECOMBINANTES

8.1. Subunidade

Vacinas de subunidade não utilizam o micro-organismo inteiro, mas sim os antígenos individuais ou segmentos antigênicos que melhor estimulam o sistema imune, tornando desnecessária a exposição ao repertório completo de moléculas do patógeno (VAN KAMPEN, 2001). Após a clonagem do gene alvo no plasmídeo de interesse, é realizada a inserção do plasmídeo recombinante no sistema de expressão heteróloga para produção da proteína alvo em grandes quantidades. A proteína é então recuperada e submetida a diversas etapas de purificação e refinamento, o que confere maior segurança a estas vacinas. Estas características, no entanto, tornam as vacinas de subunidade menos imunogênicas, sendo necessária a associação com potentes agentes imunoestimuladores, os adjuvantes, bem como administração de duas ou mais doses (MOYLE, 2017). Em meados dos anos 80 foi aprovada a primeira vacina de subunidade recombinante para uso humano, a vacina para hepatite B. Esta vacina utiliza um plasmídeo contendo o gene do antígeno B de superfície do vírus, HBsAg, o qual é inserido em células de levedura, *Saccharomyces cerevisiae*, semelhante à utilizada para produção de pães. Após a expressão, a proteína é recuperada do meio de cultivo, purificada e associada ao adjuvante hidróxido de alumínio para administração em esquema de três ou quatro doses (CDC, 2015).

Outros exemplos de vacinas de subunidade recombinantes licenciadas para uso humano são a vacina para o HPV e a vacina para Meningite B. A vacina para meningite B recombinante (4CMenB) foi licenciada em 2013 e contém três proteínas de membrana externa: proteína ligadora do fator H (fHbp), antígeno de ligação de *Neisseria* com heparina (NHBA), adesina A de *Neisseria* (NadA) e uma porina (PorA) associada a vesículas de membrana externa (OMVs), além de dois outros antígenos (GNA2091 e GNA1030) que apresentaram bons resultados em alguns ensaios. Estes antígenos foram selecionados por análises de vacinologia reversa a partir de um painel de mais de 600 antígenos (PIZZA et al., 2000). A utilização de múltiplos componentes altamente conservados entre as principais estirpes de *Neisseria meningitidis*, sorogrupo B circulantes, permitiu o desenvolvimento de uma vacina com maior cobertura. Para a produção da vacina, os antígenos são expressos em *E. coli*, sendo a proteína HBA produzida em fusão com GNA1030 e a proteína fHbp em fusão com GNA2091, a proteína NadA é expressa individualmente. Após a expressão e recuperação, os três antígenos são purificados, processados e então associados as OMVs, purificadas com detergente a partir da membrana *N. meningitidis* sorogrupo B (SERRUTO et al., 2012). A mistura de proteínas é por fim associada ao adjuvante hidróxido de alumínio para obtenção da formulação final.

Já na medicina veterinária atualmente há diversas vacinas licenciadas, como a Leish-Tec® – vacina brasileira licenciada para o combate à leishmaniose canina no país (proteína A2 de *Leishmania donovoni*, expressa em *E. coli* e formulada com o adjuvante saponina); Recombitek® Lyme – vacina para o controle da doença de Lyme em cães (proteína A de membrana externa – OspA expressa em sistema bacteriano, inativada e purificada, formulação sem adição de adjuvante); Pro-Vac® Circomaster – vacina para circovirose suína (utiliza a ORF2 do circovírus suíno tipo 2 purificada e associada ao adjuvante Carbopol); Gavac® – vacina para o controle do carrapato bovino (utiliza o antígeno Bm86-CG expresso em *Pichia pastoris* purificado e associado a adjuvante oleoso).

8.2. Genéticas (DNA/RNA)

Outro tipo de vacina baseada na tecnologia do DNA recombinante são as vacinas genéticas, as quais não utilizam uma parte do microrganismo, mas sim o próprio material genético codificante para a proteína de interesse, que pode ser RNA ou DNA. Neste tipo de vacina o material genético da molécula alvo é clonado em um plasmídeo contendo um forte promotor de células eucarióticas, e após propagação e purificação, a molécula recombinante é associada a um adjuvante/coestimulador e inserida diretamente nas células do hospedeiro. Após sua administração no organismo, estas moléculas utilizam a maquinaria genética das células do hospedeiro para produzir mais cópias de seu material genético, transcrevê-lo em mRNA (no caso das vacinas de DNA) e expressar a proteína de interesse no citoplasma da célula, a partir daí as moléculas podem ser fragmentadas em peptídeos e apresentadas ao sistema imune via MHCI. Os antígenos de interesse também podem ser engenheirados para secreção ou exportação na superfície celular e então apresentados via MHCII, estimulando a indução uma resposta imune no hospedeiro contra o patógeno alvo. A utilização desta tecnologia permite a eliminação de uma série de etapas do processo de produção, normalmente essenciais para uma vacina de subunidade, como rendimento da expressão, *folding*, extensiva purificação, diálise e concentração (GLAZER; NIKAIDO, 2007).

O desenvolvimento de vacinas de DNA tem sido amplamente relatado na literatura, porém até o presente momento ainda não existe uma vacina aprovada para uso humano. Os principais limitantes que dificultam a aceitação destas vacinas pelas agências reguladoras residem na baixa imunogenicidade associada e ao risco de integração do DNA exógeno no genoma do hospedeiro (KUTZLER; WEINER, 2008; ZHANG et al., 2019). Para o setor veterinário, as exigências referentes a questões de licenciamento e segurança são menores e algumas vacinas de DNA já estão disponíveis comercialmente desde 2005, como a West Nile-Innovator® DNA – vacina para Febre do Nilo Ocidental de equinos (carreia genes para as proteínas prM e E de superfície do envelope viral); a Apex-IHN® – aprovada no Canadá para o controle da Necrose Infecciosa Hematopoiética de Salmão (carreia o gene que expressa a glicoproteína G do envelope viral) ou a Oncept® – vacina para o melanoma canino, dentre outras. Esta última vacina utiliza a sequência de DNA que codifica para a tirosinase humana, proteína encontrada somente nos melanócitos, que por ser ligeiramente diferente da variante canina permite que o sistema imune do cão reconheça esta molécula recombinante e ative uma resposta imune específica contra as células tumorais, sem afetar os melanócitos saudáveis. A maioria das vacinas de DNA são convencionalmente administradas via intramuscular, porém outras rotas como a oral, em ovos, ocular (colírio), e intranasal também podem ser utilizadas (JAZAYERI; POH, 2019).

Diferentemente das vacinas de DNA, as vacinas de RNA não requerem a administração de adjuvantes e não correm risco de integração do material genético no genoma hospedeiro, sendo, portanto, mais seguras. Da mesma forma que na produção das vacinas de DNA, as vacinas de RNA requerem a clonagem do gene de interesse em um plasmídeo, o qual é propagado em sistema heterólogo, como *E. coli*, e posteriormente purificado. Após a purificação este DNA é linearizado e o gene alvo é convertido em mRNA por uma RNA polimerase. O DNA *template* restante é degradado com a adição de DNases e o mRNA é purificado. A formulação contendo a vacina de mRNA deve então ser estocada a baixas temperaturas (-20 a -70°C) para garantir sua estabilidade e eficácia até o momento da administração (PARDI et al., 2018). Este é o caso de duas vacinas aprovadas emergencialmente em alguns países para o combate a COVID-19, a *mRNA-1273* – desenvolvida pela Moderna e a *BNT162b2* – desenvolvida pela BioNtech em parceria com a Pfizer e a Fosun Pharma (PARK et al., 2020). Estas duas vacinas utilizam a sequência de mRNA codificante para a proteína S, molécula essencial para entrada do vírus na célula e, portanto, considerada o principal alvo para as estratégias profiláticas em desenvolvimento. Na tecnologia de ambas vacinas a molécula de mRNA encontra-se envelopada por nanopartículas lipídicas. Estas partículas têm a função de proteger o material genético contra a degradação por RNAses, atuar como um veículo de entrega facilitando a absorção pela célula hospedeira bem como função adjuvante.

8.3. Vetorizadas

Vacinas recombinantes vetorizadas consistem de microrganismos vivos ou partículas virais, replicativos ou não, engenheirados para expressar genes de outro microrganismo alvo no hospedeiro. Estes microrganismos/partículas virais geneticamente modificados expressam o gene alvo dentro do hospedeiro por longos períodos de tempo. Vacinas baseadas em vetores virais replicativos utilizam vírus modificados que carreiam o gene alvo em uma região que não afeta a replicação viral ou a capacidade de infecção do vírus. A expressão do gene alvo *in vivo* estimula o organismo hospedeiro a desenvolver uma resposta imune humoral e celular protetiva contra o patógeno de interesse. Entre os principais vetores virais utilizados para a produção de vacinas estão os Adenovírus, Vaccínia vírus, Retrovírus, Lentivírus, Vírus Adenoassociados, Citomegalovírus e Sendai vírus (URA; OKUDA; SHIMADA, 2014).

Vacinas recombinantes de vetores virais têm sido amplamente aceitas e exploradas na medicina veterinária. Um exemplo é a RABORAL V-RG®, uma vacina recombinante vetorizada oral para o controle do vírus da raiva em animais silvestres, apresentada na forma de dispersão de iscas. A vacina é registrada e utilizada nos Estados Unidos por agências governamentais para o controle da raiva em guaxinins e coiotes. Nesta vacina, o gene da glicoproteína G do vírus da raiva é clonado no genoma de uma cepa não patogênica do vírus da vaccínia. Células VERO são então transfectadas com o vírus recombinante, o sobrenadante do cultivo celular contendo milhares de cópias do vírus expressando a proteína G é então utilizado para a produção da vacina em forma de iscas comestíveis. Outras vacinas vetorizadas aprovadas são a Recombitek® para proteção contra cinomose canina (utiliza o vírus vivo atenuado da bouba de canário como vetor para expressar as proteínas rD e rCDV do vírus da cinomose canina); a Recombitek® Equine West Nile Virus, vacina para a Febre do Nilo Ocidental de equinos (utiliza um vetor viral canarypox recombinante expressando as proteínas do vírus da Febre do Nilo Ocidental); e a INNOVAX® ND-IBD, vacina para o controle das doenças de Marek, Newcastle e Gumboro em pintos de 1 dia de idade ou ovos embrionados (utiliza a cepa HVT, um herpesvírus de peru vivo, engenheirado para expressar a proteína F do vírus da Doença de Newcastle e a proteína VP2 do vírus da doença de Gumboro).

Para uso humano, duas vacinas baseadas em vetores virais para o combate ao vírus Ebola foram recentemente aprovadas, a ERVEBO™ – licenciada em 2019 pelo FDA (vírus da estomatite vesicular modificado expressando a glicoproteína de superfície (GB) do vírus Ebola) e a combinação das vacinas Zabdeno+Mvabea, aprovadas pela comissão europeia em 2020 (combinação de adenovírus modificado expressando uma variante da glicoproteína-GP de Ebola com o vírus da vaccínia modificado expressando quatro proteínas de Ebola e três proteínas de outras viroses do mesmo grupo). Outra candidata na corrida do desenvolvimento de uma vacina para a COVID-19, já licenciada para uso emergencial no Brasil e em outros países, é a AZD 1222, também conhecida como "Vacina de Oxford" a qual utiliza um adenovírus não replicativo, vírus respiratório que infecta chimpanzés (ChAdOx1) para carrear a proteína S do SARS-CoV-2. Os adenovírus recombinantes obtidos são transfectados em cultivos de células humanas, os quais atuam como uma espécie de biorreatores descartáveis. Ao final do processo, os adenovírus recombinantes são purificados e utilizados para compor a formulação vacinal.

Apesar da maior disponibilidade de vacinas licenciadas baseadas em vetores virais, vetores bacterianos são considerados melhores veículos para entrega de vacinas de mucosa, possibilitando a entrega de vacinas via oral, intranasal, retal, vaginal e por inalação pulmonar. Para tal, vetores como *Salmonella* spp., *Lactobacillus* spp. *Listeria monocytogenes, Vibrio cholerae* tem apresentado resultados mais promissores como veículos de entrega para antígenos de diversos patógenos infecciosos, ou para fins terapêuticos (DING et al., 2018). Adicionalmente cepas de BCG têm sido propostas como promissores vetores de expressão recombinante de antígenos de HIV, SARS-CoV-2, Leishmania, *Listeria monocytogenes* ou mesmo antígenos específicos *de M. tuberculosis* (MUSTAFA, 2020).

9. CONCLUSÕES E PERSPECTIVAS

O uso de vacinas na prevenção e controle de doenças infecciosas foi uma das maiores contribuições da ciência para saúde humana e animal. O processo de produção de vacinas tem progredido com o passar do tempo de acordo com os avanços tecnológicos alcançados, resultado da evolução científica. Mesmo com as mudanças tecnológicas, muitas vacinas utilizadas atualmente continuam sendo produzidas a partir dos processos tradicionais desenvolvidos no século XIX e apresentam eficácia satisfatória na prevenção de certas doenças. Novas metodologias na produção de vacinas, baseadas na tecnologia do DNA recombinante, proporcionaram o aumento significativo de imunizantes disponíveis, além de encorajar o desenvolvimento de novas vacinas para doenças emergentes globais, como a COVID-19. Contudo, ainda continua um desafio para os cientistas o desenvolvimento de vacinas contra doenças como a malária e síndrome da imunodeficiência humana causada pelo vírus HIV, o que mostra que além do processo de produção, um fator importante no desenvolvimento de vacinas eficazes é o conhecimento dos mecanismos que medeiam resposta imunológica do hospedeiro.

10. REFERÊNCIAS BIBLIOGRÁFICAS

ALMEIDA, DANIELLE DA SILVA. Estabelecimento De Material De Referência Para a Determinação Da Potência Da Vacina Sarampo, Caxumba E Rubéola (Atenuada) Pelo Fabricante Nacional (Bio-Manguinhos). 116 f. Dissertação (Mestrado Profissional em Vigilância Sanitária) – Instituto Nacional de Controle de Qualidade em Saúde, Fundação Oswaldo Cruz, Rio de Janeiro, RJ, 2014.

BADGETT, MARTY R. et al. Evolutionary Dynamics of Viral Attenuation. Journal of Virology, v. 76, n. 20, p. 10524-10529, 2002.

BENN, CHRISTINE S. et al. A Small Jab – A Big Effect: Nonspecific Immunomodulation By Vaccines. Trends in Immunology, v. 34, n. 9, p. 431-439, 2013.

BIO-MANGUINHOS, INSTITUTO DE TECNOLOGIA EM IMUNOBIOLÓGICOS. Vacinas virais. [*s. l.*], 2019.

BIRMINGHAM, MAUREEN; STEIN, CLAUDIA. The Burden of Vaccine-Preventable Diseases. *In*: BLOOM, BARRY R; LAMBERT, PAUL-HENRI (Ed.). The Vaccine Book. 1. ed.: Academic Press, 2003. p. 1-21.

BUTLER, NOAH S. et al. Superior antimalarial immunity after vaccination with late liver stage-arresting genetically attenuated parasites. Cell Host and Microbe, v. 9, n. 6, p. 451-462, 2011.

BYRNE, MICHAEL P; SMITH, LEONARD A. Development of Vaccines for Prevention of Botulism. Biochimie, v. 82, n. 9-10, p. 955-966, 2000.

CARTY, C. E et al. Fermentation studies with Haemophilus influenza. Developments in Industrial Microbiology, v. 26, p. 763-767, 1985.

CDC- CENTERS FOR DISEASE CONTROL AND PREVENTION. Hepatitis B. *In*: HAMBORSKY, JENNIFER; KROGER, ANDREW; WOLFE, SKIP (Ed.). Epidemiology and Prevention of Vaccine-Preventable Diseases. 13. ed. Washington D.C.: Public Health Foundation, 2015. p. 149-174.

CDC, CENTERS FOR DISEASE CONTROL AND PREVENTION. Principles of Vaccination. *In*: EPIDEMIOLOGY AND PREVENTION OF VACCINE-PREVENTABLE DISEASES., 2019. p. 263-278.

CHAGAS, SARAH RODRIGUES et al. Vacinas e suas reações adversas : revisão Vaccines and its adverse reactions : a review Vacunas y sus reacciones adversas : revisión. Pubvet, v. 13, p. 1-14, 2019.

CHRISTENSEN, DENNIS. Vaccine adjuvants: Why and how. Human Vaccines and Immunotherapeutics, v. 12, n. 10, p. 2709-2711, 2016.

COHEN, STANLEY N. DNA cloning: A personal view after 40 years. Proceedings of the National Academy of Sciences of the United States of America, v. 110, n. 39, p. 15521-15529, 2013.

COOMBES, LAURA et al. Development and use of a novel in vitro assay for testing of diphtheria toxoid in combination vaccines. Journal of Immunological Methods, v. 350, n. 1–2, p. 142-149, 2009.

DELLAGOSTIN, ODIR A et al. Reverse Vaccinology : An Approach for Identifying Leptospiral Vaccine Candidates. International Journal of Molecular Sciences, v. 18, n. 158, 2017. Disponível em: https://doi.org/10.3390/ijms18010158

DI PASQUALE, ALBERTA et al. Vaccine adjuvants: From 1920 to 2015 and beyond. Vaccines, v. 3, n. 2, p. 320-343, 2015.

DING, CHENGCHAO et al. Live bacterial vaccine vector and delivery strategies of heterologous antigen : A review. Immunology Letters, v. 197, p. 70-77, 2018.

DUAN, JUNXIA et al. Research status and perspectives for pathogenic spirochete vaccines. Clinica Chimica Acta, v. 507, n. March, p. 117-124, 2020.

DUNSHEA, F R et al. Vaccination of boars with a GnRH vaccine (Improvac) eliminates boar taint and increases growth performance. Journal of Animal Science, v. 79, p. 2524-2535, 2001.

GERDTS, VOLKER et al. Carrier molecules for use in veterinary vaccines. Vaccine, v. 31, n. 4, p. 596-602, 2013.

GLAZER, ALEXANDER N; NIKAIDO, HIROSHI. Microbial Biotechnology-Fundamentals of Applied Microbiology. 2. ed. New York: Cambridge University Press, 2007.

GLENNY, A T; HOPKINS, BARBARA E. DIPHTHERIA TOXOID AS AN IMMUNISING AGENT. The British Journal of Experimental Pathology, v. 4, n. 5, p. 283-288, 1923.

GOMEZ, PHILLIP L.; ROBINSON, JAMES M. Vaccine Manufacturing. *In*: PLOTKIN, STANLEY A et al. (Ed). Plotkin's Vaccines.: Elsevier, 2018. p. 51-60.e1.

GORDON, LK. Polysaccharide endotoxoid conjugate vaccines. 4619828. Concessão: 1986.

HAJRA, DIPASREE; DATEY, AKSHAY; CHAKRAVORTTY, DIPSHIKHA. Attenuation Methods for Live Vaccines. *In*: PFEIFER BA, HILL A. (Ed.). Methods in Molecular Biology. Vaccine Deed. New York: 2021. v. 2183, p. 313-330.

HU, WEILIN; LIN, XU'AI; YAN, JIE. Leptospira and leptospirosis in China. Current Opinion in Infectious Diseases, v. 27, n. 5, p. 432-436, 2014.

HU, XIAOMEI et al. Vi capsular polysaccharide : Synthesis, virulence, and application. Critical Reviews in Microbiology, v. 43, n. 4, p. 440-452, 2016.

JAZAYERI, SEYED DAVOUD; POH, CHIT LAA. Recent advances in delivery of veterinary DNA vaccines against avian pathogens. Veterinary Research, v. 50, n. 1, p. 1-13, 2019.

JONES, CHRISTOPHER. Vaccines based on the cell surface carbohydrates of pathogenic bacteria. Annals of the Brazilian Academy of Science, v. 77, n. 2, p. 293-324, 2005.

JOSEFSBERG, JESSICA O.; BUCKLAND, BARRY. Vaccine process technology. Biotechnology and Bioengineering, v. 109, n. 6, p. 1443-1460, 2012.

KELLER, JAMES E. Characterization of New Formalin-Detoxified Botulinum Neurotoxin Toxoids. Clinical and Vaccine Immunology, v. 15, n. 9, p. 1374-1379, 2008.

KELLY, DOMINIC F; MOXON, E RICHARD; POLLARD, ANDREW J. Haemophilus influenzae type b conjugate vaccines. Immunology, v. 113, p. 163-174, 2004.

KOSSACZKA, ZUZANA et al. Safety and Immunogenicity of Vi Conjugate Vaccines for Typhoid Fever in Adults, Teenagers, and 2- to 4-Year-Old Children in Vietnam. Infection and immunity, [*s. l.*], v. 67, n. 11, p. 5806-5810, 1999.

KOTHARI, SUDEEP et al. A novel method for purification of Vi capsular polysaccharide produced by Salmonella enterica subspecies enterica serovar Typhi. Vaccine, v. 31, n. 42, p. 4714-4719, 2013.

KUTZLER, MICHELE A.; WEINER, DAVID B. DNA vaccines: Ready for prime time? Nature Reviews Genetics, v. 9, p. 776-788, 2008.

LEES, ANDREW; PUVANESARAJAH, VELUPILLAI; FRASCH, CARL E. Conjugation Chemistry. *In*: PNEUMOCOCCAL VACCINES.: ASM Press, 2008. p. 163-174.

LICONA-CASSANI, CUAUHTEMOC et al. Anaerobe Tetanus toxin production is triggered by the transition from amino acid consumption to peptides. Anaerobe, v. 41, p. 113-124, 2016.

LIMA, EDUARDO JORGE DA FONSECA et al. Rotinas de Imunização. Recife: 2020.

LIN, FENG YING C et al. The efficacy of a Salmonella typhi Vi conjugate vaccine in two-to-five-year-old children. The New England Journal of Medicine, v. 344, n. 17, p. 1263-1269, 2001.

LORTHIOIS, ANA PAULA DE ALMEIDA ARANHA. Desenvolvimento de processo para obtenção do método de conjugação do polissacarídeo capsular de Haemophilus influenzae tipo b com toxoide tetânico. 152 f. 2007. – Universidade de São Paulo, [*s. l.*], 2007.

MALLICK, IH; WINSLET. A Review of the Epidemiology, Pathogenesis and Management of Tetanus. International Journal of Surgery, [*s. l.*], v. 2, p. 109-112, 2004. Disponível em: https://doi.org/10.1016/S1743-9191(06)60056-3

MINISTÉRIO DA SAÚDE. Manual de Normas e Procedimentos para Vacinação. [*S. l.*: *s. n.*], 2014.

MOYLE, PETER MICHAEL. Biotechnology approaches to produce potent, self-adjuvanting antigen-adjuvant fusion protein subunit vaccines. Biotechnology Advances, [*s. l.*], v. 35, n. 3, p. 375-389, 2017. Disponível em: https://doi.org/10.1016/j.biotechadv.2017.03.005

MURPHY, KENNETH; WEAVER, CASEY. Janeway's Immunobiology. [*S. l.*: *s. n.*], 2016. Disponível em: https://doi.org/10.1201/9781315533247

MUSTAFA, ABU SALIM. BCG as a Vector for Novel Recombinant Vaccines against Infectious Diseases and Cancers. Vaccines, [*s. l.*], v. 8, n. 736, p. 4-8, 2020. Disponível em: https://doi.org/10.3390/vaccines8040736

OPRIESSNIG, TANJA et al. Future perspectives on swine viral vaccines: where are we headed? Porcine Health Management, [*s. l.*], v. 7, n. 1, p. 1-16, 2021. Disponível em: https://doi.org/10.1186/s40813-020-00179-7

PARDI, NORBERT et al. mRNA vaccines-a new era in vaccinology. Nature Reviews Drug Discovery, [*s. l.*], v. 17, n. 4, p. 261-279, 2018. Disponível em: https://doi.org/10.1038/nrd.2017.243

PARK, KYUNG SOO et al. Non-viral COVID-19 vaccine delivery systems. Advanced Drug Delivery Reviews, [*s. l.*], v. 169, p. 137-151, 2020. Disponível em: https://doi.org/10.1016/j.addr.2020.12.008. Acesso em: 28 dez. 2020.

PARKE, JAMES C. Capsular polysaccharide of Haemophilus influenzae type b as a vaccine. Pediatric Infectious Disease Journal, [*s. l.*], v. 6, n. 8, p. 795-796, 1987. Disponível em: https://doi.org/10.1097/00006454-198708000-00040. Acesso em: 23 jan. 2021.

PATTISON, D. I.; DAVIES, M. J. Absolute rate constants for the reaction of hypochlorous acid with protein side chains and peptide bonds. Chemical Research in Toxicology, [*s. l.*], v. 14, n. 10, p. 1453-1464, 2001. Disponível em: https://doi.org/10.1021/tx0155451

PIZZA, MARIAGRAZIA et al. Identification of Vaccine Candidates Against Serogroup B Meningococcus by Whole-Genome Sequencing. Science, [*s. l.*], v. 287, p. 1816-1820, 2000. Disponível em: https://doi.org/10.1126/science.287.5459.1816

RAK, MONIKA et al. Efficient and non-toxic gene delivery by anionic lipoplexes based on polyprenyl ammonium salts and their effects on cell physiology. Journal of Gene Medicine, [*s. l.*], v. 18, n. 11-12, p. 331-342, 2016. Disponível em: https://doi.org/10.1002/jgm.2930

RAMON, G. Sur la toxine et sur l'anatoxine diphtériques. Annales de l'Institut Pasteur, [*s. l.*], v. 38, n. 1, 1924.

RAPPUOLI, RINO. Glycoconjugate vaccines: Principles and mechanisms. Science Translational Medicine, [*s. l.*], v. 10, n. 456, p. eaat4615, 2018. Disponível em: https://doi.org/10.1126/scitranslmed.aat4615

RAVENEL, M. P. La Vaccination Préventive Contre la Tuberculose par le "BCG". American Journal of Public Health and the Nations Health, [*s. l.*], v. 18, n. 8, p. 1075-1075, 1928. Disponível em: https://doi.org/10.2105/ajph.18.8.1075-a

RIITHO, VICTOR et al. Design and evaluation of the immunogenicity and efficacy of a biomimetic particulate formulation of viral antigens. Scientific Reports, [*s. l.*], v. 7, n. 1, p. 1-10, 2017. Disponível em: https://doi.org/10.1038/s41598-017-13915-x

ROSANO, GERMÁN L.; CECCARELLI, EDUARDO A. Recombinant protein expression in Escherichia coli: Advances and challenges. Frontiers in Microbiology, [*s. l.*], v. 5, p. 1-17, 2014. Disponível em: https://doi.org/10.3389/fmicb.2014.00172

SERRUTO, DAVIDE et al. The new multicomponent vaccine against meningococcal serogroup B, 4CMenB : Immunological, functional and structural characterization of the antigens. Vaccine, [*s. l.*], v. 30S, p. B87-97, 2012. Disponível em: https://doi.org/10.1016/j.vaccine.2012.01.033

SHARMA, ADITI et al. Detection of live attenuated influenza vaccine virus and evidence of reassortment in the U.S. swine population. Journal of Veterinary Diagnostic Investigation, [*s. l.*], v. 32, n. 2, p. 301-311, 2020. Disponível em: https://doi.org/10.1177/1040638720907918

SIEGEL, L. S.; METZGER, J. F. Toxin production by Clostridium botulinum type A under various fermentation conditions. Applied and Environmental Microbiology, [*s. l.*], v. 38, p. 606-611, 1979. Disponível em: https://doi.org/10.1128/aem.38.4.606-611.1979

SIMON, RAPHAEL; LEVINE, MYRON M. Glycoconjugate vaccine strategies for protection against invasive Salmonella infections. Human Vaccines and Immunotherapeutics, [*s. l.*], v. 8, n. 4, p. 494-498, 2012. Disponível em: https://doi.org/10.4161/hv.19158

SINGH, K; MEHTA, S. The clinical development process for a novel preventive vaccine: An overview. Journal of Postgraduate Medicine, [*s. l.*], v. 62, n. 1, p. 4, 2016. Disponível em: https://doi.org/10.4103/0022-3859.173187. Acesso em: 24 jan. 2021.

SMITH, LEONARD A. Botulism and vaccines for its prevention. Vaccine, [*s. l.*], v. 27, p. D33–D39, 2009. Disponível em: https://doi.org/10.1016/j.vaccine.2009.08.059

SMITH, J. W. G. DIPHTHERIA AND TETANUS TOXOIDS. British Medical Bulletin, [*s. l.*], v. 25, n. 2, p. 177-182, 1969. Disponível em: https://doi.org/10.1093/OXFORDJOURNALS.BMB.A070689. Acesso em: 23 jan. 2021.

STEINHOFF, M C et al. Group C Neisseria meningitidis variant polysaccharide vaccines in children. Infection and immunity, [*s. l.*], v. 34, n. 144-146, 1981.

SUNDARAN, BHEEMAN; RAO, Y UDAYA BHASKARA; BOOPATHY, RATNAM. Process Optimization for Enhanced Production of Diphtheria Toxin by Submerged Cultivation. Journal of Bioscence and Bioengineering, [*s. l.*], v. 91, n. 2, p. 123-128, 2001. Disponível em: https://doi.org/10.1016/S1389-1723(01)80053-0

TAKAGI, MICKIE et al. Purification of capsular polysaccharide produced by Haemophilus influenzae type b through a simple, efficient and suitable method for scale-up. Journal of Industrial Microbiol ogy and Biotechnology, [*s. l.*], v. 35, p. 1217-1222, 2008. Disponível em: https://doi.org/10.1007/s10295-008-0428-4

TIZARD, IAN R. Imunologia Veterinária. 10 ed. Rio de Janeiro: [*s. n.*], 2019.

TRIPATHI, NAGESH K.; SHRIVASTAVA, AMBUJ. Recent Developments in Bioprocessing of Recombinant Proteins: Expression Hosts and Process Development. Frontiers in Bioengineering and Biotechnology, [*s. l.*], v. 7, n. December, 2019. Disponível em: https://doi.org/10.3389/fbioe.2019.00420

URA, TAKEHIRO; OKUDA, KENJI; SHIMADA, MASARU. Developments in Viral Vector-Based Vaccines. Vaccines, [*s. l.*], v. 2, p. 624-641, 2014. Disponível em: https://doi.org/10.3390/vaccines2030624. Acesso em: 21 jan. 2021.

VAN KAMPEN, K. R. Recombinant vaccine technology in veterinary medicine. Veterinary Clinics of North America - Small Animal Practice, [*s. l.*], v. 31, n. 3, p. 535-538, 2001. Disponível em: https://doi.org/10.1016/S0195-5616(01)50607-5

VASHISHTHA, VIPIN M.; KALRA, AJAY. The need & the issues related to new-generation typhoid conjugate vaccines in India. The Indian journal of medical research, [*s. l.*], v. 151, n. 1, p. 22-34, 2020. Disponível em: https://doi.org/10.4103/ijmr.IJMR_1890_17

VITEK, CHARLES R; WHARTON, MELINDA. Diphtheria in the Former Soviet Union: Reemergence of a Pandemic Disease. Emerging infectious diseases, [*s. l.*], v. 4, n. 4, p. 539-550, 1998. Disponível em: https://doi.org/10.3201/eid0404.980404

WASSILAK, SGF et al. Tetanus toxoid. *In*: PLOTKIN, SA; ORENSTEIN, WA; OFFIT, PA (org.). Vaccines. Philadelphia: Saunders/Elsevier, 1969. p. 805-839.

WHO. Influenza Update Nº 191. [*s. l.*], n. August, p. 1–7, 2020.

WORLD HEALTH ORGANIZATION. Tetanus vaccines: WHO position paper. Weekly epidemiological record, [*s. l.*], v. 6, p. 53-76, 2017.

WORLD HEALTH ORGANIZATION. WHO Expert Committee on Biological Standardization, sixty-fourth repo. Geneva: [*s. n.*], [*s. d.*], 2013.

XU, YINGHUA; YE, QIANG. Human leptospirosis vaccines in China. Human Vaccines and Immunotherapeutics, [*s. l.*], v. 14, n. 4, p. 984-993, 2018. Disponível em: https://doi.org/10.1080/21645515.2017.1405884

YADAV, DINESH K et al. Vaccines : Present Status and Applications. *In*: VERMA, ASHISH S.; SINGH, ANCHAL (org.). Animal Biotechnology: Models in Discovery and Translation. [*S. l.*]: Elsevier, 2014. p. 491-508. Disponível em: https://doi.org/10.1016/B978-0-12-416002-6.00026-2

ZARAGOZA, NICOLAS E et al. Vaccine Production to Protect Animals Against Pathogenic Clostridia. Toxins, [*s. l.*], v. 11, n. 9, p. 525, 2019. Disponível em: https://doi.org/10.3390/toxins11090525

ZAREI, ADI ESSAM; ALMEHDAR, HUSSEIN A; REDWAN, ELRASHDY M. Hib Vaccines : Past, Present, and Future Perspectives. Journal of Immunology Research, [*s. l.*], v. 2016, p. 7203587, 2016. Disponível em: https://doi.org/10.1155/2016/7203587

ZENG, LING BING et al. Comparative subproteome analysis of three representative Leptospira interrogans vaccine strains reveals cross-reactive antigens and novel virulence determinants. Journal of Proteomics, [*s. l.*], v. 112, p. 27-37, 2015. Disponível em: https://doi.org/10.1016/j.jprot.2014.08.015

ZEPP, FRED. Principles of vaccine design-Lessons from nature. Vaccine, [*s. l.*], v. 28, n. SUPPL. 3, p. 14-24, 2010. Disponível em: https://doi.org/10.1016/j.vaccine.2010.07.020

ZHANG, CUILING et al. Advances in mRNA Vaccines for Infectious Diseases. [*s. l.*], v. 10, n. March, p. 1-13, 2019. Disponível em: https://doi.org/10.3389/fimmu.2019.00594

CAPÍTULO 11

EDIÇÃO GENÔMICA NA ENGENHARIA GENÉTICA ANIMAL E SUAS APLICAÇÕES

Natália Vieira Segatto
Mariana Harter Remião
Fabiana Kommling Seixas
Tiago Collares

1. INTRODUÇÃO À TRANSGENIA E A EDIÇÃO DE GENOMAS

Desde o final do século passado, quando as tecnologias de DNA recombinante e a biotecnologia começaram a emergir com força, a promessa de modificação genética tem encantado tanto leigos quanto cientistas, trazendo expectativas de aplicações nunca antes pensadas – seja no campo, na indústria, no laboratório ou na clínica. O descobrimento da dupla hélice do DNA por Watson e Crick em 1953 possibilitou *insights* sobre o até então não explorado código genético da vida e, consequentemente, o advento da biologia molecular, onde as diferenças entre espécies desaparecem. Com isso, foi possível explorar um mundo de possibilidades, que vão desde a inserção de genes de uma espécie em outra (os chamados transgênicos), passando pela síntese de sequências de nucleotídeos "sintéticas" (os primers), a tecnologia do DNA recombinante (capaz de gerar proteínas funcionais quando expressas em vetores adequados em organismos vivos), a identificação de polimorfismos e mutações relacionadas à patologias, até a inserção, deleção, modificação e silenciamento de sequências alvos em células ou animais para gerar produtos e processos para as mais diversas aplicações.

Existe um mundo de possíveis modificações a serem geradas no genoma dos seres vivos. O limite da pesquisa e desenvolvimento neste campo de extremo potencial será ditado por questões éticas e morais, já que cada vez mais o ser humano tem em suas mãos a possibilidade de 'brincar de Deus'– em grande parte devido às novas tecnologias de edição de genomas.

Primeiramente, é importante diferenciar organismos transgênicos de organismos geneticamente modificados (OGMs). Embora todo transgênico seja um OGM, nem todo OGM será um transgênico. Isso se deve ao fato de que os animais transgênicos são aqueles que receberam, de forma artificial, sequências gênicas exógenas provindas de outras espécies, enquanto os OGMs englobam todos os organismos que sofreram qualquer tipo de modificação em seu material genético, não só a adição, mas também a substituição ou remoção de fragmentos de DNA. E, para obtenção de ambos, são utilizadas tecnologias de edição de genomas.

Neste capítulo, traremos um breve histórico da edição de genomas, juntamente com a descrição das principais tecnologias de edição, ressaltando suas possíveis aplicações nas mais diversas áreas.

2. UM BREVE HISTÓRICO DA ENGENHARIA GENÉTICA

Podemos dizer que a engenharia genética surgiu no laboratório do pesquisador Paul Berg em 1972, nos Estados Unidos, quando cientistas combinaram pela primeira vez o genoma de dois organismos distintos: foram inseridos genes de um bacteriófago λ no vírus SV40 utilizando o operon de galactose de *E. coli*, através da tecnologia de DNA recombinante (JACKSON et al., 1972). Também na década de 70, foi demonstrado que enzimas de restrição (ou endonucleases de restrição) poderiam ser utilizadas na produção de fragmentos específicos de DNA através da sua capacidade de quebrar a fita dupla de DNA em sequências nucleotídicas predeterminadas (SMITH E WELCOX, 1970). Desde então, os cientistas têm usufruído da função natural destas tesouras moleculares na edição genética, como será esclarecido neste capítulo.

A transgenia em animais começou em 1974, com a modificação de embriões de camundongo por infecção com o vírus SV40 e consequente integração do DNA viral no blastocisto murino (JAENISCH E MINTZ, 1974). Este trabalho resultou no primeiro animal transgênico e demonstrou para a comunidade científica que era possível inserir DNA exógeno no genoma de camundongos. Logo após, foi demonstrado que qualquer gene exógeno poderia ser microinjetado diretamente no pronúcleo de oócitos de camundongo fertilizados para gerar animais modificados (GORDON et al., 1980). Alguns anos mais tarde, na década de 80, o primeiro murino funcional transgênico expressando um gene humano, o hormônio do crescimento humano, foi desenvolvido em laboratório, gerando um animal com crescimento anormal (PALMITER et al., 1982). Vale ressaltar que, nesta época, tais procedimentos eram extremamente laboriosos e as taxas de sucesso eram baixas, além de muitas vezes gerarem inserções em locais aleatórios.

As nucleases sítio-específicas revolucionaram a eficiência da edição de genomas. As nucleases dedo de zinco (ZFN), desenvolvidas em 1996, foram as primeiras amplamente utilizadas na edição de genomas. Uma década e meia depois, em 2010, foi desenvolvido outro tipo de nucleases sítio-específicas, denominadas TALENs (KIM et al., 1996). Mais recentemente, em 2012, foi desenvolvido um novo sistema de edição de genomas com potencial para revolucionar o campo da biotecnologia e da criação de organismos geneticamente modificados pela sua simplicidade metodológica e alta eficiência para modificações alvo/específicas: a famosa CRISPR/Cas9 (JINEK et al., 2012). ZFNs, TALENs e CRISPR possibilitam alterações genéticas direcionadas, ao contrário de outras tecnologias comumente utilizadas anteriormente, o que aumenta a frequência de mutação do DNA por indução de quebras de fita dupla em um local genômico predeterminado.

Tais descobertas são exemplos de pesquisas que foram cruciais para que pudéssemos chegar onde estamos hoje: em um momento em que a edição de genomas já é uma técnica extremamente disseminada e com aplicação rotineira na comunidade científica. Nas últimas décadas, principalmente, a ciência presenciou avanços significativos na edição de genomas, como é trazido na Figura 1, que resume algumas das descobertas importantes feitas neste campo, em ordem cronológica.

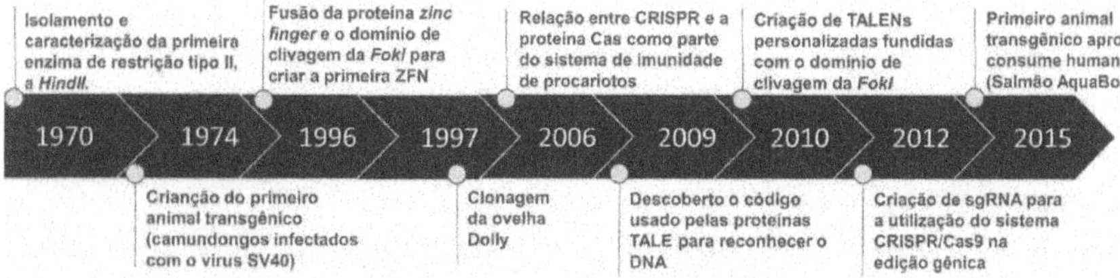

Figura 1 Histórico da edição de genomas relatando descobertas importantes das últimas décadas.

Fonte: Autoria própria.

Cada uma destas descobertas teve sua devida importância e possibilitou que a engenharia genética avançasse para se tornar cada vez mais precisa e eficaz. A pesquisa na área de genômica é contínua e tende a trazer frutos extraordinários à sociedade. Com estes avanços, podemos, por exemplo, desenvolver novas metodologias para produção de biomoléculas, para aumento de produção, para estudos de terapias, e também estamos cada vez mais perto de concretizar o sonho de aplicar técnicas de edição de genomas para finalidades clínicas em humanos.

3. FERRAMENTAS PARA DIRECIONAMENTO DA EDIÇÃO GÊNICA

Atualmente, nucleases sítio-específicas programáveis podem ser aplicadas para induzir um processo mais eficiente de modificações no DNA alvo. As nucleases sítio-específicas consistem em enzimas produzidas em laboratório, capazes de reconhecer e cortar regiões específicas do DNA. Por isso, elas também são conhecidas como tesouras moleculares. Nesse sentido, as ferramentas para direcionamento da edição gênica usadas hoje em dia consistem em um domínio de clivagem (as nucleases) e um domínio de ligação ao DNA, que pode ser projetado para se ligar em praticamente qualquer lugar do genoma.

A combinação destes dois domínios proporciona uma clivagem alvo-específica, gerando uma quebra na dupla fita do DNA em local predeterminado. As principais tecnologias usadas atualmente incluem as nucleases dedos de zinco (ZFNs), as nucleases efetoras do tipo ativador de transcrição (TALENs) e as repetições palindrômicas curtas e regularmente espaçadas (CRISPR) – associada a proteína Cas 9. As nucleases sítio-específicas são altamente úteis na inativação (ou *knockout*) de genes alvo, que não podem ser obtidos de forma tão eficiente pelos outros métodos de edição disponíveis hoje.

3.1. Zinc Finger Nucleases (ZFN)

As nucleases dedo de zinco, do inglês *zinc fingers nucleases* (ZFN), descritas pela primeira vez em 1996 por Kim e colaboradores (2016), são geradas a partir da hibridização entre uma proteína dedo de zinco Cys2-His2 personalizada e o domínio de clivagem da enzima de restrição *Fok*I. Tal tecnologia proporcionou, pela primeira vez, quebra sítio-direcionada da dupla fita de DNA, o que gerou interesse de diversos laboratórios no mundo inteiro para sua utilização em edição de genomas.

O nome *zinc fingers* (em português, dedo de zinco) vem do fato de que a proteína se assemelha ao formato de um dedo e possui zinco em sua estrutura como estabilizador do domínio. As *zinc fingers* são encontradas na natureza e atuam, por exemplo, como parte do fator de transcrição IIIa em oócitos de *Xenopus* (MILLER et al., 1985).

A estrutura de ZFNs consiste basicamente da combinação de dois domínios: o de clivagem (composto pela endonuclease de restrição *Fok*I) e o de reconhecimento e ligação ao DNA (composto pelas proteínas dedo de zinco). O domínio de reconhecimento dedo de zinco contém 30 aminoácidos com Cys2-His2 projetados para ligação específica ao DNA. Cada "dedo" entra em contato e reconhece três pares de base de DNA alvo. Assim, dedos de zinco que reconhecem sequências diferentes de nucleotídeos podem ser sintetizados para reconhecer as mais variadas regiões do DNA, através da montagem de ZFs por engenharia de proteínas. Os dedos de zinco podem ser projetados para ligar quase todos os trigêmeos de base, e múltiplos dedos de zinco podem ser combinados para formar um domínio maior de reconhecimento de DNA que, por sua vez, aumenta a especificidade e a eficiência da modificação genética (KLUG, 2010).

Para que ocorra a quebra da fita dupla, após as subunidades de ZF reconhecerem suas sequências alvo e se ligarem a *loci* genômicos específicos, é necessário a dimerização de dois domínios da nuclease *Fok*I das ZFN (Figura 2). Por isso, são necessárias pelo menos duas estruturas de ZFN para a clivagem do DNA: somente quando os dois conjuntos de ZFN se ligam às suas sequências de reconhecimento, ocorre a dimerização e a clivagem de dupla fita. O requisito de dimerização é, na verdade, uma grande vantagem, pois assim impede que a clivagem ocorra em locais de ligação únicos, já que o monômero de ZFN não é ativo (CARROLL, 2011). Na prática, as ZFN podem ser entregues às células através da introdução de plasmídeo ou RNA mensageiro (mRNA) que codifica para ZFN específicos. Após a tradução, o par de ZFN se liga ao seu alvo, as nucleases de *Fok*I dimerizam e o DNA é clivado.

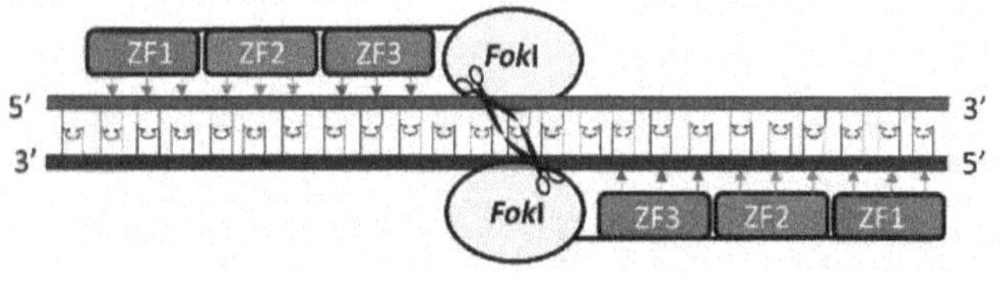

Figura 2 Estrutura de ZFN para o reconhecimento e quebra da fita dupla de DNA.

Fonte: Autoria própria.

3.2. Transcriptional activator-like effector nucleases (TALENs)

As nucleases efetoras do tipo ativador de transcrição, do inglês *transcriptional activator-like effector nucleases* (TALENs) são estruturalmente muito semelhantes às ZFNs. Também contam com o domínio de clivagem composto pela endonuclease de restrição *FokI,* porém o domínio de reconhecimento e ligação do DNA difere da ZFN, sendo composto pelas proteínas TALEs. Os efetores do tipo ativador de transcrição (TALEs) são proteínas que se ligam ao DNA de ocorrência natural, sendo encontradas em bactérias do gênero *Xanthomonas,* patógenos de plantas.

As TALEs são secretadas no citoplasma das células vegetais e desencadeiam processos biológicos relacionados à suscetibilidade das plantas ao patógeno. Seu mecanismo de ação funciona como se fossem os fatores de transcrição encontrados em células eucarióticas, possuindo capacidade de reconhecer e se ligar ao DNA em locais referentes à região promotora de genes e ativar a transcrição destes (ROMER et al., 2007).

O descobrimento e a elucidação do código usado pelas proteínas TALEs para reconhecer o DNA chamou a atenção da comunidade científica por sua simplicidade no reconhecimento de sequências alvo-específicas. O domínio de ligação ao DNA das TALEs consiste em monômeros que contêm um domínio central altamente conservado, compostos de 33 a 35 matrizes de repetição de aminoácidos. A especificidade das interações DNA-proteína é ditada por dois resíduos hipervariáveis (conhecidos como di-resíduos variáveis repetidos, ou *repeted variable di-residues* – RVDs) que determinam o nucleotídeo ao qual a repetição específica se liga, possibilitando que cada monômero de proteína seja capaz de reconhecer uma única base do DNA alvo. Assim, ao contrário das ZFs que reconhecem três nucleotídeos por unidade, cada domínio de reconhecimento de TALE se liga a um nucleotídeo alvo no DNA (BOCH et al., 2009).

A partir da capacidade das proteínas TALEs de reconhecerem sequências específicas de nucleotídeos, foi desenvolvido outro tipo de nucleases sítio-específicas pela junção da proteína TALE e o domínio de clivagem da *Fok*I, que foram denominadas TALE nucleases (TALENs), capazes de modificar praticamente qualquer gene. Assim como as ZFN, a quebra da fita dupla pelas TALENs é mediada pelo domínio de clivagem *Fok*I. TALENs realizam a clivagem somente quando duas unidades de *Fok*I formam dímeros, e as sequências alvo de ligação são escolhidas de forma que estejam localizadas em cadeias de DNA opostas separadas por um espaçador. O espaçador fornece a *Fok*I espaço suficiente para dimerizar e realizar a quebra da fita dupla (NEMUDRYI et al., 2014) (Figura 3).

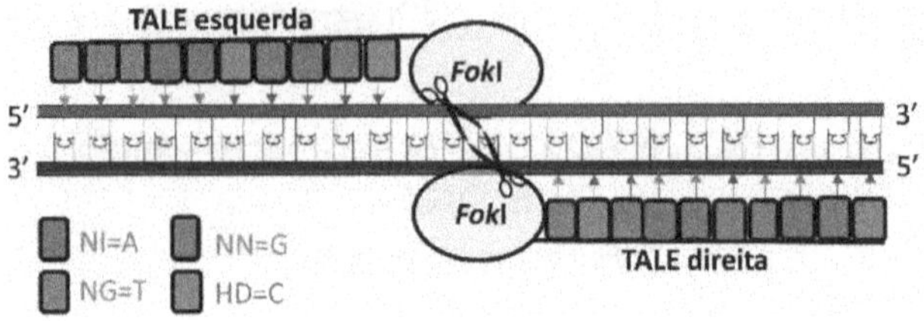

Figura 3 Mecanismo de reconhecimento e quebra da fita dupla de DNA das TALENs.

Fonte: Autoria própria.

Assim como as ZFNs, as modificações gênicas que se utilizam da estratégia com as TALENs podem ser geradas a partir de plasmídeos ou mRNAs contendo construções genéticas que expressam as nucleases quiméricas artificiais contendo o domínio de ligação ao DNA (TALE) e o domínio catalítico da endonuclease de restrição *Fok*I. Este sistema permite que se construam nucleases artificiais a partir da combinação de monômeros do domínio de ligação ao DNA com diferentes alvos, e tais alvos podem ser quaisquer sequências de nucleotídeos. Por se tratar de um reconhecimento entre proteína e DNA, esta metodologia também requer o processo laborioso de engenharia de proteínas.

3.3. CRISPR/Cas9

A tecnologia CRISPR/Cas9 é uma das mais recentes ferramentas de edição de genomas disponíveis atualmente. A técnica de repetições palindrômicas curtas, agrupadas, regularmente espaçadas (CRISPR, do inglês *Clustered Regularly Interspaced Short Palindromic Repeats*) destaca-se dentre as outras ferramentas por utilizar somente uma etapa no processo de edição por meio da introdução de RNAs específicos que guiam a nuclease Cas9 para a sequência alvo.

O motivo pelo qual esta estratégia de edição gênica se tornou mais popular do que as nucleases sítio-específicas baseadas em proteínas é: enquanto as ZFNs e TALENS apresentam a limitação da complexidade no desenvolvimento de proteínas personalizadas, o sistema CRISPR/Cas9 remove essa necessidade, simplificando consideravelmente o processo de direcionamento alvo das nucleases. Outra grande vantagem é a especificidade da CRISPR/Cas9 que se baseia no emparelhamento de base de ácidos nucleicos (RNA-DNA) ao invés da interação proteína-DNA, que ocorre com as ZFNs e TALENs.

Tais repetições palindrômicas foram identificadas pela primeira vez a mais de 30 anos, em *Escherichia Coli* por Ishino e colaboradores (1987). Na época, sua função no genoma microbiano ainda não estava elucidada. No início dos anos 2000, começou-se a relacionar a função do CRISPR com o sistema imunológico adaptativo de procariotos (MOJICA et al., 2005), onde CRISPR e o complexo de proteínas Cas trabalham juntas para proteger as células procarióticas contra vírus e plasmídeos invasores (MAKAROVA et al., 2006). Somente em 2012 que sua possível aplicação na edição de genomas começou a ser proposta por Jinek e colaboradores, que se basearam no sistema CRISPR/Cas tipo II, oriundo de *Streptococcus pyogenis*. Tal empregabilidade gerou grande empolgação por parte da comunidade científica, que poderia a partir de então realizar de maneira mais rápida e eficiente a edição genética em alvos específicos, com a introdução ou remoção de genes.

As sequências CRISPR, nos procariotos, nada mais são do que fragmentos de material genético de patógenos invasores adquiridos em infecções prévias e armazenados como forma de memória imunológica no próprio genoma da célula. Por meio do complexo de proteínas associadas à CRISPR, denominadas proteínas Cas, reconhecem e clivam de maneira específica o material genético estranho. Este sistema reconhece tanto uma nova invasão, gerando memória imunológica, quanto infecções de patógenos que já entraram em contato com tal procarioto. As nucleases presentes no complexo Cas são altamente seletivas, fazendo a clivagem de dupla fita de DNA apenas após o reconhecimento do genoma invasor por ligação de sequências de RNA alvo-específicas.

Na natureza, a produção desses RNAs se dá pela transcrição do *loci* CRISPR, formando o pre-crRNA (pré RNA CRISPR). Esse pre-crRNA é clivado de forma com que sejam separadas as sequências das diferentes invasões que já ocorreram, formando os CRISPR RNAs (crRNAs). No caso do complexo CRISPR/Cas tipo II, há a necessidade de amadurecimento dos crRNAs a partir da incorporação de um segundo RNA, o chamado RNA CRISPR de ativação trans (tracrRNA), formando o complexo crRNA:tracrRNA. Este é o responsável por orientar o complexo Cas na inativação de bacteriófagos e plasmídeos que fazem a infecção reincidente (JINEK et al., 2012).

O complexo Cas é formado por um conjunto de proteínas associadas ao complexo CRISPR. Os genes que darão origem à tais proteínas flanqueiam o *loci* CRISPR. A proteína Cas9 é uma das mais empregadas por sua ação nuclease descoberta no complexo CRISPR/Cas tipo II de *S. pyogenes* (SpCas9). As proteínas Cas nucleases realizam quebras de fita dupla próximas e apenas após o reconhecimento de uma região denominada "*protospacer adjacent motif*" (PAM). Essa diz respeito a uma sequência nucleotídica específica, que varia de acordo com a nuclease Cas utilizada (TURTLE-SCHMIDT, 2018).

A partir do conhecimento aprofundado deste eficaz sistema de defesa de bactérias e arqueas, cientistas perceberam que poderiam adaptá-lo para a edição genética alvo-específica, com a finalidade de cortar o DNA genômico em locais precisos nas células eucarióticas de uma maneira extremamente seletiva e simples.

Um dos passos decisivos para esta adaptação foi a combinação de crRNA e o tracrRNA em um único RNA guia sintético, denominado sgRNA (do inglês, *single-guide RNA*) (JINEK et al., 2012). Outro importante passo foi a descoberta da função da Cas9, eliminando a necessidade de uso de todo o complexo Cas para exercer tal função. Assim, foi-se limitando o número de componentes necessários para facilitar a empregabilidade do processo.

Resumidamente, a tecnologia CRISPR/Cas9 funciona da seguinte maneira: (a) design do RNA guia que deverá ser complementar à sequência alvo no genoma que se quer editar, levando em consideração a presença da sequência PAM; (b) geração e entrega de componentes CRISPR/Cas9, que incluem plasmídeos que codificam para o sgRNA e para a Cas9, ou a entrega destes componentes já transcritos (e traduzidos, no caso da Cas9); (c) identificação da mutação desejada.

Portanto, na execução da técnica, o sgRNA se liga à fita de DNA do organismo alvo gerando o híbrido DNA:RNA, onde a clivagem da dupla fita ocorrerá pela ação da nuclease Cas9 (Figura 4). Em resposta à quebra da fita dupla de DNA gerada pela Cas9, a célula poderá realizar dois principais mecanismos de reparo do material genético: reparação homóloga ou não homóloga, como ocorre também com as outras nucleases.

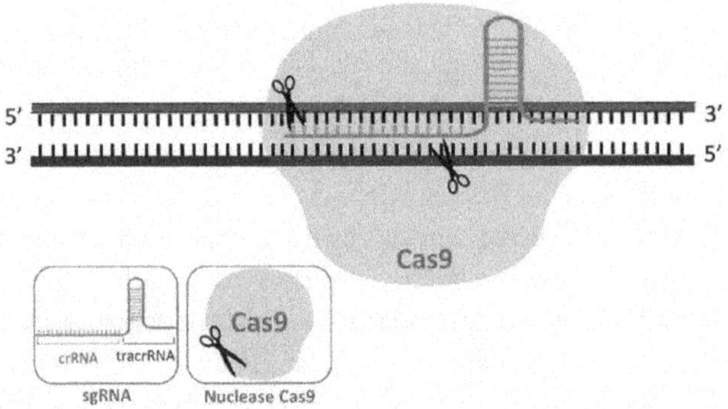

Figura 4 Reconhecimento e quebra da dupla fita de DNA pelo sgRNA e Cas9 do sistema CRISPR/Cas9.

Fonte: Autoria própria. Imagem criada no site Biorender.

3.3.1. Variações do sistema CRISPR/Cas9

Com o contínuo estudo e caracterização do sistema de defesa CRISPR/Cas de outras bactérias e arqueas, surgiram novas variações ao sistema CRISPR/Cas9, com diferentes enzimas, abrindo novas possibilidades. Dentre elas, uma nucleasse que tem sido bastante estudada e vem apresentando resultados promissores é a Cpf1, também denominada Cas12.

Diferentemente da Cas9, a Cas12 reconhece uma sequência PAM rica em T, a tornando útil para realizar edições em regiões ricas em AT. Além disso, ela requer apenas o crRNA para reconhecimento e clivagem da região alvo, sem necessidade de tracrRNA, o que simplifica o processo. Cpf1 parece ser promissor para a realização de edições *knockin* por criar extremidades com 5 nucleotídeos de saliência, em contraste com a geração de extremidades contundentes pela Cas9, favorecendo o início de processos de reparo de DNA para inserir uma sequência de interesse por complementação e ligação. Além disso, sua taxa de ação fora do alvo é considerada baixa, tornando a edição mais precisa (PICKAR-OLIVER E GERSBACH, 2019).

3.4. Limitações das ferramentas para direcionamento da inserção gênica

Não há dúvidas da grande revolução que as técnicas de edição de genomas já proporcionaram para as mais diversas áreas da ciência. Elas vieram para remover barreiras na busca por conhecimento genético, geração de novos modelos biológicos, produção de alimentos, produção de biomoléculas e biomateriais, além de trazer esperança no tratamento e prevenção de doenças que ainda são consideradas incuráveis. No entanto, como toda tecnologia, esta possui seus pontos fortes e fracos, suas competências e suas limitações.

A eficiência e especificidade das ZFN pode ser um problema, por exemplo. O método de montagem modular de engenharia de matrizes ZFN tem uma taxa de falha relativamente alta, onde uma proporção de pares de ZFN falham e são incapazes de reconhecer a região alvo corretamente. Além disso, alguns dedos de zinco se ligam igualmente bem a uma trinca de nucleotídeos que não são sua suposta preferência a qual foram desenhadas para identificar, levando a quebras da dupla fita em lugares fora do alvo. Quando esta clivagem fora do alvo é muito extensa, o número de quebras do DNA ultrapassa a capacidade de reparo do mesmo e leva à morte celular (BIBIKOVA et al., 2002; CARROLL, 2011). Como resultado, as ZFNs não possuem a mesma flexibilidade no design de alvos que as plataformas de edição de genoma mais recentes possuem, como TALENS e CRISPR/Cas9.

As TALENS, embora um pouco mais eficazes por realizarem o reconhecimento de 1 nucleotídeo por domínio, também apresentam problemas de especificidade. Além disso, tanto ZFNs quanto TALENs realizam o reconhecimento das sequências alvo do DNA a partir da ligação de proteínas alvo-específicas (dedo de zinco no caso das ZFN e TALE no caso das TALENs). Isto requer o design de proteínas personalizadas através do processo complexo de engenharia de proteínas. Neste âmbito, a simplicidade do design do RNA guia direcionado à sequência de DNA alvo na tecnologia CRISPR/Cas9 é uma vantagem sobre as nucleases ZFN e TALEN.

Por conta disso, não se pode negar a euforia por parte da comunidade científica em relação à simplicidade e eficiência do sistema CRISPR/Cas9 na edição de genomas. Porém, embora apresente grande potencial, esta tecnologia ainda precisa ter seus mecanismos de ação e especificidade melhor elucidados. Por isso, as limitações de CRISPR/Cas9 serão mais amplamente discutidas no presente capítulo em comparação às outras duas tecnologias.

Até então, pouco se sabe sobre suas reais taxas de sucesso e consequentes aplicações práticas da técnica na edição de genomas. Vale ressaltar que estudos demonstrando as limitações deste sistema são tão importantes quanto aqueles relatando os potenciais da técnica. Visto que CRISPR/Cas9 possui um tremendo potencial de uso tanto para pesquisa básica quanto para aplicações clínicas, é necessário que suas limitações sejam bem esclarecidas antes que esta técnica venha a ser incorporada mais amplamente em ambas as áreas, principalmente na clínica. Os resultados relacionados a especificidade de CRISPR/Cas9 na literatura variam amplamente: há tanto estudos demonstrando alta especificidade na clivagem genômica do sistema, quanto trabalhos relatando diversas clivagens fora do alvo (do termo em inglês *off-target*).

O estudo realizado por Liang e colaboradores (2015), publicado no primeiro trimestre de 2015, empregou o sistema CRISPR/Cas9 na edição de genomas de zigotos triponucleados. Visto que questões éticas impedem estudos de edição de genes em embriões normais (no Brasil, por exemplo, a lei de biossegurança de 2015 declara proibido a clonagem e manipulação genética de células germinativas ou embriões humanos), o estudo de Liang e colaboradores utilizou zigotos triponucleares, que possuem um núcleo materno e dois núcleos paternos. Estes zigotos não seriam capazes de gerar embriões viáveis quando transferidos para uma receptora.

No estudo, os pesquisadores procuraram elucidar os mecanismos de reparo de DNA em embriões humanos e a eficiência de usar tecnologias como CRISPR/Cas9 em embriões pré-implantacionais. O estudo trouxe resultados importantes, pois demonstrou que CRISPR/Cas9 poderia efetivamente clivar o gene endógeno da β-globina. No entanto, a eficiência do reparo direto por recombinação homóloga da β-globina foi baixa e os embriões editados resultantes foram mosaicos. A clivagem fora do alvo também foi evidente nestes zigotos de 3PN, demonstrado pelos ensaios T7E1 e sequenciamento do exoma inteiro. Além disso, o gene da delta-globina endógena, que é homólogo ao gene alvo do estudo (β-globina), competiu com os oligonucleotídeos exógenos para atuar como modelo de reparo, levando a mutações adversas não desejadas. Assim, melhorar a especificidade da plataforma CRISPR/Cas9 é um fator limitante e pré-requisito para todas as aplicações clínicas da edição mediada por CRISPR/Cas9.

Há divergências nos resultados sobre a especificidade de sistemas CRISPR/Cas até dentro de um mesmo trabalho. É o caso, por exemplo, do estudo realizado por Fu e colaboradores (2013). Eles realizaram um ensaio repórter baseado em células humanas para caracterizar a clivagem fora do alvo de CRISPR/Cas9. Entre os seis alvos de sgRNAs testados, houveram casos onde nenhuma clivagem em local fora do alvo foi identificada (alvos RNF2 e FANCF), outros demonstraram apenas um local fora do alvo (EMX1), enquanto outros sgRNAs demonstraram de 4 até 12 clivagens fora do alvo para os sítios dos genes VEGFA1, VEGFA2 e VEGFA3. Deste modo, pode-se perceber uma clara distinção entre a especificidade alvo, que foi alta para alguns sgRNAs (RNF2, FANCF), e baixa para outros (alvos VEGFA), que resultaram em clivagens inespecíficas.

É evidente que diferenças na especificidade do sistema CRISPR/Cas9 surgem dos próprios sgRNAs utilizados para a sequência alvo de interesse. Embora alguns sgRNAs tenham o potencial de serem altamente específicos, outros são indistintos, resultando em centenas de clivagens não desejadas. Levando isto em consideração, parece inadequado sugerir que a plataforma CRISPR/Cas9 por si só seja específica ou inespecífica.

Outras análises também são necessárias para entender como a estrutura da cromatina e o contexto da sequência contribuem para a acessibilidade do sítio-alvo, bem como para o reconhecimento tanto do sítio alvo quanto dos sítios fora do alvo. Resumindo, por se tratar de um sistema muito novo, ainda existem diversas incógnitas sobre a utilização dos sistemas CRISPR/Cas. Seu potencial é inegável, porém sua aplicação na clínica ainda deve levar certo tempo para se concretizar.

3.5. Mecanismos de reparo da quebra de fita dupla

Em resposta à quebra da fita dupla de DNA gerada pela endonuclease, a célula pode realizar dois principais mecanismos de reparo do material genético: recombinação homóloga (RH) ou recombinação não homóloga (RNH). Tais sistemas são usados para reparação de cortes no DNA independente se houve o emprego de tecnologia de clivagem (seja pela nuclease *Fok*I em ZFNs e TALENs ou a Cas9 no sistema CRISPR/Cas9), ou se ocorreu de forma natural. Basicamente, o método de RH utiliza uma sequência molde para a correção enquanto o sistema de RNH não conta com um modelo para guiar tal reparo.

O primeiro método – o RH – necessita de uma molécula de DNA próxima com homologia para a região ao redor da quebra de fita dupla, assim, o DNA homólogo pode ser usado como um modelo para reparar a quebra através da via de reparo direcionado por homologia. Alternativamente, o segundo método – o RNH – é feito ao acaso pela junção das duas extremidades e é considerado um processo propenso a erros, o que significa que a lesão é reparada imperfeitamente, por meio de inserções ou deleções. O mecanismo de RH é amplamente explorado no *knockin* gênico para introdução de uma alteração específica no local genômico alvo, como uma mutação pontual ou a inserção de um segmento mais longo do DNA, enquanto o RNH pode ser usado para produzir *knockout* genéticos (deleções) (Figura 5). Resumidamente, RNH é mais utilizado para obter o *knockout* genético por meio de inserções ou deleções de bases aleatórias que podem ser introduzidas pela junção de extremidades não-homólogas, do inglês "*non homologous end joining*" (NHEJ), enquanto RH acontece na presença de uma sequência molde doadora com homologia para o local clivado e gera a integração de genes ou correção de bases via reparo direcionado por homologia (YEH et al, 2019).

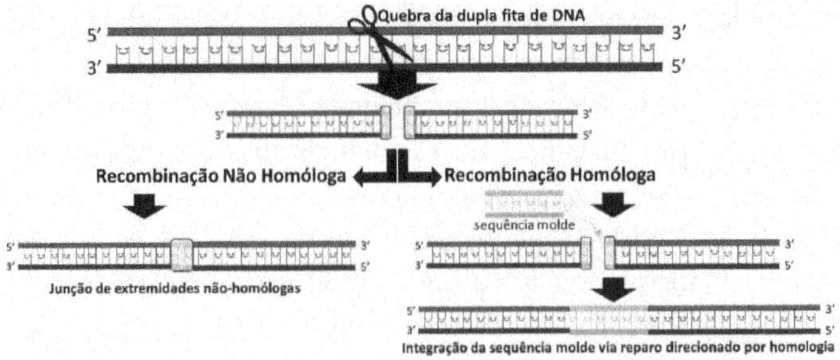

Figura 5 Mecanismos de reparo da quebra de fita dupla do DNA por recombinação homóloga (RH) e junção de extremidade não-homólogas (NHEJ) – ou recombinação não homóloga (RNH).

Fonte: Autoria própria.

4. PROMOTORES CONSTITUTIVOS, TECIDO-ESPECÍFICOS E INDUZÍVEIS

No momento da construção de um transgene – gene artificial que será introduzido na espécie alvo – é preciso atentar para que este seja composto por itens como íntrons, sequência gênica da proteína de interesse, sequência gênica de um marcador de seleção, terminadores, dentre outros. No entanto, um dos itens que requer maior atenção é a escolha do promotor, pois este fará a regulação da expressão gênica. É a partir do promotor que se direciona para que a modificação realizada seja expressa em apenas um tecido ou no corpo inteiro do animal, e ainda, determina se ela será regulada temporalmente, ocorrendo apenas em um momento específico da vida deste organismo em resposta a um estímulo externo, por exemplo.

Os promotores constitutivos são aqueles que regulam genes expressos em todas as células do organismo. Dentre eles podemos citar os promotores da β-actina, da metalotioneína, do fator de alongamento de tradução eucariótica 1 alfa (EF1α), mas também de vírus, que possuem a capacidade de expressarem seus genes ao infectarem a célula hospedeira, como o promotor do citomegalovírus. Ao associar nosso transgene a esses promotores, o animal gerado expressará o fenótipo do gene inserido em todas as suas células.

Já os promotores tecido-específicos são aqueles que são expressos em apenas um tecido. Esta estratégia se faz muito útil para aplicações em animais biorreatores, por exemplo, onde a proteína recombinante é geralmente direcionada a ser expressa em um fluido. Alguns exemplos que podemos listar são os promotores da β-lactoglobulina, expresso especificamente na glândula mamária, da ovalbumina, expressa em oviduto de aves, e da uromodulina, expressa em maior quantidade nos rins.

No entanto, além do local da expressão, os promotores podem ser regulados para que os genes sejam expressos em um momento específico, a partir de um estímulo externo. A estes promotores damos o nome de promotores induzíveis. Dentre os principais, podemos citar as recombinases sítio-específicas (com destaque para os sistemas Cre-loxP e Flp-FRT), os induzidos por antibióticos (como a tetraciclina), os induzidos por certos comprimentos de ondas de luz (como Phy8 + PIF3 e UVR8 + COP1), os induzidos por temperatura específica (como as proteínas de choque térmico), e os que se utilizam de uma variação da proteína Cas9, a dCas9 (do inglês, *dead* Cas9).

5. MÉTODOS DE TRANSFORMAÇÃO CELULAR EM TRANSGÊNESE ANIMAL

Seja qual for o gene de interesse e a estratégia para produção do animal transgênico, uma etapa crucial para o sucesso da técnica é o método de transformação celular. A espécie, a disponibilidade de equipamentos e mão de obra qualificada, e a finalidade em que este animal transgênico será utilizado devem ser levados em conta no momento da escolha da metodologia de edição celular. A seguir serão listadas as metodologias mais empregadas para edição de células em transgênese animal.

5.1. Vetores virais

Uma estratégia utilizada com frequência para edição gênica é o uso de vetores virais. Esses vetores são vírus geneticamente editados para que possuam o fragmento gênico que se deseja inserir na célula animal, sem os genes que lhes conferem patogenicidade. No entanto, esse vírus precisa ainda possuir poder infectante para que seu material genético seja transferido à célula alvo.

Tal estratégia vem sendo cada vez mais aprimorada, alcançando excelentes métodos de produção, eficiência de transdução e protocolos de segurança para modificação tanto de células quanto de tecidos. Os vetores virais possuem ainda a vantagem de conseguirem infectar diferentes tipos celulares através de um mecanismo natural de escape da via endossomal, seguido de transporte de material genético ao núcleo. No entanto, uma limitação importante na utilização deste método é o tamanho máximo de material genético que pode ser encapsulado por cada vírus.

Os vetores virais mais comumente utilizados para essas finalidades são vetores retrovirais, vetores adenovirais e vetores AAV:

Os vetores retrovirais, também conhecidos como retrovírus, são vírus que possuem a capacidade de replicar DNA a partir de RNA por meio de transcrição reversa. O lentivírus é o vetor retroviral mais utilizado em transgênese, tendo a vantagem de conseguir integrar o DNA replicado em células que não sofrem divisão celular, como neurônios ou células musculares. Ainda, dentre os vetores virais, são os que possuem maior capacidade para carrear fragmentos gênicos: em torno de 10 kilobases.

Os adenovírus são caracterizados por possuírem genoma de DNA dupla hélice linear, e assim como os lentivírus, a capacidade de serem transduzidos em células que estão ou não em divisão. Ainda comparando estes dois, adenovírus possuem menor capacidade de empacotamento genômico: aproximadamente 8,5 kilobases. Uma característica que pode ser uma desvantagem desse tipo de vetor é a sua frequente expressão extracromossômica, ou seja, ao realizar a infecção o vírus não integra o seu genoma ao da célula hospedeira. No entanto, tal estratégia pode ser útil para aplicações que requerem expressão transiente de proteínas. Outro problema é a alta imunogenicidade do adenovírus, o que pode gerar uma resposta imune significativa no hospedeiro. No entanto, tal limitação vem sendo aprimorada a cada ano.

Os vetores AAV se referem ao vírus adeno-associados (do inglês, *adeno-associated virus*). Estes são vírus não patogênicos, o que lhes confere uma grande vantagem para uso não só em transgênese animal, mas também em terapia celular. Os AAV são pequenos, carreando aproximadamente 4,5 kilobases de material genético, e, assim como os outros vetores virais já descritos, também são capazes de infectar células em divisão ou não. Esses vetores têm sido descritos por conseguirem realizar integração em locais raros do genoma, onde outros vetores não costumam integrar.

5.2. Microinjeção

A microinjeção é considerada a técnica padrão ouro para produção de animais transgênicos, com altas taxas de eficiência. Quando aplicada a mamíferos, ela requer o uso de um micromanipulador e um microinjetor, equipamentos que são acoplados ao microscópio e são essenciais para a precisão no momento da injeção. Em mamíferos, na maior parte das vezes o local escolhido para ser feita a injeção do material exógeno é o pró-núcleo, nos zigotos. Esta estrutura se forma algumas horas depois de ocorrer a fertilização, e é de fácil visualização em microscópio. Por convenção, o pró-núcleo masculino é o escolhido para receber o gene exógeno, pelo simples fato de ser maior e, portanto, mais fácil de visualizar.

Os ácidos nucleicos livres são os materiais mais comuns de serem injetados nos zigotos, sendo o DNA preferencialmente injetado no núcleo e o RNA preferencialmente no citoplasma. Nos casos de peixes e anfíbios, a microinjeção no citoplasma dos ovos é mais comum. Por serem de tamanho macroscópico – significativamente maiores do que os embriões mamíferos – não há a necessidade de utilização do microscópio e micromanipulador. No entanto, o microinjetor ainda se faz indispensável para execução da edição gênica nessas espécies.

Além da injeção em zigotos, a microinjeção também pode ser feita em oócitos e blastocistos, no entanto, estas ocorrem com menor frequência. Nesses casos, geralmente o material injetado nessas estruturas são vetores virais modificados geneticamente. Em oócitos, a microinjeção costuma ser feita no espaço perivitelínico, enquanto em blastocistos, é feita na blastocele. No entanto, a transformação de gametas e zigotos se faz mais interessante do que a transformação de embriões, pois o genoma editado nessas fases iniciais provavelmente se estabelecerá e o animal resultante possuirá a modificação em todas as células do seu organismo, sem apresentar mosaicismo. Nesse sentido, a microinjeção é grande aliada, pois além de acessar as estruturas celulares com precisão, é uma técnica bem estabelecida e utilizada de rotina por diversas instituições, empresas e grupos de pesquisa.

5.3. Eletroporação

A eletroporação é um dos métodos mais antigos utilizados para transformação genética em populações de células. Tal procedimento é caracterizado por aplicação de estimulação elétrica de alta voltagem, onde pulsos de corrente elétrica com duração de microssegundos estimulam a abertura transitória de poros nanométricos na membrana celular das células em suspensão. Neste período de abertura dos poros, componentes extracelulares que também estão em suspensão podem fluir para o interior das células. Portanto, para a transgênese, utiliza-se a aplicação de tal técnica colocando as células a serem editadas geneticamente junto do DNA de interesse, ambos em suspensão, em solução tampão.

A eletroporação é uma metodologia que se aplica a diversos tipos celulares, podendo transferir material genético exógeno a células que são tradicionalmente difíceis de manipular. Para edição gênica em animais, esse método acaba sendo mais utilizado para espermatozoides, que posteriormente serão utilizados para fertilização, e células em cultivo, que seguirão para clonagem. No entanto, em se tratando de células mamíferas, por exemplo, é preciso atentar para o protocolo de eletroporação, já que estas são frequentemente mais sensíveis às tensões e tempos de aplicação, principalmente em comparação às células bacterianas.

5.4. Nanovetores

A entrega de genes exógenos por vetores não virais é uma estratégia muito interessante no que diz respeito à segurança para o organismo alvo. Muitos materiais têm sido desenvolvidos com potencial de serem menos tóxicos e imunogênicos em comparação à entrega feita utilizando vírus. Quando esses materiais são produzidos em escala nanométrica, suas aplicações para edição gênica são otimizadas, pois dessa forma aumenta-se a capacidade do vetor em alcançar o núcleo da célula, sem perder capacidade de carrear ácidos nucleicos.

Uma grande vantagem conferida ao fato de complexar o DNA exógeno aos nanomateriais é a proteção desse material genético frente às ações de enzimas, como as DNAses. Existe uma técnica de edição de célula espermática chamada Transferência Gênica Mediada por Espermatozoides (SMGT, do inglês, *Sperm Mediated Gene Transfer*), que consiste na incorporação natural de material genético exógeno que esteja próximo ao espermatozoide. No entanto, como mecanismo de defesa do organismo contra repetitivas edições genéticas, o plasma seminal é composto de alta concentração de DNAses. Para aplicação desta tecnologia em transgênese animal é, portanto, necessária a retirada de tais enzimas do meio em que se encontram os espermatozoides que serão modificados. No entanto, a eliminação por completo de DNAses se torna praticamente impossível. Campos e colaboradores (2011), por exemplo, desenvolveram uma forma de associar o material genético exógeno a um nanotubo de haloisita, o lhe que conferiu maior proteção e alcance ao núcleo de espermatozoides bovinos, aumentando a porcentagem de embriões geneticamente editados.

Em geral, os nanomateriais catiônicos – de carga positiva – são os mais bem-sucedidos para se associarem aos ácidos nucleicos – que possuem carga negativa. Dentre os principais, podemos listar os polímeros de ocorrência natural e sintéticos (por exemplo, ciclodextrina e polietilenimina) e os lipídios (por exemplo, lipossomas e micelas). Apesar das diversas vantagens, essa metodologia também possui desafios para fazer a entrega do DNA exógeno ao núcleo, como escape da via endossomal.

5.5. Clonagem

Para biologia animal, a técnica de clonagem consiste na produção de organismos geneticamente idênticos a um indivíduo doador de núcleo. Uma das metodologias mais famosas e amplamente utilizada é a Transferência Nuclear de Célula Somática, desenvolvida por Wilmut e colaboradores em 1997, no trabalho em que relatou o nascimento da famosa ovelha Dolly. Tal tecnologia consiste na enucleação de um oócito, que recebe posteriormente o núcleo de célula somática de um doador, e segue para fusão e ativação, para que tal estrutura se desenvolva como um embrião fertilizado.

Na transgênese animal, tal técnica tem duas principais aplicações: a primeira é de manutenção das linhagens e a segunda é de produção de animais com novas modificações. Nesta segunda, o que se diferencia da técnica convencional é que se realiza a edição gênica nas células cultivadas do animal doador, resultando em um embrião geneticamente modificado, mas com a genética do doador.

A grande vantagem da clonagem para transgênese animal é que o risco de mosaicismo é muito baixo, já que todo o organismo será derivado da mesma célula geneticamente modificada. No entanto, alguns desafios ainda precisam ser superados para aplicação de tal técnica com maior reprodutibilidade e segurança. Baixas taxas de nascidos vivos e problemas relacionados à epigenética estão dentre as principais limitações ainda encontradas na aplicação desta metodologia.

6. TRIAGEM DAS CÉLULAS MODIFICADAS

Por fim, é necessário identificar se a mutação ocorreu conforme o planejado e se o mutante foi gerado com sucesso. Para isso, existem duas estratégias muito utilizadas: triagem e seleção. A triagem genética examina diversas amostras que passaram pelo processo de edição para identificar se esta ocorreu de forma bem-sucedida. Pode ser feita, por exemplo, através de uma variação da reação em cadeia da polimerase (PCR, do inglês *polymerase chain reaction*) que se utiliza de enzimas de restrição (RFLP-PCR, do inglês *polymerase chain reaction and restriction fragment length polymorphism*) onde a mutação inserida faz parte da sequência reconhecida pela enzima endonuclease. No entanto, se houver um fenótipo conhecido associado à mutação desejada, as células transformadas podem ser rastreadas diretamente para o fenótipo esperado. Este é o caso de construções expressando a proteína verde fluorescente (GFP, do inglês *green flourescent protein*), em que os organismos ou células que tiveram uma edição genética correta estarão verde fluorescentes.

Já a seleção genética utiliza mutações letais para que apenas os indivíduos transformados/mutados sobrevivam quando submetidos a uma condição específica. Por exemplo, genes para resistência a um determinado antibiótico possibilitam a seleção dos mutantes quando os indivíduos são submetidos a um meio de cultura contendo o antibiótico em questão. Vale ressaltar que os processos de triagem e seleção dos mutantes não só podem como devem ser empregados em qualquer uma das técnicas de edição de genomas mencionadas neste capítulo.

7. APLICAÇÕES PARA ANIMAIS TRANSGÊNICOS OU GENETICAMENTE MODIFICADOS

7.1. Modelos biológicos para doenças humanas

A engenharia genética permite o desenvolvimento de modelos geneticamente modificados que mimetizam as alterações encontradas em doenças humanas. Estes são utilizados para fins de pesquisa biomédica: uma vez elucidada a relação de um determinado gene com uma dada patologia, animais podem ser editados geneticamente para carregar tais mutações. Com isso, poderão ser obtidos modelos propensos a desenvolverem a doença em questão, e então estes serem utilizados para testar novas terapias ou estudar mecanismos chaves da patologia ainda não esclarecidos. As doenças monogênicas são particularmente favoráveis para serem modeladas por meio da modificação genética, uma vez que consistem em doenças hereditárias produzidas pela mutação ou alteração de um único gene. Portanto, muitas vezes, a modificação genética induzida neste gene, ou no gene correspondente encontrado na espécie modelo, resulta nas características fisiopatológicas da doença em questão.

Animais de pequeno porte, como os roedores, possuem o maior portfólio de modelos geneticamente modificados desenvolvidos até então. Sua genética bem conhecida, baixo custo de manutenção, manejo simplificado e similaridade genética com os humanos (pelo menos 95% idêntico ao nível genômico) os tornam uma ferramenta valiosa para estudar e modelar doenças de interesse. Camundongos geneticamente modificados com mutações em oncogenes (exemplo: gene Ras) e camundongos *knockout* para genes supressores de tumores (exemplo: gene P53 ou Rb1) são exemplos de bons modelos para cânceres humanos. Tais modelos podem ser obtidos comercialmente de instituições de pesquisa biomédica sem fins lucrativos, como o "*The Jackson Laboratory*® (JAX)". O site JAX® fornece os modelos de camundongos mais publicados e bem caracterizados do mundo, onde é possível comprar as mais diversas linhagens de camundongos geneticamente modificados para determinada mutação, fenótipo ou patologia.

Modelos mamíferos de grande porte também são extremamente importantes nos estudos translacionais da pesquisa básica para a clínica, devido, também, suas altas similaridades com os humanos. Por exemplo, suínos transgênicos estão sendo cada vez mais aceitos como ótimos modelos animais para diversas doenças humanas. Mais especificamente para doenças monogênicas, modelos suínos já foram gerados a partir do conhecimento da relação de genes específicos com certas patologias. Exemplos das doenças modeladas em suínos e seus respectivos genes mutados são: hemofilia A (*knockout* do gene do fator VIII – F8), retinite pigmentosa (gene da rodopsina – RHO), fibrose cística (gene CFTR mutado ou *knockout*), distrofia de Duschene (gene da distrofina – DMD) e doenças neurodegenerativas, como Huntington (gene huntingtina – HTT) e atrofia muscular espinhal (gene do neurônio motor de sobrevivência – SMN) (KASHIWAKURA et al., 2012; PETTERS et al., 1997; ROSS et al., 2012; CHIEPPA et al., 2014; YANG et al., 2014; UCHIDA et al., 2001; ROGERS et al., 2008; WELSH et al., 2009; ROGERS et al., 2008b; KLYMIUK et al., 2013; LORSSON et al., 2011).

Doenças multifatoriais, como diabetes, doenças cardíacas e câncer também já foram desenvolvidas em modelos suínos transgênicos. É o caso do *Oncopig*, modelo suíno para câncer que expressa dois transgenes relativos a mutações comumente encontradas em tumores humanos ($TP53^{R167H}$ e $KRAS^{G12D}$). Dependendo do local de ativação dos transgenes, a instabilidade genômica provocada resulta em diferentes tipos tumorais, o que o torna um modelo versátil para teste de novas terapias para o câncer (SCHOOK et al., 2015).

7.2. Elucidação de função de genes

A ciência básica é uma das vertentes fortemente beneficiadas com a edição de genomas. A modificação/deleção de um gene para determinar seu efeito no fenótipo de um organismo é uma ferramenta indispensável na genética, pois as técnicas de edição são essenciais para entender como um produto genético contribui para o desenvolvimento e a identidade celular dos organismos. Camundongos têm sido utilizados para essa finalidade há anos, gerando dados chave na compreensão da função dos genes no organismo.

Um exemplo de mutações em genes que afetam diretamente o fenótipo de animais é o do gene da leptina (gene Ob), hormônio produzido principalmente pelas células do tecido adiposo, responsável pela sensação de saciedade após ingerirmos alimentos (CLÉMENT et al., 1998). A função deste gene foi descoberta através de camundongos heterozigotos recessivos que apresentavam mutações no gene Ob. Estes demonstraram um fenótipo característico: obesidade precoce devido ao fato de se alimentarem excessivamente, pois não tinham o *feedback* de saciedade e controle do apetite.

Embora tal exemplo seja de uma mutação que ocorreu naturalmente, esta é uma prova de como a engenharia genética pode produzir modelos úteis na elucidação da função de genes, pois ao introduzir mutações alvo em genes, pode-se observar as mudanças fenotípicas no animal a fim de elucidar a função de tal gene, sem necessitar que mutações naturais aleatórias aconteçam. Neste caso, devido ao camundongo Ob desenvolver um fenótipo obeso, pode-se deduzir que a função do gene Ob está relacionada a processos celulares interligados à fome.

Outro exemplo que podemos trazer é o primeiro camundongo transgênico produzido para desenvolver tumores. Este expressava o oncogene v-HRas sob controle de um promotor mamário (MMTV), tornando o animal propenso a desenvolver neoplasias mamárias (SINN et al., 1987). Este estudo ajudou a elucidar o papel do Ras como um importante oncogene e a comprovar a hipótese de que a expressão de oncogenes em células normais poderia levar à formação de tumores.

7.3. Animais editados para uso em xenotransplantes

Modificações genéticas com o objetivo de produzir animais que possuam proteínas celulares menos imunogênicas a fim de sua utilização para xenotransplantes de células, tecidos e órgãos em humanos é outra área de atuação da edição gênica. Vários modelos suínos vêm sendo desenvolvidos para esse fim, devido a semelhança fisiológica e anatômica destes animais com os humanos. Por exemplo, modelos suínos transgênicos foram gerados para expressarem proteínas humanas regulatórias do sistema complemento, receptores de antígenos leucocitários humanos, reguladores negativos da resposta imune e proteínas para ajudar a prevenir a resposta de rejeição vascular aguda (RVA), como trombomodulina e heme oxigenase-1, entre outros. (DIAMOND et al., 2001; FODOR et al., 1994; HUANG et al., 2006; WEISS et al., 2009, TU et al., 1999; MARTIN et al., 2005; PETERSEN et al., 2009; PETERSEN et al., 2011).

No xenotransplante, os animais *knockout* são especialmente importantes para gerar modelos sem antígenos de superfície celular que são reconhecidos e rejeitados pelo corpo humano. *Knockout*s podem ser considerados como OGMs, já que não há a inserção de um gene exógeno, mas sim a deleção de um gene endógeno (do próprio animal). Um dos xenoantígenos suínos mais estudados são os epítopos Gal, sintetizados pela α-1,3-Galactosiltransferase (GGTA1). Os humanos não possuem esse antígeno, por isso ele é reconhecido como "estranho" e rejeitado pelo corpo humano. O desenvolvimento de suínos GGTA1 *knockout* foi um grande passo para superar a rejeição hiperaguda aguda (RHA) de órgãos de suínos transplantados para primatas. Isso foi obtido pela primeira vez usando a tradicional recombinação homóloga, seguida por transferência nuclear de células somáticas e, posteriormente, pelos ZFNs, TALENS e CRISPR. As nucleases sítio-específicas melhoraram muito a eficiência de interromper o GGTA1 endógeno ao gerar quebras alvo de fita dupla (LAI et al., 2002; HAUSCHILD et al., 2011; XIN et al., 2013; ESTRADA et al., 2015).

7.4. Animais Biorreatores

A produção de proteínas recombinantes é um dos maiores sucessos da biotecnologia e, muitas vezes, as proteínas de interesse necessitam de células animais para serem sintetizadas corretamente, contendo as devidas modificações pós-traducionais. Nesse sentido, animais transgênicos podem ser utilizados como biorreatores para obtenção de proteínas de interesse farmacêutico, os chamados biofármacos. A utilização de animais transgênicos oferece possibilidades atraentes, como baixo custo de produção aliado à alta produtividade e qualidade das proteínas recombinantes.

Leite, clara de ovo, sangue, urina, plasma seminal e o casulo do bicho da seda são alguns dos fluidos de onde podem ser expressas as proteínas recombinantes de animais transgênicos. Estes podem ser coletados, purificados e usados como produtos farmacêuticos em escala industrial. Até mesmo anticorpos monoclonais e policlonais, bioprodutos de alto valor agregado, podem ser expressos de maneira eficaz utilizando animais transgênicos como biorreatores.

O sistema de expressão de produtos biotecnológicos de interesse no leite, mais especificamente, é considerado uma excelente via para a produção de proteínas recombinantes, pois a glândula mamária é um órgão especializado em síntese proteica. Além disso, o leite é facilmente coletado em grandes quantidades e possui bons níveis de proteína recombinante por litro de leite. Cabras, por exemplo, são muito utilizadas na edição genética para esta finalidade. Atualmente, a *Atryn* (antitrombina recombinante produzida no leite de cabras transgênicas) já é comercializada para uso humano no tratamento de pacientes com deficiência hereditária de antitrombina. Ela foi, na verdade, o primeiro produto biofarmacêutico provindo de um animal transgênico a ser aprovado (em 2006 pela agência Europeia e 2009 pela FDA) para uso médico humano (BERTOLINI et al., 2016).

7.5. Animais transgênicos aplicados à produção

A transgênese pode também ser utilizada para melhorar as características de produção de animais com valor para pecuária ou aquicultura, ou até para se tornarem resistentes a doenças. O caso mais famoso é o salmão transgênico que expressa um gene exógeno de fator de crescimento, sendo este o primeiro animal transgênico a ser aprovado para consumo humano, em 2015. Este salmão foi geneticamente modificado para crescer mais rapidamente do que os animais selvagens, atingindo o tamanho regular para comercialização em metade do tempo. A estratégia utilizada foi adicionar ao salmão do Atlântico (*Salmo Salar*) o gene do hormônio do crescimento de outra espécie de salmão (*Oncorhynchus tshawytscha*), juntamente de elementos reguladores genéticos de uma terceira espécie (*Zoarces americanus*). Tais modificações resultaram em um salmão geneticamente modificado que produz hormônio do crescimento de forma moderada e contínua (AQUABOUNTY TECHNOLOGIES).

Em relação a animais resistentes a doenças, já foram desenvolvidos, por exemplo, suínos resistentes à infecção por alfacoronavírus (vírus da gastroenterite transmissível e vírus da diarreia epidêmica suína) pela modificação de gene da N amino peptidase (WHITWORTH et al., 2019), e frangos resistentes à gripe aviária (LYALL et al., 2011). Ambas as doenças causam a morte dos animais, gerando prejuízos financeiros aos pecuaristas. Portanto, se comprovada posterior segurança alimentar, tais estratégias se mostram muito interessantes, até mesmo do ponto de vista econômico.

7.6. Animais para estratégias de controle populacional

O manejo de vetores de doenças infecciosas e pragas é um campo promissor para utilização de insetos geneticamente modificados. Pensando nisso, a empresa Oxitec desenvolveu um sistema de controle biológico baseado em insetos geneticamente editados a fim de controlar de forma segura e sustentável os insetos que transmitem doenças e destroem plantações. A abordagem de supressão, contenção ou erradicação da população visa a redução ou mesmo a eliminação de espécies específicas de insetos por meio do desenvolvimento de genes que são (condicionalmente) letais ou tornam o inseto incapaz de se reproduzir (REIS-CASTRO et al., 2012).

A tecnologia utiliza insetos geneticamente modificados contendo um gene autolimitado e, quando esse gene é passado para seus descendentes, os descendentes não sobrevivem até a idade adulta, resultando em uma redução na população de insetos-praga. Esta tecnologia já está sendo utilizada para controlar a população de espécies que transmitem patógenos infecciosos, por exemplo, em mosquitos portadores de um sistema letal dominante (RIDL) da espécie *Aedes aegypti* (vetor da dengue). Além deste, estão disponíveis também insetos geneticamente modificados das espécies *Anopheles albimanus* e *Anopheles stephensi* (vetores da malária), além de outros insetos considerados pragas para plantações, como o *Fall Armyworm* (praga destrutiva que tem devastado a produção agrícola em todo o mundo), larva *Soybean Looper* (lagarta considerada praga para uma variedade de culturas, mas principalmente da soja), mosca da fruta do Mediterrâneo (praga agrícola extremamente destrutiva), Drosófila de Asa Malhada (uma praga de frutas macias e de caroço) e *Diamondback Moth* (uma das pragas agrícolas mais destrutivas do mundo) (OXITEC).

7.7. Terapia gênica

As ferramentas de edição gênica também abrem portas para um tratamento de saúde personalizado, capaz de atuar diretamente no material genético, com a finalidade de curar ou prevenir uma doença. Chamamos, portanto, esta intervenção de terapia gênica. A terapia gênica pode ser utilizada para três principais empregabilidades: a de modificação direta do gene que leva à uma patologia; a de modificação indireta, em que são alterados outros genes que não são os causadores da condição patológica; e a de prevenção, em que são utilizadas as vacinas de DNA.

No primeiro caso, em que as técnicas são aplicadas para "correção" de genes que se encontram afuncionais, a principal aplicabilidade seria para as doenças monogênicas. Existem mais de 10.000 doenças genéticas relacionadas a distúrbios hereditários monogênicos, afetando milhões de pessoas em todo o mundo. Teoricamente, os sintomas clínicos de tais patologias poderiam ser revertidos pela substituição dos genes mutantes/defeituosos pelos genes selvagens não patogênicos. Nestes casos, as tecnologias de edição de genomas, como a CRISPR/Cas9, têm o potencial de tratar e curar tais doenças por meio da edição do gene defeituoso associado a patologia antes mesmo do nascimento do bebê, em casos de fertilização *in vitro*.

Entre os distúrbios hereditários monogênicos, podemos ressaltar as mutações autossômicas dominantes, onde a herança de uma única cópia do gene defeituoso pode resultar em sintomas clínicos. Cientistas vem buscando provar o potencial uso, eficiência, precisão e segurança de CRISPR/Cas9 no tratamento de doenças genéticas por meio da correção de mutações hereditárias em embriões humanos. Algumas mutações têm sido alvo nestes tipos de estudos, como a do gene *MYBPC3* que gera cardiomiopatia hipertrófica (MA et al, 2017), e a do gene *HBB,* que gera β-talassemia (LIANG et al, 2015; LIANG et al 2017).

Doenças infecciosas também podem vir a se beneficiarem das ferramentas de terapia gênica. O intuito nesses casos é, basicamente, editar os genes que codificam para proteínas chaves utilizadas pelos patógenos para infectarem os hospedeiros, como os receptores usados pelos vírus para entrar nas células, por exemplo. Isso impediria sua internalização e replicação e conferiria às células uma característica de ser resistente à infecção pelo vírus.

No caso do HIV-1, células resistentes podem ser geradas editando genes que codificam para importantes fatores celulares necessários para a invasão viral, como os co-receptores presentes nas superfícies dos linfócitos T-CD4+. Trabalhos têm sido desenvolvidos buscando gerar mutações em um destes co-receptores, o CC--qimiocina 5 (CCR5). Por exemplo, utilizando ZFNs, pesquisadores coletaram células T-CD4+ de pacientes HIV-1 positivos, realizaram a edição gênica que leva à mutação do gene que codifica para CCR5, e as reimplantaram nos pacientes. A expectativa é de que essas novas células permaneçam resistentes ao HIV-1 e produzam várias gerações de células que carreguem esta característica (KWARTENG et al, 2017). Tal estudo encontra-se em fase de testes clínicos.

Outro exemplo que também tem como alvo o co-receptor CCR5 e utiliza terapia celular como uma aliada é o de Xu e colaboradores (2019), que relatam o uso de CRISPR/Cas9 em um paciente HIV+ com leucemia linfocítica aguda. Foi utilizado um doador HLA compatível para transplante de células-tronco, as quais foram submetidas à edição gênica para inviabilizar a expressão de CCR5 e posteriormente transplantar tais células no paciente infectado. Os resultados obtidos até então demonstram um perfil de segurança aceitável, em que não foram detectados efeitos fora do alvo da edição do genoma além de as células-tronco manipuladas não parecerem ser imunogênicas. No entanto, vale lembrar que este é um relato de caso de um estudo ainda em andamento, mas que demonstra que a terapia gênica tem potencial promissor para eliminar doenças infecciosas.

Outra aplicação da terapia gênica são as vacinas de DNA. Estas podem ser utilizadas não somente para prevenção, mas também no tratamento de doenças. Diferente das vacinas convencionais, tal estratégia consiste em entregar um fragmento de DNA exógeno que passa a ser expresso na célula do organismo que recebeu a vacina. Assim, o paciente passa a fabricar permanentemente a proteína exógena, estimulando seu próprio sistema imune. É importante destacar que este tipo de vacina se difere da vacina de RNA, pois enquanto a vacina de DNA precisa indispensavelmente atingir o núcleo para ser efetiva, a vacina de RNA não apresenta esta necessidade, sendo processada no citosol. Com isso, consideramos que a vacina de DNA pode ser uma terapia gênica, enquanto a vacina de RNA não. Alguns exemplos de doenças que são alvo de estudos para vacinas de DNA são: a hepatite C (MASAVULI et al, 2019), a dengue (PORTER e RAVIPRAKASH, 2015), a tuberculose (MESHKAT et al, 2016) e a COVID-19 (SILVEIRA et al 2020). Já para o tratamento de doenças, uma das estratégias em que as vacinas de DNA têm sido mais exploradas é para a imunoterapia contra o câncer. Diversos trabalhos relatam aumento da resposta imune para doenças como carcinoma mamário (WITT et al 2017), câncer de pâncreas (NIETHAMMER et al 2012) e mieloma (MCCANN et al 2015). No entanto, apesar dos resultados promissores, as tecnologias de edição gênica ainda devem ser mais estudadas, a fim de esclarecerem todos os seus mecanismos de ação, para que sejam seguras para a aplicação na clínica.

8. CONSIDERAÇÕES FINAIS

O presente capítulo teve o intuito de demonstrar brevemente e de forma simples algumas das tecnologias disponíveis atualmente para a edição de genomas em animais e suas possíveis aplicações. Este é um crescente campo que está constantemente se atualizando, e novidades na área surgem a cada ano. As novas tecnologias de edição de genomas têm proporcionado avanços significativos na ciência básica e translacional que tendem a trazer frutos extraordinários à sociedade. Aos leigos, fica a curiosidade e encanto pelo potencial deste campo da ciência. Aos empresários, fica o despertar para uma ferramenta capaz de trazer soluções inovadoras para as mais diversas áreas da indústria. Aos médicos, fica a esperança na possibilidade de aplicação das técnicas de edição de genomas para fins clínicos em humanos, na busca da melhora na qualidade de vida de pacientes. E aos colegas cientistas, permanece a incessante sede de conhecimento e busca constante do aprimoramento e descoberta de novas técnicas de edição de genomas cada vez mais seguras e robustas.

9. REFERÊNCIAS BIBLIOGRÁFICAS

AQUABOUNTY TECHNOLOGIES. Disponível em: https://aquabounty.com/our-salmon

BERTOLINI, L. R. et al. The transgenic animal platform for biopharmaceutical production. Transgenic research, v. 25, n. 3, p. 329-343, 2016.

BIBIKOVA, M. et al. Targeted chromosomal cleavage and mutagenesis in Drosophila using zinc-finger nucleases. Genetics, v. 161, n. 3, p. 1169-1175, 2002.

BOCH, J. et al. Breaking the code of DNA binding specificity of TAL-type III effectors. Science, v. 326, n. 5959, p. 1509-1512, 2009.

CAMPOS, V. F. et al. NanoSMGT: transgene transmission into bovine embryos using halloysite clay nanotubes or nanopolymer to improve transfection efficiency. Theriogenology, v. 76, n. 8, p. 1552-1560, 2011.

CARROLL, D. Genome engineering with zinc-finger nucleases. Genetics, v. 188, n. 4, p. 773-782, 2011.

CHIEPPA, M. N. et al. Modeling Amyotrophic Lateral Sclerosis in hSOD1G93A Transgenic Swine. Neurodegenerative diseases, v. 13, n. 4, p. 246-254, 2014.

CHRISTIAN, M. et al. Targeting DNA double-strand breaks with TAL effector nucleases. Genetics, v. 186, n. 2, p. 757-761, 2010.

CLEMENT, K. et al. A mutation in the human leptin receptor gene causes obesity and pituitary dysfunction. Nature, v. 392, n. 6674, p. 398-401, 1998.

DIAMOND, L. E. et al. A human CD46 transgenic pig model system for the study of discordant xenotransplantation. Transplantation, v. 71, n. 1, p. 132-142, 2001.

DU, S. J. et al. Growth enhancement in transgenic Atlantic salmon by the use of an "all fish" chimeric growth hormone gene construct. Bio/technology, v. 10, n. 2, p. 176-181, 1992.

ESTRADA, J. L. et al. Evaluation of human and non-human primate antibody binding to pig cells lacking GGTA 1/CMAH/β4Gal NT 2 genes. Xenotransplantation, v. 22, n. 3, p. 194-202, 2015.

FODOR, W. L. et al. Expression of a functional human complement inhibitor in a transgenic pig as a model for the prevention of xenogeneic hyperacute organ rejection. Proceedings of the National Academy of Sciences, v. 91, n. 23, p. 11153-11157, 1994.

FU, Y. et al. High-frequency off-target mutagenesis induced by CRISPR-Cas nucleases in human cells. Nature biotechnology, v. 31, n. 9, p. 822-826, 2013.

GILBERT, L. A. et al. CRISPR-mediated modular RNA-guided regulation of transcription in eukaryotes. Cell, v. 154, n. 2, p. 442-451, 2013.

GORDON, J. W. et al. Genetic transformation of mouse embryos by microinjection of purified DNA. Proceedings of the National Academy of Sciences, v. 77, n. 12, p. 7380-7384, 1980.

HAUSCHILD, J. et al. Efficient generation of a biallelic knockout in pigs using zinc-finger nucleases. Proceedings of the National Academy of Sciences, v. 108, n. 29, p. 12013-12017, 2011.

HUANG, S. et al. Protein expression of lymphocytes in HLA-DR transgenic pigs by a proteomic approach. Proteomics, v. 6, n. 21, p. 5815-5825, 2006.

ISHINO, Y. et al. Nucleotide sequence of the iap gene, responsible for alkaline phosphatase isozyme conversion in Escherichia coli, and identification of the gene product. Journal of bacteriology, v. 169, n. 12, p. 5429-5433, 1987.

JACKSON, D. A.; SYMONS, R. H.; BERG, P. Biochemical method for inserting new genetic information into DNA of Simian Virus 40: circular SV40 DNA molecules containing lambda phage genes and the galactose operon of Escherichia coli. Proceedings of the National Academy of Sciences, v. 69, n. 10, p. 2904-2909, 1972.

JAENISCH, R.; MINTZ, B. Simian virus 40 DNA sequences in DNA of healthy adult mice derived from preimplantation blastocysts injected with viral DNA. Proceedings of the national academy of sciences, v. 71, n. 4, p. 1250-1254, 1974.

JAX. Disponível em: https://www.jax.org/

JINEK, M. et al. A programmable dual-RNA-guided DNA endonuclease in adaptive bacterial immunity. science, v. 337, n. 6096, p. 816-821, 2012.

KANG, J. et al. Generation of cloned adult muscular pigs with myostatin gene mutation by genetic engineering. RSC advances, v. 7, n. 21, p. 12541-12549, 2017.

KASHIWAKURA, Y. et al. Porcine model of hemophilia A. PLoS One, v. 7, n. 11, p. e49450, 2012.

KIM, Y.; CHA, J.; CHANDRASEGARAN, S. Hybrid restriction enzymes: zinc finger fusions to Fok I cleavage domain. Proceedings of the National Academy of Sciences, v. 93, n. 3, p. 1156-1160, 1996.

KIM, H. et al. Mouse Cre-LoxP system: general principles to determine tissue-specific roles of target genes. Laboratory animal research, v. 34, n. 4, p. 147-159, 2018.

KLUG, A. The discovery of zinc fingers and their applications in gene regulation and genome manipulation. Annual review of biochemistry, v. 79, p. 213-231, 2010.

KLYMIUK, N. et al. Dystrophin-deficient pigs provide new insights into the hierarchy of physiological derangements of dystrophic muscle. Human molecular genetics, v. 22, n. 21, p. 4368-4382, 2013.

KWARTENG, A.; AHUNO, S. T.; KWAKYE-NUAKO, G. The therapeutic landscape of HIV-1 via genome editing. AIDS research and therapy, v. 14, n. 1, p. 1-16, 2017.

LAI, L. et al. Production of α-1, 3-galactosyltransferase knockout pigs by nuclear transfer cloning. Science, v. 295, n. 5557, p. 1089-1092, 2002.

LIANG, P. et al. CRISPR/Cas9-mediated gene editing in human tripronuclear zygotes. Protein & cell, v. 6, n. 5, p. 363-372, 2015.

LIANG, Puping et al. Correction of β-thalassemia mutant by base editor in human embryos. Protein & cell, v. 8, n. 11, p. 811-822, 2017.

LORSON, M. A. et al. Disruption of the Survival Motor Neuron (SMN) gene in pigs using ssDNA. Transgenic research, v. 20, n. 6, p. 1293-1304, 2011.

LYALL, J. Suppression of avian influenza transmission in genetically modified chickens. Science, v. 331, n. 6014, p. 223-226, 2011.

MA, H. et al. Correction of a pathogenic gene mutation in human embryos. Nature, v. 548, n. 7668, p. 413-419, 2017.

MAKAROVA, K. S. et al. A putative RNA-interference-based immune system in prokaryotes: computational analysis of the predicted enzymatic machinery, functional analogies with eukaryotic RNAi, and hypothetical mechanisms of action. Biology direct, v. 1, n. 1, p. 1-26, 2006.

MARTIN, C. et al. Transgenic expression of CTLA4-Ig by fetal pig neurons for xenotransplantation. Transgenic research, v. 14, n. 4, p. 373-384, 2005.

MASAVULI, Makutiro Ghislain et al. A hepatitis C virus DNA vaccine encoding a secreted, oligomerized form of envelope proteins is highly immunogenic and elicits neutralizing antibodies in vaccinated mice. Frontiers in immunology, v. 10, p. 1145, 2019.

MCCANN, Katy J. et al. Idiotypic DNA vaccination for the treatment of multiple myeloma: safety and immunogenicity in a phase I clinical study. Cancer Immunology, Immunotherapy, v. 64, n. 8, p. 1021-1032, 2015.

MESHKAT, Zahra et al. Immunogenicity of a DNA Vaccine Encoding Ag85a-Tb10. 4 antigens from mycobacterium tuberculosis. Iranian Journal of Immunology, v. 13, n. 4, p. 289-295, 2016.

MILLER, J.; MCLACHLAN, A. D.; KLUG, A. Repetitive zinc-binding domains in the protein transcription factor IIIA from Xenopus oocytes. The EMBO journal, v. 4, n. 6, p. 1609-1614, 1985.

MOJICA, F. JM et al. Intervening sequences of regularly spaced prokaryotic repeats derive from foreign genetic elements. Journal of molecular evolution, v. 60, n. 2, p. 174-182, 2005.

NEMUDRYI, A. A. et al. TALEN and CRISPR/Cas genome editing systems: tools of discovery. Acta Naturae (англоязычная версия), v. 6, n. 3 (22), 2014.

NIETHAMMER, Andreas G. et al. Double-blind, placebo-controlled first in human study to investigate an oral vaccine aimed to elicit an immune reaction against the VEGF-Receptor 2 in patients with stage IV and locally advanced pancreatic cancer. BMC cancer, v. 12, n. 1, p. 1-8, 2012.

OXITEC. Disponível em: https://www.oxitec.com/en/our-technology

PALMITER, R. D. et al. Dramatic growth of mice that develop from eggs microinjected with metallothionein–growth hormone fusion genes. Nature, v. 300, n. 5893, p. 611-615, 1982.

PETERSEN, B. et al. Pigs transgenic for human thrombomodulin have elevated production of activated protein C. Xenotransplantation, v. 16, n. 6, p. 486-495, 2009.

PETERSEN, B. et al. Transgenic expression of human heme oxygenase-1 in pigs confers resistance against xenograft rejection during ex vivo perfusion of porcine kidneys. Xenotransplantation, v. 18, n. 6, p. 355-368, 2011.

PETTERS, R. M. et al. Genetically engineered large animal model for studying cone photoreceptor survival and degeneration in retinitis pigmentosa. Nature biotechnology, v. 15, n. 10, p. 965-970, 1997.

PICKAR-OLIVER, A.; GERSBACH, C. A. The next generation of CRISPR–Cas technologies and applications. Nature reviews Molecular cell biology, v. 20, n. 8, p. 490-507, 2019.

PORTER, Kevin R.; RAVIPRAKASH, Kanakatte. Nucleic acid (DNA) immunization as a platform for dengue vaccine development. Vaccine, v. 33, n. 50, p. 7135-7140, 2015.

REIS-CASTRO, L. Genetically modified insects as a public health tool: Discussing the different bio-objectification within genetic strategies. Croatian medical journal, v. 53, n. 6, p. 635, 2012.

ROGERS, C. S. et al. Disruption of the CFTR gene produces a model of cystic fibrosis in newborn pigs. Science, v. 321, n. 5897, p. 1837-1841, 2008a.

ROGERS, C. S. et al. Production of CFTR-null and CFTR-ΔF508 heterozygous pigs by adeno-associated virus–mediated gene targeting and somatic cell nuclear transfer. The Journal of clinical investigation, v. 118, n. 4, p. 1571-1577, 2008b.

RÖMER, P.et al. Plant pathogen recognition mediated by promoter activation of the pepper Bs3 resistance gene. Science, v. 318, n. 5850, p. 645-648, 2007.

ROSS, J. W. et al. Generation of an inbred miniature pig model of retinitis pigmentosa. Investigative ophthalmology & visual science, v. 53, n. 1, p. 501-507, 2012.

SAUER, B.; HENDERSON, N. Site-specific DNA recombination in mammalian cells by the Cre recombinase of bacteriophage P1. Proceedings of the National Academy of Sciences, v. 85, n. 14, p. 5166-5170, 1988.

SCHOOK, L. B. et al. A genetic porcine model of cancer. PloS one, v. 10, n. 7, p. e0128864, 2015.

SILVEIRA, Marcelle Moura; MOREIRA, Gustavo Marçal Schmidt Garcia; MENDONÇA, Marcelo. DNA vaccines against COVID-19: Perspectives and challenges. Life sciences, p. 118919, 2020.

SINN, E. et al. Coexpression of MMTV/v-Ha-ras and MMTV/c-myc genes in transgenic mice: synergistic action of oncogenes in vivo. Cell, v. 49, n. 4, p. 465-475, 1987.

SMITH, H. O.; WELCOX, K. W. A restriction enzyme from Hemophilus influenzae: I. Purification and general properties. Journal of molecular biology, v. 51, n. 2, p. 379-391, 1970.

STERNBERG, N.; HAMILTON, D. Bacteriophage P1 site-specific recombination: I. Recombination between loxP sites. Journal of molecular biology, v. 150, n. 4, p. 467-486, 1981.

THURTLE-SCHMIDT, D. M.; LO, T. Molecular biology at the cutting edge: a review on CRISPR/CAS9 gene editing for undergraduates. Biochemistry and Molecular Biology Education, v. 46, n. 2, p. 195-205, 2018.

TU, C. et al. Generation of HLA-DP transgenic pigs for the study of xenotransplantation. International surgery, v. 84, n. 2, p. 176-182, 1999.

UCHIDA, M. et al. Production of transgenic miniature pigs by pronuclear microinjection. Transgenic research, v. 10, n. 6, p. 577-582, 2001.

XIN, J. et al. Highly efficient generation of GGTA1 biallelic knockout inbred mini-pigs with TALENs. PloS one, v. 8, n. 12, p. e84250, 2013.

XU, L. et al. CRISPR-edited stem cells in a patient with HIV and acute lymphocytic leukemia. New England Journal of Medicine, v. 381, n. 13, p. 1240-1247, 2019.

WEISS, E. H. et al. HLA-E/human β2-microglobulin transgenic pigs: protection against xenogeneic human anti-pig natural killer cell cytotoxicity. Transplantation, v. 87, n. 1, p. 35-43, 2009.

WELSH, M. J. et al. Development of a porcine model of cystic fibrosis. Transactions of the American Clinical and Climatological Association, v. 120, p. 149, 2009.

WHITWORTH, K. M. et al. Resistance to coronavirus infection in amino peptidase N-deficient pigs. Transgenic research, v. 28, n. 1, p. 21-32, 2019

WILMUT, I. et al. Viable offspring derived from fetal and adult mammalian cells. nature, v. 385, n. 6619, p. 810-813, 1997.

WITT, K. et al. Cripto-1 plasmid DNA vaccination targets metastasis and cancer stem cells in murine mammary carcinoma. Cancer immunology research, v. 6, n. 11, p. 1417-1425, 2018.

YANG, H. et al. Species-dependent neuropathology in transgenic SOD1 pigs. Cell research, v. 24, n. 4, p. 464-481, 2014.

YEH, C. D.; RICHARDSON, C. D.; CORN, J. E. Advances in genome editing through control of DNA repair pathways. Nature cell biology, v. 21, n. 12, p. 1468-1478, 2019.

CAPÍTULO 12

ENGENHARIA GENÉTICA DE PLANTAS

Cibele Tesser da Costa
Johnatan Vilasboa
Camila Fernanda de Oliveira Junkes
Yohanna Evelyn Miotto

1. INTRODUÇÃO

Os princípios da agricultura remetem ao período Neolítico, em torno de 10.000 a 15.000 anos atrás, quando o homem passou a semear e colher plantas e a pastorear rebanhos, como uma forma de complementar os alimentos obtidos através da caça, coleta de plantas silvestres e da pesca (GEPTS et al., 2012). Embora essas práticas pareçam simples, foram fundamentais para o desenvolvimento das sociedades e para o crescimento populacional. Talvez de maneira involuntária ou até mesmo intencionalmente, as pessoas passaram a selecionar plantas com traços mais favoráveis (FRITSCHE-NETO; BORÉM, 2014), praticando uma forma rudimentar de melhoramento genético e reunindo conhecimento a respeito das plantas. O melhoramento genético clássico, como forma consciente de selecionar e combinar alelos favoráveis, advindos de mutagênese natural ou mutagênese não específica em populações de plantas, custou a ser considerado uma ciência. Isso aconteceu apenas no século XIX, quando Gregor Mendel descobriu as bases da hereditariedade e deu origem à genética.

Por meio de melhoramento genético convencional e métodos eficientes de produção agrícola, tem sido possível atender às demandas alimentares populacionais. Entretanto, projeções preocupantes de crescimento populacional para as próximas três ou quatro décadas, principalmente nos países em desenvolvimento (UNITED NATIONS, 2019), indicam necessidade de aumento na disponibilidade de produtos derivados de plantas em até 70% (VOSS FELS et al., 2019). Dessa forma, há uma constante pressão no sentido de aumentar o rendimento das culturas agrícolas, a fim de produzir alimentos de maneira sustentável, sem expandir as áreas de cultivo. Acredita-se que, através do uso das cultivares disponíveis e das práticas atuais utilizadas na agricultura, não seria possível atingir as demandas futuras. Além disso, a agricultura moderna precisa lidar com desafios, como as mudanças climáticas e nos hábitos alimentares da população (LOPES FILHO et al., 2020). A fim de suprir as demandas, há necessidade de desenvolver cultivares de plantas com capacidade de adaptação a variações climáticas, além de serem altamente produtivas e com qualidade superior (YU; LI, 2021).

Tais entraves, com o auxílio de aspectos elucidados pela crescente capacidade técnica de que a Ciência foi dotada com o passar dos anos, levou a iniciativas mais direcionadas na obtenção de cultivares de interesse. A plasticidade vegetal, descoberta e explorada com o advento da cultura de tecidos em laboratórios, associada ao advento e rápido avanço da Biologia Molecular (CHAWLA, 2009), tornou possível a manipulação genética cada vez mais direcionada de espécies vegetais. Usando técnicas de modificação, como as abordagens de transformação genética utilizando agrobactérias como carreadores de vetores de sequência conhecida, foi possível incluir as plantas na lista de organismos geneticamente modificados (OGMs). Ainda que as definições legais em cada país variem, OGMs são geralmente definidos como seres vivos que tiveram sua informação genética alterada com emprego de técnicas de engenharia genética.

Talvez o caso mais conhecido no reino vegetal seja o da transgenia como método direcionado de obtenção de plantas com características de interesse. Diferente de um organismo mutante, gerado por exposição a agentes mutagênicos, um transgênico é obtido pela introdução de uma sequência genética exógena à espécie-alvo. Isso possibilita a incorporação de sequências codificantes que não existiam no genoma de uma planta. Na pesquisa, é uma técnica ligeiramente corriqueira que permite a elucidação da função gênica, pela testagem de sequências de função desconhecida em espécies-modelo. Seu uso mais amplo como técnica para geração de plantas com características de interesse é mais complexo e repleto de nuances socioeconômicas e preocupações referentes à biossegurança dos ecossistemas (POWELL, 2008). As possibilidades derivadas de protocolos bem estabelecidos e cada vez mais direcionados (e.g. edição genômica) e o aumento do substrato genético nas espécies vegetais possibilita o crescimento da interseção entre a Biologia Vegetal e a Biologia Sintética. Rotas metabólicas inteiras podem ser estudadas em espécies-modelo, por vezes utilizando o conhecimento biotecnológico atrelado ao cultivo escalonado de células vegetais em biorreatores, estabelecendo processos e produtos da Biotecnologia de plantas.

Este capítulo apresenta uma caminhada pela Biotecnologia Vegetal, nascida da necessidade humana de modificar a agricultura, possibilitada pela plasticidade vegetal e alimentada pela intervenção científica e técnica humana sobre as plantas e seu potencial tecnológico. São apresentadas as condições em que são estudadas tais características das espécies vegetais e o estado da arte das modificações genéticas que visam melhor compreender e qualificar os processos biológicos vegetais de que a sociedade depende. Por fim, é ilustrada a questão da recepção e do impacto social relacionados ao amplo acesso a frutos da Biotecnologia Vegetal.

2. CULTIVO DE CÉLULAS, TECIDOS E ÓRGÃOS VEGETAIS

A cultura de tecidos vegetais (CTV) é tão inerente à Biotecnologia Vegetal que, à primeira vista, as duas áreas podem parecer sinônimas. Embora a biotecnologia de plantas seja um conceito muito mais amplo, esta confusão é compreensível, já que as tecnologias desenvolvidas pela cultura de tecidos andaram a passos largos desde o início do século XX (TORRES et al., 2000). A rigor, a CTV é caracterizada pela manutenção de células, órgãos ou fragmentos de tecidos vegetais (denominados **explantes**) em condições assépticas *in vitro*, ambiente controlado e nutrição artificial (ANDRADE, 2002). O emprego das diversas técnicas desenvolvidas nesta área possui infindáveis aplicações no cotidiano da Biotecnologia Vegetal. Mesmo as mais avançadas pesquisas na área passam, cedo ou tarde, por técnicas *in vitro* para que possam chegar ao cotidiano da população (CANÇADO et al., 2009). De certa forma, pode-se dizer que nenhum produto da Biotecnologia Vegetal chegou à mesa das pessoas sem ter passado pela cultura de tecidos.

O princípio inerente que rege a CTV e que permite que todos os métodos possam ser empregados é a totipotência dos tecidos vegetais (TORRES et al., 2000; CARVALHO, 2011). Ao contrário de células animais, as plantas possuem uma grande plasticidade na aquisição de novos destinos celulares a partir da desdiferenciação de tecidos já formados. Esta flexibilidade está envolvida com a facilidade em alterar padrões moleculares relacionados à regulação da expressão de genes que garantem que o fenótipo diferenciado seja rearranjado para um estado de menor diferenciação. Em seguida, a consequente aquisição de um novo padrão de expressão garante a geração de um fenótipo distinto do primeiro, de maneira que não se observam resquícios do tecido de origem (KERBAUY, 1999). A capacidade que os diferentes tecidos vegetais têm de realizar essa reprogramação está intimamente relacionada com as características físicas, bioquímicas, fisiológicas, ontogenéticas, sanitárias e ambientais às quais o explante se encontrava na planta intacta (CARVALHO et al., 2006).

Os grandes agentes responsáveis por orientar a perda de padrões de diferenciação e aquisição de novos destinos celulares são os hormônios vegetais, essencialmente auxinas e citocininas. A combinação de fitormônios, inclusive entre moléculas diferentes da mesma classe ou concentrações distintas, associada com a composição de sais minerais no meio de cultura, pH, luminosidade, fotoperíodo e temperatura, define a "orientação" que o tecido irá adquirir (CALDAS et al., 1998). Encontrar a composição adequada para cada espécie vegetal e tecido de origem é o grande gargalo para a CTV, que geralmente tem mais sucesso em tecidos jovens de espécies herbáceas, com baixo teor de lignificação, baixa concentração de compostos fenólicos, intensa capacidade proliferativa e ausência de doenças.

Além de hormônios, o meio de cultura é composto por sais minerais que correspondem aos principais nutrientes indispensáveis para o crescimento e desenvolvimento de plantas *in vivo*. Embora composições complexas possam ser utilizadas – água de coco, polpa de frutas ou extratos vegetais – sempre que possível é preferível utilizar meios quimicamente definidos, a fim de assegurar a reprodutibilidade dos experimentos (CALDAS et al., 1998). Diferentes composições podem ser encontradas na literatura, que variam em termos de qualidade e concentração dos diversos sais usualmente utilizados. Estas distinções são necessárias devido aos diferentes requerimentos nutricionais das espécies vegetais. O meio de cultura mais empregado é o meio MS (MURASHIGE; SKOOG, 1962), e suas variações decorrentes de alterações na concentração de sais.

Outros componentes presentes no meio de cultura podem incluir vitaminas e agentes gelificantes. Embora em sua grande maioria as plantas sejam organismos autotróficos, pode ser necessária a adição de fontes de energia, como açúcares, nos meios de cultivo. A baixa disponibilidade de gás carbônico *in vitro* pode não ser suficiente para suprir as necessidades do aparato fotossintético e geração de carboidratos complexos que atuam como fonte de energia metabólica. Após a incorporação destes elementos, o pH precisa ser ajustado e todos os recipientes, instrumentos e soluções a serem utilizados necessitam passar por processos de esterilização (por calor úmido ou seco) antes de entrarem em contato com os explantes (CALDAS et al., 1998).

As técnicas de CTV produzem clones vegetais, de modo que as plantas que são originadas possuem a mesma composição genética da planta que deu origem ao explante, denominada **planta matriz**. A escolha e manutenção das condições adequadas no crescimento da planta matriz impactam diretamente no sucesso das técnicas de CTV (CARVALHO et al., 2003; CARVALHO et al., 2006). Usualmente estes genótipos elite são mantidos em estado vegetativo em casa de vegetação, com nutrição adequada e livres de pragas biológicas. Os explantes precisam ser constantemente renovados, com restabelecimento *in vitro* a partir de fragmentos da planta matriz mantida *ex vitro*. Isso se dá devido à ocorrência de mutações genéticas e/ou epigenéticas envolvidas na reprogramação celular contínua e extensiva que a CTV impõe aos explantes. Estas mutações provocam variações aleatórias, denominadas **variações somaclonais,** nem sempre benéficas ou desejáveis, embora possam servir de fonte de variabilidade genética ou, eventualmente, gerar características de interesse agronômico (NETO et al., 1998).

A CTV inicia com o estabelecimento dos explantes *in vitro*, que envolve a assepsia dos materiais a fim de evitar contaminação com microrganismos. Uma vez dentro do sistema *in vitro*, as possibilidades são múltiplas (NETO et al., 2011). Os explantes podem ser utilizados, por exemplo, para micropropagação, produção de calos, embriogênese somática, organogênese, transformação genética, fusão de protoplastos (células que passaram por um processo de remoção da parede celular) ou limpeza clonal. Além disso, muitas destas técnicas podem ser conduzidas em meio semissólido ou escalonadas para biorreatores em meio líquido.

Usualmente os trabalhos que envolvem CTV incluem uma etapa de micropropagação dos explantes. Esta técnica é empregada para geração de um número crescente de mudas clonais, de maneira rápida e com manutenção das características genéticas e fitossanitárias, sem depender de condições sazonais ou ambiente externo. A partir do balanço adequado de hormônios no meio de cultura, incluindo especialmente diferentes tipos de citocinina, estimula-se a propagação de gemas axilares dos explantes, de maneira que diversas brotações podem ser obtidas a partir de um pequeno segmento nodal (JUNGHANS et al., 2013). Neste sistema, que geralmente emprega meio de cultura contendo agente gelificante, a presença de raízes é rara ou inexistente, e o estímulo para a organogênese radicular ocorre em uma passagem sucessiva, onde há alteração na composição hormonal do meio de cultura, suprimindo-se as citocininas e priorizando-se a disponibilidade de auxinas.

O balanço entre auxinas e citocininas governa a direção da organogênese, sendo que citocininas tendem a inibir a formação *de novo* do sistema radicular e estimular o crescimento da parte aérea, enquanto as auxinas apresentam a resposta fisiológica inversa (KERBAUY, 1998). Quando a concentração destes dois hormônios é intermediária, tem-se a presença de calos na CTV. Calos são tecidos tumorais desorganizados com diferentes graus de diferenciação, que surgem naturalmente em regiões da planta que sofreram injúria. *In vivo*, têm a função de selar danos e proteger tecidos diferenciados, e por serem uma reação natural dos tecidos vegetais, acabam surgindo com bastante frequência no ambiente *in vitro*. Uma questão crucial envolvendo a cultura de calos é que, embora desorganizados, possuem a capacidade de se diferenciar em tecidos, órgãos e até embriões, regenerando plantas inteiras. Neste caso se diz que a regeneração é **indireta**, ou seja, houve uma etapa de formação de calos no processo *in vitro* (ANDRADE, 2002). Além disso, podem ser úteis para a transformação genética, tanto com fins de regeneração em plantas inteiras ou embriões somáticos, quanto com finalidade de produção de metabólitos especializados, quando a engenharia metabólica é factível (CANHOTO, 2010).

Outras aplicações mais específicas da CTV incluem a produção de organismos duplo-haploides a partir da organogênese induzida em gametas, que podem ser uma ferramenta importante no melhoramento genético vegetal; hibridização somática via fusão de protoplastos, bastante útil na geração de plantas com características ainda desconhecidas em função da quebra de barreiras da incompatibilidade genética; e desenvolvimento de técnicas de criopreservação de tecidos vegetais, que podem ser aplicadas na conservação de recursos genéticos (FERREIRA et al., 1998).

3. IDENTIFICAÇÃO DE GENES DE INTERESSE

Uma das formas mais importantes de identificar a função de um gene no genoma é através do estudo de indivíduos mutantes, nos quais o gene em questão foi inativado ou teve sua expressão alterada, já que mutações em genes podem levar a interrupção de processos celulares. Para que isso seja possível, é fundamental que haja variabilidade genética dentro da população de plantas a ser estudada. Variações genéticas naturais acontecem em praticamente todas as espécies vegetais, mas são limitadas a alguns genes e são devidas principalmente a mutações espontâneas. Com o uso de ferramentas capazes de induzir mutações no genoma, é possível alcançar ordens de magnitude muito maiores do que as de ocorrência natural e aumentar as chances de encontrar plantas com fenótipos interessantes.

A indução de mutações pode ser realizada de maneira aleatória no genoma vegetal por meio de agentes físicos, como a radiação ionizante (através de raios-X ou gama) ou agentes químicos, como o etilmetanossulfonato (EMS) (WILDE, 2015). É possível ainda utilizar agentes biológicos, como o DNA de transferência (T-DNA), que é inserido no genoma de maneira aleatória, ou as nucleases sítio-dirigidas e o RNA de interferência, que permitem a edição em locais específicos do genoma (PAPDI et al., 2009; JANKOWICZ-CIESLAK; TILL, 2015; DE VASCONCELOS; FIGUEIREDO, 2016). De maneira geral, essas técnicas de mutagênese apresentam tanto vantagens como limitações (GILCHRIST; HAUGHN, 2010) e a escolha da mais adequada é feita de acordo com o objetivo do estudo, a espécie a ser analisada, os custos envolvidos, a herdabilidade da mutação, dentre outras questões. Além disso, é preciso escolher o material vegetal a ser utilizado para criar a população de mutantes. Em espécies propagadas sexuadamente, geralmente as sementes são alvo dos agentes mutagênicos, mas também podem ser utilizados grãos de pólen e materiais de cultivo *in vitro*. No caso de espécies de propagação vegetativa, são utilizados materiais de cultura de tecidos, como brotações apicais, adventícias ou laterais, culturas de células e órgãos (JANKOWICZ-CIESLAK; TILL, 2015).

Utilizando-se desses recursos, duas abordagens principais, a genética direta e a genética reversa, são utilizadas para identificar a sequência de genes de interesse e a sua função em plantas (PETERS et al., 2003). Ambas as abordagens podem iniciar a partir de uma população composta por milhares de plantas com mutações induzidas artificialmente. Dependendo do caso, a variabilidade natural pode ser uma fonte importante de material com polimorfismo genético (PAPDI et al., 2009). A genética direta parte da seleção de plantas com características novas ou de interesse e a mutação causadora do fenótipo pode ser clonada e utilizada para identificar e entender a função do gene. Por exemplo, no caso da busca por genes que controlam respostas a estresses ambientais, são feitas triagens em populações de plantas mutagenizadas, visando identificar mutantes com tolerância alterada, seja maior ou menor, a condições de estresse ambiental controladas impostas à população (PAPDI et al., 2009).

A caracterização da mutação causal, do gene afetado ou dos locos de caracteres quantitativos (QTL, do inglês *quantitative trait locus*) envolvidos pode ser realizada através da construção de mapas genéticos ou clonagem posicional, que são ferramentas laboriosas, ou utilizando-se de tecnologias mais recentes, como o sequenciamento de nova geração (SCHNEEBERGER, 2014; SAHU et al., 2020). Geralmente, busca-se a identificação de tantos genes quanto possível em espécies-modelo, como em Arabidopsis (*Arabidopsis thaliana*), e a caracterização da sua função (WOODWARD; BARTEL, 2018). A caracterização da função de um gene ou proteína em uma espécie normalmente oferece pistas relevantes sobre a sua função em outras espécies, aparentadas ou não. O advento do sequenciamento de nova geração, combinado com novas abordagens genéticas, têm possibilitado avanço importante na identificação de mutações e na caracterização de novos genes e suas funções em espécies de plantas com genomas mais complexos, contribuindo significativamente com a genética direta (SCHNEEBERGER; WEIGEL, 2011; SCHNEEBERGER, 2014; LE NGUYEN et al., 2019). Além disso, o desenvolvimento de metodologias mais eficientes para identificar mutantes de interesse através da fenômica, uma abordagem para análise sistemática de fenótipos em larga escala, também representa um passo importante para o progresso da genética direta (JANKOWICZ-CIESLAK; TILL, 2015).

No caso da genética reversa, parte-se da sequência gênica para identificar novas mutações ou mutações em regiões conhecidas do genoma e em seguida é feita a caracterização fenotípica dos indivíduos mutantes. Através dessa abordagem, a função do gene ou de regiões gênicas é testada *in vivo* (JANKOWICZ-CIESLAK; TILL, 2015) e torna também possível o estudo de famílias gênicas, servindo como um complemento para a genética direta (PAPDI et al., 2009). O método de lesões locais induzidas em genomas (TILLING, do inglês *Targeted Induced Local Lesions In Genomes*) tem sido bastante utilizada desde o final dos anos 1990, pois possibilita induzir e recuperar mutações em qualquer gene e pode ser aplicada à maioria das espécies (JANKOWICZ-CIESLAK; TILL, 2015). O desenvolvimento de coleções de mutantes, disponíveis ao público em alguns casos, também teve papel bastante relevante para a genética reversa. Em Arabidopsis utilizou-se inserção de T-DNA para criar uma coleção de mutantes que alcançou aproximadamente 74% dos genes anotados da espécie (ALONSO et al., 2003), para arroz também há coleções de mutantes desse tipo disponíveis (ZHANG et al., 2006).

A era pós-genômica tem contribuído muito para a genética reversa devido à crescente disponibilidade de genomas inteiros sequenciados com alta qualidade. Além disso, por meio de análises de expressão gênica em larga escala é possível verificar quais genes têm sua expressão modificada diante de situações de estresse ambiental, apontando candidatos para análise funcional por meio da genética reversa (PAPDI et al., 2009). O surgimento de métodos que possibilitam mutações sítio-dirigidas e o desenvolvimento de mutantes para genes candidatos específicos têm contribuído significativamente para o entendimento da função gênica. Técnicas de edição de genoma apresentam um grande potencial nesse sentido, uma vez que apenas o gene de interesse é alvo da mudança, mantendo o restante do genoma intacto (JANKOWICZ-CIESLAK; TILL, 2015). A fim de confirmar o gene de interesse, análises de segregação, de complementação de mutante e de linhagens de mutantes independentes podem ser utilizadas como evidências de que o gene mutado é o responsável pela alteração fenotípica.

4. TRANSFORMAÇÃO DE PLANTAS

Do início da década de 1980 até o presente, a transformação genética de plantas mudou a face da agricultura e Biologia Vegetal. O desenvolvimento de métodos de transformação vegetal ofereceram a oportunidade de manipular geneticamente uma ampla variedade de espécies de plantas, viabilizando estudos de metabolismo, bioquímica, desenvolvimento e crescimento, bem como avanços no melhoramento vegetal. Além de rotineiramente utilizada na pesquisa acadêmica, a transferência controlada de material genético para o genoma de um organismo por via não-sexual movimenta bilhões de dólares anualmente na agricultura. Com o avanço das técnicas de Biologia Molecular, sequenciamento de genomas e transformação de plantas, atualmente é possível identificar, isolar e inserir genes de espécies vegetais não aparentadas, assim como oriundos de fungos, vírus, bactérias e até mesmo animais. A geração de organismos geneticamente modificados consiste em diversas etapas que envolvem a identificação e isolamento do gene de interesse, clonagem em vetor binário, transformação de células ou de tecido vegetal, seleção e regeneração dos transformantes. Embora existam protocolos bem estabelecidos para todas as etapas, vários fatores podem afetar a efetividade e sucesso de cada uma delas.

Baseada nos métodos de transferência de material genético para uma célula hospedeira, a transformação pode ser dividida em dois grupos: **indireta**, por sistemas biológicos e **direta**, por métodos físicos. A transformação indireta mediada por *Agrobacterium tumefaciens* e a direta por biolística são responsáveis pela grande maioria das plantas geneticamente modificadas (GM) existentes.

A história da transformação de plantas começou no final do século XIX quando protuberâncias na forma de tumores, denominadas "galhas em coroa", foram observadas em raízes de diversas árvores frutíferas. Em 1976, a bactéria de solo *Agrobacterium* (*Agrobacterium tumefaciens*) foi sugerida como a responsável pelos tumores (CHADHA; SRIVASTAVA, 1971; SCHILPEROORT et al., 1967). Na mesma época, *Agrobacterium* foi considerada um vetor bacteriano capaz de transferir fragmentos de DNA para plantas (CHILTON, 2001), iniciando uma corrida para a geração das primeiras plantas transgênicas. Por definição, um vetor de clonagem é uma molécula de DNA que carrega fragmentos para a célula hospedeira. Frequentemente, são derivados de plasmídeos bacterianos, que são moléculas pequenas e circulares de DNA dupla fita com capacidade de se replicar nas células hospedeiras e ser herdadas pelas células-filhas. Além disso, os plasmídeos carregam naturalmente sequências gênicas que conferem resistência a antibióticos, proporcionando uma vantagem adaptativa aos indivíduos que os carregam (JONES, 2006).

Em 1983, pela primeira vez, pesquisadores demonstraram que era possível inserir novos genes no genoma vegetal, gerando as primeiras plantas transgênicas de tabaco transformadas por *Agrobacterium* (DE BLOCK et al., 1984; ZAMBRYSKI et al., 1983). De forma muito elegante, grupos distintos demonstraram que, durante a infecção, a agrobactéria replica parte do DNA do plasmídeo Indutor de Tumor (Ti), chamado T-DNA, que posteriormente é transferido, incorporado e herdado pelas células vegetais. O T-DNA é composto por genes envolvidos na síntese de auxina e citocinina. Após serem transferidos para as células vegetais, estes genes induzem a proliferação celular levando à formação do tumor característico. Os tumores, com ajuda de outros genes presentes no fragmento transferido para a célula hospedeira, sintetizam e secretam opinas, derivados de aminoácidos, para a bactéria. Essa estratégia de infecção permite à agrobactéria utilizar as células vegetais, fazendo com que estas produzam derivados de aminoácidos que podem ser metabolizados principalmente pela bactéria.

Os genes presentes no T-DNA não são necessários para a transferência ou integração do fragmento nas células hospedeiras. O que define a transferência e direcionamento do T-DNA para a célula hospedeira são sequências altamente conservadas de 25 pares de bases chamadas **borda direita** e **borda esquerda** (WANG et al., 1984). Com a ajuda da engenharia genética, os genes responsáveis pela biossíntese de hormônios e opinas foram substituídos por genes de seleção e genes de interesse, flanqueados pelas regiões conservadas da borda direita e esquerda do T-DNA. As sequências do T-DNA são organizadas em vetores de clonagem em *Escherichia coli,* que posteriormente são introduzidos em cepas de *Agrobacterium* desarmadas (não-patogênicas).

As cepas de *Agrobacterium* desarmadas e contendo os vetores modificados são então utilizadas para transformar explantes ou culturas de células. Na planta-modelo Arabidopsis, a transformação do embrião em desenvolvimento é realizada através da imersão das flores em uma suspensão com *Agrobacterium* e exclui a necessidade de CTV (CLOUGH; BENT, 1998), entretanto, esse tipo de abordagem não tem se mostrado eficiente em outras espécies. Abordagens como o uso de nanopartículas ou a transformação de pólen têm surgido como alternativas à transformação mediada por *Agrobacterium* (ZHAO et al., 2017).

Por muitos anos, acreditou-se que espécies monocotiledôneas, que respondem por grande parte das espécies cultivadas, fossem recalcitrantes à transformação indireta mediada por Agrobacterium, levando ao desenvolvimento de métodos alternativos, como a eletroporação e a biolística. A eletroporação tornou-se popular por sua simplicidade e rapidez (RIVERA et al., 2012). Nesta técnica, protoplastos vegetais são submetidos a pulsos elétricos, que induzem a formação de poros reversíveis na membrana celular, facilitando a entrada de DNA nas células (BATES, 1999). Apesar desse método ser aplicável à qualquer espécie vegetal, apresenta baixa eficiência de transformação estável (RIVERA et al., 2012). Na biolística, também chamada de bombardeamento de partículas, micropartículas de ouro ou tungstênio revestidas com DNA são aceleradas em alta velocidade em direção ao tecido a ser transformado. A penetração dos projéteis possibilita a transferência do material genético para as células (KLEIN et al., 1987; SANFORD et al., 1987). Uma das principais vantagens da biolística é a possibilidade de transformação de uma vasta gama de espécies vegetais em diversos materiais, incluindo suspensões celulares, protoplastos, tecidos vegetais, cultura de calos e embriões. As principais desvantagens envolvem o alto custo do aparato utilizado, a baixa eficiência de transformação e a possibilidade de inserção de múltiplas cópias do transgene, acarretando efeitos indesejados como, por exemplo, o silenciamento do transgene (ANAMI et al., 2013; RIVERA et al., 2012).

A pluripotência de alguns tecidos vegetais é fundamental para a regeneração dos tecidos transformados em plantas completas. Após passarem por seleção, as células transformadas são mantidas em meio de cultura complementado com hormônios a fim de induzir a diferenciação e organização de meristemas (KERBAUY, 1998). Independente do método de transformação utilizado, a capacidade de regeneração de plantas completas a partir de células transformadas é o principal limitante na obtenção de plantas GM. O processo de transformação estável envolve dois eventos biológicos independentes: a integração estável do transgene ao genoma da planta hospedeira e a regeneração das células onde a integração ocorreu. Como a transformação é um evento raro, marcadores de seleção e genes-repórter são frequentemente utilizados a fim de identificar as células transformantes (ANAMI et al., 2013).

Genes que conferem resistência a antibióticos, como canamicina e higromicina, assim como genes que codificam proteínas de resistência a herbicidas, como fosfinotricina *N*-acetiltransferase e acetolactato sintase, são os mais utilizados (MIKI; MCHUGH, 2004). Explantes e plantas transformadas são facilmente distinguíveis em testes de indução de calos e germinação de sementes em meio de cultura contendo o agente seletivo. Alternativa ou concomitantemente com genes de resistência, genes marcadores podem ser utilizados na seleção dos transformantes. Os repórteres comumente utilizados em plantas incluem genes que codificam as enzimas β-glicuronidase (GUS), luciferase ou proteínas fluorescentes, como as proteínas fluorescentes verde (GFP, do inglês *green fluorescent protein*) e amarela (YFP, do inglês *yellow fluorescent protein*; MIKI; MCHUGH, 2004). GUS é uma enzima bacteriana que catalisa a conversão de compostos glucoronídeos incolores em um precipitado azul facilmente visível. A principal desvantagem do sistema GUS é que se trata de um ensaio destrutivo, ou seja, o explante não pode ser recuperado (ANAMI et al., 2013). Como alternativa ao ensaio de GUS, GFP não requer um substrato externo e pode ser visualizada *in vivo* de forma não-destrutiva. Isolada de uma espécie de água-viva (*Aequorea victoria*; CHALFIE et al., 1994), tem se mostrado uma poderosa ferramenta na identificação de transformantes, uma vez que permite a visualização em tempo real sem a necessidade de protocolos invasivos.

Os avanços do conhecimento em Biologia Molecular nos últimos anos permitiram o desenvolvimento de técnicas de modificação precisa do genoma vegetal. Ainda nos anos 1990, o desenvolvimento de nucleases sítio-dirigidas, chamadas nucleases dedo de zinco (ZFNs, do inglês *Zinc Finger Nucleases*) e nucleases efetoras semelhantes a ativadores de transcrição (TALENs, do inglês *Transcription Activator-Like Effector Nucleases*), permitiu a indução local-específica de quebras na fita de DNA. As quebras, por sua vez, induzem a ativação dos mecanismos celulares de reparo que podem dar-se por recombinação homóloga ou por junção de extremidades não-homólogas, sendo a última altamente mutagênica, pois o reparo envolve a junção das extremidades clivadas sem a presença de um molde (VOYTAS, 2013). A ausência de uma fita molde pode levar a um reparo falho, resultando em pequenas deleções ou inserções na sequência de DNA e, consequentemente, mutações naquele *locus*. Embora ZFNs e TALENs tenham sido utilizadas com bastante sucesso na indução de mutações sítio-dirigidas em plantas, ambas abordagens são bastante dispendiosas. Contudo, a caracterização de Repetições Palindrômicas Curtas Agrupadas e Regularmente Interespaçadas (CRISPR, do inglês *clustered regularly interspaced short palindromic repeats*) e sua engenharia visando edição sítio-dirigida usando proteínas associadas às CRISPR (Cas, do inglês *CRISPR-associated*), lançou novas possibilidades na área de edição sítio-dirigida de genes (JINEK et al., 2012). Devido a simplicidade de manipulação quando comparado aos sistemas ZFNs e TALENs, sistemas baseados em CRISPR/Cas têm se mostrado uma ferramenta molecular extremamente versátil e promissora para fins de engenharia genética (ANZALONE et al., 2020). Uma descrição detalhada do sistema CRISPR/Cas e das possibilidades de uso pode ser encontrada em Molinari et al. (2020). Assim como a transformação mediada por Agrobacterium, vários anos de pesquisa separaram a descoberta do sistema CRISPR/Cas e a sua adaptação como uma ferramenta de biologia molecular.

A inserção de DNA exógeno em plantas pode acontecer de maneira estável ou transiente. Transformantes estáveis podem ser gerados por métodos diretos ou indiretos de transformação e contêm um transgene integrado em seu genoma, que é herdado na progênie seguindo as leis mendelianas. A inserção do transgene no genoma da planta hospedeira permite que estudos de Fisiologia, Morfologia, Genética, Biologia Molecular e Bioquímica sejam realizados (ANAMI et al., 2013). Por outro lado, transformantes transientes são aqueles em que, embora o transgene seja expresso, o mesmo não é integrado ao genoma vegetal. A transformação transiente leva a uma expressão transitória, necessitando de métodos mais simples e rápidos quando comparados à transformação estável (KRENEK et al., 2015). Muito empregada em estudos de genômica vegetal, a expressão transiente tem sido utilizada em estudos de promotores, interações proteína-proteína, para localização subcelular de proteínas, bem como para produção em larga escala de proteínas recombinantes (JONES et al., 2009). Biolística, transformação de protoplastos, agroinfiltração em folhas e cocultivo de explantes com *Agrobacterium* são os principais métodos utilizados nos ensaios de expressão transiente (ANAMI et al., 2013; KRENEK et al., 2015). Uma visão geral dos processos envolvidos na engenharia genética de plantas pode ser observada na Figura 1.

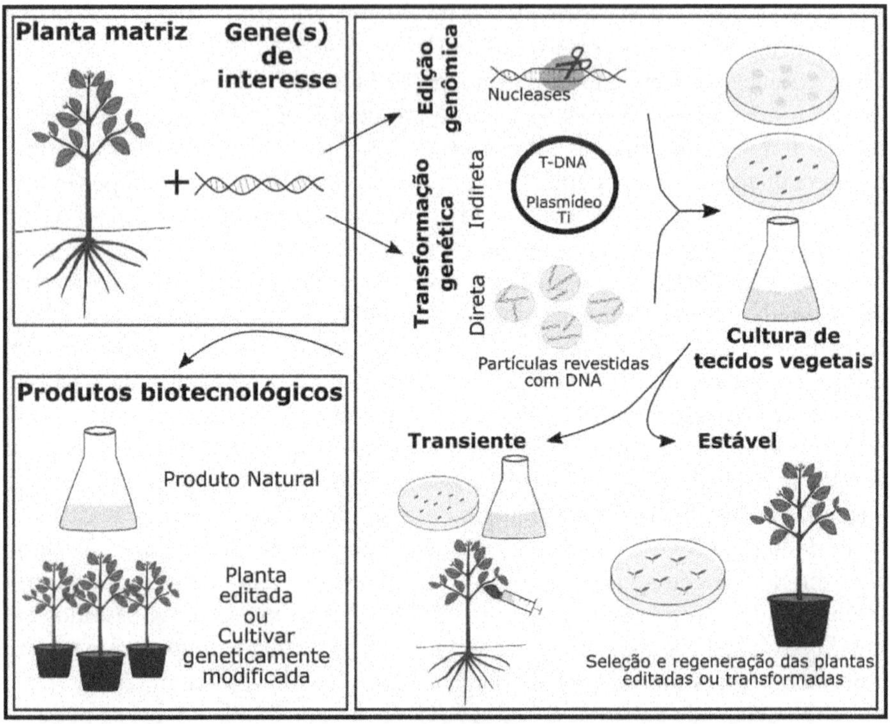

Figura 1 Processos envolvidos na engenharia genética de plantas. Genótipos elite são comumente utilizados como planta matriz e um ou mais genes que atribuem características de interesse são utilizados como base para a transformação ou edição. A edição genômica é realizada por meio de nucleases sítio-dirigidas, como nos sistemas CRISPR/Cas, ZFN ou TALEN. A transformação de plantas pode ser realizada de forma indireta, através de sistemas biológicos, mediada por Agrobacterium, ou direta, através de métodos físicos, como a biolística. A cultura de tecidos vegetal é um passo importante para fazer a edição genômica ou a introgressão do(s) gene(s) de interesse no material vegetal, bem como para a seleção e regeneração das plantas editadas ou transformadas. A edição genômica e a transformação genética podem ser realizadas de forma transiente ou estável, dando origem a produtos biotecnológicos, como os produtos naturais (metabólitos secundários) ou a plantas geneticamente modificadas.

Fonte: Autoria própria.

5. PLANTAS COMO PLATAFORMAS DE EXPRESSÃO GÊNICA

Diversos processos biotecnológicos, especialmente os envolvidos em pesquisa, medicina e aplicações industriais, dependem de proteínas originalmente produzidas por organismos diversos. Muitos dos organismos com enzimas de interesse são de difícil crescimento e manutenção *in vitro*, devido a características peculiares, como adaptação a ambientes inóspitos ou extremos, associação parasitária ou simbiótica com outros organismos, ou ainda requerimentos nutricionais específicos. Além disso, muitas vezes o rendimento da biomolécula de interesse é muito baixo em situações naturais, de modo que a tecnologia de expressão heteróloga é bastante utilizada na biotecnologia.

Tradicionalmente, a expressão heteróloga de proteínas ocorre em organismos-modelo, envolvendo fermentações microbianas de leveduras ou bactérias, além de crescimento em culturas celulares de insetos ou mamíferos. No entanto, estes processos apresentam algumas limitações, pois podem ser de alto custo, demandar mão-de-obra e estruturas especializadas, além de sofrer interferências em função de contaminações ou não gerar produtos totalmente seguros ou idênticos aos desejados (MA et al., 2003). Nas últimas décadas do século XX, o uso de plantas como plataforma de expressão de biomoléculas recombinantes passou a ser uma ideia promissora na produção de uma ampla variedade de proteínas funcionais, tanto na área da saúde como na área industrial (TIWARI et al., 2009). Plantas podem apresentar vantagens quando comparadas com sistemas microbiano e animal, especialmente quando se consideram os riscos de contaminação por patógenos animais, tempo gasto para expressão, custo para produção em larga escala e rendimento (FISHER et al. 1999). Além disso, estas proteínas podem apresentar maior autenticidade, pois plantas possuem mecanismos pós-traducionais semelhantes às células humanas, podendo produzir proteínas complexas com precisão, quando comparadas com sistemas bacterianos ou baseados em leveduras (MERLIN et al., 2014; MA et al., 2003).

A expressão de proteínas heterólogas em plantas já encontra aplicações em diversos setores da biotecnologia. Alguns exemplos incluem a produção de proteínas para utilização em pesquisas; enzimas de uso industrial como detergentes e na indústria têxtil; novos polímeros que possuem tanto uso medicinal como industrial; produção de poliésteres e polímeros que podem ser empregados na fabricação de plásticos biodegradáveis; proteínas nutricionais para suplementos alimentares; além de diversas proteínas de uso farmacêutico, como anticorpos, fatores de crescimento, hormônios, enzimas, antígenos e subunidades vacinais (MERLIN et al., 2014; MA et al., 2003). No entanto, o emprego desta técnica apresenta alguns desafios e limitações. O principal deles envolve a produção em alto rendimento, que pode ser alcançada a partir da utilização de alterações moleculares. Uma limitação bastante complexa, no entanto, diz respeito ao processo de glicosilação. Apesar de sistemas vegetais apresentarem semelhanças com o observado em células animais, o processo não é exatamente idêntico, diferindo no tipo de carboidrato e conformação da ligação pela qual este açúcar é associado ao peptídeo. A preocupação relacionada à diferença de glicosilação é se os glicanos específicos da planta poderiam desencadear reações alérgicas em humanos. Embora epítopos de carboidratos raramente sejam alergênicos, estas questões precisam ser particularmente estudadas para que a molécula possa ser expressa em sistemas vegetais (SHARMA; SHARMA, 2009). Uma alternativa para contornar este problema envolve a criação de plantas transgênicas incapazes de produzir enzimas envolvidas na glicosilação usando xilose e fucose, e realizar a glicosilação dos peptídeos expressos *in vitro* usando galactose (BAKKER et al., 2001).

Devido ao rápido desenvolvimento da engenharia genética e da plasticidade dos sistemas vegetais, existe uma variabilidade de plantas que podem ser utilizadas em estratégias de expressão heteróloga. Algumas espécies são preferencialmente empregadas devido à facilidade de cultivo e obtenção de protocolos de transformação, como Arabidopsis, tabaco, arroz e milho. A escolha do tipo de planta depende de requisitos biológicos e econômicos específicos da proteína-alvo, bem como sua finalidade (BOEHM, 2007; SHARMA; SHARMA, 2009). Para a produção de vacina oral, por exemplo, o sistema vegetal escolhido deve poder ser ingerido cru, já que qualquer tipo de processamento por calor pode inativar a proteína de interesse; o tecido de produção deve ser rico em proteínas, já que a proteína vacinal usualmente estará em menor concentração em relação ao total proteico; não pode produzir substâncias tóxicas; e deve permitir a montagem correta da proteína com as alterações pós-traducionais adequadas (TIWARI et al., 2009). Na produção de outros tipos de proteínas, critérios diferentes devem ser analisados.

Além dos aspectos relacionados à proteína, os aspectos fisiológicos e bioquímicos relacionados à planta também devem ser levados em consideração. Estes critérios incluem o ciclo de vida, rendimento de biomassa, fatores geográficos requeridos para o crescimento, e especificidades que podem afetar a produção, acúmulo e qualidade da proteína recombinante (SHARMA; SHARMA, 2009). As possibilidades de utilização das plantas são variadas, incluindo a planta como um todo, tanto em sistemas *in vitro* quanto *in vivo*, ou o uso de cultura celular, de sementes, de tecido foliar e de cloroplastos.

6. ENGENHARIA METABÓLICA

Produtos oriundos do metabolismo vegetal têm sido amplamente utilizados com propósitos farmacêuticos pelas sociedades humanas desde tempos imemoriais, principalmente pelos seus efeitos tóxicos ou terapêuticos (VIZZOTO et al., 2010). Estudos decorrentes da medicina popular resultaram em uma ampla gama de produtos farmacêuticos derivados do metabolismo secundário (ou especializado) de plantas, que representam uma parcela econômica relevante neste mercado (NEWMAN et al., 2003). Adicionalmente, metabólitos especializados (ou produtos naturais) são utilizados em escala industrial para a produção de inseticidas, corantes, flavorizantes, aromatizantes e cosméticos.

Os níveis de produtividade destas moléculas são baixos em sistemas convencionais, embora possam apresentar alto valor econômico agregado. Isto decorre do fato que estes metabolismos especializados requerem alto investimento energético, enzimas especializadas e uma rede regulatória complexa decorrente da especificidade de resposta a que se destinam (PINTO et al., 2002). Este fato abre a possibilidade de desenvolvimento de sistemas alternativos de produção, e a CTV pode encontrar ampla aplicação neste contexto (CANTER et al., 2005).

Uma abordagem dirigida para otimizar a produção de metabólitos secundários é a engenharia metabólica. Esta prática visa a introdução de genes em plantas inteiras ou células vegetais através de técnicas de engenharia genética, permitindo a alteração da expressão ou introdução de genes de quaisquer organismos que estejam envolvidos em vias biossintéticas de interesse, resultando na produção de metabólitos secundários de interesse (Figura 1) (CAPELL; CHRISTOU, 2004). Em termos bioquímicos, o objetivo da técnica é aumentar o fluxo de carbono (ou do elemento em questão) em direção ao produto de interesse, e isto pode ser alcançado pelo bloqueio de vias metabólicas competitivas ou responsáveis pelo catabolismo de moléculas intermediárias do processo, ou mesmo pelo aumento da expressão de genes que codificam enzimas-chave na produção de determinados compostos (NASCIMENTO; FETT-NETO, 2010). No entanto, a superexpressão de genes relacionados a enzimas de uma rota metabólica específica pode resultar em consequências danosas ao organismo vegetal, devido ao desvio excessivo de moléculas intermediárias que também são requeridas para produção de outros metabólitos vitais, ou mesmo como resultado do acúmulo de intermediários tóxicos para a célula (SANGWAN et al., 2018).

A engenharia metabólica é considerada específica, pois requer conhecimento dos passos constituintes da via biossintética do metabólito de interesse (DELLAPENNA, 2001). Este aspecto limita sua aplicação, visto que diversas plantas medicinais não são alvos de estudos moleculares específicos, e a maioria das vias metabólicas estudadas são conhecidas apenas a nível de seus intermediários, carecendo ainda da identificação das enzimas envolvidas e a determinação de quais apresentam função regulatória (MARASCHIN, 1999). Além disso, aspectos frequentemente observados na biossíntese de metabólitos secundários, como arquitetura da via biossintética (linear ou rede complexa de etapas), existência de etapas regulatórias (por retroalimentação ou retroinibição), transporte do produto para outros tecidos do vegetal e a compartimentalização a nível celular, podem ser fatores limitantes para a engenharia metabólica (SANGWAN et al., 2018).

7. PLANTAS TRANSGÊNICAS COM CARACTERÍSTICAS DE INTERESSE

Diversas características de interesse vêm sendo foco de pesquisas para a produção de plantas transgênicas, que beneficiam a agricultura moderna e possibilitam a introgressão de características que não seriam possíveis através do melhoramento genético convencional. Além de tornar seu cultivo mais fácil e eficiente, busca-se produzir alimentos com maior qualidade nutricional. Cultivares que apresentam vantagens, como a resistência a insetos e doenças, tolerância a herbicidas, aumento da vida de prateleira, melhorias nutricionais, de qualidade e ornamentais têm sido desenvolvidas através de manipulação genética (PAUL et al., 2018).

A primeira cultura agrícola GM comercializada para consumo humano foi o tomate *Flavr Savr*, aprovada nos Estados Unidos em 1994 pela Agência Americana para Segurança Alimentar e do Medicamento (FDA, do inglês *Food and Drug Administration*), com a vantagem do amadurecimento tardio incorporada (KAMTHAN et al., 2016). Desde então, várias outras cultivares GM, de diferentes espécies de plantas, passaram a ser aprovadas e comercializadas. Embora diversos aspectos de interesse tenham sido alvo de pesquisas e do desenvolvimento de cultivares com fins comerciais, algumas poucas características dominam as plantações mundialmente. As plantas geneticamente modificadas para tolerância a herbicidas (HT, do inglês *herbicide tolerance*), com características combinadas e com resistência a insetos (IR, do inglês *insect resistance*) dominam as áreas plantadas de culturas agrícolas (ISAAA, 2019).

Dentre as estratégias utilizadas para a HT, destacam-se as plantas tolerantes ao glifosato, ingrediente ativo do *Roundup*®. O herbicida glifosato (*N*-(fosfonometil)glicina) age inibindo a enzima 5-enolpiruvilchiquimato-3-fosfato (EPSP) sintase, interrompendo a via do ácido chiquímico, responsável pela biossíntese de compostos aromáticos, como os aminoácidos, fitormônios e vitaminas. Dentre as estratégias que podem ser utilizadas para obter linhagens GM tolerantes ao glifosato, podemos citar a inserção de um gene derivado da cepa CP4 de Agrobacterium, que codifica uma enzima tolerante ao glifosato em função de um único resíduo trocado no seu sítio ativo, a EPSP sintase CP4 (BARRY et al., 1997; FUNKE et al., 2006). O uso de plantas tolerantes ao glifosato tem facilitado o controle de plantas daninhas na lavoura, reduzindo custos, a utilização de produtos herbicidas e aumentando a produtividade (BROOKES; BARFOOT, 2020).

Mais uma alternativa ao uso de pesticidas químicos foi a produção de plantas transgênicas que produzem proteínas inseticidas. Este é o caso das proteínas Cry ou Cyt, codificadas por genes da bactéria *Bacillus thuringiensis* (Bt) e que são ativas contra insetos (SANAHUJA et al., 2011). As toxinas precisam ser ativadas no intestino dos insetos por meio de proteases específicas, que clivam a pró-toxina inofensiva, tornando-a ativa. Diferentes cepas da bactéria produzem diferentes toxinas, que atingem especificamente pequenos grupos de espécies de insetos (SANAHUJA et al., 2011). Apesar de todas as vantagens alcançadas com o uso dessas plantas transgênicas, como a redução do uso de pesticidas, aumento da produtividade, entre outros (BROOKES; BARFOOT, 2020), alguns obstáculos começaram a aparecer com o tempo. É o caso da resistência desenvolvida por alguns insetos contra as proteínas tóxicas. A fim de driblar essa adversidade, as empresas passaram a criar cultivares de plantas que expressassem dois ou mais tipos de toxina contra o mesmo inseto, que foram substituindo progressivamente aquelas que expressam apenas uma (TABASHNIK et al., 2013).

A transformação de plantas com múltiplos genes de interesse, cada um conferindo resistências ou tolerâncias diferentes, é conhecida como piramidação gênica (em inglês *gene stacking* ou *gene pyramiding*) e tem sido uma estratégia utilizada para combinar características de interesse em uma única cultivar (SHEHRYAR et al., 2020). Através da piramidação gênica, busca-se uma resistência mais ampla e com maior durabilidade, sendo que a mais utilizada nos últimos anos associa a IR com a HT (ISAAA, 2018). Um exemplo é o milho *Genuity® SmartStax™*, desenvolvido pela Monsanto e pela Dow AgroSciences e que possui a combinação de oito genes, conferindo tolerância aos herbicidas glufosinato e glifosato, resistência a insetos coleópteros e lepidópteros (ISAAA, 2021).

A introgressão de múltiplos genes e sua expressão de maneira coordenada permitem a construção e manipulação de rotas metabólicas, a expressão de proteínas multiméricas ou de complexos proteicos e o estudo de hierarquias regulatórias (NAQVI et al., 2009). Utilizando-se dessa abordagem, plantas de arroz foram transformadas geneticamente para a produção de provitamina A (β-caroteno) no endosperma do grão, melhorando seu valor nutricional (YE et al., 2000). A deficiência de vitamina A é um problema público em alguns países subdesenvolvidos e a produção de plantas biofortificadas surgiu como uma tentativa de ajudar na superação dessas deficiências em crianças e gestantes (GIULIANO, 2017). Para tanto, a rota biossintética do β-caroteno precisou ser introduzida no endosperma do grão, através da inserção de genes que codificam a fitoeno sintase (PSY), a licopeno β-ciclase e a fitoeno dessaturase (CRTI), provenientes de outras espécies, em arroz (YE et al., 2000). A criação destas plantas transformadas, chamadas de *Golden Rice* devido à cor amarelada do grão, serviram como um estudo de "prova de princípio", representando o pontapé inicial para o desenvolvimento de características nutricionais em plantas (NAPIER et al., 2019). Uma gama de espécies de plantas transformadas para o metabolismo de carotenoides passou a ser produzida desde então (GIULIANO, 2017). Outro alvo das transformações de plantas foram a melhoria da qualidade dos óleos das sementes, através de modificações na composição de ácidos graxos e o aumento da vida de prateleira, além da biofortificação de culturas para produção de aminoácidos essenciais (KUMAR et al., 2020).

Através da transgenia também busca-se desenvolver cultivares de plantas resistentes a doenças, principalmente aquelas causadas por vírus. Plantas GM que conferem tolerância a estresses abióticos, características bastante complexas, que dependem da ativação de diversos genes e mecanismos, são desenvolvidas com menor frequência. Entretanto, híbridos de milho e cultivares de soja e cana-de-açúcar tolerantes à seca já foram desenvolvidos e liberados para plantio (KUMAR et al., 2020). Plantas ornamentais também têm sido alvo de modificações genéticas. Várias são as características de interesse, como resistência a estresses bióticos e abióticos, modificações nas cores das flores, no período de florescimento, na morfologia e anatomia, no perfume e na durabilidade (BOUTIGNY et al., 2020). A introdução do gene que codifica para flavonoide 3',5-hidroxilase (F3'5'H) em rosas levou ao acúmulo da antocianina delfinidina, principal constituinte de flores azuis e violetas e à possibilidade de obter pétalas de rosas com tonalidade azulada, o que não era possível através de métodos convencionais de melhoramento genético (KATSUMOTO et al., 2007).

O uso de ferramentas de edição genômica tem grande potencial de crescimento nos próximos anos. As primeiras plantas com genoma editado, de uma cultivar de soja desenvolvida pela técnica TALEN, já estão sendo cultivadas nos Estados Unidos desde 2018 e são matéria prima para um óleo de soja com alto teor oleico (MENZ et al., 2020). A área plantada com esta cultivar tem aumentado a passos largos a cada ano. A edição por CRISPR, que apresenta maior facilidade e versatilidade de uso, poderá trazer melhorias de produtividade, qualidade, ganho de resistências e poderá ser utilizada até mesmo para "redomesticação" de espécies selvagens, aumentando a variabilidade genética disponível (LOPES FILHO et al., 2020).

8. CONSIDERAÇÕES SOBRE A PRODUÇÃO MUNDIAL DE PLANTAS GENETICAMENTE MODIFICADAS

Desde o início de sua comercialização na década de 1990, culturas agrícolas transgênicas têm atraído a atenção de diversos setores da sociedade. Para além de questões técnicas ou mesmo de biossegurança, a introdução abrupta de tal tecnologia nas refeições de milhões de pessoas elevou a discussão em torno da composição da dieta básica dos cidadãos, da segurança alimentar e da participação dos consumidores em políticas públicas reguladoras da produção e comercialização de alimentos transgênicos.

O impacto da adoção de culturas transgênicas pela agricultura mundial é permeado por diversos aspectos, que vão da opinião pessoal do consumidor até a paisagem da terra agricultada no mundo. O relatório publicado pelo Serviço Internacional pela Aquisição de Aplicações Agrobiotecnológicas (ISAAA, do inglês *International Service for the Acquisition of Agri-biotech Applications*) referente ao período 2017/18 indica uma adoção mundial de 191,7 milhões de hectares (Mha) de área plantada composta por culturas agrícolas transgênicas. A prévia do relatório referente ao período 2018/19 aponta um leve, mas inédito, declínio na área plantada, para 190,4 milhões de ha. A Tabela 1 discrimina a área plantada segundo os cinco países que mais cultivam culturas agrícolas GM e quais são as mais expressivamente cultivadas em cada país. Além disso, é possível consultar a taxa percentual de adoção de culturas agrícolas GM, ou seja, a porcentagem de área cultivada total que contém plantas GM. Estes cinco países correspondem a mais de 90% da área total plantada de culturas agrícolas GM no mundo e estão, em maior ou menor medida, se aproximando de 100% de adoção de transgênicos.

Tabela 1 Países com maior área plantada de culturas agrícolas transgênicas e as respectivas taxas de adoção de cada cultura.

Posição	País	Área plantada (Mha)	Culturas GM	Adoção (%)
1	Estados Unidos	71,5	Milho, soja, algodão, alfafa, canola, beterraba-açucareira, batata, mamão, abóbora, maçã	95
2	Brasil	52,8	Soja, milho, algodão, cana-de-açúcar	94
3	Argentina	24,0	Soja, milho, algodão, alfafa	~100
4	Canadá	12,5	Canola, soja, milho, beterraba-açucareira, alfafa, batata	90
5	Índia	11,9	Algodão	94

Fonte: ISAAA, 2019.

Em relação à quais plantas GM são mais cultivadas, as variedades GM refletem, em geral, o mercado da agricultura mundial convencional. Como indicado na Tabela 2, a maior parte da área plantada é ocupada por soja, milho e algodão. Os eventos de transgenia privilegiados atualmente pelo setor primário são aqueles que combinam características que melhoram a aptidão da cultura em diferentes frentes. De fato, no período de 2018/19, o uso de culturas agrícolas que combinam HT com IR superou a área plantada de culturas somente HT. Nesse período de mais de 20 anos, o impacto cumulativo do cultivo de plantas transgênicas pode ser resumido em alguns eixos, como o da produtividade de biomassa, a redução de área plantada necessária, os ganhos econômicos locais e globais e a redução na emissão de gases de efeito estufa.

Tabela 2 Culturas agrícolas geneticamente modificadas com maior área plantada mundial e sua taxa de adoção em relação à totalidade da área com culturas agrícolas geneticamente modificadas.

Posição	Cultura GM	Área plantada (Mha)	Adoção (%)
1	Soja	91,9	48,2
2	Milho	60,9	32
3	Algodão	25,7	13,5
4	Canola	10,1	5,3
5	Beterraba-açucareira, batata, maçã, abóbora, mamão e berinjela	1,8	1

Fonte: ISAAA (2019).

No período de 1996 a 2018, o efeito positivo da biotecnologia aplicada ao cultivo das principais fontes de alimento e matéria-prima foi providencial à composição total da produção mundial. Por conta da adoção de culturas GM, produziu-se 227,63 milhões de toneladas (Mton) a mais de soja, 497,74 Mton a mais de milho e 32,60 Mton a mais de algodão em relação ao que teria sido produzido com cultivares não GM na mesma área (BROOKES; BARFOOT, 2020). Um levantamento realizado no aniversário de 20 anos das culturas GM no Brasil revelou que o aumento da produtividade de soja e milho decorrente da adoção da tecnologia transgênica levou à economia de 1,4 e 9,9 Mha de área plantada, respectivamente (CIB; AGROCONSULT, 2018).

O impacto das culturas transgênicas no uso de herbicidas e inseticidas costuma ser monitorado pelo Quociente de Impacto Ambiental (EIQ, do inglês *Environmental Impact Quotient*). Tal métrica condensa a carga de impacto ambiental decorrente do uso de inseticidas e herbicidas por hectare (ha) de área plantada. Outro indicador importante é a variação na quantidade de ingrediente ativo de defensivo químico utilizado em cada cultura. No ano de 2018, as culturas transgênicas reduziram a quantidade de ingrediente ativo necessário em porcentagens que variaram de 3,5% (milho HT) até 40,4% (algodão IR). Também responderam por uma redução do EIQ que variou de 3,3% (algodão HT) a 31,9% (algodão IR). As culturas IR são as responsáveis pelas maiores reduções no impacto ambiental derivado de defensivos químicos (BROOKES; BARFOOT, 2020).

Diversos estudos foram realizados nas últimas duas décadas com vistas à redução da emissão de gases de efeito estufa decorrente da adoção de culturas GM. Tais esforços foram sumarizados e revisados por Brookes e Barfoot (2020). Os principais pontos que levam à redução da emissão de gases de efeito estufa são a economia de combustível advinda da menor frequência de aplicação de defensivos químicos e a redução na necessidade de aragem do solo. No ano de 2018, a economia superou 900 milhões de litros de combustível, cerca de 2,5 milhões de toneladas de CO_2, o equivalente a remover mais de 1,6 milhões de carros das estradas por um ano. Por fim, o impacto econômico da adoção de culturas GM, também revisado por Brookes e Barfoot (2020), revela diferenças entre países e culturas. Tomando a soja HT plantada no Brasil como exemplo, os dados disponíveis indicam um custo da tecnologia de 7-25 US$/ha, contraposto a um benefício de em média 32,5 US$/ha (já descontado o custo da tecnologia). O benefício do plantio de algodão IR no país é de cerca de 55 US$/ha, o que decorre tanto do corte de gastos quanto do aumento da produtividade conferido pelo evento de transgenia, de aproximadamente 1,6%.

Desde o início de sua comercialização, alimentos derivados de culturas transgênicas são motivos de controvérsia (POWELL, 2008). As críticas às culturas GM podem ser agrupadas em dois grandes eixos: as relativas à biossegurança e as que dizem respeito às ramificações sociais da produção e do consumo de plantas transgênicas. No primeiro grupo estão contidas desde as críticas à ingestão de DNA transgênico até as que se dirigem aos possíveis efeitos adversos da introdução de culturas transgênicas na biodiversidade. Tecnologias que são percebidas pelo público em geral como invasivas, transformadoras, e envolvem o material genético de uma espécie, frequentemente geram recepção social mista (ALMEIDA; MASSARANI, 2018). Embora seja alvo de polêmica, a transferência de genes de uma espécie vegetal a outra é parte da agricultura há muito tempo. É o caso das cultivares híbridas e poliploides em que centenas a milhares de genes são transferidos, através de métodos de melhoramento genético convencional, de maneira não tão fortemente regulada. A alteração genética em si em plantas é ainda mais corriqueira, com mais de 3000 cultivares geradas por mutagênese química ou física registradas no Banco de Dados de Variedades Mutantes (do inglês *Mutant Variety Database*) (IAEA, 2021). Cultivares mutantes são cultivadas amplamente sem passar pelo escrutínio que as propostas de novos transgênicos passam.

São parte do segundo grupo as objeções que alvejam de maneira mais incisiva as empresas detentoras da tecnologia por trás dos transgênicos e do desbalanço de poder entre a agricultura familiar e as grandes áreas cultivadas, geralmente como monoculturas. As práticas comerciais e industriais estabelecidas no setor primário foram adaptadas a abranger também culturas agrícolas GM. A detenção de propriedade intelectual da tecnologia por trás da obtenção de uma planta GM é ainda assunto em aberto e em discussão, e a participação de todos os setores da sociedade é necessária para a delimitação da política pública que melhor se adequa aos interesses comuns de cada nação.

É também importante ressaltar que a transgenia, enquanto evento de alteração da composição genética de um organismo, não determina o sistema de cultivo desse ser vivo. Existe uma corrente de pensamento que advoga a integração dos benefícios trazidos pelos eventos de transgenia ao sistema de produção orgânico, gerando os chamados "orgênicos" (RYFFEL, 2012). Esta visão oferece potencial resposta interessante a duas questões frequentemente levantadas em relação à modificação genética direcionada a um insumo químico específico: a possibilidade do desenvolvimento de resistência ao herbicida por parte das plantas competidoras, que pode levar a aumento da aplicação do insumo, e a necessidade da aquisição de um insumo específico para um evento de transgenia, o que fomenta o mercado de defensivos.

Além das plantas HT e IR ou combinadas, há uma miríade de características que se deseja desenvolver em plantas de amplo consumo, principalmente nas frentes de tolerância a estresse abiótico (e.g. seca), e melhoria de qualidade do produto (e.g. biofortificação, com maior alocação de minerais ou vitaminas à fração alimentar da cultura; aumento no teor de ácidos graxos de interesse). Por mais que tais culturas tenham sido licenciadas em alguns países, seu cultivo e comercialização ainda são inexpressivos. Com o advento da edição genômica mediada pelos sistemas CRISPR/Cas, mais plantas dessa chamada "segunda geração" estão sendo desenvolvidas. Sua incorporação à paisagem da agricultura mundial dependerá de iniciativas públicas e/ou privadas que viabilizem a distribuição e instruam a população sobre a verificada biossegurança dessas cultivares que trazem benefícios desvinculados a insumos químicos, como as plantas da primeira geração.

9. LEGISLAÇÃO, NORMAS DE BIOSSEGURANÇA E PATENTES DE OGMs

O processo de desenvolvimento e licenciamento de plantas GM é longo, custoso e pode ser comparado ao de um novo medicamento, dadas as devidas proporções. A pesquisa básica, ao investigar os mecanismos mais finos e fundamentais do funcionamento da vida da planta, leva à obtenção de tecnologias de manipulação genética e à descoberta de genes de interesse. A pesquisa aplicada estuda os efeitos do uso de tais ferramentas sobre os genes de interesse e testa a hipótese de melhoria da característica de interesse. Em caso de êxito, quando há uniformidade significativa na resposta das plantas manipuladas, o julgamento dos pesquisadores pode levar ao início de um processo de estudo da viabilidade do cultivo de tais plantas em campo e seu eventual uso na pecuária ou mesmo na alimentação humana. O objetivo do processo de licenciamento é garantir a biossegurança da aplicação da tecnologia na escala proposta. As questões de saúde implicadas nesse processo vão além da esfera individual ou mesmo humana; é preciso verificar os efeitos da introdução da variedade GM proposta no funcionamento do ecossistema. São testados efeitos sobre a comunidade biológica que o compõe, desde a diversidade microbiana até a composição genética de plantas não-GM. Também são testados os aspectos físico-químicos que dão suporte à vida, como a qualidade da água e do solo, em busca de alterações que possam ter sido causadas pela introdução do OGM.

Cada nação ou bloco de nações traça suas regras sobre como esse processo é realizado. Os Estados Unidos, primeiro país a liberar uma cultura agrícola GM e com a maior área plantada de plantas GM atualmente, é considerado um mercado mais aberto a licenciar e liberar novas culturas. Do outro lado do espectro está o mercado europeu, onde as regulações da União Europeia são muito mais estritas e há menor aceitação do consumo de produtos GM. Em geral, é designada uma comissão de especialistas que têm a responsabilidade de deliberar sobre as normas de avaliação de cada proposta, supervisionar a aplicação das diretrizes dentro da lei e, por fim, deferir ou indeferir o pedido do proponente (MCHUGHEN, 2008).

No Brasil, foi estabelecida em 2005 a Comissão Técnica Nacional de Biossegurança (CTNBio) pela lei nº 11.105 de março do mesmo ano (BRASIL, 2005). Composta por profissionais de diversas áreas, "atua no estabelecimento de normas e pareceres para atividades que envolvam Organismos Geneticamente Modificados – OGM e derivados" (CTNBIO, 2020). A mesma lei, principal marco legal regulatório no país das atividades envolvendo modificações genéticas, define, em seu art. 3º, inciso V, OGM como "organismo cujo material genético – ADN/ARN (sic) tenha sido modificado por qualquer técnica de engenharia genética" (BRASIL, 2005). Para que possa solicitar a liberação comercial de uma cultura agrícola GM no Brasil, a instituição proponente deve buscar, nos termos da Resolução Normativa (RN) nº 1 de 2006 da CTNBio, a outorga de um Certificado de Qualidade em Biossegurança (CQB) (CTNBIO, 2006). O CQB é o primeiro passo para qualquer iniciativa de pesquisa com OGM no Brasil, e sua obtenção passa pela entrega de documentação atestando a capacidade técnica e a infraestrutura necessárias para tal. Em seguida, a instituição proponente deve encaminhar a proposta à CTNBio, com todos os anexos descritos na RN nº 24 de 2020 do mesmo órgão (CTNBIO, 2020). A Tabela 3 lista algumas das informações solicitadas pela CTNBio para a apreciação de uma proposta de novo OGM, quando o caso é uma planta destinada à alimentação. Caso já exista liberação de um evento muito similar ou se esteja buscando uma adição de modificação em planta GM já liberada, o processo pode ser simplificado.

Tabela 3 Exemplos de algumas informações solicitadas pela CTNBio na submissão de uma proposta de liberação comercial de OGM, no caso de uma planta destinada ao consumo como alimento.

Categoria	Subcategoria	Informações necessárias (exemplos)
Informações relativas ao OGM	Obrigatório para todas as propostas	Evento de transformação, objetivo e utilização do OGM e seus derivados; Classificação taxonômica; Genes introduzidos, organismos de origem e funções específicas; Vetor utilizado; Padrão de herança; Efeitos pleiotrópicos e epistáticos; Estabilidade genotípica; Efeito na reprodução; Performance observada
Avaliação de risco à saúde humana e animal	Organismos consumidos como alimento	Perfil de consumo; Comparação nutricional*; Toxicidade**; Alergenicidade**; Termoestabilidade**; Digestibilidade**
Avaliação de risco ao meio ambiente	Plantas	Área de ocorrência natural; Histórico do cultivo; Frequência de cruzamento intra- e interespecífico; Capacidade de dispersão*; Alterações na sobrevivência*; Efeitos em organismos indicadores*; Impactos negativos e positivos em espécies alvo e não-alvo; Efeitos na microbiota do solo; Qualidade do solo e da água; Biodegradabilidade*; Histórico de liberação no mundo

*em comparação com o organismo não GM, **da proteína ou produto gênico introduzido

Fonte: CTNBIO (2020).

Em 2020, foram deferidos 25 pedidos de liberação comercial, sendo 7 deles na área vegetal. O tempo médio de avaliação de pedido de liberação foi de 134 dias. Deferido o pedido de liberação comercial, é necessário submeter um plano de monitoramento ou uma solicitação de isenção de monitoramento. Caso um relatório do monitoramento constate algum efeito adverso, a instituição proponente deve instalar um plano de mitigação do mesmo. Falha em cumprir tal plano ou responder às resoluções da CTNBio pode acarretar suspensão da liberação, produção, comercialização e demais penalidades previstas em lei.

No quesito de propriedade intelectual das tecnologias que possibilitam as melhorias às culturas agrícolas, há uma discussão em andamento em cada jurisprudência sobre como proceder. No Brasil, OGMs são considerados invenções.

No entanto, somente microrganismos GM podem ser patenteados como tal. As construções e ferramentas moleculares utilizadas para a obtenção de OGMs também podem ser patenteadas como inventos. No caso de plantas GM, há um caminho alternativo para a proteção: direitos *sui generis* que incorrem sobre uma nova cultivar, garantidos sob a lei nº 9.456 de 1997. Ao registrar legalmente a cultura GM como cultivar, é outorgada proteção por 18 anos para espécies frutíferas arbóreas, florestais, ornamentais e trepadeiras, e 15 anos para as demais (FIGUEIREDO et al., 2019). O número de pedidos brasileiros de patentes no campo da agricultura biotecnológica e relacionadas a OGM vem caindo na última década, uma tendência que não reflete a realidade mundial da área. O Brasil é considerado um país onde a proteção e o registro de propriedade intelectual são processos custosos e muito demorados. Isso impõe um entrave que limita o potencial da agricultura biotecnológica no país e impede pequenas empresas de competir com as multinacionais, detentoras da maior parcela da propriedade intelectual vinculada a culturas GM. A exceção no Brasil é a EMBRAPA (Empresa Brasileira de Pesquisa Agropecuária), que figura na lista de dez empresas com maior número de pedidos de patentes na área (FIGUEIREDO et al., 2019).

O universo de possibilidades criado pelo advento das tecnologias que fazem uso do sistema CRISPR/Cas trouxe à tona a discussão sobre a regulação de plantas obtidas por tais técnicas. Nos Estados Unidos, o órgão responsável visa implementar uma nova política de biossegurança, chamada SECURE (*Sustainable, Ecological, Consistent, Uniform, Responsible, Efficient*), que inclui plantas editadas e exime de regulação aquelas que não envolvem a introdução permanente de sequências exógenas ao genoma da planta (USDA, 2020). No Brasil, a CTNBio deliberou, por meio da RN nº 16 (CTNBIO, 2018a), de maneira semelhante. OGMs obtidos por técnicas como a edição genômica podem receber tratamento diferente daquelas obtidas por transgenia. De fato, ainda em 2018 foi dada essa nova interpretação a uma solicitação de isenção de regulação para liberação de uma levedura editada (CTNBIO, 2018b). Uma boa revisão do panorama atual global da legislação sobre plantas editadas pode ser encontrada em Menz et al. (2020).

10. REFERÊNCIAS BIBLIOGRÁFICAS

ALMEIDA, C.; MASSARANI, L. Farmers prevailing perception profiles regarding GM crops: a classification proposal. Public Underst. Sci., v. 27, n. 8, p. 952-966, 4 abr. 2018.

ALONSO, J. M. et al. Genome-wide insertional mutagenesis of *Arabidopsis thaliana*. Science, v. 301, n. 5633, p. 653-657, 2003.

ANAMI, S. et al. Higher plant transformation: Principles and molecular tools. Int. J. Dev. Biol., v. 57, n. 6-8, p. 483-494, 2013.

ANDRADE, S. R. M. Princípios da Cultura de Tecidos Vegetais. Planaltina: Embrapa, 2002.

ANZALONE, A. V. et al. Genome editing with CRISPR–Cas nucleases, base editors, transposases and prime editors. Nat. Biotechnol., v. 38, n. 7, p. 824-844, 2020.

BAKKER, H. et al. Galactose-extended glycans of antibodies produced by transgenic plants. Proc. Natl. Acad. Sci., v. 98, p. 2899-2904, 2001.

BARRY, G. F. et al. Glyphosate-tolerant 5-enolpyruvylshikimate-3-phosphate synthases. US n. 5.633.435. Depósito: 13 set. 1994. Concessão: 27 maio 1997.

BATES, G. W. Plant transformation via protoplast electroporation. Methods Mol. Biol., p. 359-366, 1999.

BOEHM, R. Bioproduction of therapeutic proteins in the 21st century and the role of plants and plant cells as production platforms. Ann. N Y Acad. Sci., v. 1102, p. 121-134, 2007.

BOUTIGNY, A. L. et al. Overview and detectability of the genetic modifications in ornamental plants. Hortic. Res., v. 7, n. 1, p. 1-12, 2020.

BRASIL. Lei nº 11.105, de 24 de março de 2005. Disponível em: http://www.planalto.gov.br/ccivil_03/_ato2004-2006/2005/lei/l11105.htm.

BROOKES, G.; BARFOOT, P. GM crops: global socio-economic and environmental impacts 1996–2018. Dorchester: PG Economics Ltd, 2020.

CALDAS, L. S.; HARIDASAN, P.; FERREIRA, M. A. Meios nutritivos. In: TORRES, A. C.; CALDAS, L. S.; BUSO J. A. (Ed.) Cultura de tecidos e transformação genética de plantas. Brasília: Embrapa SPI: Embrapa CNPH. v. 1, p. 87-132, 1998.

CANÇADO, G. M. A. et al. Cultivo de plantas *in vitro* e suas aplicações. Informe agropecuário. Belo Horizonte, v. 30, n. 253, p. 64 -74, nov./dez. 2009.

CANHOTO, J. M. Cultura *in vitro* de plantas. In: Biotecnologia Vegetal: da Clonagem de Plantas à Transformação Genética. Coimbra: Imprensa da Universidade de Coimbra, cap. 2, p. 43-50, 2010.

CANTER, P.H.; THOMAS, H.; ERNST, E. Bringing medicinal plants into cultivation: opportunities and challenges for biotechnology. Trends Biotechnol., v. 23, n. 4, p. 180-185, 2005.

CAPELL, T.; CHRISTOU, P. Progress in plant metabolic engineering. Curr. Opin. Biotechnol., v. 15, n. 2, p. 148-54, 2004.

CARVALHO, A. C. P. P. Glossário De Cultura De Tecidos De Plantas. Plant Cell Cult. Micropropag., v. 7, n. 1, p. 30-60, 2011.

CARVALHO, J. M. F. C; SILVA M. M. A.; MEDEIROS, M. J. L. Fatores Inerentes À Micropropagação. Campina Grande: Embrapa, 2006.

CARVALHO, J. M. F. C; VIDAL, M. S. Noções de Cultivo de Tecidos Vegetais. Campina Grande: Embrapa, 2003.

CHADHA, K. C.; SRIVASTAVA, B. S. Evidence for the presence of bacteria-specific proteins in sterile crown gall tumor tissue. Plant Physiol., v. 48, n. 2, p.125-129, 1971.

CHALFIE, M. et al. Green fluorescent protein as a marker for gene expression. Science, v. 263, n. 5148, p. 802-805, 1994.

CHAWLA, H. S. Introduction. In: Introduction to Plant Biotechnology. 3. ed. Enfield, NH: Science Publishers, 2009. Cap. 1. p. 3-14.

CHILTON, M. D. Agrobacterium. A memoir. Plant Physiology, v. 125, n. 1, p. 9-14, 2001.

CIB – CENTRO DE INFORMAÇÕES SOBRE BIOTECNOLOGIA; AGROCONSULT. 20 anos de transgênicos: impactos ambientais, econômicos e sociais no Brasil, 2018. Disponível em: https://agroavances.com/img/publicacion_documentos/153575459920-anos-de-transgenicos-no-brasil.pdf.

CLOUGH, S. J.; BENT, A. F. Floral dip: a simplified method for Agrobacterium-mediated transformation of *Arabidopsis thaliana*. Plant J., v. 16, n. 6, p. 735-743, 1998.

CTNBIO. Resolução Normativa nº 16, de 15 de janeiro de 2018. Estabelece os requisitos técnicos para apresentação de consulta à CTNBio sobre as Técnicas Inovadoras de Melhoramento de Precisão. CTNBIO, 2018a.

CTNBIO. Extrato de Parecer Técnico nº 5905/2018, de 22 de junho de 2018. Brasília: Diário Oficial da União, ed. 119, § 1, p. 11. CTNBIO, 2018b.

CTNBIO. Resolução Normativa nº 1, de 20 de junho de 2006, alterada pela Resolução Normativa nº 11, de 23 de outubro de 2013 e pela Resolução Normativa nº 14, de 05 de fevereiro de 2015. Dispõe sobre a instalação e o funcionamento das Comissões Internas de Biossegurança (CIBios) e sobre os critérios e procedimentos para requerimento, emissão, revisão, extensão, suspensão e cancelamento do Certificado de Qualidade em Biossegurança (CQB).

CTNBIO. Resolução Normativa nº 24, de 07 de janeiro de 2020. Dispõe sobre normas para liberação comercial e monitoramento de Organismos Geneticamente Modificados – OGMs e seus derivados.

DE BLOCK, M. et al. Expression of foreign genes in regenerated plants and in their progeny. EMBO J., v. 3, n. 8, p.1681-1689, 1984.

DE VASCONCELOS, M. J. V.; FIGUEIREDO, J. Edição de genoma com nuclease "Zinc Finger", Sete Lagoas: Embrapa Milho e Sorgo, 36 p., 2016.

DELLAPENNA, D. Plant Metabolic Engineering. Plant Phys., v. 125, n. 1, p. 160-163, 2001.

FERREIRA, M. A.; CALDAS L. S.; PEREIRA E. A. Aplicações da cultura de tecidos no melhoramento genético de plantas. In: TORRES, A. C.; CALDAS, L. S.; BUSO, J. A. Cultura de tecidos e transformação genética de plantas. Brasília: Embrapa SPI: Embrapa CNPH. v. 1, p. 21-43, 1998.

FIGUEIREDO, L. H. M.; VASCONCELLOS, A. G.; PRADO, G. S.; GROSSI-DE-SA, M. F. An overview of intellectual property within agricultural biotechnology in Brazil. Biotechnol. Res. Innov., v. 3, n. 1, p. 69-79, jan. 2019. http://dx.doi.org/10.1016/j.biori.2019.04.003.

IAEA – INTERNATIONAL ATOMIC ENERGY AGENCY. Mutant Variety Database. Disponível em: https://mvd.iaea.org/.

FISHER, R. et al. Toward molecular farming in the future: moving from diagnostic protein and antibody production in microbes to plants. Biotechnol. Appl. Biochem., v. 30, p. 101-108, 1999.

FRITSCHE-NETO, R.; BORÉM, A. Omics: Opening up the "Black Box" of the Phenotype. In.: BORÉM, A.; FRITSCHE-NETO, R. Omics in Plant Breeding, Hoboken: Wiley Blackwell, p. 1-11, 2014.

FUNKE, T. et al. Molecular basis for the herbicide resistance of Roundup Ready crops. Proc. Natl. Acad. Sci., v. 103, n. 35, p. 13010-13015, 2006.

GEPTS, P. et al. Introduction: the domestication of plants and animals: ten unanswered questions. In: Biodiversity in agriculture: domestication, evolution, and sustainability. Cambridge: Cambridge University Press, p. 1-8, 2012.

GILCHRIST, E.; HAUGHN, G. Reverse genetics techniques: engineering loss and gain of gene function in plants. Brief. Funct. Genom., v. 9, n. 2, p. 103-110, 2010.

GIULIANO, G. Provitamin A biofortification of crop plants: a gold rush with many miners. Curr. Opin. Biotechnol., v. 44, p. 169-180, 2017.

ISAAA - INTERNATIONAL SERVICE FOR THE ACQUISITION OF AGRI-BIOTECH APPLICATIONS. Global status of commercialized biotech/GM crops in 2018. Brief 54, Ithaca, NY, 100 p., 2018.

ISAAA. Global Status of Commercialized Biotech/GM Crops in 2019. Executive Summary, Brief 55. Ithaca, NY, 20p., 2019.

ISAAA. GM Approval Database. 2021. Disponível em: https://www.isaaa.org/gmapprovaldatabase/event/default.asp?EventID=121.

JANKOWICZ-CIESLAK, J.; TILL, B. J. Forward and reverse genetics in crop breeding. In: AL-KHAYRI, J. M.; JAIN, S. M.; JOHNSON, D.V. (Ed.) Advances in plant breeding strategies: breeding, biotechnology and molecular tools. Cham: Springer International Publishing, v. 1, p. 215-240, 2015.

JINEK, M. et al. A programmable dual-RNA–guided DNA endonuclease in adaptive bacterial immunity. Science, v. 337, n. 6096, p. 816-821, 2012.

JONES, H. D. Advances in Transformation Technologies. In: HALFORD, N. G. (Ed.) Plant Biotechnology: Current and Future Applications of Genetically Modified Crops. Chichester: John Wiley & Sons, p. 71-90, 2006.

JONES, H. D.; DOHERTY, A.; SPARKS, C. A. Transient transformation of plants. In: SOMERS, D. J.; LANGRIDGE, P.; GUSTAFSON, J. P. (Ed.) Plant Genomics: Methods and Protocols. Totowa: Humana Press, p. 131-152, 2009.

JUNGHANS, T. G.; SOUZA, A. S. (Ed.). Aspectos práticos da micropropagação de plantas. 2. ed. Brasília: Embrapa, 2013.

KAMTHAN, A. et al. Genetically modified (GM) crops: milestones and new advances in crop improvement. Theor. Appl. Genet., v. 129, n. 9, p. 1639-1655, 2016.

KATSUMOTO, Y. et al. Engineering of the rose flavonoid biosynthetic pathway successfully generated blue-hued flowers accumulating delphinidin. Plant Cell Physiol., v. 48, n. 11, p. 1589-1600, 2007.

KERBAUY, G. B. Competência e determinação celular em cultura de células e tecidos de plantas. In: TORRES, A. C.; CALDAS, L. S.; BUSO, J. A. (Ed.) Cultura de tecidos e transformação genética de plantas. Brasília: Embrapa-SPI/Embrapa-CNPH, v. 2, p. 519-531, 1999.

KERBAUY, G. B. Cultura de raízes e regeneração de plantas. In: TORRES, A. C.; CALDAS, L. S.; BUSO, J. A. (Ed.) Cultura de tecidos e transformação genética de plantas. Brasília: Embrapa-SPI/Embrapa-CNPH, v. 1, p. 161-181, 1998.

KLEIN, T. M. et al. High-velocity microprojectiles for delivering nucleic acids into living cells. Nature, v. 327, n. 6117, p. 70-73, 1987.

KRENEK, P. et al. Transient plant transformation mediated by *Agrobacterium tumefaciens*: Principles, methods and applications. Biotechnol. Adv., v. 33, n. 6, p. 1024-1042, 2015.

KUMAR, K. et al. Genetically modified crops: current status and future prospects. Planta, v. 251, n. 4, p. 1-27, 2020.

LE NGUYEN, K. et al. Next-generation sequencing accelerates crop gene discovery. Trends Plant Sci., v. 24, n. 3, p. 263-274, 2019.

LOPES FILHO, J. H. et al. Introdução à edição genômica em plantas: desafios da agricultura moderna para o presente e o futuro. In: MOLINARI, H. et al. (Ed.) Tecnologia CRISPR na edição genômica de plantas. Brasília: Embrapa Agroenergia, p. 11-48, 2020.

MA, J. K-C.; DRAKE, P.M.W.; CHRISTOU, P. The production of recombinant pharmaceutical proteins in plants. Nat. Rev. v. 4, p. 794-805, 2003.

MARASCHIN, M.; VERPOORTE, R. Engenharia do metabolismo secundário: otimização da produção de metabólitos secundários em culturas de células vegetais. Brasília: Biotecnologia Cienc. Desenvol., v. 10, p. 24-28, 1999.

MCHUGHEN, A. Regulations and Biosafety. In: STEWART JR., C. N. (Ed.). Plant Biotechnology and Genetics: principles, technologies and applications. Hoboken, New Jersey: John Wiley & Sons, p. 291-310, 2008.

MENZ, J. et al. Genome Edited Crops Touch the Market: a view on the global development and regulatory environment. Front Plant Sci, v. 11, p. 1-17, 9 out. 2020.

MERLIN, M. et al. Comparative evaluation of recombinant protein production in different biofactories: the green perspective. BioMed Res. Int., v. 2014, p. 1-14, 2014.

MIKI, B.; MCHUGH, S.. Selectable marker genes in transgenic plants: applications, alternatives and biosafety. J. Biotechnol., v. 107, n. 3, p. 193-232, 2004.

MOLINARI, H. B. C. et al. Tecnologia CRISPR na edição genômica de plantas: Biotecnologia aplicada à agricultura. Brasília: Embrapa Agroenergia, 2020.

MURASHIGE, T.; SKOOG, F. A revised medium for rapid growth and bioassays with tobacco tissue cultures. Physiol. Plant., v. 15, p. 473-497, 1962.

NAPIER, J. A. et al. The challenges of delivering genetically modified crops with nutritional enhancement traits. Nat. Plants, v. 5, n. 6, p. 563-567, 2019.

NAQVI, S. et al. When more is better: multigene engineering in plants. Trends Plant Sci., v. 15, n. 1, p. 48-56, 2010.

NASCIMENTO, N. C,; FETT-NETO, A. G. Plant secondary metabolism and challenges in modifying its operation: an overview. In: FETT-NETO, A. G. (Ed.) Plant Secondary Metabolism Engineering – Methods and Applications. New York: Springer, p. 1-13, 2010.

NETO, S. P. S.; ANDRADE, S. R. M. Cultura de tecidos vegetais: princípios e aplicações. In: COSTA, A. M. et al. (Org.). Biotecnologia: estado da arte e aplicações na agropecuária. Planaltina: Embrapa, cap.14, p. 411-427, 2011.

NETO, T. A.; MENDES, B. M. J.; ANDO, A. Progresso na indução e uso de mutações *in vitro*. In: TORRES, A. C.; CALDAS, L. S.; BUSO, J. A. (Ed.) Cultura de tecidos e transformação genética de plantas. Brasília: Embrapa SPI: Embrapa CNPH. v. 1, p. 459-506, 1998.

NEWMAN, D. J.; CRAGG, G. M.; SNADER, K. M. Natural Products as Sources of New Drugs over the Period 1981–2002. J. Nat. Prod., v. 66, n. 7, p. 1022-1037, 2003.

PAPDI, C. et al. Genetic technologies for the identification of plant genes controlling environmental stress responses. Funct. Plant Biol., v. 36, n. 8, p. 696-720, 2009.

PAUL, M. J.; NUCCIO, M. L.; BASU, S. S. Are GM crops for yield and resilience possible? Trends Plant Sci., v. 23, n. 1, p.10-16, 2018.

PETERS, J. L.; CNUDDE, F.; GERATS, T. Forward genetics and map-based cloning approaches. Trends Plant Sci., v. 8, n. 10, p. 484-491, 2003.

PINTO, A. C. et al. Produtos naturais: atualidade, desafios e perspectivas. Quím. Nova, v. 25, p. 45-61, 2002.

POWELL, D. Why Transgenic Plants Are So Controversial. In: STEWART JR., C. Neal (Ed.). Plant Biotechnology and Genetics: principles, technologies and applications. Hoboken, New Jersey: John Wiley & Sons, p. 343-355, 2008.

RIVERA, A. L. et al. Physical methods for genetic plant transformation. Phys. Life Rev., v. 9, n. 3, p. 308-345, 2012.

RYFFEL, G. U. Orgenic plants: gene-manipulated plants compatible with organic farming. Biotechnol. J., v. 7, n. 11, p. 1328-1331, 2012.

SAHU, P. K. et al. Next generation sequencing based forward genetic approaches for identification and mapping of causal mutations in crop plants: A comprehensive review. Plants, v. 9, n. 10, p. 1355, 2020.

SANAHUJA, G. et al. *Bacillus thuringiensis*: a century of research, development and commercial applications. Plant Biotechnol. J., v. 9, n. 3, p. 283-300, 2011.

SANFORD, J. C. et al. Delivery of substances into cells and tissues using a particle bombardment process. Part. Sci. Technol., v. 5, n. 1, p. 27-37, 1987.

SANGWAN, N. S. et al. Plant Metabolic Engineering. In: BARH, D.; AZEVEDO, V. (Ed.) Omics Technologies and Bio-Engineering. Academic Press, p. 143-175, 2018.

SCHILPEROORT, R. A. et al. Formation of complexes between DNA isolated from tobacco crown gall tumours and RNA complementary to *Agrobacterium tumefaciens* DNA. Biochim. Biophys. Acta Nucleic Acids Protein Synth., v. 145, n. 2, p. 523-525, 1967.

SCHNEEBERGER, K. Using next-generation sequencing to isolate mutant genes from forward genetic screens. Nat. Rev. Genet., v. 15, n. 10, p. 662-676, 2014.

SCHNEEBERGER, K.; WEIGEL, D. Fast-forward genetics enabled by new sequencing technologies. Trends Plant Sci., v. 16, n. 5, p. 282-288, 2011.

SHARMA A. K.; SHARMA, M. K. Plants as bioreactors: recent developments and emerging opportunities. Biotechnol. Adv., v. 27, p. 811-832, 2009.

SHEHRYAR, K. et al. Transgene stacking as effective tool for enhanced disease resistance in plants. Mol. Biotechnol., v. 62, n. 1, p. 1-7, 2020.

TABASHNIK, B. E.; BRÉVAULT, T.; CARRIÈRE, Y. Insect resistance to Bt crops: lessons from the first billion acres. Nat. Biotechnol., v. 31, n. 6, p. 510-521, 2013.

TIWARI, S. et al. Plants as bioreactors for the production of vaccine antigens. Biotechnol. Adv., v. 27, p. 449-467, 2009.

TORRES, A. C. et al. Glossário de Biotecnologia vegetal. Brasília: Embrapa, 2000.

USDA – UNITED STATES DEPARTMENT OF AGRICULTURE. Movement of certain genetically engineered organisms. Federal Register, v. 85, n. 96, 18 maio 2020. Disponível em: https://www.aphis.usda.gov/brs/fedregister/BRS_2020518.pdf.

UNITED NATIONS. World population prospects 2019: highlights. Department of Economic and Social Affairs, Population Division, 2019.

VIZZOTO, M.; KROLOW, A. C.; WEBER, G. E. B. Metabólitos secundários encontrados em plantas e sua importância. Pelotas: Embrapa Clima Temperado, 2010.

VOSS-FELS, K.P.; STAHL, A.; HICKEY, L.T. Q&A: Modern crop breeding for future food security. BMC Biol., v. 17, n. 1, p. 1-7, 2019.

VOYTAS, D. F. Plant genome engineering with sequence-specific nucleases. Annu. Rev. Plant Biology, v. 64, p. 327-350, 2013.

WANG, K. et al. Right 25 by terminus sequence of the nopaline t-DNA is essential for and determines direction of DNA transfer from *Agrobacterium* to the plant genome. Cell, v. 38, n. 2, p. 455-462, 1984.

WILDE, H. D. Induced mutations in plant breeding. In: AL-KHAYRI, J. M.; JAIN, S. M.; JOHNSON, D.V. (Ed.) Advances in plant breeding strategies: breeding, biotechnology and molecular tools. Cham: Springer International Publishing, v. 1, p. 329-344, 2015.

WOODWARD, A. W.; BARTEL, B. Biology in bloom: a primer on the *Arabidopsis thaliana* model system. Genetics, v. 208, n. 4, p. 1337-1349, 2018.

YE, X. et al. Engineering the provitamin A (β-carotene) biosynthetic pathway into (carotenoid-free) rice endosperm. Science, v. 287, n. 5451, p. 303-305, 2000.

YU, H.; LI, J. Short-and long-term challenges in crop breeding. Natl. Sci. Rev., v. 8, n. 2, nwab002, 2021.

ZAMBRYSKI, P. et al. Ti plasmid vector for the introduction of DNA into plant cells without alteration of their normal regeneration capacity. EMBO J., v. 2, n. 12, p. 2143-2150, 1983.

ZHANG, J. et al. RMD: a rice mutant database for functional analysis of the rice genome. Nucleic acids research, v. 34, n. suppl_1, p. D745-D748, 2006.

ZHAO, X. et al. Pollen magnetofection for genetic modification with magnetic nanoparticles as gene carriers. Nat. Plants, v. 3, n. 12, p. 956-964, 2017.

CAPÍTULO 13

TECNOLOGIAS INOVADORAS DE MELHORAMENTO DE PRECISÃO

Vanessa Galli
William Borges Domingues
Rosane Lopes Crizel
Vinicius Farias Campos

1. INTRODUÇÃO

A terminologia Tecnologias Inovadoras de Melhoramento de Precisão (TIMPs) a qual deriva do inglês *Precision Breeding Innovation* (PBI) e também *New Breeding Technologies* (NBTs) se refere ao melhoramento genético de uma espécie através de metodologias que não gerem organismo geneticamente modificado (OGM), resultando na ausência de DNA/RNA recombinante no organismo final. Embora as TIMPs têm sido principalmente utilizadas no melhoramento genético de plantas, estas técnicas também têm sido estudadas para melhoramento genético de animais de produção (LASSOUED et al., 2020). Em geral, as principais vantagens das TIMPs estão na possibilidade de modificações mais precisas e rápidas no genoma do organismo quando comparadas com as técnicas convencionais de melhoramento como cruzamentos selecionados, modificações químicas, radiação, entre outras técnicas para alterar uma característica de uma planta ou animal. Além da vantagem técnica, as TIMPs reduzem o tempo para o melhoramento em relação às técnicas convencionais, o que resulta numa vantagem econômica sobre os métodos tradicionais.

As TIMPs ficaram por um longo período de tempo numa situação incerta quanto à sua classificação legal, visto que há um considerável debate sobre como essas práticas devem ser regulamentadas e se elas (ou algumas delas) devem se enquadrar no âmbito da legislação de OGM de cada país. Em decorrência destas discussões, a Autoridade Europeia para a Segurança dos Alimentos (EFSA) determinou em 2016, orientações sobre novos alimentos e alimentos tradicionais na Europa para ajudar a garantir que estes alimentos seriam seguros. Alimentos novos referem-se a alimentos que os cidadãos europeus não consumiram em grau significativo antes de maio de 1997. Incluem alimentos de novas fontes (por exemplo, óleo rico em ácidos graxos ômega-3), alimentos obtidos através da aplicação de novas tecnologias (por exemplo, através do uso de TIMPs) ou pelo uso de novas substâncias (por exemplo, fitoesteróis ou esteróis vegetais) (EFSA, 2016). A utilização das TIMPs para a geração destes novos alimentos se dá pelo fato de atender à crescente demanda por alimentos no mundo, às mudanças climáticas e à escassez de recursos naturais. Estas técnicas inovadoras de melhoramento podem gerar uma alta produtividade, reduzindo os impactos ambientais.

O Brasil, sendo um dos principais produtores da indústria agropecuária não ficou de fora desta discussão e, em 2015, a Comissão Técnica Nacional de Biossegurança (CTNBio) criou um grupo de trabalho para estudar e entender as TIMPs. Após três anos de trabalho a CTNBio publicou a Resolução Normativa 16/2018, a qual estabelece os requisitos técnicos para apresentação de consulta à CTNBio sobre as Técnicas Inovadoras de Melhoramento de Precisão (TIMPs). A Lei de Biossegurança (nº 11.105, de 2005), define claramente sobre moléculas de DNA/RNA recombinante, engenharia genética e organismo geneticamente modificado – OGM nos incisos III, IV e V de seu art. 3º, entretanto, não trata sobre as TIMPs e seus produtos. Neste contexto, a Resolução Normativa 16/2018 determina que serão consideradas TIMPs aquelas técnicas que originem um produto que não seja considerado como um Organismo Geneticamente Modificado (OGM) e seus derivados, conforme definições da Lei nº 11.105, de 24 de março de 2005 (NEPOMUCENO et al. 2020).

Desta forma, de acordo com a Resolução 16/2018, as TIMPs abrangem um conjunto de novas metodologias e abordagens que diferem da estratégia de engenharia genética por transgenia, por resultar na ausência de DNA/RNA recombinante no produto final. Assim, uma série de possibilidades podem resultar do uso de TIMPs, como na utilização de técnicas de edição de genomas como CRISPR para gerar mutações sem a inserção de transgenes ou na transformação genética transiente e não herdável, além de outras possibilidades (CTNBio, 2018).

Neste capítulo serão abordadas as principais Tecnologias Inovadoras de Melhoramento de Precisão como: Transformação Transiente, Silenciamento por RNAi, Metilação do DNA Dependente de RNA, Mutagênese Direcionada por Oligonucleotídeo, Nucleases engenheiradas (incluindo CRISPR) e suas aplicações no melhoramento de plantas e animais e os riscos e benefícios para a sociedade.

2. TRANSFORMAÇÃO TRANSIENTE

A transformação transiente, por definição, é a alteração temporária na expressão de determinado gene, e esta abordagem pode ser útil para inferir a função, caracterizar genes, estudar a localização da proteína, ou mesmo produzir proteínas recombinantes em escala industrial. Em comparação com uma transformação estável, a transformação transiente tem como vantagens: a expressão do gene pode ser analisada em poucos dias ou até mesmo horas, sem necessitar disseminação pelo organismo; a inserção do transgene no genoma é apenas localizada, não resultando em uma característica herdável, sendo assim considerada uma TIMP. Além disso, os sistemas de transformação transiente podem aumentar a velocidade da pesquisa na área vegetal, pois não há necessidade de obter uma planta geneticamente modificada, uma atividade que é demorada e trabalhosa por exigir o cultivo *in vitro* de plantas e apresentar uma eficiência baixa, especialmente nas etapas de regeneração e aclimatação, além de envolver questões de biossegurança. Essas vantagens tornam esses sistemas eficientes métodos de pesquisa, especialmente em plantas que são resistentes à regeneração (GUIDARELLI, 2015).

A transformação transiente de plantas segue o mesmo esquema da transformação convencional. As etapas realizadas incluem: 1) isolar os genes de interesse do organismo de origem; 2) desenvolver uma construção transgênica funcional incluindo o gene de interesse, promotores para dirigir a expressão, e genes marcadores para facilitar o rastreamento dos genes introduzidos na planta hospedeira; 3) incorporar esta construção em um vetor útil; 4) introduzir o vetor nas células vegetais; 5) avaliar o resultado através da expressão do gene, a análise da proteína de interesse ou até mesmo observando mudanças fenotípicas (Figura 1).

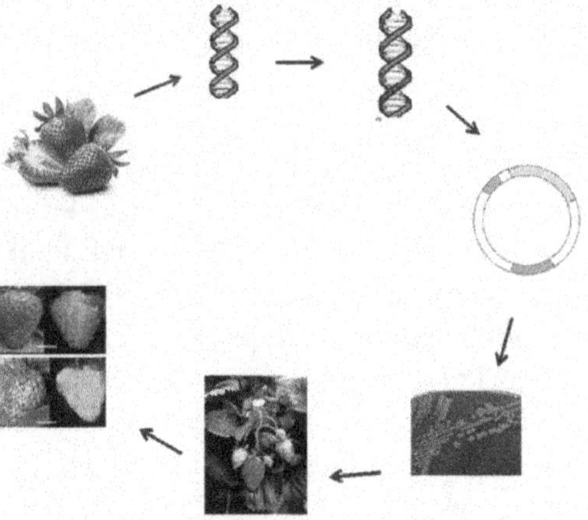

Figura 1 Esquema do silenciamento transiente do gene repórter *FaCHS* em morango. A, O fenótipo do fruto de controle inoculado com *Agrobacterium* contendo somente o vetor viral TRV vazio. B, O fenótipo do fruto RNAi inoculado com *Agrobacterium* contendo o TRV carregando um fragmento *FaCHS*.

Fonte: Adaptado de JIA et al., 2011.

Os métodos de expressão transiente são classificados em 3 categorias, definidos pelo método de entrega de DNA, e se o DNA se replica dentro da célula hospedeira. Os métodos de entrega de DNA podem ser divididos em métodos físicos/químicos (entrega direta) ou via *Agrobacterium* (agroinfiltração); em ambos não há replicação do DNA transferido dentro da célula vegetal. A terceira categoria consiste na utilização de vetores virais, os quais têm a capacidade de movimentação célula-célula e/ou sistêmica para disseminar o transgene, resultando em uma expressão homogênea pela planta e muitas vezes levam a elevados níveis de acúmulo da proteína (JONES, 2009). Em geral, estes vetores virais são entregues à planta via *Agrobacterium* (agroinoculação).

2.1. Entrega direta dos plasmídeos não replicantes

Os ensaios de expressão transiente com transferência direta de DNA através da indução química ou física são potencialmente adequados para todas as espécies e todos os materiais vegetais e não requerem sistemas de vetores especializados. No entanto, esses métodos apresentam algumas desvantagens, como: exigência de instrumentação especializada e consumíveis, fragmentação e rearranjo das sequências introduzidas, alta integração de cópias e cointegração do cassete gênico com a sequência do vetor plasmidial. Além disso, a integração do gene no DNA da planta é um processo complexo e não totalmente compreendido, sendo o local da inserção do gene ao acaso e não dependente de recombinação homóloga. Existem vários métodos físicos e químicos para a transferência dos genes nas plantas, como eletroporação de protoplastos, microinjeção, bombardeio de partículas ou biobalística e polietilenoglicol (PEG). Eletroporação, microinjeção e métodos químicos incluindo PEG são empregados principalmente para protoplastos, enquanto o bombardeio de partículas é utilizado em órgãos, tecidos diferenciados ou mesmo a planta inteira.

O método de bombardeamento de genes, também conhecido como biobalística ou aceleração de micropartículas é um dos mais utilizados. Partículas de tungstênio ou ouro são revertidos com o DNA a ser transferido para a planta (sequência gênica ou plasmídeo) e então aceleradas, utilizando-se um equipamento chamado bombardeador ou acelerador de partículas, e lançadas contra o tecido da planta a ser transformado. À medida que as partículas contendo o DNA de interesse entram nas células, os transgenes são liberados da superfície da partícula e podem se incorporar ao DNA cromossômico das células.

2.2. Agroinfiltração

Agrobacterium tumefaciens é amplamente utilizada como uma ferramenta para transformação de plantas de forma estável. No entanto, o desenvolvimento de métodos de transformação transiente utilizando *Agrobacterium* também vem sendo amplamente explorado. *Agrobacterium tumefaciens* é um fitopatógeno do solo responsável pela formação de tumor nas raízes das plantas, causando a doença da galha. Esta bactéria emprega uma estratégia de virulência única para induzir tumores. Ela consegue transferir um segmento do seu próprio DNA (DNA transferido, T-DNA), presente no seu plasmídeo Ti (indutor de tumor), para o genoma da planta, o qual se integra e altera o ambiente da planta hospedeira para atingir as condições ideais de crescimento bacteriano. A capacidade da *Agrobacterium* integrar seu próprio DNA no genoma do hospedeiro é predominantemente determinada por este plasmídeo Ti. Para que ocorra a infecção é necessário um ferimento, por meio do qual ocorre a liberação de compostos fenólicos, que são reconhecidos pela bactéria que inicia o seu processo de transferência do DNA (HWANG et al., 2017). No laboratório, utiliza-se a adição de acetoseringona ou hidroxiacetoseringona para simular esta condição.

Após a descoberta da estratégia de virulência única da *Agrobacterium,* foram realizadas adaptações para tornar a *Agrobacterium* uma ferramenta para a transformação genética de plantas. Essas adaptações consistem, basicamente, na deleção dos genes oncogênicos (que causam o tumor) do T-DNA e a manutenção dos genes relacionados à transferência e à replicação do plasmídeo, ou seja, a região *vir* e as extremidades direita e esquerda do T-DNA. A região *vir* faz parte do plasmídeo Ti, mas ela não é transferida para a célula hospedeira; ela apenas contém genes que codificam para a maioria das proteínas de virulência (proteínas Vir) necessárias para o transporte do T-DNA e integração no genoma do hospedeiro. Com isso, produzem-se linhagens desarmadas, que não causam tumor, mas que ainda conseguem infectar a célula vegetal e transferir seu DNA. Assim, genes de interesse podem ser introduzidos dentro da planta através de sua inserção na região desarmada do T-DNA em substituição à região T-DNA original.

A expressão de genes presentes no T-DNA após a infecção dos tecidos vegetais por *Agrobacterium* pode ocorrer de forma transitória e/ou estável. A expressão estável requer integração de T-DNA no genoma do hospedeiro, enquanto a expressão transitória geralmente atinge o pico de 2 a 4 dias após a infecção do tecido vegetal e diminui, tanto no número de células que expressam quanto no nível de expressão por célula transformada. Isso ocorre devido *Agrobacterium* entregar um grande número de cópias de T-DNA e nem todas serem integradas no genoma do hospedeiro. No entanto, a diminuição da expressão transiente ocorre devido a instabilidade inerente das cópias não integradas de T-DNA (KRENEK et al., 2015).

A transformação via *Agrobacterium* apresenta algumas limitações, principalmente em relação à colonização de espécies de monocotiledôneas, sendo bastante eficiente na colonização de uma variedade de espécies de dicotiledôneas. Além disso, a eficiência da expressão transiente utilizando *Agrobacterium* é afetada por diversos fatores como estádio de desenvolvimento, idade dos tecidos transformados e o protocolo de transformação utilizado.

2.3. Agroinoculação

Os sistemas de expressão transiente utilizando vetores virais estão surgindo como uma alternativa atraente aos sistemas não virais, pois têm como principal vantagem a possibilidade de inserção da sequência de DNA nas plantas como parte de um vetor de vírus. Assim, essa sequência será replicada e transportada sistemicamente por toda a planta, resultando em níveis elevados do produto do transgene.

A capacidade dos vírus de plantas de forçar as células infectadas a produzir proteínas codificadas pelo genoma do vírus reforçou a hipótese de que os vírus de plantas podem ser usados como vetores para a expressão de proteínas heterólogas em plantas. Esses vetores não são inseridos no genoma do hospedeiro, mas têm um alto potencial de expressão porque podem se mover facilmente de célula a célula. Com isso, vetores foram desenvolvidos com base nas sequências de genomas de vírus como o vírus do mosaico do tabaco (TMV), vírus do mosaico do feijão--caupi (CMV), vírus da batata X (PVX) e o vírus do chocalho do tabaco (TRV).

A transformação transiente mediada por *Agrobacterium* utilizando vetores virais tem sido amplamente empregada para produção em larga escala de proteínas recombinantes e assim as plantas estão cada vez mais sendo utilizadas como biofábricas para produção de proteínas com importância farmacêutica e industrial.Por exemplo, a produção vegetal dos anticorpos IgG e IgA(GIRITCH et al., 2006) e anti-HIV humano 2G12 (SAINSBURY e LOMONOSSOFF, 2008) foi alcançada usando agroinfiltração. Os anticorpos recombinantes 2G12 e αCCR5, produzidos por expressão transitória em folhas de *N. benthamiana*, foram usados como tratamento profilático para HIV-1 (STRASSER et al., 2008). A produção rápida de alto rendimento do antígeno central da hepatite B também foi realizada em folhas transitoriamente transformadas de *N. benthamiana* (HUANG, 2008). Além da produção de proteínas recombinantes, a transformação via *Agrobacterium* utilizando vetores virais é amplamente empregada para análise de função do gene através do silenciamento gênico induzido por vírus, conforme será discutido no próximo tópico ("Silenciamento por RNAi").

3. SILENCIAMENTO POR RNAi

Interferência por RNA, também conhecida como RNAi é um processo que ocorre naturalmente em células eucarióticas com o papel de regulação gênica e defesa antiviral. Este processo foi inicialmente descrito por Andrew Fire e Craig Mello em 1998 no nematódeo *Caenorhabditis elegans,* que mostraram que RNAi regula a expressão gênica através de pequenos RNAs não-codificadores (sRNAs). Os sRNAs mais conhecidos são os miRNAs, que atuam regulando mRNAs endógenos; e os siRNAs, envolvidos na regulação de mRNAs exógenos. A biogênese destes sRNAs requer a clivagem de RNAs de dupla fita (dsRNA) por enzimas Dicer (ribonuclease do tipo III) que clivam estes dsRNA sem duplexes de 20-30 nucleotídeos. Em seguida, uma das sequências deste duplex, chamada de sequência guia, é incorporada à proteína da família Argonauta (AGO), que é o componente catalítico do complexo de silenciamento induzido por RNA (do inglês, *RNA-Induced Silencing Complex*, RISC). A sequência guia ligada a RISC se liga a moléculas de mRNA alvo devido a complementariedade de pares de base Watson-Crick, promovendo sua degradação ou repressão da tradução. Em plantas, nematoides e fungos este processo é mais complexo do que mamíferos e insetos, pois também possuem RNA polimerases dependentes de RNA (RdRPs) que amplificam o sinal do silenciamento de RNA, pela formação de siRNAs, promovendo assim um efeito sistêmico no organismo (CAGLIARI et al., 2018).

Diversas aplicações práticas têm sido desenvolvidas a partir do conhecimento deste mecanismo de silenciamento de RNA. Na agricultura, têm sido utilizadas para silenciar genes vegetais cujo efeito resulta no aumento da produtividade, da resistência a estresses bióticos e abióticos ou mesmo para aumentar a qualidade dos alimentos. Além disso, podem ser utilizados para silenciar genes de patógenos ou insetos pragas que afetam as culturas agrícolas, como uma alternativa ao uso de pesticidas e fungicidas químicos. Isto porque o mecanismo RNAi, por atuar a nível de mRNA de forma dependente da sequência, o torna mais potente e seletivo, em comparação aos agroquímicos comuns, evitando assim efeitos indesejados.

A entrega de dsRNA às plantas pode ser realizada por metodologias transformativas e não-transformativas, conforme será descrito a seguir.

3.1. Metodologias transformativas para entrega de dsRNA

No método transformativo, para silenciar os genes de interesse, têm sido utilizadas construções chamadas de *hairpin* RNAi (hpRNAi), que são baseadas em sequências de DNA com repetições invertidas complementares, ou seja, são unidos fragmentos *sense* e *antisense* do gene que se pretende silenciar. Os transcritos oriundos desta construção se auto complementam, formando estruturas similares a grampos de cabelo. Em alguns casos, esta construção inclui a sequência de íntrons entre as sequências sense e antisense para aumentar sua estabilidade. Esta construção pode ser clonada em um vetor binário e usada na transformação de plantas. Esse tipo de vetor pode ser utilizado em transformações estáveis por *A. tumefaciens*, e podem ser utilizados para silenciar genes vegetais ou de patógenos/pestes que afetam as plantas. Neste último caso, a estratégia é conhecida como silenciamento gênico induzido pelo hospedeiro (HIGS) e utiliza da planta transgênica para produzir dsRNAs derivados de patógenos ou pestes. O silenciamento ocorre nos insetos quando eles ingerem quantidades suficientes de dsRNA ou de sRNA. O método transformativo de entrega de dsRNA tem a vantagem de ser uma metodologia de transformação estável, ou seja, se integra no genoma, possibilitando que as plantas transgênicas produzam continuamente dsRNA, o qual é eventualmente captado pelos insetos; além do fato de possibilitar a obtenção de sementes transgênicas. Apesar disso, esta metodologia não é eficiente para todas as plantas ou todos os patógenos/pragas, é laboriosa e sofre com aceitação pública e processos regulatórios, por se tratar de transgênico (QI et al., 2019).

Uma alternativa é o uso de silenciamento gênico induzido por vírus (VIGS), uma metodologia de transformação transiente, utilizando vetores virais. Os mecanismos naturais de defesa empregados pelas plantas para proteção contra vírus são a base da tecnologia do VIGS. Nesta tecnologia, os genomas virais são modificados removendo genes que induzem sintomas da infecção viral e clonando os cDNAs de genomas virais em vetores binários juntamente com sítios de clonagem múltipla que permitem a inserção de genes alvo. O vírus recombinante é então introduzido em células vegetais e o transgene é amplificado junto com o RNA viral por uma enzima Dicer endógena ou uma RdRP, gerando moléculas de dsRNA. Estes dsRNAs são reconhecidos pelo sistema de silenciamento vegetal, gerando pequenos RNAs interferentes (siRNAs) de 21 a 25 nucleotídeos. Os siRNAs de fita dupla são reconhecidos pelo complexo RISC, promovendo a degradação ou impedindo a tradução do mRNA alvo (RAMEGOWDA, 2014). Diferente da metodologia de hpRNA, no VIGS não há integração de sequência herdável no genoma, sendo então uma TIMP muito interessante sob o aspecto de biossegurança.

O TRV é um dos vetores virais que tem se mostrado altamente promissor para o silenciamento transiente, pois apresenta as seguintes vantagens: (1) pode infectar sistematicamente muitas espécies vegetais; (2) o vírus é facilmente introduzido nas plantas via *Agrobacterium* e distribuído nos pontos de crescimento da planta; (3) o tamanho pequeno do genoma facilita a clonagem, multiplicação e agroinfecção; e (4) o genoma do RNA do vírus não se integra aos genomas das plantas. O seu genoma é formado por dois componentes, TRV1 (ou RNA1) e TRV2 (ou RNA2). O TRV1 é essencial para o movimento viral e contêm genes que codificam proteínas de replicação, já o TRV2 possui genes que codificam as proteínas de revestimento e não estruturais. Como as proteínas não estruturais não são essenciais para a infecção, para uso como um vetor, os dois genes que codificam para estas proteínas no TRV2 podem ser substituídos por vários locais de clonagem para inserir fragmentos de interesse (ZAIDI et al., 2017).

3.2. Metodologias não-transformativas para entrega de dsRNA

A abordagem não-transformativa consiste na aplicação exógena de dsRNAs que induzem o processo de silenciamento gênico. A aplicação pode se dar via spray foliar (*spray induced gene silencing* – SIGS), e, por não resultar na inserção de sequências nucleotídicas no genoma que sejam herdáveis, evita dificuldades associadas ao processo de transformação genética e de regulação. Diferente das abordagens transformativas, SIGS é mais apropriada para o controle de patógenos e insetos pragas, sendo que a eficácia desta técnica já foi verificada contra insetos e fungos. No entanto, o RNAi tem eficiência diferente entre diferentes grupos de insetos, estágios de desenvolvimento ou tecidos e, devido à sua característica transitória, não é adequado para alguns genes candidatos. O maior desafio é garantir que os organismos alvo (ou seja, insetos pragas, fitopatógenos, nematoides, vírus) captem moléculas intactas e ativas que irão desencadear uma via de RNAi (ADEYINKA et al, 2020).

Diferente de pesticidas químicos, a persistência de dsRNAs no ambiente parece ser limitada, sendo atrativa sob a perspectiva de proteção ambiental. Além disso, permite que diversos dsRNAs sejam utilizados simultaneamente, contra diferentes mRNAs alvos, da mesma espécie ou de espécies diferentes. Apesar disso, conforme a planta cresce, novas aplicações precisam ser realizadas para garantir a proteção da planta. Além disso, a instabilidade da molécula de RNA pode levar à necessidade de múltiplas aplicações, o que aumenta os custos do produto. No entanto, o sistema vascular das plantas transloca naturalmente RNAs. Portanto, sprays nas folhas, injeção em troncos ou aplicação de dsRNA no solo podem permitir que o RNA viaje longas distâncias através dos vasos condutores das plantas. Esta característica tem sido explorada para o desenvolvimento de estratégias mais eficazes de SIGS. Além disso, é importante ter em mente que não há necessidade de um agente de controle de pragas persistir ativo por meses para se tornar eficiente. Assim, para garantir eficácia é de suma importância identificar regiões únicas (para evitar efeitos indesejados – *off targets*) em genes-alvo muito essenciais, de modo que pequenas mudanças no nível de expressão possam provocar consequências graves (CAGLIARI et al., 2018).

Além disso, desenvolver estratégias que permitam a entrega de quantidade suficiente de dsRNA intacto no momento correto são relevantes. Neste contexto, estudos utilizando nanotecnologia para a proteção do dsRNA contra a degradação por enzimas nucleolíticas e contra o ambiente, e que também facilitem a captura e liberação nas células-alvo tem se mostrado promissoras. Por exemplo, estruturas nanométricas conhecidas como *nanosheets* de argila foram combinadas com dsRNA, gerando o produto "BioClay". Estas nanopartículas de argila são carregadas positivamente e assim ligam e protegem os RNAs carregados negativamente; a entrega ocorre quando o dióxido de carbono atmosférico e a umidade reagem com as nanopartículas de argila, liberando RNAs gradualmente. Usando esta estratégia, foi possível alcançar um silenciamento gênico mais prolongado, protegendo as plantas de tabaco de um vírus por 20 dias com um único spray, estendendo assim o período de 5-7 dias usando dsRNA isolado. É importante, porém, escolher com prudência um sistema nanocarreador de forma que não tenha efeitos negativos indesejados na eficiência do silenciamento e em organismos não-alvo, tendo em mente que o risco deve ser avaliado caso a caso (CAGLIARI et al., 2018; WYTINCK et al. 2020).

4. METILAÇÃO DO DNA DEPENDENTE DE RNA

A manifestação fenotípica de um indivíduo não é dependente apenas de sua sequência de DNA; prova disso é que membros intimamente relacionados de uma espécie podem às vezes exibir variação fenotípica substancial e ainda assim compartilhar sequências de DNA essencialmente idênticas. Neste contexto, surge a epigenética, definida como qualquer alteração hereditária nos padrões de expressão gênica sem alterações na sequência de DNA. Ou seja, modificações epigenéticas alteram a molécula de DNA; no entanto, a sequência de DNA propriamente dita (sequência nucleotídica) permanece inalterada.

A modificação epigenética mais comum e melhor estudada é a metilação do DNA, definida como a adição covalente de um grupamento metil (CH3) na quinta posição do anel da citosina, por DNA metiltransferases. O nível de metilação do DNA varia de 0 a 3% em insetos, 2–7% em vertebrados, até 10% em peixes e anfíbios, enquanto o genoma da planta mostra uma alta taxa de metilação de citosina de DNA de mais de 30%. É denominado uma modificação epigenética, pois os estados metilados dos *loci* podem ser mitoticamente ou meioticamente herdados e influenciar os estados de expressão de genes próximos. A metilação de DNA é um processo complexo envolvendo interações entre múltiplos elementos genômicos e complexos proteicos, que ainda não está completamente elucidado. Porém, sabe-se que participa de diversos eventos biológicos como desenvolvimento e diferenciação, e em traços agronomicamente importantes, como tempo de floração, dormência da semente e produção, e tem desempenhado um papel na domesticação e evolução das plantas.

A metilação em regiões promotoras desempenha um papel muito importante na regulação da expressão gênica. Isso porque quando os grupamentos metils se ligam covalentemente a estas regiões do DNA, bloqueiam o acesso da maquinaria de transcrição, resultando na redução da transcrição gênica. Este processo difere substancialmente entre os organismos, mas compartilha importantes características-chave, sugerindo ser evolutivamente conservado. De maneira geral, RNAs não codificadores participam do processo de forma a direcionar a metilação de citosinas através da ação de DNA metiltransferases. Proteínas que reconhecem os diferentes padrões de metilação do DNA ajudam então a recrutar enzimas modificadoras da cromatina que modificam quimicamente as histonas associadas. Da mesma forma, proteínas que reconhecem modificações específicas de histonas podem recrutar citosina metiltransferases. Desta forma, biogênese de RNA, metilação de DNA e maquinarias de modificação de histonas trabalham juntas neste processo.

Os RNAs não codificantes que agem como componentes-chave na metilação de DNA são conhecidos como siRNAs, ou RNAs interferentes, e fornecem a especificidade do alvo a ser metilado, por meio da complementaridade da sequência de nucleotídeos. Para gerar estes pequenos RNAs, inicialmente RNAs de fita simples (do inglês, *single stranded* RNA – ssRNA) são gerados por RNA polimerases, e são posteriormente convertidos a RNAs de dupla fita (dsRNA) por ação de RNA polimerases dependentes de RNA. Estes dsRNAs são clivados em pequenos RNAs interferentes de 24 nt (siRNAs) que são então incorporados à proteína Argonauta. Este complexo recruta uma série de proteínas que identificam a região alvo no genoma, além de DNA metil transferases, para direcionar a metilação no local (WENDTE e PIKAARD, 2017).

Diversos tratamentos farmacológicos são capazes de afetar os níveis de metilação do DNA, e tem sido fundamentais para a compreensão dos efeitos fenotípicos oriundos desta modificação epigenética. Alguns exemplos incluem o uso de mutagênicos químicos e físico, a indução de estresses ou aplicação de hormônios. O próprio microambiente presente na cultura de tecidos é capaz de alterar o perfil de metilação no DNA. No entanto, essas abordagens têm um efeito sob o perfil de metilações do genoma como um todo, tornando difícil o estudo dos efeitos diretos da metilação na expressão do gene e da cromatina em *loci* específicos (GALLEGO-BARTOLOMÉ, 2020). Para contornar esse problema, é possível realizar a manipulação da metilação do DNA de um promotor específico. Desta forma, a metilação do DNA aparece como uma fonte promissora no melhoramento genético, uma vez que variações no padrão de metilação de DNA em loci específicos podem levar a transcrição alterada deste gene, originando novas características adaptativas.

A técnica de metilação do DNA dependente de RNA (RdDM) permite a alteração nos níveis de expressão de um gene de forma específica, pois induz o silenciamento transcricional através da metilação de sequências promotoras específicas. Para garantir esta especificidade, são utilizados siRNA que são homólogos às regiões promotoras que se pretende silenciar. A entrega destes RNAs às células vegetais é realizada utilizando técnicas de transformação genética, ou seja, envolve a produção de uma planta transgênica. Para isso, as células são transformadas com genes que, uma vez transcritos, originam RNAs de fita dupla (dsRNAs) que, após processamento por enzimas específicas, produzem siRNAs. Estes, por sua vez, induzem a metilação das sequências promotoras alvo, inibindo assim a transcrição do gene alvo.

Nesta técnica, o padrão de metilação obtido é então herdado pela geração seguinte, uma vez que os padrões de metilação são meioticamente estáveis em plantas. No entanto, devido o processo de segregação, a progênie incluirá linhagens de plantas que não contêm o gene inserido no processo de transformação genética (transgene), mas mantém o padrão epigenético e a característica desejada. Estas linhagens são então selecionadas. Por não conterem o cassete de expressão utilizado na transformação genética, esta linhagem não é, *a priori*, caracterizada como transgênica.

Outra técnica que permite alterar o padrão epigenético sem a inserção de transgene no genoma é a técnica de VIGS. O vetor é introduzido na planta, normalmente por agroinfiltração, e a maquinaria celular vegetal se encarrega da síntese dos siRNAs. Uma vez alterado o padrão de metilação, esta marca permanece no genoma, ao passo que a presença do vetor viral é apenas transiente.

Assim, a alteração específica do perfil de metilação em promotores tem o potencial de trazer diversos benefícios ao melhoramento genético, permitindo modificação de características como produtividade, tempo de florescimento, resistência a estresses bióticos ou abióticos, eliminar características deletérias, em apenas uma geração. No entanto, diversas limitações ainda impedem o uso disseminado desta abordagem, como a determinação dos genes alvos, a duração do efeito ao longo das gerações e a presença de efeitos não esperados (*off-targets*) (MERCÉ et al., 2020).

5. MUTAGÊNESE DIRECIONADA POR OLIGONUCLEOTÍDEO

A técnica de mutagênese direcionada por oligonucleotídeo se baseia na propriedade de hibridização de moléculas de DNA através do pareamento entre nucleotídeos. Dessa forma, oligonucleotídeos sintéticos contendo pequenas alterações na sequência, ainda assim complementares a região de interesse no genoma, são utilizados como moldes para gerar mutações em sítios específicos no DNA. Através da transfecção por meio físico ou químico, ou até mesmo por protocolo de biobalística no caso de algumas plantas, o oligonucleotídeo sintetizado penetra até o núcleo da célula, hibridiza por homologia ao sítio alvo no DNA, e através das vias naturais de reparo de danos ao DNA, a mutação desejada é induzida e pode ser transmitida com considerável taxa de eficiência às próximas gerações (SAUER et al., 2016) O oligonucleotídeo sintético utilizado nesta técnica é rapidamente degradado, sem que perdure vestígios no interior da célula. O resultado buscado através da mutagênese direcionada por oligonucleotídeos é a alteração ou melhoramento de caracteres de interesse no organismo.

A técnica de mutagênese dirigida por oligonucleotídeo para edição de genoma tem sido empregada com sucesso em modelos bacterianos, leveduras, vegetais e animais. Em um dos primeiros estudos utilizando esta abordagem, datado da década de 80, pesquisadores foram capazes de corrigir mutações que alteravam o *frame* de leitura do DNA em várias posições ao longo da extensão do gene cyc1 em *Saccharomyces cerevisiae*. Já na década de 90, diferentes grupos de pesquisa objetivaram o uso de oligonucleotídeos quiméricos formados por uma porção de DNA e outra de RNA com modificações 2'-O-metil, o que levou ao aumento da afinidade deste oligonucleotídeo pelo sítio alvo no genoma, e por consequência incrementando a porcentagem de células contendo a mutação desejada. O primeiro trabalho publicado utilizando esta metodologia com oligonucleotídeos quiméricos, foi o de Yoon e colaboradores (1996), onde os mesmos corrigiram pequenas mutações no gene da fosfatase alcalina em linhagem celular de mamíferos (células de ovário de hamster chinês), alcançando uma frequência de correção de cerca de 30%.

Com a capacidade de alterar precisamente pequenas sequências nos genomas a um custo relativamente baixo, a mutagênese dirigida por oligonucleotídeo é uma das várias TIMPs que estão sendo utilizadas para geração e comercialização de novas linhagens vegetais em diversos países. Nos Estados Unidos, o Departamento de Agricultura determinou que uma linhagem comercial de canola (*Brassicanapus*) tolerante a herbicida, desenvolvida através desta TIMP, não está sujeita à mesma regulamentação que plantas transgênicas estão atualmente inseridas. Em 2007, a Comissão Europeia criou um grupo de trabalho formado por pesquisadores renomados na área de geração e cultivo de plantas através de edição do genoma, cujos membros possuíam a tarefa de avaliar se diferentes tipos de TIMPs estariam no âmbito da legislação europeia de organismos geneticamente modificados (OGMs). Com base no relatório final, a maioria dos membros considerou que a mutagênese direcionada por oligonucleotídeos seria considerada uma TIMP e, portanto, ficaria de fora do escopo das diretrizes que regem os OGMs. No Brasil, como citado no início deste capítulo, a resolução normativa nº 16, de 15 de janeiro de 2018 da CTNBio, considera que a mutagênese direcionada por oligonucleotídeo é uma abordagem que difere significativamente da estratégia de engenharia genética por transgenia, e por consequência, a análise e elaboração de pareceres por parte da comissão se dá de forma dessemelhantes àquelas relacionadas a OGMs.

6. NUCLEASES ENGENHEIRADAS COMO TIMPs

Entre as TIMPs desenvolvidas para promover edições genômicas com alta precisão destacam-se as nucleases sintéticas, tais como ZFN (do inglês, *zinc finger nuclease*), TALEN (do inglês, *transcription activator-like effector nuclease*) e o sistema CRISPR/Cas (do inglês, *clustered regularly interspaced short palindromic repeats/associated Cas protein system*). Em geral, essas abordagens utilizam nucleases sintéticas compostas por domínios de ligação ao DNA e um domínio de nuclease. O domínio de ligação de DNA fornece especificidade à sequência alvo, enquanto o domínio de nuclease é capaz de gerar quebras na fita dupla de DNA, em um determinado segmento de nucleotídeos (PETERSEN, 2017).

As quebras de fita dupla geradas por essas TIMPs são comumente reparadas por vias naturais de reparo de danos ao DNA, como a junção de extremidades não homólogas (do inglês, *non-homologous end joining* ou NHEJ) e o reparo dirigido por homologia (do inglês, *homology directed repair* ou HDR). Quando comparadas entre si, a NHEJ é considerada mais imprecisa e consequentemente resulta em maiores taxas de inserções, deleções ou substituições no local da quebra da fita dupla do DNA. Enquanto isso, a via de reparo HDR é tida como mais eficiente, ainda que a mesma requeira sequências homólogas aos flancos do local de ocorrência da quebra do DNA, permitindo que a inserção de sequências homólogas de DNA contendo mutações desejadas causem o reparo de forma errônea, levando à edição do gene de interesse.

Cada abordagem molecular destas TIMPs, as quais serão discutidas a seguir, difere no mecanismo através dos quais as modificações no genoma em regiões específicas e predeterminadas são geradas, o que torna cada uma delas particularmente mais adequada para resolver desafios específicos na edição de genomas.

7. *ZINC FINGER* NUCLEASES

Nucleases "dedo de zinco" (ZFNs) são proteínas quiméricas sintetizadas para reconhecer e clivar sequências específicas de nucleotídeos no DNA, possibilitando a realização da mutagênese sítio-dirigida. Estas nucleases são projetadas para serem compostas por um domínio de ligação ao DNA (*zinc finger*, ZF) e um domínio de nuclease, geralmente a enzima de restrição FokI (Figura 2). Cada ZF reconhece uma sequência específica de DNA contendo 3 pares de bases. Normalmente, cerca de 4 proteínas ZFs individuais são ligadas entre si para reconhecer uma sequência única de DNA (12 pb). Uma vez que a nuclease FokI funciona como um dímero para clivar a fita dupla de DNA, duas proteínas ZF são necessárias para agir sobre a sequência de DNA desejada (24 nucleotídeos) (URNOV et al., 2010).

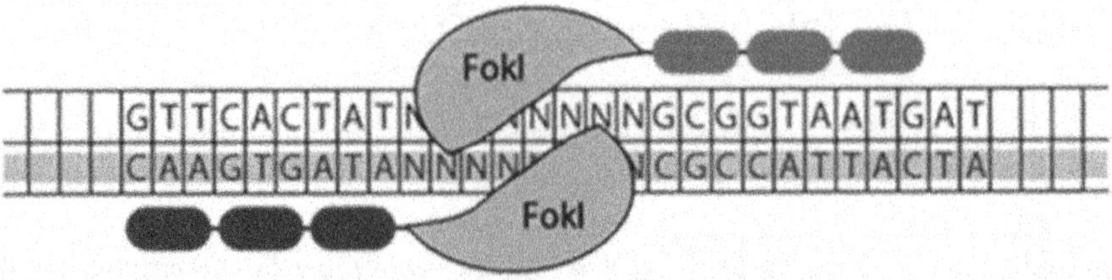

Figura 2 Esquema didático de um módulo de ZFNs contendo cada uma 3 domínios ZFs e um domínio nuclease FokI agindo sobre um sítio específico de DNA.

Fonte: Adaptado de Xenbase (http://www.xenbase.org/).

O domínio nuclease de uma ZFN é crucial para o sucesso desta TIMP, pois o mesmo deve possuir um conjunto de características que permitam a atividade de clivagem precisa e direcionada dentro de genomas complexos. Utilizando como exemplo o domínio mais utilizado, a FokI, se faz necessário a ação de um dímero para que a ZFN seja capaz de clivar ambas as fitas de DNA. Como essa interação é fraca, a clivagem por FokI, requer dois eventos de ligação adjacentes e independentes, os quais devem ocorrer em ambas as orientações do DNA e com um espaçamento adequado para permitir a formação do dímero e a posterior clivagem do segmento de nucleotídeos.

As ZFNs apresentam certas vantagens em comparação com a tecnologia CRISPR/Cas, a qual será discutida ainda neste capítulo. A capacidade das ZFNs de se ligar e clivar a maioria dos locais do genoma com alta fidelidade é contrastada com o sistema CRISPR/Cas9, o qual normalmente requer a presença de uma sequência de motivo adjacente do protoespaçador (sequência PAM) no sítio alvo, o que limita os alvos para a edição do genoma, além de gerar clivagens em regiões fora do esperado (mutações *off-target*).

A capacidade de modificar sequências de genes específicos para criar linhagens apresentando perda de função é uma técnica poderosa para a investigação da função gênica e a plasticidade de genomas, bem como para o desenvolvimento de novos produtos na área de biotecnologia. Na área vegetal, os mais notórios exemplos de modificações induzidas por ZFN incluem: mutações no genoma de *Arabidopsis sp.*, resultando em linhagens insensíveis ao ácido abscísico; mutações no gene*ipk1* para geração de linhagens de milho com baixo teor de fitato e tolerantes a herbicidas amplamente utilizados; mutações no gene da malato desidrogenase mitocondrial em tomates, gerando linhagens com maior capacidade fotossintética, níveis mais elevados de malato na célula, redução dos níveis de oxaloacetato e como consequência, aumento na produção de frutos – sendo que este processo, utilizando a tecnologia de ZFN, está atualmente protegido em forma de patente de invenção no Instituto Europeu de Patentes (EP2844754B1) e no Escritório Norte-americano de Patentes (US20190327928A1).

Na área animal, no primeiro estudo publicado com o uso da tecnologia de ZFNs para edição gênica em mamíferos, foi descrito o processo de *knockout* do gene da diidrofolato redutase em linhagem celular CHO (células de ovário de hamster chinês). Um plasmídeo codificando para a ZFN foi introduzido nas células através de transfecção transiente, resultando na disrupção dos alelos deste gene na população de células (SANTIAGO et al., 2008). Desde então, estudos com microinjeção direta ou transfecção transiente de ZFNs em embriões de zebrafish *Danio rerio* demonstraram que esta abordagem não apresenta toxicidade às células do animal, além de apresentar alta eficiência na indução de pequenas deleções em sítios específicos do genoma. Vale destacar que devido à sua relativa simplicidade, a indução de mutações mediada por ZFNs é uma das abordagens TIMPs que tem sido incorporada em estudos na área de medicina personalizada, especificamente para o tratamento de glioblastoma através da indução de *indels* no gene do receptor de glicocorticoide, sendo este processo caracterizado como uma imunoterapia utilizando células T.

Os exemplos acima citados demonstram o potencial para a geração de mutações específicas em importantes espécies agrícolas e modelos experimentais na pesquisa científica. Além de colaborar com a pesquisa básica em biotecnologia, a utilização de ZFNs tem aplicações no melhoramento de linhagens e safras, bem como para a saúde humana e animal, por meio da geração de novas características através da edição de genes que são deletérios ou que reprimem características benéficas.

8. TALEN

Proteínas TALE (do inglês, *transcription activator-like effector*) representam uma grande família de efetoras do tipo II, primeiramente obtidas a partir de *Xanthomonas* spp., um grupo de bactérias Gram negativas patogênicas para plantas. Estes efetores possuem uma região C-terminal que possibilita a localização nuclear e ativação da transcrição do DNA do hospedeiro, bem como uma região N-terminal contendo um sinal de translocação e uma sequência repetida de aminoácidos necessários para iniciar a ligação da TALE ao DNA. Além disso, proteínas TALE possuem um domínio central que compreende um número variável de repetições de monômeros em *tandem*, variando de 5 a 30 no total. Cada repetição contém 34 aminoácidos que reconhecem especificamente um nucleotídeo no DNA alvo. A sequência de aminoácidos destas repetições é altamente conservada, exceto para dois resíduos de aminoácidos polimórficos nas posições 12 e 13, chamados de RVDs (di-resíduos variáveis repetitivos), os quais são os fatores determinantes da especificidade de ligação ao nucleotídeo por parte de cada repetição TALE. Basicamente, a especificidade de ligação aos nucleotídeos é dada pelos RVDs compostos pelos aminoácidos Asn e Ile (ligação a adenina), His e Asp (ligação a citosina), Asn e Asn ou ainda Asn e Lys (ligação a guanina), e por fim, Asn e Glyc (ligação a timina) (WEI et al., 2013).

Ao fundir uma TALE sintética a um domínio nuclease FokI, tem-se como resultado uma TALEN que pode ser amplamente utilizada como uma ferramenta de edição genômica, apresentando especificidade e versatilidade nos mais diferentes tipos celulares. Como demonstrada na figura 3, uma TALEN consiste em um domínio N-terminal incluindo um sinal de localização nuclear, um domínio central tipicamente composto de repetições TALE em tandem para o reconhecimento de uma sequência de DNA específica (geralmente de 14 a 20 pares de nucleotídeos), e um domínio C-terminal da endonuclease funcional FokI.

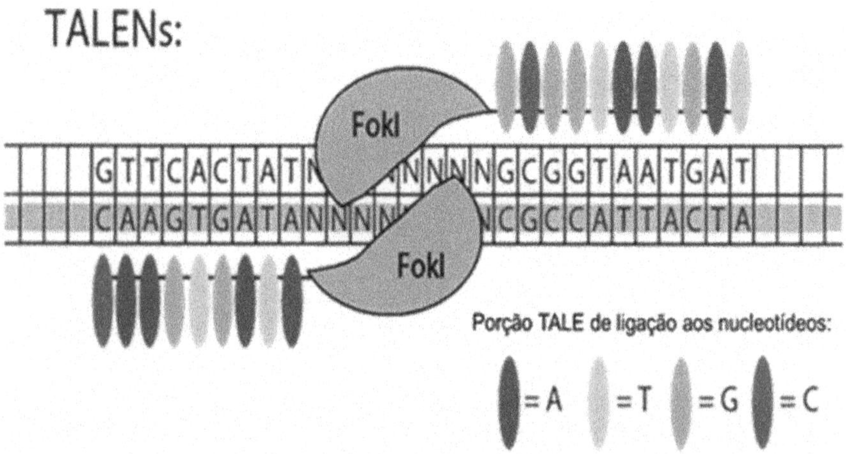

Figura 3 Esquema ilustrativo de um par de TALENs agindo sobre um sítio específico de DNA.

Fonte: Adaptado de XENBASE (http://www.xenbase.org/).

Uma vez que a FokI funciona de forma dimérica, se faz necessária a ação de um par de TALENs para a realização da quebra da fita dupla de DNA em um local específico previamente determinado. Como anteriormente mencionado sobre o mecanismo de ação das ZFNs, estas quebras da fita dupla de DNA são geralmente reparadas pela via de junção de extremidades não homólogas (NHEJ), podendo gerar pequenas inserções e/ou deleções, as quais são essenciais para a modulação do funcionamento de genes de interesse (alteração no *frame* de leitura) e edição de locais específicos do genoma.

Através do uso da metodologia TALEN, vários pesquisadores vêm tendo sucesso na geração de mutações sítio específicas em linhagens vegetais, tais como: indução de deleções no gene *ossweet14* (codificador para proteína transportadora de sacarose e relacionada à suscetibilidade a doenças), resultando na geração de um arroz mais resistente a infecções bacterianas, sem que houvesse alteração no fenótipo; nocaute simultâneo de oito genes em modelo de monocotiledônea *Brachypodium* sp., com eficiência acima de 30% em todos os genes, sendo de 100% em alguns destes; mutações independentes consistindo em deleções que variaram de 4 a 15 pb no gene da álcool desidrogenase em protoplastos de *Arabidopsis* sp, entre outros exemplos na área vegetal.

Em modelos animais, foi demonstrada a capacidade de indução de tumor em modelo zebrafish através do nocaute do gene supressor tumoral *rb1*, alcançando uma frequência de até 33% de embriões em estágio de 1 célula injetados com mRNAs codificando as TALENs; buscando a geração de modelos mamíferos para elucidação do mecanismo molecular por trás da aterosclerose, pesquisadores foram capazes de gerar *in vitro* embriões suínos e bovinos apresentando mutações no gene do receptor de LDL; e, por fim, para ilustrar a utilidade da abordagem TALEN em mamíferos, seis genes individuais associados a cardiomiopatias e doenças cardíacas congênitas (*tnnt2, lmna/c, tbx5, myh7, ankrd1 e nkx2.5*) foram nocauteados com alta eficiência e especificidade em células-tronco pluripotentes induzidas de humanos (KARAKIKES et al., 2017).

9. SISTEMA CRISPR/Cas

Os CRISPRs foram descritos pela primeira vez no genoma de *Escherichia coli* há mais de 30 anos, sendo que estas sequências estão dispersas em cerca de 40% de todos os genomas bacterianos sequenciados até hoje (SOREK, et al., 2008). Um *locus* CRISPR (do inglês *Clustered Regularly Interspaced Short Palindromic Repeats*) é definido como um segmento composto por uma série de repetições curtas intercaladas com regiões protoespaçadoras. O número de arranjos CRISPR varia entre os organismos, assim como o número de repetições. Para um dado *locus* CRISPR, as repetições são quase sempre idênticas em comprimento e sequência. Ao passo que as regiões espaçadores também são semelhantes em comprimento, mas têm sequência altamente variável.

Através do sequenciamento de DNA, pesquisadores observaram que as sequências de alguns protoespaçadores eram semelhantes com sequências genéticas de bacteriófagos, levantando a possibilidade de que esses espaçadores pudessem permitir que as bactérias reconhecessem materiais genéticos exógenos, fazendo com que as mesmas se tornassem imunes aos invasores correspondentes as estes genomas exógenos. Um grande passo na compreensão do mecanismo molecular por trás desta abordagem, veio com a descoberta dos RNAs processados, os RNAs CRISPR (crRNAs), os quais servem como guias altamente específicos para a ação das nucleases Cas. Desta forma, a ação combinada do *locus* CRISPR e da nuclease Cas, direcionada por moléculas de crRNA, é capaz de gerar alterações em segmentos específicos do DNA alvo.

Baseado no princípio do sistema imunológico adaptativo tipo II de procariotos, o sistema CRISPR/Cas9, pesquisadores foram capazes de desenvolver um das mais utilizadas ferramentas de última geração na edição de genomas. Neste método, o crRNA e o transativador de crRNA (tracrRNA) formam uma estrutura de RNA fita dupla, a qual hoje em dia é sintetizada como um RNA quimérico chamado de RNA guia (gRNA), o qual direciona a Cas9 para gerar quebras na fita dupla de DNA em sítios específicos. O sistema CRISPR/Cas9 de *Streptococcus pyogenes* (SpCas9) foi o primeiro sistema adaptado para edição de genomas eucariotos por meio de RNA guias sintéticos. Importante ressaltar que neste tipo de sistema CRISPR/Cas9, o qual é o mais utilizado em diferentes tipos celulares, se faz necessária a presença de um motivo adjacente do protoespaçador (sequência PAM) próxima à sequência alvo no DNA complementar ao gRNA. Somente após o pareamento completo, os domínios de atividade nuclease HNH e RuvC da Cas9 clivam a fita complementar e não complementar do DNA, respectivamente, especificamente no terceiro nucleotídeo a montante da sequência PAM (Figura 4) (JIANG e DOUDNA, 2017).

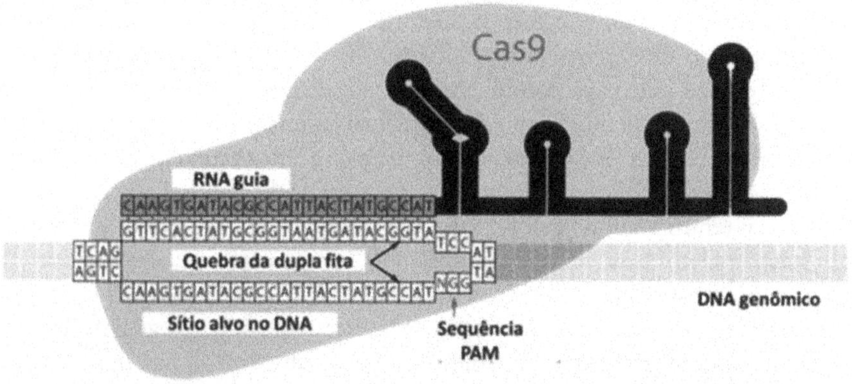

Figura 4 Esquema didático do sistema CRISPR/Cas agindo sobre um sítio específico de DNA através do direcionamento conferido pelo gRNA.

Fonte: Adaptado de XENBASE (http://www.xenbase.org/).

Embora CRISPR/Cas9 seja o sistema mais usado para edição de genomas, a utilização deste é limitada pela necessidade da existência de uma sequência PAM próxima ao sítio alvo. Além disso, tem sido reportado a ocorrência de indução de deleções e inserções de nucleotídeos em regiões distantes daquela direcionada pelo gRNA, efeito indesejável conhecido como mutações *off-target*. Buscando contornar estes impedimentos técnicos, duas alternativas foram abordadas: 1) enzimas Cas9 ortólogas, como as de *Neisseria meningitides* (NmCas9), *Staphylococcus aureus* (SaCas9), e *Streptococcus thermophilus* (StCas9), as quais são capazes de reconhecer diferentes sequências PAM têm sido empregadas na edição de genomas de diferentes espécies; 2) modificações da nuclease SpCas9 para o reconhecimento de outras sequências PAMs, além da já tradicional 5'-NGG-3' (onde N é qualquer nucleotídeo).

Resumidamente, de acordo com o tipo celular em questão, o sistema CRISPR/Cas pode ser entregue através dos seguintes métodos: sistema de *Agrobacterium*, o qual permite a entrega de um cassete gênico contendo os promotores e os genes para expressão do sistema CRISPR/Cas, utilização de vetores virais para expressão transiente, ou através de protocolos de transfecção ou eletroporação do complexo CRISPR/Cas e gRNA.

Como anteriormente discutida acerca dos mecanismos de ação das ZFNs e TALEN, a indução de mutações nos sítios alvos através da ação do sistema CRISPR/Cas9 se dá por meio das vias de reparo de danos ao DNA, tanto a junção de extremidades não homólogas (NHEJ) quanto o reparo dirigido por homologia (HDR).

O nocaute de genes que conferem características indesejáveis é a aplicação mais simples e comum do sistema CRISPR/Cas. Em plantas, as características que foram aprimoradas até o momento usando esta TIMP incluem o rendimento na produção, qualidade de grãos e resistência aos diferentes tipos de estresses biótico e abiótico. Como exemplos, linhagens de arroz com baixo teor de amilose foram geradas através do nocaute via CRISPR/Cas9 do gene *waxy*; através do nocaute simultâneo de dezenas de genes da família α-gliadina, pesquisadores geraram uma linhagem de trigo com baixíssimo teor de glúten, amenizando a reação imunológica à ingestão desta proteína; aumento da resistência à infecção por *Erysiphe difusa*, vírus causador da doença chamada de oídio em diversas leguminosas; *knockout* triplo de genes *ospyl* da família do receptor de ácido abscísico levou ao aumento do rendimento de grãos, maior tolerância a altas temperaturas e redução da brotação pré-colheita em comparação com linhagens selvagens em arroz.

Em modelos animais, embora as aplicações terapêuticas mais óbvias da edição do genoma sejam a correção de mutações que causam doenças genéticas, existe uma variedade de estratégias de edição de genes envolvidos nas mais diferentes patologias. Por exemplo, ao direcionar a ação do sistema CRISPR/Cas9 para o gene *pcsk9*, envolvido na homeostase do colesterol em camundongos, foi demonstrada uma redução dos níveis de lipoproteína de baixa densidade. Também utilizando camundongos como modelos experimentais, a inserção de *indels* no gene *nrl* preservou a função de células da retina em três modelos diferentes, auxiliando na elucidação do mecanismo molecular responsável pela retinite pigmentosa, a qual pode resultar em cegueira. Em humanos, pesquisadores têm focado no nocaute de genes relacionados ao sistema de antígeno leucocitário (principal complexo de histocompatibilidade) para gerar doadores de células universais, as quais se evadem do reconhecimento pelo sistema imunológico do receptor, o que contornaria os problemas práticos e econômicos das terapias que se baseiam na utilização de células do próprio paciente. Ademais, em outro estudo em humanos, foi demonstrada a eficiência do sistema CRISPR/Cas para edição do gene da proteína PD-1, relacionada a morte celular programada, buscando o bloqueio de sinais inibitórios que impedem o reconhecimento das células tumorais pelas células T (SU et al., 2016). Estas células T autólogas, as quais foram tratadas *ex vivo* para realização do nocaute gênico, foram inoculadas de volta em pacientes oncológicos, sendo este o primeiro relato de uso desta TIMP em um ensaio clínico em humanos nos Estados Unidos ou na Europa.

10. OUTRAS TECNOLOGIAS INOVADORAS DE MELHORAMENTO DE PRECISÃO

10.1. Florescimento Precoce

No melhoramento vegetal, a obtenção de flores férteis é um requerimento importante para a produção de gametas. No entanto, para muitas culturas, este se torna um desafio por possuírem um longo período até atingirem a fase reprodutiva, ou pelo fato de os genótipos utilizados no cruzamento não apresentarem florescimento sincronizado, ou por serem propagadas assexuadamente. Como consequência, a busca por métodos que visem acelerar o início da floração de diversas culturas, especialmente arbóreas, tem sido muito visada. Algumas alternativas incluem mover o programa de melhoramento para locais onde os estímulos de floração ocorrem naturalmente, devido sua sazonalidade, ou mimetizar estas condições em ambientes controlados sob fotoperíodo alterado. Estas estratégias, porém, podem ser onerosas. A indução do florescimento também pode ser obtida enxertando acessos não floridos em plantas em florescimento, ou por meio de fitohormônios (MCGARRY et al., 2017).

Mais recentemente, alternativa que tem sido utilizada é a expressão ectópica do gene *FLOWERING LOCUS T* (*FT*), que codifica para o sinal de florescimento de longa distância florigen (WENZEL et al., 2013). Isso porque esta proteína tem sido considerada o componente principal da cascata de sinalização do florescimento, uma vez que o florescimento é atrasado em mutantes *ft*, enquanto a superexpressão de *FT* resulta em florescimento precoce. Nesta estratégia, o transgene FT é introduzido na linhagem, a qual é cruzada com uma linhagem parental com a característica desejada no processo de melhoramento, como alta produtividade ou resistência a estresses. Uma vez que este transgene é dominante e homozigoto, as plantas da progênie segregando para florescimento precoce e para a característica desejada são selecionadas, processo este auxiliado pelo uso de marcadores moleculares (seleção assistida por marcadores). Por apresentarem o fenótipo de florescimento precoce, estas plantas podem ser rapidamente retrocruzadas com as linhagens parentais. Após os cruzamentos necessários para introgressão da característica desejável, o transgene FT é eliminado por segregação, e apenas neste momento o melhorista necessitará esperar as plantas passarem por todo o período vegetativo para testar o potencial da variedade. Desta forma, esta variedade não é considerada transgênica, já que não apresenta o transgene em sua constituição genética.

O gene FT não apenas estimula o florescimento precoce em plantas transformadas, mas em algumas espécies de plantas anuais mostrou ser capaz de transmitir o sinal de florescimento em tecidos não transgênicos enxertados em tecidos transgênicos. Nestes casos, a proteína FT tem sido sugerida com o sinal móvel transmitido. Apesar dos benefícios destas estratégias, a geração das plantas transformadas é uma etapa consideravelmente demorada e que requer diversas etapas de otimização, sendo ineficiente em algumas espécies, que permanecem recalcitrantes. Além disso, a transmissão do sinal de florescimento no tecido enxertado tem sido observada em apenas alguns casos.

Uma alternativa a esta abordagem de transformação estável é o uso de vetores virais para a introdução do transgene nas plantas, uma vez que ambos, vetor viral e florigen são capazes de se moverem via floema e dispersarem na planta. Como uma alusão ao termo VIGS, o uso de vetores virais para promover o florescimento precoce tem sido cunhado como VIF. Esta estratégia já se mostrou eficiente em diferentes culturas como algodão, melão e soja. Apesar disso, encontrar um vírus adequado para atuar como vetor não é tão simples. Apesar de alguns vírus apresentarem amplo espectro de hospedeiros, sua eficácia deve ser testada na cultura, e inclusive no genótipo específico que se pretende estudar. Além disso, apesar de a maioria dos vírus que afetam plantas não se integrarem no genoma do hospedeiro e não passarem eficientemente para as células germinativas, de forma que as sementes são livres de vírus, estas premissas devem ser testadas e confirmadas sempre que esta abordagem é utilizada. Por se tratar de uma estratégia ainda recente, muitos grupos de pesquisa estão trabalhando na busca e otimização de vetores virais para uso, seja na indução do florescimento precoce ou outras características, e poderão representar uma alternativa muito importante em um futuro próximo.

11. MELHORAMENTO REVERSO

No processo de melhoramento, uma das estratégias mais comumente utilizadas é o cruzamento entre variedades homozigotas. Este procedimento levou à observação de que a progênie híbrida (F1) normalmente apresenta características superiores em crescimento, tamanho e produtividade, em comparação às variedades homozigotas parentais. A este fenômeno, cunhou-se o termo heterose. Ainda hoje, os mecanismos que promovem a heterose não foram completamente elucidados e, por isso, tem dificultado a otimização do processo de melhoramento.

Além disso, uma vez obtido um genótipo heterozigoto com características favoráveis, sua manutenção no programa de melhoramento é dificultada, pois a combinação de alelos favoráveis nestas linhagens elite heterozigotas são perdidos na geração seguinte devido ao processo de segregação. Uma estratégia alternativa proposta por Dirks e colaboradores em 2009 (DIRKS et al., 2009) é o melhoramento reverso (*reverse breeding*), onde linhagens homozigotas parentais são obtidas a partir das linhagens híbridas heterozigotas, o contrário do que é realizado em um melhoramento convencional (*forward breeding*). Estas linhagens, uma vez hibridizadas, reconstituem a composição genética da planta heterozigota elite, sem a necessidade de retrocruzamentos (*backcrossing*) e seleção.

O melhoramento reverso compreende duas etapas essenciais: 1) a supressão da recombinação cruzada em uma planta híbrida selecionada, seguida por 2) obtenção do duplo-haplóide (DH) a partir de esporos contendo cromossomos não recombinantes.

11.1. Supressão da recombinação cruzada

A primeira etapa do melhoramento reverso é a supressão eficaz de cruzamentos meióticos visando impedir a ocorrência do *crossing over* em uma linhagem híbrida selecionada em F2. Esta linhagem é obtida pelo cruzamento de linhagens homozigotas, originando heterozigotos em F1, e subsequente cruzamento entre a população F1 (segregação), gerando a população F2. Para isso, se faz necessário o silenciamento de genes que sejam essenciais na formação de *crossing over*, sem afetar a estrutura do cromossomo, a exemplo do gene *dmc1* (BANNISTER et al., 2007).

Para promover o silenciamento destes genes, podem ser realizadas transformações estáveis através da técnica de RNA de interferência (RNAi), ou transientes, utilizando VIGS (CALVO-BALTANAZ et al., 2020). Alternativamente, os genes alvo podem ser silenciados por siRNAs produzidos por um porta enxerto. Neste caso, os brotos da planta em que os genes devem ser silenciados seriam enxertados em porta-enxertos transgênicos. Outra abordagem é a aplicação exógena de compostos que promovem a inibição do processo de recombinação, tais como o composto "mirin". A vantagem do uso destas duas últimas estratégias é que os DH resultantes do melhoramento reverso são livres de transgenes. Este mesmo fenótipo é obtido com o uso de VIGS, visto tratar-se de uma transformação apenas transiente. Desta forma, o DH não presenta fenótipo aquiasmático (sem a formação de quiasmas na meiose), e pode ser utilizado em outros esquemas do programa de melhoramento. Mesmo utilizando a abordagem de transformação estável, é possível obter plantas sem o transgene, uma vez que nas plantas transformadas metade dos pólens não carregam o transgene, se o silenciamento for parcial. Esses podem ser selecionados usando marcadores moleculares (DIRCK et al., 2009; SAVADI et al., 2018).

11.2. Obtenção do duplo-haplóide

Óvulos não fertilizados, micrósporos e culturas de anteras produzidas pela meiose aquiasmática das plantas silenciadas podem ser utilizados para obtenção de plantas haplóides duplicadas (DH). A eficiência, no entanto, dependerá da otimização dos protocolos utilizados e da espécie, limitando seu uso às espécies cuja tecnologia de DH seja uma prática comum. Cabe salientar, que neste processo são gerados esporos não férteis aneuploides e hiperploides que precisam ser eliminados. A seleção dos euplóides é facilitada pelo fato de apenas estes, por apresentarem pelo menos uma cópia de todos os cromossomos, serem capazes de passar pelos estágios de divisão celular e embriogênese até a regeneração da planta. Já as plantas hiperplóides podem ser selecionadas utilizando marcadores moleculares ou citometria de fluxo.

11.3. Aplicações do melhoramento reverso

O uso do melhoramento reverso em linhagens híbridas com características desejáveis (elite) na geração F2 gera uma população de DH. Nesta população, linhagens podem ser selecionadas de forma que, ao serem cruzadas, reconstituem perfeitamente a linhagem híbrida elite. Ou seja, esta estratégia pode ser utilizada para recuperar plantas elite heterozigotas em escala comercial sem o conhecimento prévio de sua constituição genética (Figura 5). Além disso, o melhoramento reverso pode ser utilizado para a rápida geração de linhagens com substituição de cromossomos. Neste caso, o *crossing over* é eliminado nas linhagens híbridas F1, ao invés da geração F2. Esta linhagem F1 produz gametas aquiasmáticos que são utilizados para produção de DHs. Dentre estes DHs, alguns apresentam todos os cromossomos idênticos a uma das linhagens parentais (P1), a exceção de um dos pares cromossômicos que provêm da outra linhagem parental (P2), ou seja, se caracterizam por uma linhagem com substituição de cromossomos. Esta linhagem pode ser cruzada com a linhagem parental P1 e gerar uma linhagem híbrida que é heterozigota para apenas um cromossomo. Esta linhagem pode ser utilizada como ponto de partida para o estudo de cromossomos individuais, uma vez que apenas este cromossomo substituído irá segregar na geração seguinte. Por outro lado, se a linhagem com substituição de cromossomos for cruzada com a linhagem parental P2, irá produzir uma linhagem que é homozigota para apenas um cromossomo sendo então utilizada como ponto de partida para estudos de interações epistáticas.

Esta abordagem de substituição de cromossomos é particularmente importante para características poligênicas, onde os genes se localizam em cromossomos distintos. Assim, é possível avaliar o efeito do gene que se encontra no cromossomo substituído em questão, contribuindo para a identificação de QTLs (do inglês, *quantitative trait loci*), muito almejados no melhoramento genético. É importante salientar, no entanto, que a obtenção de uma linhagem de substituição de cromossomo não é trivial, uma vez que são de ocorrência rara.

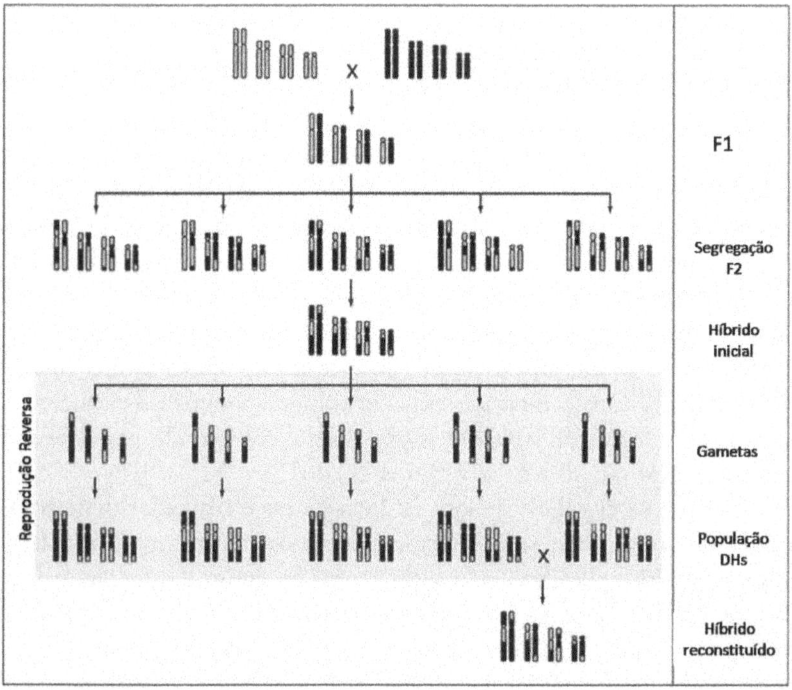

Figura 5 Melhoramento reverso. O cruzamento de dois pais homozigotos (barras cinza e pretas) cria um F1 heterozigoto. Quando autofecundado, o F1 produz uma população F2 segregante. Um híbrido inicial de constituição genética desconhecida é selecionado por suas características desejáveis e submetido às duas etapas do melhoramento reverso (caixa cinza). Ao impedir o cruzamento meiótico, cromossomos parentais inteiros são transmitidos por meio de esporos, sem rearranjo. Por conveniência, apenas cinco das 16 combinações diferentes de gametas estão apresentados. Os gametas aquiasmáticos são então usados para produzir linhagens duplo-haplóides (DH). Dessa população, podem ser escolhidos pais complementares que, quando cruzados, reconstituem perfeitamente o híbrido inicial.

Fonte: Adaptado de DIRKS et al., 2009

12. CISGÊNESE E INTRAGÊNESE

Embora a transgênese vegetal tenha levado a agricultura a outro patamar de produtividade, ainda sofre com algumas dificuldades como a aceitação pública e medidas regulatórias rigorosas. Neste contexto, surgem as técnicas de cisgênese, que se referem a modificações genéticas de plantas pela exploração do *pool* genético da espécie, e de intragênese, que faz uso do *pool* genético de espécies relacionadas capazes de hibridização sexual (HOLME et al., 2013).

Na cisgênese, o cassete de expressão carrega genes endógenos, com um promotor endógeno. Desta forma, a premissa básica da cisgênese é aumentar a expressão de genes que a planta já possui, conferindo alguma característica desejável. Já na intragênese, a ideia é explorar genes presentes em determinada população ou genótipo, como genes de resistência em espécies selvagens, inserindo-os nas variedades cultivadas com alta produtividade, por apresentarem compatibilidade sexual. As regiões codificantes de um gene (com ou sem íntrons) podem ser combinadas com promotores e terminadores de diferentes genes ou mesmo introduzir diferentes regiões codificadores do mesmo *pool* gênico. Desta forma, encurtam o processo, já que a transferência destes genes pelo melhoramento clássico é demorada (geralmente mais de 10 anos), e por vezes é complicado por diferenças de ploidia entre estas variedades (SAVADI et al., 2017).

Como tanto na cisgênese quanto na intragênese o marcador de seleção é removido ao final do processo, por técnicas como co-transformação e sistemas de recombinação sítio-específico, não se caracterizam como transgênicos. Estas estratégias têm sido realizadas em diferentes culturas incluindo uva, maçã, batata, arroz, dentre outras (MUJASSIM et al., 2019). Na América do Norte, essas tecnologias produziram com sucesso maçãs Arctic™ 'Golden Delicious' e 'Granny Smith' (Okanagan Specialty Fruits Inc., Summerland, BC, Canadá), uma alfafa cisgênica com produção alterada de lignina (Monsanto) e as batatas intragênicas da linha Innate™ (JR Simplot Co., Boise, ID, EUA) que atualmente é cultivada para fins comerciais (LASSOUED et al., 2018). O crescimento no uso desta estratégia sugere ser uma alternativa eficaz para o melhoramento genético, livre de controvérsias associadas às culturas transgênicas e sob regulamentação distinta.

Os avanços na genômica funcional e estrutural, fundamentados principalmente nas tecnologias de sequenciamento de nova geração de genomas e análises de bioinformática, combinados com o desenvolvimento de novas TIMPs, poderá permitir uma transposição dos resultados alcançados no laboratório para o mercado em forma de produtos com baixo custo de produção, comprovada qualidade e de fácil aceitação por parte da sociedade.

13. REFERÊNCIAS BIBLIOGRÁFICAS

ADEYINKA, O. S.; RIAZ, S.; TOUFIQ, N.; YOUSAF, I.; BHATTI, M. U.; BATCHO, A.; OLAJIDE, A. A.; NASIR, I. A.; TABASSUM, B. Advances in exogenous RNA delivery techniques for RNAi-mediated pest control. Molecular Biology Reports, p. 1-11, 2020.

BANNISTER, L.A.; PEZZA, R.J.; DONALDSON, J.R.; ROOIJ, D.GD.; SCHIMENTI, K.J.; CAMIERINI- OTERO, R.D.; SCHIMENTI, J.C. A dominant, recombination-defective allele of Dmc1 causing male-specific sterility. PLoSBiol, v. 5, n. 5, p. e105, 2007.

CAGLIARI, D.; DOS SANTOS, E. A.; DIAS, N.; ZOTTI, G. S. Non transformative strategies for RNAi in crop protection. Modulating Gene Expression-Abridging the RNAi and CRISPR-Cas9 Technologies, v. 2, p. 1-17, 2018.

CALVO-BALTANÁS, V.; WIJNEN, C. L.; YANG, C.; LUKHOVITSKAYA, N.; SNOO, C. B.; HOHENWARTER, L.; KEURENTJES, J. B.; JONG, H.; SCHNITTGER, A.; WIJNKER, E. Meiotic crossover reduction by virus-induced gene silencing enables the efficient generation of chromosome substitution lines and reverse breeding in Arabidopsis thaliana. The Plant Journal, v. 104, n. 5, p. 1437-1452, 2020.

CTNBio, Resolução Normativa Nº 16, de 15 de janeiro de 2018http://ctnbio.mctic.gov.br/resolucoes-normativas/-/asset_publisher/OgW431Rs9dQ6/content/resolucao-normativa-n%C2%BA-16-de-15-de-janeiro-de-2018/pop_up?_101_INSTANCE_OgW431Rs9dQ6_viewMode=print

DIRKS, R.; DUN, K. V.; SNOO, C. B. M.; BERG, V. D. C.; LELIVELT, L. C.; VOERMANS, W.; WOUDENBERG, L.; WIT, J. P. C.; REININK, K.; SCHUT, J. W.; ZEEUW, E. V. D.; VOGELAAR, A.; FREYMARK, G.; GUTTELING, E. W.; KEPPEL, M. N.; DRONGELEN, P. V.; KIENY, M.; ELLUL, P.; TOURAEV, A.; MA, H.; JONG, H.; WIJNKER, E. Reverse breeding: a novel breeding approach based on engineered meiosis. Plant Biotechnology Journal, v. 7, n. 9, p. 837-845, 2009.

EFSA, *Novel and traditional food: guidelines finalised*, https://www.efsa.europa.eu/en/press/news/161110.

GALLEGO-BARTOLOMÉ, J. DNA methylation in plants: mechanisms and tools for targeted manipulation. New Phytologist, v. 227, n. 1, p. 38-44, 2020.

GIRITCH, A.; MARILLONNET, S.; ENGLER, C.; ELDIK, G. V.;BOTTERMAN, J.; KLIMYUK, V.; GLEBA, Y. Rapid high-yield expression of full-size IgG antibodies in plants coinfected with noncompeting viral vectors. Proceedings of the National Academy of Sciences, v. 103, n. 40, p. 14701-14706, 2006.

GUIDARELLI, M.; BARALDI, E. Transient transformation meets gene function discovery: the strawberry fruit case. Frontiers in plant science, v. 6, p. 444, 2015.

HUANG, Z.; LEPORE, K.; ELKIN, G.; THANAVALA, Y.; MASON, H. S. High-yield rapid production of hepatitis B surface antigen in plant leaf by a viral expression system. Plant Biotechnology Journal, v. 6, n. 2, p. 202-209, 2008.

HWANG, H.; YU, M.; LAI, E. Agrobacterium-mediated plant transformation: biology and applications. The Arabidopsis Book, v. 15, 2017.

JIA, H.; CHAI, Y.; LI, C..; LU, D.; LUO, J.; QIN, L.; SHEN, Y. Abscisic Acid Plays an Important Role in the Regulation of Strawberry Fruit Ripening. Plant Physiology, v. 157, p. 188-199, 2011,

JIANG, F.; DOUDNA, J. A. CRISPR–Cas9 structures and mechanisms. Annual Review of Biophysics, v. 46, p. 505-529, 2017.

JONES, H. D.; DOHERTY, A.; SPARKS, C. A. Transient transformation of plants. Plant Genomics. Humana Press, p. 131-152, 2009.

KARAKIKES, I.; TERMGLINCHAN, V.; CEPEDA, D. A.; LEE, J.; DIECKE, S.; HENDEL, A.; ... WU, J. C. A comprehensive TALEN-based knockout library for generating human-induced pluripotent stem cell–based models for cardiovascular diseases. Circulation Research, v, 120, n. 10, p. 1561-1571. 2017.

KRENEK, P.; SAMAJOVA, O.; LUPTOVCIAK, I.; DOSKOCILOVA, A.; KOMIS, G.; SAMAJ, J. Transient plant transformation mediated by Agrobacterium tumefaciens: Principles, methods and applications. Biotechnology Advances, v. 33, n. 6, p. 1024-1042, 2015.

LASSOUED, R.; HESSELN, H.; PHILLIPS, P. W.; SMYTH, S. J. Top plant breeding techniques for improving food security: an expert Delphi survey of the opportunities and challenges. International Journal of Agricultural Resources, Governance and Ecology, v. 14, n. 4, p. 321-337, 2018.

LASSOUED, R.; MACALL, D. M.; SMYTH, S. J.; PHILLIPS, P.W.B.; HESSELN, H. How should we regulate products of new breeding techniques? Opinion of surveyed experts in plant biotechnology. Biotechnology Reports, v. 26, p. e00460, 2020.

MCGARRY, ROISIN C.; KLOCKO, A. L.; PANG, M.; STRAUSS, S. H.; AYRE, B. G. Virus-induced flowering: an application of reproductive biology to benefit plant research and breeding. Plant physiology, v. 173, n. 1, p. 47-55, 2017.

MUJJASSIM, N. E.; MALLIK, M.; RATHOD, N. K. K.; NITESH, S. D. Cisgenesis and intragenesis a new tool for conventional plant breeding: a review. J Pharmacog. Phytochem, v. 8, p. 2485-2489, 2019.

NEPOMUCENO, A.L.; FUGANTI-PAGLIARINI, R.; FELIPE, M. S. S.; MOLINARI, H. B. C.; VELINI, E. D.; PINTO, E. R. C.; DAGLI, M. L. Z.; ANDRADE FILHO, G.; FERNANDES, P. M. B. Brazilian biosafety law and the new breeding technologies.

Frontiers of Agricultural Science and Engineering., v. 7. p. 204-210, 2020.

PETERSEN, B. Basics of genome editing technology and its application in livestock species. Reproduction in Domestic Animals, v. 52, p. 4-13, 2017.

QI, T.; GUO, J.; PENG, H.; LIU, P.; KANG, Z.; GUO, J. Host-induced gene silencing: a powerful strategy to control diseases of wheat and barley. International journal of molecular sciences, v. 20, n. 1, p. 206, 2019.

SAINSBURY, F; LOMONOSSOFF, G P. Extremely high-level and rapid transient protein production in plants without the use of viral replication. Plant physiology, v. 148, n. 3, p. 1212-1218, 2008.

SANTIAGO, Y.; CHAN, E.; LIU, P. Q.; ORLANDO, S.; ZHANG, L.; URNOV, F. D.; HOLMES, M. C; GUSCHIN, D.; WAITE, A,; MILLER, J. C.; REBAR, E. J.; GREGORY, P. D.; KLUG, A.; COLLINGWOOD, T. N. Targeted gene knockout in mammalian cells by using engineered zinc-finger nucleases. Proceedings of the National Academy of Sciences, v. 105, n. 15, p. 5809-5814, 2008

SAUER, N. J.; MOZORUK, J.; MILLER, R. B.; WARBURG, Z. J.; WALKER, K. A.; BEETHAM, P. R.; SCHOPKE, C. R.; GOCAL, G. F. Oligonucleotide-directed mutagenesis for precision gene editing. Plant Biotechnology Journal, v. 14, n. 2, p. 496-502, 2016.

SAVADI, S.; PRASAD, P.; KASHYAP, P. L.; BHARDWAJ, S. C. Molecular breeding technologies and strategies for rust resistance in wheat (*Triticum aestivum*) for sustained food security. Plant pathology, v. 67, n. 4, p. 771-791, 2018.

SOREK, R.; KUNIN, V.; HUGENHOLTZ, P. CRISPR- a widespread system that provides acquired resistance against phages in bacteria and archaea. Nature Reviews Microbiology, v. 6, n. 3, p. 181-186, 2008.

STRASSER, R.; STADLMANN, J.; SCHÄHS, M.; STIEGLER, G.; QUENDLER, H.; MACH, L.; GLÖSSL, J.; WETERINGS, K.; PABST, M.; STEINKELLNER, H. Generation of glyco-engineered Nicotiana benthamiana for the production of monoclonal antibodies with a homogeneous human-like N-glycan structure. Plant biotechnology journal, v. 6, n. 4, p. 392-402, 2008.

SU, S.; HU, B.; SHAO, J.; SHEN, B.; DU, J.; DU, Y.; ... LIU, B. CRISPR-Cas9 mediated efficient PD-1 disruption on human primary T cells from cancer patients. Scientific Reports, v. 6, n. 1, p. 1-14, 2016.

URNOV, F. D.; REBAR, E. J.; HOLMES, M. C.; ZHANG, H. S.; GREGORY, P. D. Genome editing with engineered zinc finger nucleases. Nature Reviews Genetics, v. 11, n. 9, p. 636-646, 2010.

YOON, K.; COLE-STRAUSS, A.; KMIEC, E. B. Targeted gene correction of episomal DNA in mammalian cells mediated by a chimeric RNA-DNA oligonucleotide. Proceedings of the National Academy of Sciences, v. 93, n. 5, p. 2071-2076, 1996.

WENDTE, J. M.; PIKAARD, C. S. The RNAs of RNA-directed DNA methylation. Biochimica Et Biophysica Acta (BBA)-Gene Regulatory Mechanisms, v. 1860, n. 1, p. 140-148, 2017.

WENZEL, S.; FLACHOWSKY, H.; HANKE, M. The Fast-track breeding approach can be improved by heat-induced expression of the FLOWERING LOCUS T genes from poplar (*Populus trichocarpa*) in apple (*Malus× domestica* Borkh.). Plant Cell, Tissue and Organ Culture (PCTOC), v. 115, n. 2, p. 127-137, 2013.

WEI, C.; LIU, J.; YU, Z.; ZHANG, B.; GAO, G.; JIAO, R. TALEN or Cas9-rapid, efficient and specific choices for genome modifications. Journal of Genetics and Genomics, v. 40, n. 6, 281-289, 2013.

WYTINCK, N.; MANCHUR, C. L.; LI, V. H.; WHYARD, S.; BELMONTE, M. F. dsRNA Uptake in Plant Pests and Pathogens: Insights into RNAi-Based Insect and Fungal Control Technology. Plants, v. 9, n. 12, p. 1780, 2020.

XENBASE, New genome editing technologies. http://www.xenbase.org/, RRID:SCR_003280

ZAIDI, S. S.; MANSOOR, S. Viral vectors for plant genome engineering. Frontiers in Plant Science, v. 8, p. 539, 2017.